山地草甸生态
修复技术研究及示范

潜伟平　牛德奎 等　编著

中国林業出版社

图书在版编目（CIP）数据

武功山山地草甸生态修复技术研究及示范 / 潜伟平等编著. —北京：中国林业出版社，2024.7
ISBN 978-7-5219-2588-3

Ⅰ. ①武… Ⅱ. ①潜… Ⅲ. ①武功山－山地－草甸－生态恢复－研究 Ⅳ. ①S812.6

中国国家版本馆CIP数据核字（2024）第025027号

策划编辑：李敏
责任编辑：王美琪
封面设计：北京钧鼎文化传媒有限公司

出版发行　中国林业出版社（100009，北京市西城区刘海胡同7号，电话 010-83143575）
电子邮箱　cfphzbs@163.com
网　　址　https://www.cfph.net
印　　刷　北京中科印刷有限公司
版　　次　2024年7月第1版
印　　次　2024年7月第1次印刷
开　　本　787mm×1092mm　1/16
印　　张　15
彩　　插　8面
字　　数　396千字
定　　价　108.00元

编委会

主　编：潜伟平　牛德奎

副主编：彭辉武　郭晓敏　魏洪义　黄平芳　刘江华　张文元　张学玲　张　令　李　志　胡明文

参编人员：（按姓氏笔画排序）

王　华　王书丽　王丽敏　王雨涵　王美丹　文丽华　尹雪蔚

邓邦良　邓树波　刘　倩　刘宇新　刘忠华　刘剑锋　刘喜帅

刘崇卿　江亮波　汤　健　苏仁峰　李　诚　李　凯　李一丁

李炳忠　李真真　李梁平　李湘林　吴　松　何　畅　张海宇

陈　建　陈　娟　陈　煦　易宏亮　易金仁　罗成凤　罗明辉

罗俊杰　郑　翔　孟文武　赵　静　赵自稳　赵丽桂　赵晓蕊

胡明娇　胡耀文　钟　丽　钟支亮　侯晓娟　袁知洋　袁颖丹

唐剑波　黄卫和　黄永浩　黄尚书　龚　霞　盛可银　崔　麟

彭家顺　董亮亮　蒋军喜　喻苏琴　程　晓　曾　斌　温卫华

谢君毅　谢晓文　靳川平

前　言

武功山（27° 16′~27° 34′ N、114° 04′~114° 28′ E）位于江西吉安安福、萍乡芦溪、宜春袁州三地交界处，属于罗霄山脉北段，主峰金顶又名白鹤峰（海拔1918.3m）。因为受到自身地形的影响，武功山具有春秋相连、长冬无夏、气候温凉、雨量充沛、日照较少和雾多风大等特点。该山海拔1500m以上的植被以山地草甸为主，主要包括多年生草本植物莎草科（Cyperaceae）和禾本科（Poaceae），还有少量蓼科（Polygonaceae）、蔷薇科（Rosaceae）、车前草科（Plantaginaceae）、唇形科（Lamiaceae）和十字花科（Brassicaceae）植物。由于优越的气候条件，山地草甸的生长时间长，可利用程度大，具有重要的生物利用价值和举足轻重的生态学意义。

20世纪90年代至21世纪初，地方农业部门和农户进行了较大规模的山地草场开发利用，主要发展以牛羊为主的草食性畜牧经济，造成了大面积天然草甸群落的严重破坏。最终，因养殖成本高、管理难度大、草甸破坏严重，草甸资源开发利用被迫中断，且被破坏的草甸至今仍难以自然恢复。山地草甸在山岳型旅游景观中是重要的稀有特色资源。长期以来，武功山周边的萍乡市、安福县、宜春市在资源开发和促经济发展过程中，都不约而同地聚焦到武功山特色资源的开发利用上。1985年，武功山被江西省人民政府批准为第一批省级重点风景名胜区。2005年成功申报为国家重点风景名胜区。随着沪昆高铁通车、沪瑞高速建成、浙赣铁路提速、芦溪至武功山旅游公路扩建，尤其是景区内道路网建设和两级登山索道开通，慕名而至的游客客源地范围明显拓宽。目前，主要客源市场已覆盖上海、广州、武汉、南昌、长沙及赣湘两省交界的区域，并已形成了以上海为中心的华东地区、以武汉为中心的华中地区、以广州为中心的华南地区的旅游辐射区。同时，四川、贵州、广西等省份的游客数量逐年增加。2008年以来，每年举办的武功山国际帐篷节吸引了越来越多的来自全国各地的游客登山、探险和宿营。2019年，萍乡武功山（索道）门票收入破亿元。2022年，萍乡武功山风景名胜区共接待游客259.76万人，被誉为“云中草原、户外天堂”，成为户外爱好者向往的著名户外运动营地和网红打卡地。目前，武功山拥有国家5A级旅游景区、国家级风景名胜区、国家地质公园、国家自然遗产、国家森林公园等5张国家级“名片”。

随着旅游规模的扩大和游客旅程的延伸，对山地草甸的多种植被和特殊景观的负面影响也日趋增大。游客的任意践踏以及废弃物的丢弃和污染，造成了草甸群落组成和生产力的退化，绵延约4000hm^2的山地草甸破碎化现象日渐明显。在自然（气候变化）和人为因素（踩踏、灯光、养殖、污染等）的影响下，武功山草甸退化严重，病虫害发生频率、规模和范围有逐渐增加的趋势。在虫害严重的年份，草甸生态系统生产力遭受严重破坏，大面积的草甸植被退化及残破草场使山地草甸景观受到严重损毁。

基于上述原因，开展武功山山地草甸植被恢复和保护利用研究显得尤为迫切和重要。以往对于武功山的研究，多集中在旅游开发利用的影响和植物区系研究等方面，武功山特殊山地草甸的生态过程研究及人为干扰和气候变化导致的草甸土壤退化问题尚未引起足够重视。为此，研究人员针对鄱阳湖生态经济区建设的需求，聚焦亚热带山地草甸生态系统极端脆弱性、敏感性和人为干扰严重等问题，选取武功山为研究区域，集成国内外先进技术，开展草甸群落的分布格局、结构特点及其与环境要素相互关系和退化演变机制的研究，构建山地退化草甸生态系统恢复的技术体系及可持续经营开发模式，建立山地草甸生态系统预警监测体系和恢复示范基地，旨在为江西鄱阳湖流域山地草甸恢复及可持续经营提供理论依据和技术支撑。该研究对实现流域生态、经济、社会效益协调统一，以及流域自然资源保护战略及可持续发展战略具有重要意义。

自2012年起，在武功山金顶区域和九龙山区域，分不同海拔和不同坡面展开植物多样性、群落分布格局、土壤碳汇、植被恢复、草甸土壤水分养分特征、病虫害防控、温室气体排放、旅游开发和承载力等多方面的研究。对武功山草甸群落植物的调查研究表明，武功山山地草甸共有维管植物108种，隶属于44科90属，芒（*Miscanthus sinensis*）是整个植物群落的优势种。禾草群落从多样性、丰富度及均匀度方面均为最优，而丛枝蓼（*Persicaria posumbu*）+荔枝草（*Salvia plebeia*）群落则为最小，旅游活动对武功山山地草甸植物物种多样性有较大的影响。研究人员尝试性开展了草甸主要群落高光谱数据的采集分析研究，探索了利用高光谱对草甸群落分布进行遥感反演的可行性；运用ArcGIS等应用软件并利用遥感数据，分析山地草甸的分布格局与动态变化，并对草甸生态脆弱性进行了评价。对草甸土壤碳和土壤结构的研究表明，土壤总有机碳含量随着退化程度加剧呈现先升高后下降的趋势；土壤活性碳中微生物量碳含量是最高的；>0.25m粒级团聚体被认为是最好的土壤结构，其数量随着退化程度的加剧而减少，且随土层深度的加深而减少；土壤呼吸测定结果表明，武功山土壤碳排放有明显的时空变异性。这些研究结果均为武功山山地草甸的保护和可持续发展提供了第一手的科学数据和技术支撑。

本书共分6章。第1章，主要内容为本研究的研究内容和研究方法；第2章，主要内容为武功山山地草甸分布格局、群落结构及气候变化响应研究；第3章，主要内容为武功山山地草甸植被保护与恢复技术集成及土壤养分管理研究；第4章，主要内容为武功山山地草甸自然灾害防控技术集成及示范；第5章，主要内容为旅游者游憩行为、布局及模式对武功山山地草甸的影响与应对研究；第6章，主要内容为武功山山地草甸修复种苗培育技术研究与示范。本书适用于关注南方山地草甸的广大科研工作者、相关管理部门人员、相关专业的研究生和本科生阅读参考。

本书主要依据国家科技支撑计划“鄱阳湖生态经济区建设生态环境保护关键技术研究及示范项目”（2012BAC11B00）子课题6“武功山山地草甸生态修复技术研究及示范”（2012BAC11B06）的研究成果，同时吸收了国家自然科学基金（31360177、31560150）等项目的部分研究成果撰写而成。在本书出版之际，感谢课题组所有成员的辛勤付出，感谢萍乡武功山风景名胜区管理委员会为本课题的野外调查工作提供的大力帮助。感谢本书所引用文献的作者，感谢关心和支持本书出版的专家、学生和朋友。

由于作者水平有限，书中存在一些不足之处，敬请各位读者批评指正。

编著者

2023年12月

目　录

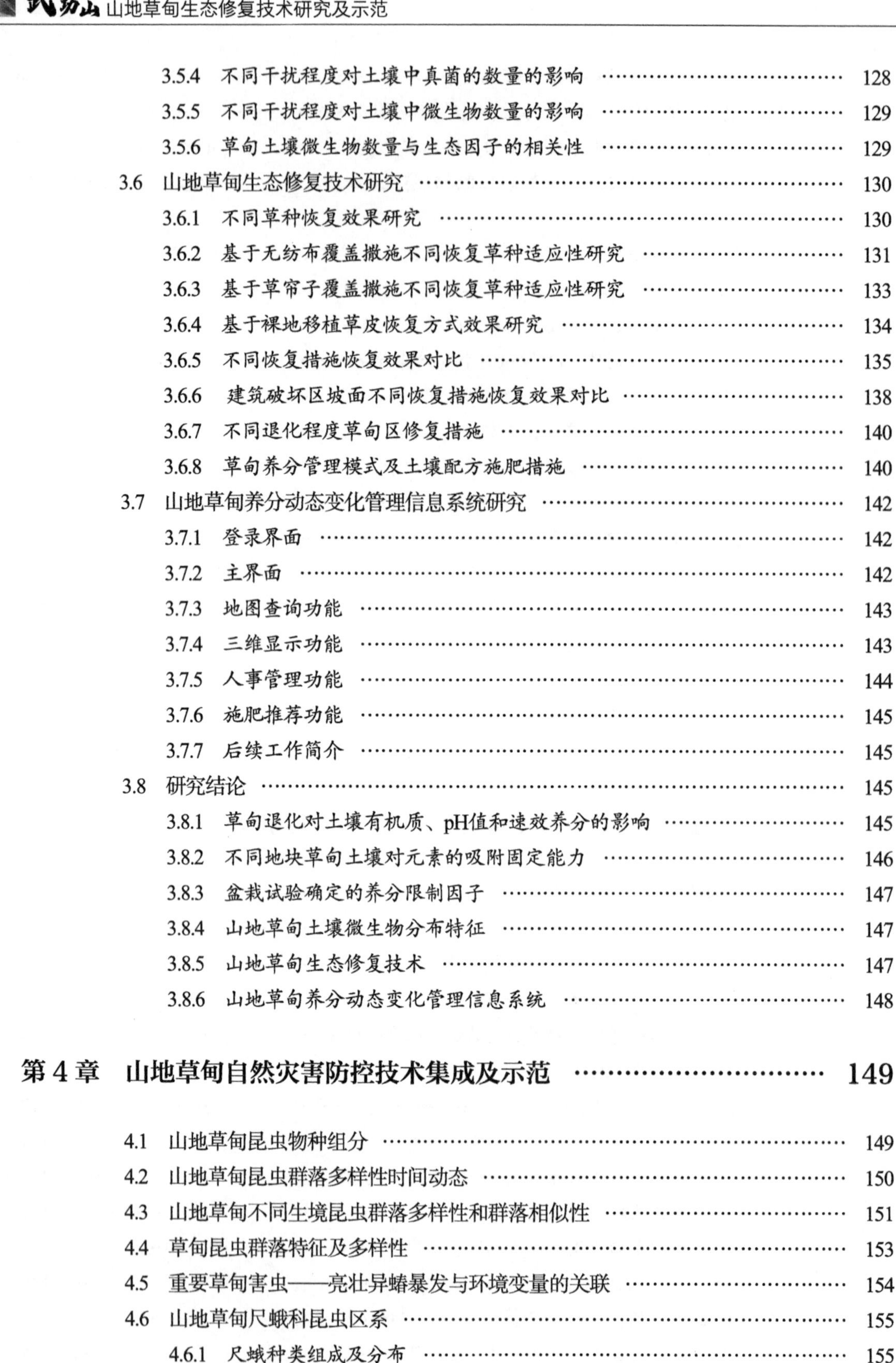

第1章 研究内容与研究方法

1.1 研究内容

1.1.1 山地草甸分布格局、群落结构与脆弱性评价及气候变化响应研究

通过武功山山地草甸本底调查（草甸及矮林植物、山地草甸土、草甸区域地质地貌、社会经济状况等）和群落结构调查，了解草甸资源保护与开发的历史沿革，分析不同海拔及坡向草甸群落的种类组成、数量特征、生物多样性特征及变异规律。

以山地草甸光谱反射特征研究为切入点，建立不同草甸植被类型与光谱反射率之间的相关关系模型，并利用不同时期卫星影像图进行山地草甸退化类型、分布格局的分析研究以及20多年来的时空演替，揭示自然因素和人为因素对草地生态系统退化的影响，探索高山草甸对区域气候条件的响应。

以地球生物化学循环理论为指导，分析研究山地草甸生态系统碳汇功能、作用及其与环境条件时空变异的关系。

1.1.2 草甸植被保护与恢复技术集成及土壤养分管理研究

以山地草甸植物群落研究成果和退化类型评价为基础进行不同类型退化草甸的生态修复技术集成。在轻度退化地块，实施以封禁为主的近自然生态修复模式；在中度退化地块，通过草甸建群种、伴生种植物种子不同组合的补播、混播，促进草地群落演替、缩短草地生态系统自然恢复进程，改善草地群落结构，增加草地生态系统的多样性与稳定性；在严重退化地块，通过选取适宜物料、基质、覆盖物及喷播等技术集成进行人工建植草甸植被的研究与示范。

对不同海拔山地草甸土发生条件、养分性状和土壤微生物特征进行调查分析，探讨山地草甸土的养分特性、生物活性和制约因子。采用国际上先进的土壤养分状况系统研究法，开展山地草甸土壤养分限制因子和吸附试验研究，确定不同退化阶段和海拔草甸土壤养分限制因子和养分空间变异性，探讨山地草甸土壤和植株养分诊断技术及标准，探讨土壤养分库的变异和演变规律及土壤养分的变化和消长与草甸生产力的相关关系，揭示不同时空草甸土壤养分、结构、形态、微生物等变化特征及土壤肥力的变异规律及其机理，实现草甸生态系统环境友好平衡施肥，并对草甸土壤衰退和改良起到恢复和促进作用。开发山地草甸养分动态变化管理信息系统。

1.1.3 山地草甸自然灾害防控技术集成与示范

根据现有的金顶高海拔处北方性害虫种类比重明显高出全省种类的初步调查成果，进一步查清武功山草甸害虫的区系特征、特有种类和分布特征。在进一步探明山地草甸病虫害发生发展规律的基础上，进行大尺度区域性病虫害种群数量动态监测技术研究，建立以生物控制措施为主的山地草甸病虫害绿色防控技术体系。通过对火灾发生规律及影响因素的研究，构建山地草甸火灾危险度评估体系。

（1）建立山地草甸主要病虫害绿色防控技术体系

了解锈病等茎叶病害、全蚀病等根部与茎基部病害，以及线虫、病毒和其他重要病害的发生发展规律及生态防控技术；金龟甲等地下害虫、叶蝉、飞虱、蝗虫、夜蛾等茎叶害虫的发生发展规律及绿色防控技术。

应用智能测报灯和地理信息系统（GIS）研究监测山地草甸暴发性病虫害。

（2）研发新型生物源农药和害虫行为调节剂

挖掘鄱阳湖生态经济区，特别是武功山地区丰富的植物资源，研制植物源农药品种；利用微波和光谱等物理技术，制作害虫诱杀或灭杀装置。

（3）开展山地草甸火灾评估研究

通过对武功山山地草甸火灾发生规律及影响因素的研究，构建山地草甸火灾评估体系。

1.1.4 旅游行为、布局及模式对山地草甸影响与应对的研究

系统研究武功山山地草甸景区空气负离子、空气中细菌含量、气候舒适度、可游天数等指标的空间变异特征，结合山地草甸结构特征、景观格局、地貌形态、气象特征、美学要素等，对武功山山地草甸进行景观美学特征、等级评价和景点布局调整研究；研究分析山地草甸的承载容量和生态脆弱性等级。按不同的层级筛选武功山山地草甸生态旅游区综合评价的指标集合并构建评价体系，并对武功山不同区域的可进入等级进行评价区划。研究分析团队游、探险游、主体活动（武功山国际帐篷节）等旅游行为及模式对山地草甸的影响与应对措施，构建以科学知识、景观美学欣赏和环境保护为核心内容的展示、解说、宣传教育平台和示范基地。

1.1.5 草甸修复种苗培育技术研究与示范

通过对不同退化草甸土壤种子库的调查研究，了解种子库数量特征、物种组成结构、生物活性及其在生物修复中的作用；研究草甸主要建群种植物地上宿存种子的成熟、后熟以及休眠规律（生理休眠如胚休眠、强制休眠如种皮障碍、抑制物质、环境条件等）；研究物理方法（低温层积、高温层积、变温、光照、暗处理）、机械处理（摩擦，高压等）、化学药剂浸泡处理（无机酸、碱，有机药剂）、植物激素处理[赤霉素（GAs）、细胞分裂素(CTK)、乙烯（ETHY）、乙烯利（ETHE）等]和气体处理[适当浓度的氧气（O_2）和二氧化碳（CO_2）]等方法对不同草甸植物种子解除休眠的适用性，有效提高种子发芽率和明显缩短生态修复进程；在确立草甸群落建群种和伴生种群落成员关系的基础上，采集主要草甸植物的种子和根茎进行圃地培育技术和植生带构建技术的研究，为后续草甸植被恢复过程的播种、栽种、抚育管理提供技术支撑。

1.2　研究方法

1.2.1　研究区概况

武功山位于罗霄山脉北部，是湘江和赣江水系的分水岭，总面积约260km^2。其年平均气温14~16℃，湿度70%~80%，降水量1350~1570mm。武功山岩石主要由花岗岩和片麻岩构成。武功山在我国华东植被区划中具有重要地位，山体垂直、海拔较高，且山势陡峻，导致气候、土壤、植被的垂直地带性分异明显，在江西境内，除武功山外，其他山体（庐山、井冈山等）均不具有典型的山地草甸植被类型。在天然草甸上，主要有禾本科的芒、野古草（*Arundinella anomala*）、茅根（*Perotis indica*）等，还有少量蓼科、蔷薇科和十字花科植物。

1.2.2　试验设计与研究方法

1.2.2.1　山地草甸分布格局、群落结构与脆弱性评价及气候变化响应研究

1.2.2.1.1　山地草甸植物多样性研究

（1）野外调查

第一，武功山山地草甸植物群落类型调查。在植物生长旺盛季节（6—9月），对武功山山地草甸进行标本采集、植物踏查、林线调查、植物照片拍摄，沿途记录草甸植被破坏状况。采用样带和样方相结合的方法，自海拔1500m（武功山山地草甸分布的下限）到1900m（武功山顶峰），分东、南、西、北、东南、西南、西北、东北8个方向，海拔每升高约50m设置一个1m×1m的小样方，3次重复，共216个样方。用GPS定位，记录每个样方所处的经度、纬度、海拔、坡度、坡向、坡位等地理因子。每个小样方的调查项目主要包括植物名称、株数、高度、多度、盖度、频度、密度、物候期、生活型等，测算密度和株数时，禾草、薹草、莎草的密度以分蘖计，其他杂类草密度以株计。

第二，人为旅游干扰对武功山山地草甸植物多样性的影响研究。在植物生长旺盛季节（6—9月），采用样带和样方相结合的方法，自海拔1500m（草甸分布的下限）到1900m（顶峰），选取主步道同侧，海拔每升高约50m设置一个样地，每样地有4个1m×1m的小样方，每个小样方距主步道的距离分别为0m、8m、16m、24m，形成4条与主步道平行的样带，并做3次重复，总计108个样方。调查方法和调查内容指标同植物群落类型调查。

第三，记录样方外的新物种种名，对植物踏查中遗漏的植物进行补充。

（2）对样方调查数据结果进行整理分析，并做植物鉴定、标本制作

把采集的所有植物做成腊叶标本，鉴定分类入库，汇总调查的所有植物种类，编写完成《武功山山地草甸维管植物名录》，其内容涵盖植物的中文名、学名、科名、属名、分布海拔、生境等。

（3）处理数据方法（林育真，2004）

$$\text{重要值}（IV）=\text{相对密度}+\text{相对盖度}+\text{相对高度} \tag{1-1}$$

$$\text{丰富度指数}R=S=\text{样方内物种总数} \tag{1-2}$$

Shannon-Wiener多样性指数H':

$$H'=-\sum_{i=1}^{n}(P_i \ln P_i) \tag{1-3}$$

Simpson指数D：

$$D=1-\sum_{i=1}^{n}P_i^2 \tag{1-4}$$

Pielou均匀度指数E：

$$E=\frac{H'}{\ln S} \tag{1-5}$$

式中，S为样方内物种总数，P_i为种i的相对多度，即$P_i={N_i}/{N}$，其中N_i为种i的绝对多度，N为群落中的所有种的绝对多度之和，即$N=\sum_{i=1}^{n}N_i$。这里有$0\leqslant P_i\leqslant 1$且$\sum_{i=1}^{n}P_i=1$，单位为nat，绝对多度用个体数来表示。

1.2.2.1.2　**山地草甸植物群落特征及空间分布格局研究**

（1）取样方式

野外调查取样采用两种取样方式。一种是主观取样，即根据武功山游步道沿路所遇到的不同植被类型，记录样地所处地理位置、环境数据和植被的相关信息。另外一种方式是随机机械取样方法，即根据不同坡向坡度，从海拔1500m到1900m，每隔50m左右设置样地，并记录相关的环境状况数据，调查的所有样地位置要进行GPS定位，并用相机拍摄记录。

（2）野外取样

每年5—9月，对武功山草甸（1500m以上）进行植物踏查、标本采集，对植物及草甸景观进行拍摄并沿途记录草甸的破坏情况，同时对特有植物和新分布植物群落详细记录其种群数量、分布、生长状况及生境等，并用GPS定位。在植物生长旺盛的季节进行调查，采用样方和样带结合的取样方法，从武功山林草交错带（海拔1500m）到武功山主峰（1900m），避免人为干扰，选择在坡度较缓，地形变化不明显地段通过东、西、南、北4个方向，每隔海拔50m设置一个1m×1m的小样方，每个1m×1m小样方中再平均分布16个小方格。对于旅游的影响研究，从武功山林草交错带（海拔1500m）到武功山主峰（1900m），沿登山主步道同侧海拔每上升50m设置1个样地，每个样地包含4个1m×1 m的小样方，每个小样方距主道的距离分别为0m、4m、8m、16m。构成了4条与主步道平行的样带，共计36个小样方。所有设置的样方，都要用GPS定位，调查每个样方的地理因子和每个小样方内植物种名，物种的株数、盖度、多度、频度、高度、重量等。同时记录样方外出现的植物，以补充植物踏查中的遗漏（图1-1）。

（3）植物区系分析方法

对科、属、种分布区及数目的统计，分别采用吴征镒对世界种子植物科分布区类型的划分方法（吴征镒 等，2006）、中国种子植物属分布区类型的划分方法（吴征镒 等，1991）、华东种子植物种的分布区类型划分方法（王荷生 等，1997）。

（4）样方数据处理方法

α多样性数据处理方法（崔麟 等，2019）同式（1-1）至式（1-5）。

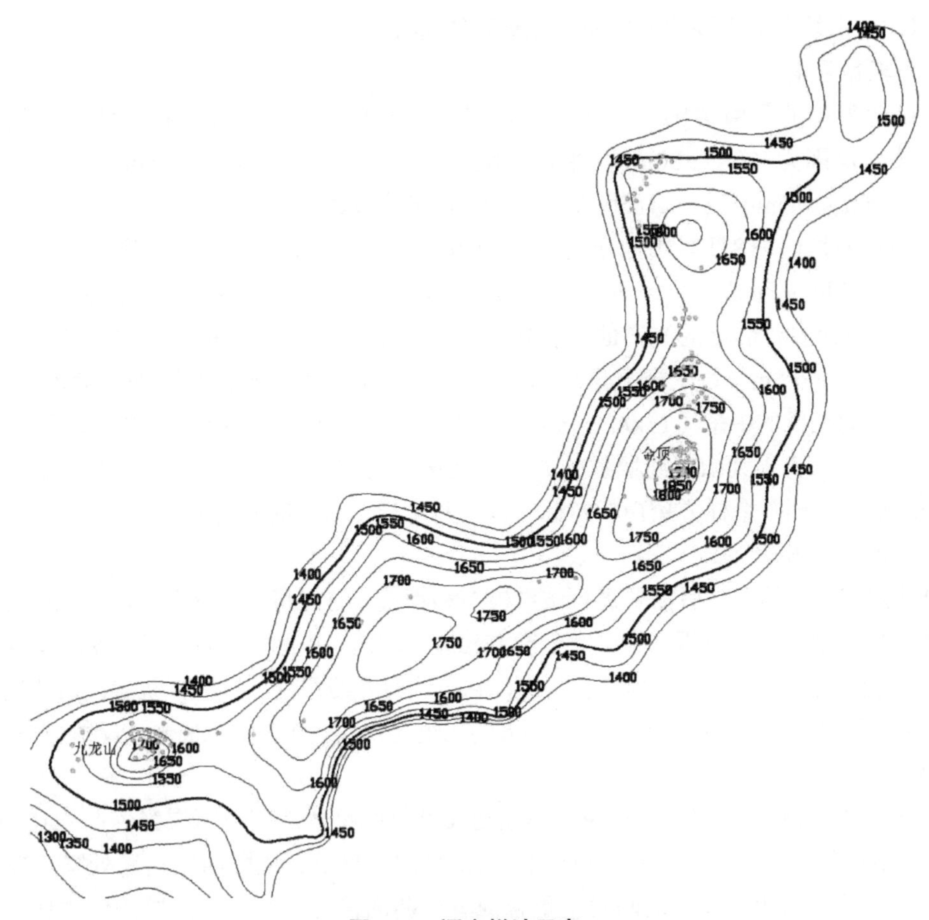

图 1-1　调查样地示意

注：灰色圆点表示样地位置

β多样性数据处理方法：

二元属性数据测度方法Cody指数：

$$\beta_c=[g(H)+l(H)]/2 \qquad (1\text{-}6)$$

Wilson和Shmida指数：

$$\beta_t=[g(H)+l(H)]/2S \qquad (1\text{-}7)$$

群落相异性系数：

$$\beta_s=1-2j/(a+b) \qquad (1\text{-}8)$$

Sorenson指数：

$$\beta_r=2j/(a+b) \qquad (1\text{-}9)$$

数量数据测度方法，Bray-Curtis指数：

$$\beta_b=2jN/(a+b) \qquad (1\text{-}10)$$

式（1-6）和式（1-7）中，g（H）是沿生境梯度H增加的物种数，l（H）是沿环境梯度H减少的物种数，S为所在生境梯度上各样方或样本的平均种数。式（1-8）、式（1-9）和式（1-10）中，a和b分别是样地A和样地B的物种数，j为两个样地的共有种数，jN为样地A和样地B共有种中相对盖度较小者之和。

1.2.2.1.3 山地草甸主要群落类型高光谱特征研究

（1）数据采集

本试验采用的是由美国 Spectra Vista公司生产的SVC HR-768野外便携式地物波谱仪，其波长范围为350~2500nm，采样间隔为1.5nm（波长350~1000nm）、7.5nm（波长1000~1850nm）和5nm（波长1850~2500nm），输出波段数为768。

2015年9月16—18日对山地草甸典型植被群落进行光谱采集，分别测定金顶附近芒、野古草、飘拂草（*Fimbristylis dichotoma*）、中华薹草（*Carex chinensis*）、箭竹（*Fargesia spathacea*）5种主要群落的光谱曲线。每种群落选取10个均匀、有代表性的样方，样方大小设置为0.5m × 0.5m，每个样方重复测量5次。为了减少光谱数据受野外环境因素的影响，试验选在晴朗无风的中午（11:00—14:00）进行，测定时探头距草地植被的冠层70cm左右，仪器探头角度垂直于太阳光线照射的方向，视场角为25° 。测定之前先除去辐射强度中暗电流的影响，每测一个样方用白板定标一次，每个样点扫描时间为5s。

（2）光谱数据预处理

野外测定的数据回来后需要进行质量检查和筛选，首先将反射率大于1的光谱数据删除，其次要对数据进行统计分析，求出每个样方相应的均值、中间值、标准差。标准差反映了同一地物一组光谱数据之间的相对变化幅度，它与试验光照条件、背景干扰等因素所造成的试验误差有关，最后筛选出同种群落差异不大的几组光谱曲线作为实际的光谱反射数据。

（3）重采样处理

本试验使用美国SVC生产的HR-768地物波谱仪测定草地植被冠层光谱曲线在1000nm、1900nm 附近的接缝处以及350~399nm波段和2450~2500nm波段前后边缘处噪声较大，使得原始光谱曲线的相邻波段之间发生重合或者间断的信息，而其他波段的信噪比高，约为1000：1。因此，为使最终得到的光谱曲线更加平滑，也更接近真实值，本研究采用仪器自带的数据处理软件（HR768）对原始光谱数据进行重采样处理（resample spectral data），重采样间隔选择1nm，再将获得的数据导入Excel表格中。重采样处理可以在保持原有数据特征的基础上，使最终的光谱曲线便于分析。本研究中此方法提取的光谱特征值主要有峰/谷位置、宽度、吸收深度、对称度[$S=S_1/(S_1+S_2)$]、斜度，相关定义如图1-2所示。

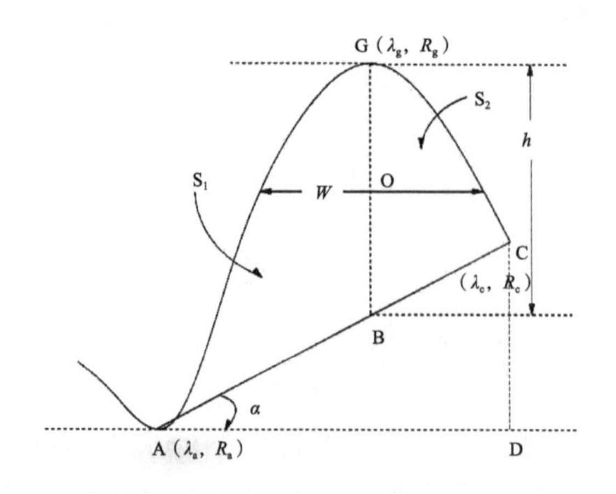

图 1-2 重采样光谱特征参数示意

注：A、G、C 分别为光谱曲线的极值点，λ 为对应的波长（nm），R 为对应的反射率（%），O 为 BG 的中点，W 为吸收宽度（nm），h 为吸收深度（nm），S_1 为吸收峰左边的面积（nm^2），S_2 为吸收峰右边的面积（nm^2），α 为倾斜角（° ）。

（4）一阶微分处理

光谱微分处理法又叫作导数光谱，主要反映由于植物中叶绿素及其他一些物质的吸收产生的波形变化，该方法可以有效地去除背景噪声对光谱曲线的影响，同时增强光谱特征。其基本原理是在重采样处理的基础上先确定导数宽度Δλ，再根据导数的定义计算波长λ的导数，然后根据表1-1的定义确定特征参数。对重采样光谱数据进行微分处理后，曲线的特征信息得到凸显，波峰波谷的位置也更清晰。本研究对草地冠层光谱曲线进行一阶微分的计算公式如下：

$$p'(\lambda_i) = \frac{p\lambda_{i+1} - p\lambda_{i-1}}{2\Delta\lambda} \tag{1-11}$$

式中，λ_i为波长（nm），i=350，351，…，2500，$p\lambda_i$为波长i的光谱反射系数，$\Delta\lambda$为波长i的相邻间距（崔凤军 等，1997；崔麟 等，2016）。

表1-1 一阶微分光谱曲线特征参数表

光谱特征参数	名称	定义及描述
D_r	红边幅值	覆盖范围为680~760nm，D_r是红边内一阶导数光谱的最大值
λ_r	红边位置	D_r对应的波长位置（nm）
D_b	蓝边幅值	覆盖范围为490~530nm，D_b是蓝边内一阶导数的最大值
λ_b	蓝边位置	D_b对应的波长位置（nm）
D_y	黄边幅值	覆盖范围为560~640nm，D_y是黄边内一阶导数光谱的最大值
λ_y	黄边位置	D_y对应的波长位置（nm）
SD_r	红边面积	680~760nm的一阶导数光谱曲线所包围的面积
SD_b	蓝边面积	490~530nm的一阶导数光谱曲线所包围的面积
SD_y	黄边面积	560~640nm的一阶导数光谱曲线所包围的面积

（5）连续统去除处理

连续统去除法也叫去包络线法。它的原理是通过将反射光谱吸收强烈部分的波段特征进行转换，在一个共同基线的基础上分析光谱吸收特征。对光谱曲线进行去包络线处理可以有效地突出光谱曲线的吸收和反射特征，从而使不同光谱曲线的特征值差异明显。特征参数的定义如图1-3所示。

$$DEP = 1 - CR_{\min}（2） \qquad WP = \lambda（CR_{\min}） \tag{1-12}$$

$$WID = \lambda_b - \lambda_a \tag{1-13}$$

$$AREA = DEP \times WID \tag{1-14}$$

式中，DEP为吸收深度参数，WP为吸收位置参数，WID为吸收宽度参数，$AREA$为吸收面积参数，$CR_{\min}$为吸收谷内包络线去除后的最小值，λ（$CR_{\min}$）为吸收谷内包络线去除后最小值对应的波长，λ_b、λ_a为包络线去除后的曲线中吸收深度一半位置的波长，$b>a$。

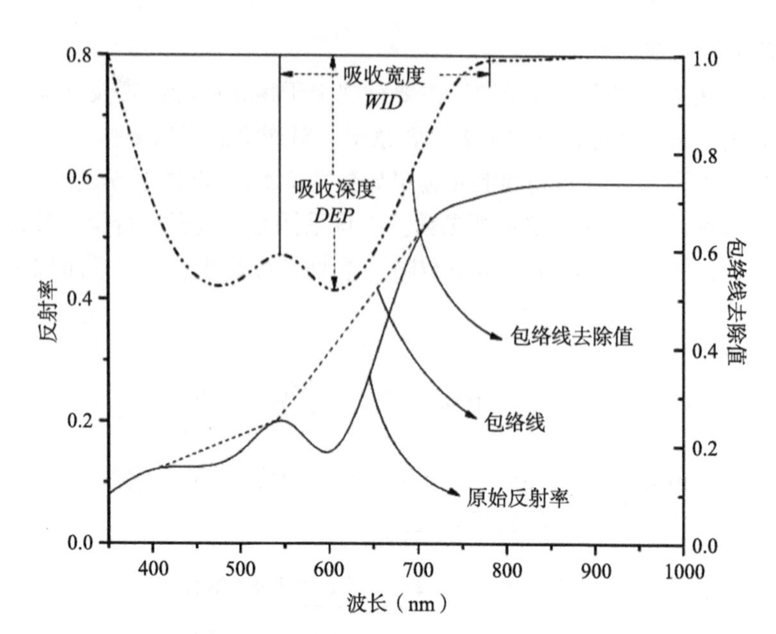

图 1-3 连续统去除光谱特征参数示意

1.2.2.1.4 山地草甸植被覆盖度分布格局

（1）数据来源与处理

武功山地处中亚热带，气候温暖湿润，雨量充沛，日照较少，云多雾重。为减小季节变化及雨季云层对山地草甸景观分析带来的影响，特选取秋季晴朗无云且日期接近的4个年份的遥感数据。研究数据主要来自1995年、2002年、2010年、2015年的Landsat5 TM卫星影像，地面卫星站接收时间分别为1995年10月27日、2002年10月14日、2010年11月5日、2015年10月18日，轨道号为122-41，云量均小于10%，质量良好。影像数据来源为地理空间数据云和美国地质调查局USGS，地图投影坐标为 UTM-WGS 84投影坐标系；武功山区域DEM数据（1:10000）来自江西省测绘局。

对TM影像数据进行系统辐射校正以及地面控制点几何校正，在实地调查的基础上，结合监督分类的方法形成1995年、2002年、2010年、2015年武功山4个时期的植被类型图，并通过人机交互解译模式进行修正。在此基础上提取出4期TM影像的山地草甸范围，分别选用TM影像中第3、4两个波段的数据进行植被覆盖度的研究，并选取随机样点进行遥感解译精度检验。

提取DEM数据的山地草甸范围，运用ArcGIS 10.0软件的3D分析模块，生成山地草甸的高程图、坡度图及坡向图。通过重新调整高程、坡度、坡向分级进行重分类，再与草甸植被覆盖度分布图叠加，探讨武功山地形因子对山地草甸植被覆盖度分布格局的影响。

（2）植被覆盖度的研究方法

①像元二分模型

像元二分模型假定一个像元的地表S由有植被覆盖地表和裸土覆盖地表构成。若像元完全由植被所覆盖的纯像元遥感信息为S_{veg}，完全由裸土所覆盖的纯像元遥感信息为S_{soil}，则像元植被覆盖度f_c为：

$$f_c = (S - S_{soil})/(S_{veg} - S_{soil}) \tag{1-15}$$

式中，S_{soil}和S_{veg}是两个关键的因子，要估算像元植被覆盖度，只需要计算土壤和植被的纯像元遥感信息。

该模型除了简单适用，易于推广，另一个特点就是通过引入参数减弱了土壤背景、大气以及植被类型等的影响。

②基于*NDVI*估算植被覆盖度

归一化植被指数（*NDVI*）为反映植被生长状态的重要参数，是遥感图像中近红外波段NIR（0.7~1.1μm）的反射值与红光波段R（0.4~0.7μm）的反射值之差和二者之和的比值。*NDVI*采用比值形式，能够消减大部分与太阳角、云阴影、地形和仪器定标等有关的辐照度变化，以此加强对植被的响应。因此，*NDVI*是指示植物空间分布密度和生长状态的有效因子。

把*NDVI*代入像元二分模型，即得出基于*NDVI*的植被覆盖度像元二分模型，其公式为：

$$F_C = (NDVI - NDVI_{soil}) / (NDVI_{veg} - NDVI_{soil}) \tag{1-16}$$

式中，$NDVI_{soil}$是全部由裸土覆盖区域的*NDVI*值，$NDVI_{veg}$是全部由植被覆盖区域的*NDVI*值，此模型对各种分辨率的遥感数据都适用。

确定$NDVI_{max}$与$NDVI_{min}$的值是像元二分模型的关键，因为选用$NDVI_{veg}$与$NDVI_{soil}$一般为遥感影像中置信区间（已给定置信度）内的最大值$NDVI_{max}$与最小值$NDVI_{min}$。本研究分别对4期*NDVI*数据进行直方图的统计分析，分别在累积概率95%和5%处确定$NDVI_{max}$和$NDVI_{min}$。因此可转换为式（1-17）来计算植被覆盖度：

$$F_C = (NDVI - NDVI_{min}) / (NDVI_{max} - NDVI_{soil}) \tag{1-17}$$

以此可反演得到武功山山地草甸4个时期的植被覆盖度。

①山地草甸植被覆盖度等级划分

因为植被覆盖度F_c介于［0，1］之间，结合武功山植被覆盖的实际情况，并根据已有研究结果，采用等间距重分类将武功山山地草甸植被覆盖度分为3个等级：Ⅰ.低覆盖植被区，$F_c<0.3$，等级值为1；Ⅱ.中覆盖植被区，$0.3 \leqslant F_c<0.6$，等级值为2；Ⅲ.高覆盖植被区，$F_c \geqslant 0.6$，等级值为3。然后依据分类指标计算，即得到山地草甸各个时期植被覆盖度的分布格局。

②山地草甸各期植被平均覆盖度

以植被覆盖度等级面积加权平均估算山地草甸各期植被平均覆盖度。若高、中、低植被覆盖度等级面积分别为S_3、S_2、S_1，对应的覆盖度取值分别为3、2、1，由式（1-18）计算得到武功山山地草甸各时期植被平均覆盖度。

$$平均值 = (S_1 \times 1 + S_2 \times 2 + S_3 \times 3) / (S_1 + S_2 + S_3) \tag{1-18}$$

③山地草甸植被覆盖度动态分析

利用差值法量化不同时期之间的植被覆盖度变化$\triangle F_g$，如式（1-19）：

$$\triangle F_g = F_{gyear2} - F_{gyear1} \tag{1-19}$$

式中，F_{gyear1}和F_{gyear2}分别为前后2个不同时期的植被覆盖度等级。

按以下标准对覆盖度等级差值进行划分：①当$\triangle F_g=3$时，记为极度改善；②当$\triangle F_g=2$时，记为中度改善；③当$\triangle F_g=1$时，记为轻微改善；④当$\triangle F_g=0$时，记为未变化；⑤当$\triangle F_g=-1$时，记为轻微退化；⑥当$\triangle F_g=-2$时，记为中度退化；⑦当$\triangle F_g=-3$时，记为严重退化。以此来反映植被覆盖度变化的程度。

1.2.2.1.5 山地草甸土壤活性碳研究

（1）样地设置

武功山主峰白鹤峰（金顶）海拔1918.3m，其中海拔1600m以下主要生长的是乔木、灌木、人工林等，海拔1600m以上主要是草甸。由于本研究主要是针对由于旅游开发而受人为干扰严重的高海拔草甸区域，所以本研究的样地设置主要是在1600m及以上的高海拔地区。

本样地的设置主要分为两个区域，分别是金顶和九龙山。因金顶是武功山的最高峰，又是旅游开发的重点区域，所以人为干扰较为严重，样地设置比较细致。金顶样地的设置为在1600~1750m海拔范围的山地草甸区，海拔每升高50m设置代表性草甸植被试验地段，分为未受干扰和轻度干扰两种类型，总共有8个样地。在1800~1900m海拔范围的山地草甸区，海拔每升高50m设置不同海拔梯度代表性草甸植被试验地段，根据草地的盖度实际情况，分为人为重度干扰（植被总盖度≤30%）、人为轻度干扰（30%<植被总盖度≤90%）、无干扰（植被总盖度100%）3个退化梯度，共9个样地。九龙山设置7个样地。另外，本研究还针对武功山不同的优势植被群落设置了18个样地。所有样地均从0~20cm、20~40cm土层深度采集土壤。

（2）样品处理与测定

采取的样品主要分为两份：一份放在4℃冰箱中用于土壤微生物量碳、可溶性有机碳的测定；一份自然风干，用于有机碳、易氧化态碳的测定。

土壤有机碳的测定主要采用油浴加热—重铬酸钾容量法。

土壤可溶性有机碳的测定：蒸馏水振荡浸提，再过0.45μm滤膜过滤，滤液用有机碳的测定方法测定。

土壤微生物量碳的测定：采用氯仿熏蒸浸提法。

易氧化有机碳的测定：采用333mmol/L的高锰酸钾氧化法。

1.2.2.1.6 退化山地草甸土壤团聚体及有机碳特征研究

（1）样地设置

本研究选取金顶至吊马桩景区方向（海拔1750~1900m）山脊线上具有代表性的以芒为优势种的草甸群落为研究对象，经实地踏查、调研，参照张金屯（2001）草地退化程度的相关划分标准，将样地划分为4种退化类型，分别为未退化（植被生长正常，覆盖度>95%）、轻度退化（植被覆盖度下降20%~35%）、中度退化（植被覆盖度下降35%~60%）和重度退化（植被覆盖度下降60%~85%）。在保持坡度（16°~25°）、坡向（东北坡）、土壤质地（山地草甸土）基本一致的基础上，设立3个区组，每个区组包含4种退化类型，共12个样方，样方面积10m×10m。

（2）样品采集与处理

取样时间为2014年6月上旬，每个样方内，在0~20cm和20~40cm两个土层深度分别随机多点采取土样，尽量保持原有的土壤结构状态。并带回实验室，将每份土样的3/4取出，沿土壤的自然结构用手轻轻剥开，剥成直径10~12mm左右的小土块，挑去粗根和小石子。土样摊开放置在通风透气的地方，自然风干后用于草甸土壤团聚体的分级；剩下的土样自然风干后用于草甸土壤总有机碳、颗粒有机碳和易氧化有机碳的测定。另外每个样方分0~20cm和20~40cm两个土层进行S形5点采样，同层混匀，藏于冰盒，并及时带回实验室在

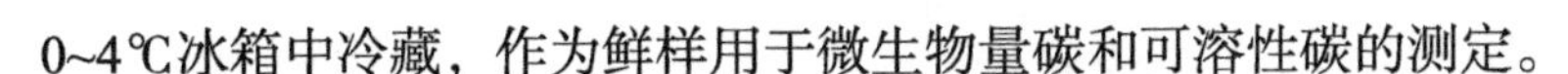

0~4℃冰箱中冷藏，作为鲜样用于微生物量碳和可溶性碳的测定。

（3）样品测定方法

土壤团聚体分级：取风干原状土500g用10mm、5mm、2mm、1mm、0.5mm和0.25mm的筛组进行干筛，分离出干筛团聚体（>10mm、5~10mm、2~5mm、1~2mm、0.5~1mm、0.25~0.5mm和<0.25mm），将各级样品分别称重，计算各级干筛团聚体的百分含量。将干筛得到的各级团聚体按其质量百分比配成质量为50g的土样进行湿筛。首先，将这50g土样在水中浸泡5min，然后将土样置于已准备好的筛组（2mm、1mm、0.5mm、0.25mm）上，将筛组置于团粒分析仪的振荡架上，放入水桶中。加水入桶至筛组最上面一个筛子的上缘部分。在团粒分析仪工作时的整个振荡过程，任何时候都不可超离水面。开动马达，振荡时间为30min，振荡结束后，将振荡架慢慢升起，使筛组离开水面。待水沥干后，用水轻轻将各级筛子上的团聚体冲洗进铝盒。将铝盒中各级水稳性团聚体放在电热板（60℃）上烘干24h，称重并收集团聚体样品，用于测定团聚体中有机碳含量。

团聚体稳定性分析：本研究采用大于0.25mm团聚体比例、团聚体质量分形维数（D_m）（衡量团聚体分维特征）和平均重量直径（*MWD*）（衡量团聚体的大小分布状态）来评价团聚体的稳定性。

草甸土壤总有机碳和各粒级团聚体中的有机碳：采用重铬酸钾外加热法测定；

草甸土壤有机碳储量的计算：

$$SOC_S=\sum(C_i\times\rho_i\times T_i)/10 \quad (1\text{-}20)$$

式中，SOC_S为特定深度的土壤有机碳储量（kg/hm^2）；C_i为第i层土壤的有机碳含量（g/kg）；ρ_i为第i层土壤容重（g/cm^3）；T_i为第i层土壤厚度（cm）。土壤容重测定采用环刀法；各粒级土壤有机碳储量计算即将C_i改为团聚体某一粒级百分含量与同一粒级有机碳的乘积。

土壤可溶性有机碳（*DOC*）测定：取过2mm筛的鲜土，称取10g左右，按水土比为4：1，加水混合，混合后在转速为200rpm的振荡机上振荡2h，振荡后的混合液在常温离心机4000rpm转速下离心5min，取上清液过0.45μm滤膜，用varioTOC（德国）测定。

土壤微生物量碳（*MBC*）测定：采用氯仿熏蒸浸提法。取过2mm筛的鲜土，称取20g于25mL小烧杯中，放入真空干燥器中，同时放入一装有精制氯仿的小烧杯（约为50mL），用凡士林涂抹密封干燥器。真空抽气至氯仿沸腾1~2min后，将干燥器放入25℃培养箱黑暗放置24h，然后反复真空抽气以除尽土壤吸附的氯仿，直至没有氯仿味。然后将熏蒸后土样转移到100mL的塑料离心管中，同时以未进行熏蒸处理的土壤样品作对照，加入50mL K_2SO_4溶液（K_2SO_4溶液：土重＝4：1），振荡30min（25℃）左右，然后用定量滤纸过滤。滤液采用土壤有机碳的测定方法进行测定。土壤微生物量碳的计算公式如下：

$$\text{土壤微生物量碳（mg/kg）}=E_c/K_{Ec} \quad (1\text{-}21)$$

式中，E_c为熏蒸土样有机碳与未熏蒸土样有机碳之差（mg/kg）；K_{Ec}为氯仿熏蒸杀死的微生物体中的碳（C）被浸提出来的比例，一般取0.38。

易氧化有机碳（*ROC*）测定：用333mmol/L的高锰酸钾氧化法。

颗粒有机碳含量（*POC*）测定：称取10.0g过2mm筛的风干土，加30mL六偏磷酸钠（5g/L），先手摇15min，然后放入振荡机振荡12h。土壤悬浮液过53μm筛，并反复用蒸馏水冲洗，收集筛上物，5℃烘干称重、研磨过筛，测定其土壤有机碳含量。

（4）数据处理与分析

所有数据采用SPSS17.0统计软件进行统计分析，显著性水平设定为α=0.05。所有数据图形处理采用Microsoft Excel 2003完成。

1.2.2.1.7 山地草甸土壤呼吸CO_2通量时空变异性研究

（1）样地设置

研究选择从金顶到吊马桩在同一坡向上海拔1600~1900m山地草甸为试验区，每隔100m海拔间距设置一个梯度，共4个梯度；按照退化程度，分为人为强烈干扰或重度退化（植被总盖度≤30%，S）、人为中度干扰或中度退化（30%<植被总盖度≤90%，M）、无干扰或无退化对照（植被总盖度>90%，CK）3个退化梯度，在4个海拔不同退化水平的草甸地域设置样地，每个样地为20m×20m，开展不同干扰与退化程度山地草甸土壤碳汇变化规律研究。

（2）测定方法

在每个海拔20m×20m样地中，进行土壤呼吸及温度测定和CO_2通量计算。每个样地随机设置6个PVC环（内径为20.0cm，高为11.5cm），将PVC环打入土壤，露出5.0cm于土壤外，同时将测定点PVC环内的地表植被自土壤表层彻底剪除，按编号分装在取样袋中作为地上生物量。为减小PVC环安放对土壤的扰动，保证第一次测量在PVC 环安置至少24h后进行，之后保持PVC 环位置不变，进行连续测量。利用Li-8100-102（Li-COR，USA）土壤碳通量测量系统测定土壤呼吸，并用其配备的探头同步进行5cm 土壤温度和土壤水分的测定，同时用根钻法分0~10cm和10~20cm进行根系生物量的测定。2014年7月、2014年10月、2015年1月，每季度选取晴好天气，每天9:00—11:00、12:00—14:00、15:00—17:00三个时段分别测一次。

1.2.2.2 草甸植被保护与恢复技术集成及土壤养分管理研究

1.2.2.2.1 山地草甸植被生物量分布特征

地上活体和根系的调查和采集：在选取的21块10m×10m样方中分别按照草地生态系统样方设置规则布设3个1m×1m小样方，将3个小样方内的地上活体全部取下、混合，称鲜重。取部分样品带回实验室，带回的样品应立即处理，如不能及时置于烘箱，需放置于网袋悬挂于阴凉通风处阴干，样品在野外收集时尽量放置在阴凉处，因为太阳暴晒易导致失水或霉烂。应尽快置于烘箱65℃烘干至恒重，记录干重，并取一部分粉碎用于磷含量的测定。将已选取的3个1m×1m小样方的全部根系取出，洗净土后称重，并取部分根系样品带回实验室，进行烘干称干重和磷含量的测定。

草甸立枯体和凋落物的采集：在选取的21块10m×10m样方中另选3个1m×1m小样方，将草甸立枯体和凋落物全部收集、称重，并取部分草甸立枯体和凋落物放入塑料袋，共21个草甸立枯体样品和21个凋落物样品带回实验室，立即洗涤，在80~90℃烘箱中（鼓风条件下）烘15~30min，然后降温至60~70℃烘干粉碎，供全磷的测定。

1.2.2.2.2 山地草甸土壤养分特征研究

（1）试验样地设置和样品采集

2014年1月在金顶主峰统一坡向采取土样，1600~1900m范围内每隔50m海拔间距设置一个海拔梯度，共7个梯度，每个梯度设置未退化草甸样地。1850m左右海拔统一按东北坡向和0~5°坡度，设置未退化（non-degradation，CK）和退化草甸斑块样地处理[轻度（Mild

degradation)、中度(Moderate degradation)、重度(Severe degradation)],各处理样地设置3次重复,每个样地水平投影大小为$10m \times 10m=100m^2$,分上(0~20cm)、下(20~40cm)层进行采样和试验分析。具体根据草地的盖度实际情况,分为重度退化(植被总盖度<30%)、中度退化(30%≤植被总盖度<60%)、轻度退化(60%≤植被总盖度<90%)、无退化(90%≤植被总盖度<100%)4个退化梯度。具体采样法:对划设样地的土壤分两层(0~20cm和20~40cm)进行同心圆五点采样,整个$100m^2$面积样地设置1个中心点,以中心点圆心4m为半径设置正方形的4个顶点,在这5个样点每个土层取样1kg土壤进行同层混匀后取出约1.5kg土壤带回实验室。在海拔梯度上自然未退化样地共取样$7 \times 3 \times 2=42$份,在1850m海拔不同退化程度样地处共取土样$4 \times 3 \times 2=24$份。

(2)试验分析

土样全氮、全磷、全钾的测定基于《土壤理化分析》中规定的方法测定,土壤全氮采用全自动凯氏定氮仪测定,土壤全磷采用NaOH熔融—钼锑抗比色法测全磷法,土壤全钾采用NaOH熔融—火焰光度法测定。

1.2.2.2.3 山地草甸养分限制性因子研究

(1)试验地选择

在江西武功山风景区分别选择具有代表性的土壤,即未退化地块土壤和退化地块土壤。

未退化地块土壤:于2013年6月在江西武功山3个不同海拔梯度下(1650m、1750m、1850m)选择物种丰富、郁闭度高(植被覆盖度为100%)的地块布置样地取样。样地标记为CK。

退化地块土壤:于2013年8月在江西武功山3个不同海拔梯度下选择物种少、裸露面积较大(植被覆盖度为30%以下)的地块布置样地取样。样地标记为退化。

(2)土壤样品的采集与制备

2013年6月和8月,在江西省武功山草甸分布地带,分别采集1650m、1750m、1850m 3个不同海拔梯度的CK样地、退化样地(坡向相同)土壤样品。采样区内通过多点随机采样法(10~20个采样点),各采集5~40cm的土样均匀混合,每个混合土样约70kg。土样经过自然风干后进行粉碎,过2mm筛,在6个不同的混合样中各取1.5kg干土壤样品,用于土壤有效养分分析测定和吸附试验,余下土壤样品用于温室盆栽试验。

测定土壤容重用环刀法,采集环刀土样是在植被调查和取土的基础上,选取典型地段随机挖3个剖面,分别在同一深度内取3个平行样品,按土层深度0~20cm、20~40cm 分别采集土层环刀原状土,烘干后用公式计算土壤容重。计算公式:

$$土壤容重=(1-A)\times 总湿重/100 \tag{1-22}$$

式中,A (%) 为小铝盒内土壤含水量,A(%)=(铝盒内湿土重 - 铝盒内干土重)/(铝盒内干土重 - 铝盒重)×100。

(3)植物组成调查与样品采集

以不同海拔CK、退化地块为调查采样点,在区域内布置3个面积$1m^2$的网格样方框,共计18个样方,测定草甸植被丰富度、频度以及覆盖率。同时,采集优势种剪取其植株、根,当场称重后放入保鲜袋,对非优势种进行混合取样,带回做鉴定、烘干处理。

植物种类鉴定:由江西农业大学林学院树木分类学及植物学教授进行物种种类鉴定,物种学名查询《中国植物志》。

植被覆盖度测定：在所选定样方内，选取1m × 1m的小样方，测绳每20cm处用细针（φ=2mm）做标记，顺次在小样方内的上、下、左、右间隔20cm的点上，从草的上方垂直插下，针与草相接触即算有，不接触则算无。针与草相接触点数占总点数的比值，即为草地盖度。用此法在样方内不同位置取3个小样方求取平均值，即为样方草地的盖度。

（4）土壤样品分析与测定

将1.5kg干土壤样品寄送至中国农业科学院土壤与肥料研究所中—加实验室进行常规分析。化学分析方法采用ASI法，除了包括pH值、活性酸度和有机质等常规分析外，还包括对氮、磷、钾、钙、镁、硫、铁、硼、锰、锌、铜共11种元素的速效含量测定。

其中速效磷、钾、铁、铜、锰、锌用ASI浸提液（0.25mol / L $NaHCO_3$+0.01mol / L EDTA+0.01mol / L NH_4F）浸提，浸出的磷用钼蓝比色法测定，在钼蓝显色的同时根据原子吸收测定同一显色液中的钾含量；速效性硼和硫用0.08mol/L$Ca_3(PO_4)_2$溶液浸提，浸出的硫用硫酸钡比浊法测定，硼用姜黄素比色法测定。直接用原子吸收分光光度计（AA）测定铁、铜、锰、锌含量。试验结果和数据作为盆栽试验养分添加量设计的依据。

（5）吸附试验

吸附试验是在一系列一定量的土壤样品中加入各种营养元素含量不同的溶液（表1-2）并充分混合，在自然条件下风干，短时间内模拟草甸条件下各元素与土壤组分从水分饱和到风干过程的各种反应。采用上述ASI法加入浸提草甸土壤中钾、磷、硫、硼、铜、锰、锌的可浸提量，作出吸附曲线图来评价土壤的吸附固定能力。分析土壤中主要养分障碍因子的存在和养分亏缺的顺序。

表 1-2　土壤吸附液中各种元素浓度

mg/L

浓度序列	元素						
	钾（K）	磷（P）	硫（S）	硼（B）	铜（Cu）	锰（Mn）	锌（Zn）
1	0	0	0	0	0	0	0
2	25.42	20	10	0.25	1	5	2.5
3	50.83	40	20	0.5	2	10	5
4	101.66	80	40	1	4	20	10
5	203.32	160	80	2	8	40	20
6	406.64	320	160	4	16	80	40

（6）盆栽试验

在实验室分析和吸附试验的基础上进行盆栽试验，指示植物为高粱（品种为‘东梁80号’）。试验在温室中进行，按ASI 法已确定的一般作物的土壤养分含量临界值，通过吸附曲线查出使土壤各养分含量达到临界值3倍所需的肥料加入量，以此为最佳处理（OPT）中肥料的用量（表1-3），同时调节钙/镁值为1.2~6.2。

OPT中已加入某元素，则另设一个OPT中减去该元素的处理（如“–P”）；OPT中未加入某元素，则另设一个OPT中加入该元素的处理（如“+P”），其他各元素的加入量与OPT相同，CK为无肥对照。以吸附试验结果为依据，每个土样共设14个处理，每个处理3次重复（表1-4）。

表 1-3　盆栽试验不同地块土壤中各种养分最佳推荐量

土壤	养分因子											
	mL/400mL										g/400mL	
	氮（N）	磷（P）	钾（K）	硫（S）	硼（B）	铜（Cu）	铁（Fe）	锰（Mn）	钼（Mo）	锌（Zn）	碳酸钙（$CaCO_3$）	碳酸镁（$MgCO_3$）
1850 退化	4.00	4.50	5.70	4.00	1.60	6.20	4.00	4.00	4.00	2.30	1.80	0.20
1850CK	4.00	3.40	8.30	3.20	2.00	5.20	4.00	1.00	2.00	2.00	1.00	0.10
1750 退化	4.00	5.10	8.60	4.00	1.60	7.60	4.00	4.00	4.00	2.30	1.50	0.20
1750CK	4.00	5.60	8.90	3.70	2.20	6.40	4.00	1.60	2.00	2.20	1.40	0.10
1650 退化	4.00	2.00	4.00	4.00	4.00	6.40	4.00	1.60	4.00	2.10	0.70	0.20
1650CK	4.00	9.20	10.00	4.00	1.80	5.40	4.00	1.70	2.00	3.00	1.10	0.40

注：除 CK、–N（减少氮肥施用量）外，其余追加施 NH_4NO_3 1.5g/5L。

表 1-4　盆栽试验设计

土壤标号	处理													
1850 退化	OPT	–Ca	–Mg	–N	–P	–K	–S	–B	–Cu	+Fe	–Mn	–Mo	–Zn	CK
1850CK	OPT	–Ca	+Mg	–N	–P	–K	–S	–B	–Cu	+Fe	–Mn	–Mo	–Zn	CK
1750 退化	OPT	–Ca	–Mg	–N	–P	–K	–S	–B	–Cu	–Fe	–Mn	–Mo	–Zn	CK
1750CK	OPT	–Ca	+Mg	–N	–P	–K	–S	–B	–Cu	+Fe	–Mn	–Mo	–Zn	CK
1650 退化	OPT	–Ca	–Mg	–N	–P	–K	–S	–B	–Cu	+Fe	–Mn	–Mo	–Zn	CK
1650CK	OPT	–Ca	–Mg	–N	–P	–K	–S	–B	–Cu	+Fe	–Mn	–Mo	–Zn	CK

盆栽试验按照ASI法在江西农业大学博学楼5楼玻璃温室内进行。指示植物为高粱，采用 500mL底部有孔（直径0.7cm）的塑料杯（上端直径8.7cm，下端直径6.2cm，高10.6cm），孔部装一个过滤烟嘴自动调节吸收水分。先将各种待加入的养分元素配成溶液一次性加入1200mL风干土中，在室内阴干后再根据推荐量加入固态碳酸钙（$CaCO_3$）、碳酸镁（$MgCO_3$），充分拌匀，每杯装土400mL，土面至杯口1cm为宜，3次重复，随机排列。定期供应水分并观察植物长势。每盆播15粒种子，出苗后留8株，40天后，生长量最大时收获地上部分，105℃下杀青3min，70℃烘干至恒重，测定干物质重量并统计分析各处理间的差异显著性，以最佳处理的生物产量为100%，计算各处理的相对产量，对不同试样中元素缺乏程度进行评价。

1.2.2.2.4　山地草甸土壤物理特征研究

在1800~1900m范围内每隔50m海拔间距设置一个梯度，共3个梯度；每个梯度选择正常植被生长地，设置3个重复样地，进行土壤理化性质分析；按不同退化阶段（重度、中度、轻度）各设置3个样地，重复3次。共设置样地数：3（3个海拔梯度）× 4（正常、重度、中度、轻度4种植被模式）× 3次重复=36个；每个样地水平投影大小为10m × 10m=100m^2。每样地3个采集点，分0~20cm、20~40cm土层，每层2个环刀（其中1个测定渗透性、1个测定容重、持水量、孔隙度等指标）。测定方法参考《森林土壤水分—物理性质的测定》（LY/T 1215—1999）。

1.2.2.2.5　**山地草甸土壤微生物特征研究**

利用GPS定位技术在研究区域内采样，样地坡向朝南，用皮尺围成一个25m×25m的方形网格，取网格中心部分的土样的方格进行采样。每个中心部分采集土壤表层0~20cm和20~40cm的土样两份，记录中心样点的地理坐标和海拔，每个中心样点周围3m圆圈范围内再取4个点，以5个点的混合土样作为该点的样本，共采集样品点117个，样品共234个。将所采样品分别装于采集袋中，冷藏处理，带回实验室在4℃下保存待测。试验采用随机区组设计，每个土样测定重复3次带回实验室分析。

金顶附近的高山草甸集中在1600~1900m，而金顶的高山草甸的植被破坏主要在海拔1800m左右的游步道，其中海拔1900m样地太少不具代表性，海拔1800m以下干扰程度比较少，所以我们在研究干扰程度对武功山草甸微生物数量的影响时采用的海拔是1800m。

微生物各类群数量的测定方法：采用稀释平板涂布法（蔡靖　等，2002；曹裕松，2013），稀释平板涂布法计算公式为：每克土壤菌数（cfu/g）=（菌落平均数×稀释倍数）/土样。细菌采用牛肉膏蛋白胨琼脂培养基，真菌采用孟加拉红琼脂培养基，放线菌采用高氏一号培养基。每种类群选用3个稀释度（细菌采用10^{-4}、10^{-5}和10^{-6}稀释度，真菌采用10^{-1}、10^{-2}和10^{-3}稀释度，放线菌采用10^{-4}、10^{-5}和10^{-6}稀释度），每个稀释度涂布3个平板。

1.2.2.2.6　**山地草甸生态修复技术研究**

在金顶、铁蹄峰处，选取草甸恢复样地进行播种试验，结合山地气象特征及风景区游人踩踏较多的实际情况，选取狗牙根（不脱壳）、高羊茅、多年生黑麦草、画眉草及本地草种芒为草甸恢复试验草种。因山上风力较大，且温度较低，故分别选取无纺布、地膜、草帘子3种覆盖物，作为播种后的防风、保温材料。选取山下培植草皮（狗牙根草皮）及当地草皮（芒、薹草、飘拂草草皮）做退化草甸土壤草皮移植恢复试验。

试验样方：金顶人为踩踏退化恢复区的试验样方面积为$4m^2$（2m×2m），在铁蹄峰建筑破坏坡面恢复试验区的试验样方面积为$14m^2$（2m×7m）。

播种量：根据种子公司以往草地播种经验，结合查阅的相关资料，确定各草种播种量为：狗牙根为$15g/m^2$、高羊茅为$30\sim40g/m^2$、画眉草为$0.1\sim0.3g/m^2$、黑麦草为$30\sim40g/m^2$、芒为$30\sim40g/m^2$。

辅助标示措施：为使试验有效开展，在试验区周围进行铁丝网围栏，并栽挂指示牌，对游人进行提示、引导。

1.2.2.2.7　**山地草甸养分动态变化管理信息系统研究**

由于该系统所研究的范围主要为武功山草甸区，而武功山地区林线高度为海拔1500m左右，主峰海拔1918m，所以研究范围为从武功山的林草交错带到武功山主峰。在这一范围内，武功山草甸又大致分为3块相对独立的区域，即金顶周边区域、九龙山区域、华云界区域，所以在研究过程中也主要以这3个区域为主。其中以金顶周边区域海拔梯度最为丰富，包含1500~1900m的各个范围，九龙山区域高度居中，华云界区域海拔梯度最少。该研究区域范围内，林草交错带内植物种类较为繁杂，以杜鹃花科（Ericaceae）、绣球科（Hydrangeaceae）、禾本科、菊科（Asteraceae）等植物居多，草甸则主要以芒、野古草、羊草等禾本科为主，其中镶嵌其他类草种，而退化区则杂草占优势，禾本科类优势种较少。对于土壤养分来说，以金顶和九龙山放牧区域退化较为严重，使得土壤养分含量发生较大变化，土壤有机质含量也大幅下降。

（1）地理信息系统的开发思想及方法

地理信息系统软件的开发虽然存在它自身的特点，以及拓扑数据结构的复杂性，但是其开发同样也具有一般软件开发的设计思想，主要包括面向结构的程序设计方法、面向对象的程序设计方法和组件开发方法。面向结构的设计概念提出较早，它的主要思想是采用一种自顶向下和逐步求精的方法，即从整体到局部，将有待开发的较大的软件系统分成若干个相对独立的模块，逐一实现每个模块，这种结构的任何程序都是由顺序结构、选择结构和循环结构组成。但是这种思想使得用户的要求难以在系统需求分析阶段得到准确的定义，而且模块间的交互和维护比较困难，开发周期也太长。面向对象的程序设计思想是将现实世界中的实物都当作一个个对象来处理，将程序和数据封装在对象中，而各个对象也可以互相调用。这种程序设计方法使得软件具有了很大的灵活性和可维护性，并且具有继承性、封装性和多态性，提高对象扩展性、数据安全性及程序开发效率，这尤其对于商业和大型软件具有超强的优势。而组件式开发思想是面向对象思想的一种延伸，是一种组装式的开发思想，能够将已经开发好的模块或功能加载到项目开发中，从而提高开发效率，也提高开发质量。

地理信息系统的二次开发方式大体上包括两类：一种是单纯二次开发；另一种为组件式开发方法。组件技术是目前流行的一种计算机软件技术，由于它能够进行各种功能的独立发布和重组，使得软件开发的效率得到了极大的提高，其模块化思想就是将各种所需要的功能通过某种标准和接口进行联合和重组，从而得到我们所需要的应用系统。

（2）系统需求分析及可行性分析

本系统主要用于对采集数据的管理和可视化分析与管理，主要是针对所调查的植被本底数据，以及网格取样法所采集的三个主要研究区的土壤养分状况的管理，并对数据进行一定程度的分析。通过坡度、坡向、土壤侵蚀程度等对高山草甸退化情况进行适度监测和分析，从而为武功山高山草甸的恢复工作和长效监测提供决策支持工作。本系统所实现的部分功能具有一些探索性，整体上具有很好的可行性。系统设置了登录权限，对本系统中所涉及的植被相关数据和土壤养分数据进行了相应的分析和整理，具有较高的可靠性。系统也具有良好的稳定性和可行性，对矢量图层数据可进行放大、缩小；能够对数据进行录入、查询、存储、统计等；能够实现武功山地区地形的三维浏览和模拟；能够进行一定的坡度、坡向分析，从而提供检测；能够建立施肥推荐模型，为草甸恢复提供参考。系统总体设计过程中所需要的技术体系都是现在较为成熟的技术，都具有可行性。在土壤和植被的数据方面，研究组拥有丰富的数据，为制作地理信息数据上的属性数据表，提供了足够的数据支撑，而对于土壤模型的建立则需要在今后的实际应用中进行反复的试验和调整，以调整和维护系统。

（3）系统开发的软硬件环境

在ArcGIS等大型软件进行成图和三维分析的过程中，对于计算机硬件的要求相对比较高，而软件对硬件的配置相对要求较低，故满足软件所需配置即可顺利进行系统的开发。

系统开发的硬件建议使用较高配置的计算机，尤其是显卡配置，以免在三维制图过程中影响图层显示速度和开发效率。

基于组件式GIS开发的优点之一便是能够脱离大型的ArcGIS软件在开发平台上进行独立开发，所以系统开发过程中能够自由设计系统界面、操作顺序和各种控件的组合排列，从而使得系统很少受制于GIS软件平台。如果所需地图图层及空间数据已经具备，则直接进行导入开发即可。由于武功山研究区域原始数据不够完整，所以在系统开发过程中尚需进行基本地图数据的编辑与处理分析，从而使得数据能够适应平台的开发。

（4）系统设计的基本原则

武功山草甸植被与土壤养分管理系统的基本设计原则遵循系统工程的原则，及GIS应用系统相应的数据标准和技术规范，该系统属于应用型程序开发，所以系统的建设应考虑具有完整性、实用性、简洁性、可靠性、安全性、规范性及美观性等特点。

（5）系统的总体技术路线设计

系统总体的技术路线大致包括两个部分，首先是要开展野外工作，完成包括野外空间数据、属性数据及其他数据的采集工作；然后需要进行内业工作，包括研究地区的相关地理地图、地形数据以及所需图件，以及所需软件的安装、所需程序代码的设计和界面的开发等。其技术路线如图1-4所示。

（6）系统的数据库设计

目前地理信息系统数据主要分为两类，一类是由基于矢量图层文件或者栅格数据文件等各类图层构成的空间数据，如等高线数据、行政区划图、土地利用图等各类专题图层；另一类便是用于描述空间地物或者区域所具备的各种特征、定性描述、量化指标等的属性数据，如人口数量、土地利用类型、各类土壤分布及数量等。

空间数据库设计主要涉及相关地理信息系统（GIS）软件及数字化图件等基础资料。空间数据所需要的图件需要通过收集并进行必要的处理，包括对图件的筛选、整理，通过数字化仪、扫描仪将纸质图件进行数字化处理及校正等，并建立相应的图层（如点线面图层、多边形图层等），然后再将图层进行各种需要的编辑、坐标转换、图幅拼接、各种统计与空间分析。本系统主要涉及到的栅格数据有武功山遥感影像、武功山数字高程模型，武功山矢量数据包括采样点图、区域等高线图等（图1-5）。

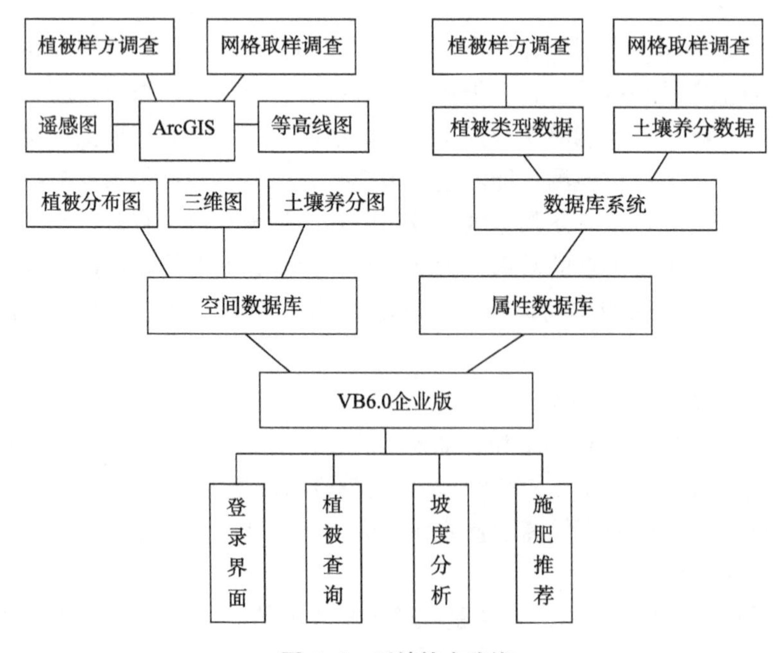

图 1-4　系统技术路线

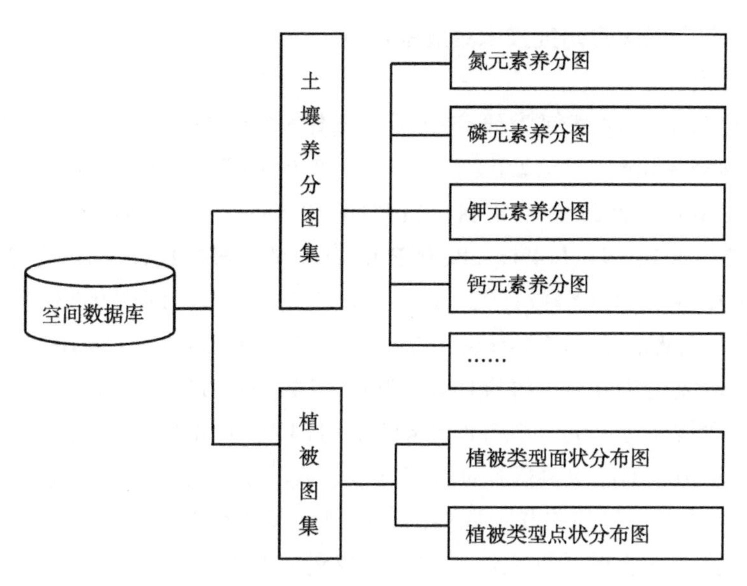

图 1-5　空间数据库

属性数据库设计方面主要包括土壤采样点的氮磷钾等各类化学元素以及有机物等指标的含量，各区域的植被类型及进行系统查询所涉及的植被图片和植物生态生物学特征描述数据等。植被类型查询的属性数据库设计见表1-5，土壤养分图属性数据库设计见表1-6。

表 1-5　植被图属性数据

字段名	数据类型	索引或外键	其他
FID	整型	外键	
ID	整型		
植被类型	文本		
所占比例	整型		
分布海拔	整型		

表 1-6　土壤养分图属性数据

字段名	数据类型	索引或外键	其他
FID	整型	外键	
ID	整型		
经度坐标	双精度		
纬度坐标	双精度		
绝对高程	整型		
pH 值	单精度		
有机质	单精度		
硝态氮	单精度		
铵态氮	单精度		
磷元素	单精度		
钾元素	单精度		
钙元素	单精度		
镁元素	单精度		
硫元素	单精度		
铁元素	单精度		
铜元素	单精度		
锰元素	单精度		
锌元素	单精度		
硼元素	单精度		

1.2.2.3 山地草甸自然灾害防控技术集成及示范

1.2.2.3.1 试验设计

本研究以武功山山地草甸为研究范围，选定8个调查地点，即金顶信号发射树西北坡面（海拔1855±8m，27°27′05.78″N、114°10′13.83″E），金顶信号发射树东南坡面（海拔1855±8m，27°27′05.78″N、114°10′13.83″E），金顶白鹤山庄南坡面（海拔1790±6m，27°27′28.16″N、114°10′28.39″E），息心亭（海拔1696±10m，27°27′46.84″N、114°10′27.65″E），吊马桩（海拔1592±8m，27°27′59.52″N、114°10′35.39″E），云海客栈至吊马庄路上芒与玉簪混生区域（海拔1657±8m，27°28′13.06″N、114°10′45.67″E），云海客栈至吊马庄路边避风洼北坡面（海拔1648±7m，27°28′19.67″N、114°10′47.34″E），云海客栈附近北坡面（海拔1609±6m，27°28′25.41″N、114°10′49.68″E）。通过多次和多点实地调查和研究，对武功山草甸昆虫群落特征及多样性、武功山重要草甸害虫亮壮异蝽（*Urochela distincta*）暴发与环境变量的关联、武功山高山草甸节肢动物种类、武功山草甸病害发生、抑制禾本科植物真菌病害的活性天然产物和螟蛾交配干扰剂等进行了研究，并提供武功山山地草甸害虫绿色防控和草甸及森林防火技术体系，为武功山山地草甸的保护和可持续发展提供第一手的科学数据和技术支撑。

1.2.2.3.2 样地设置

对武功山国家级自然保护区做初步的实地踏查，在了解山地草甸内昆虫和病害分布情况、海拔及植被组成的基础上，设置以下8个样地，分别为：吊马桩样地、云海客栈样地、避风洼样地、混生区样地、息心亭样地、白鹤园样地、东南坡样地、西北坡样地，研究山地草甸昆虫群落多样性的时间动态。

除地形、气候和土壤是影响昆虫和病害分布的重要原因外，海拔和植被也是重要的条件之一。同时，选取其中6个具有代表性的样地：吊马桩样地、避风洼样地、云海客栈样地、混生区样地、东南坡样地、西北坡样地，对不同生境昆虫和病害的差异及相似性进行分析。

1.2.2.3.3 标本采样及处理

分别于2013年7—9月、2014年6—9月及2015年5—9月对保护区草甸样地进行针对调查，主要采用扫网调查，捕虫网柄长1.5m，直径38cm，深度为50cm。每样地采用“Z”字形网捕取样法，每个样地扫网100~200次，每次往返呈180°，进行昆虫采集。大型昆虫带回室内针插，小型昆虫浸泡在无水乙醇中，均在室内计数，并记录采集时间、地点、海拔及植被情况。

一般病害目测其发病程度，严重发生的病害调查其发病率及病情指数，将标本采回供室内病原鉴定。病原鉴定采用显微镜检查及病菌分离培养技术，将检查结果与相关文献记载进行比较来判断病原种类归属。

1.2.2.3.4 分析方法

Simpson多样性指数（D）、丰富度指数（R）、Shannon-Wiener多样性指数（H'）和Pielou均匀度指数（E）计算同式（1-2）至式（1-5）。

Jaccard系数，又称相似性指数，是用来比较样本集中的相似性和分散性的一个概率，该系数等于样本集交集与样本集合集的一个比值。

$$q=c/(a+b-c) \tag{1-23}$$

式中，q为Jaccard相似性指数，其中a为A生境种类数，b为B生境种类数，c为A、B两生境中共同的种类数。该公式规定相似性等级是：当$0.00 \leq q<0.25$时为极不相似；当$0.25 \leq q<0.50$

时为中等不相似；当0.50≤q<0.75时，为中等相似；当0.75≤q<1.00时，为极相似。

1.2.2.4　旅游行为、布局及模式对山地草甸影响与应对研究

1.2.2.4.1　试验方案

本研究对旅游者踩踏干扰、露营活动对草甸植被的影响分析，数据来源于研究组通过实地踏查法与采样方法对研究地的植被冲击状况进行调查获取的资料，调查地点选择在游憩活动较为频繁的吊马桩道路（A）、观音宕道路（B）、露营地（C）三处（图1-6）。具体操作方法如下：

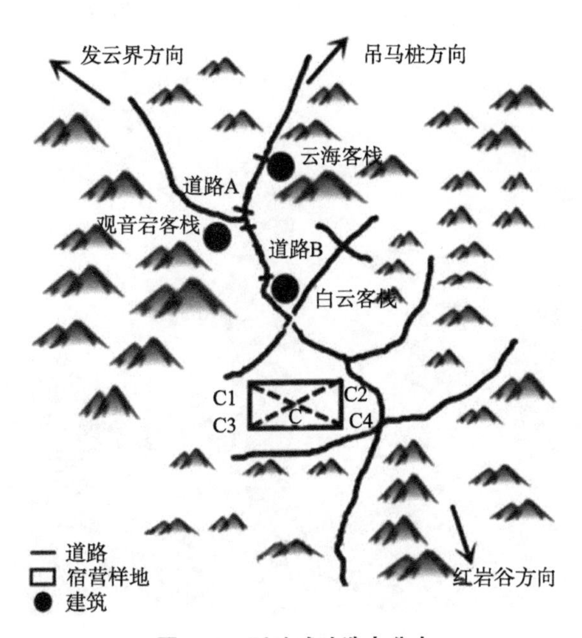

图 1-6　踩踏试验选点分布

（1）踩踏试验

首先，选择划分试验样地。即在未受踩踏干扰的地方设置3块重复试验样地，每块样地包括6条试验带（图1-7），试验带宽0.5m，长2m。为了方便试验的实施以及后续的观察，试验带间以0.4m的过道分开。同时，详细记录每个植被样方的坡向、坡度以及海拔。

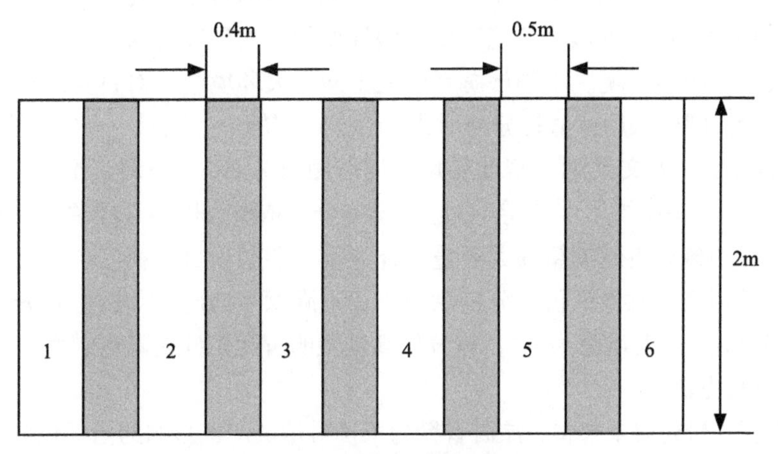

图 1-7　踩踏试验样地设置

其次，进行踩踏试验。选择体重大概为70kg的试验者，穿着带凹凸底纹的鞋子进行踩踏实验，以正常步态沿着条带单向行走一次记作一次踩踏，完成一次踩踏后，在样地外转身后再进行下一次踩踏。每次试验踩踏次数分别为0次、50次、100次、200次、500或700次。

最后，分别在踩踏试验后1周、2周、1个月、2个月记录试验条带中每个植物种的高度、盖度和个体数等具体数据（图1-8）。

（2）土壤容重测定

测定土壤容重采用环刀法，对整个露营调查样地进行“X”形取土，选择5个点取样土，编号依次为露营地C1~C4，分别为四个角，C为露营中间位置。

图 1-8　踩踏试验现场

1.2.2.4.2　问卷调查

2014年国庆节期间研究组赴武功山开展问卷调查，问卷设计了500份，有效问卷为454份。问卷主要分为三部分：第一部分为旅游者对山地草甸区游憩环境因素重要程度评价，采用Likert表对评价因素赋分，分别赋予：很不重要为1分、不重要为2分、一般重要为3分、很重要为4分、非常重要为5分，得分较高则说明游憩环境因素更重要。第二部分为旅游者对自身所处的大环境背景下对17个环境因素的偏好评价，大环境分为：开放型环境、半开放半封闭型环境、封闭型环境。不同旅游者处在不同的大环境中，对自身周边的游憩环境因素进行偏好评价。同样采用赋值打分的形式，对于适宜的户外项目、独特的山地草甸景观、动植物资源丰富度、人文景观丰富度和垃圾桶与厕所分布5项分别赋予1~5分，依次为极少、较少、一般、较多、广泛。其余12项赋予1~5分，依次为极差、较差、一般、较好、很好，得分越高说明旅游者越期望在大环境中开展哪项游憩项目。第三部分对旅游者对山地草甸区游憩条件因素满意度评价，分别赋予：很不满意为1分、不满意为2分、一般满意为3分、很满意为4分、非常满意为5分，得分较高则说明游憩条件因素更满意。

1.2.2.4.3　分析方法

从国内外相关研究成果来看，旅游者行为干扰对植被产生影响的指标较多（曹裕松 等，2013；查普曼 等，1980；常是 等，2004），为充分阐述武功山地区草甸植被在旅游干扰行

为下的生长状况，本研究借鉴已有指标研究成果，着重从群落外观、物种组成的多样性、抵抗力以及恢复力出发，选用植被平均盖度、生物多样性指数、群落高度、植物综合优势度、植被综合指数等方面进行分析。

（1）*旅游者踩踏对植物群落外观和物种组成的影响分析方法*

本研究中植物群落外观变化特征选择群落间平均相对盖度、物种间盖度的标准差、物种间高度的标准差等3个指标来考量；而踩踏干扰对植物群落的影响则从植物综合优势度、群落间优势种综合优势度以及物种丰富度的变化情况来进行分析，最后在分析单个植被参数变化特征的基础上，分析草甸在踩踏干扰下其综合植被指数。

本研究中不同试验带植被参数间差异性分析在PASW Stastics 18中完成。其他指标数据分析方法如下：

植被条带总盖度等于相对盖度与条带间各植物种的投影盖度之和，植被相对盖度计算公式如下：

$$RVC（\%）=\frac{C_{ij}}{C_{i0}}\times C_f\times 100 \tag{1-24}$$

式中，$C_f=\frac{C_{ij}}{C_{i0}}$，$RVC$为植被相对盖度，$C_{ij}$为第$i$个踩踏条带第$j$次试验观测得到的盖度，$C_f$为纠正系数，$C_{0j}$为第$j$次试验对照条带观测得到的盖度，$C_{0i}$为对照条带的初始盖度，$C_{i0}$为第$i$个踩踏条带未踩踏前的植被盖度。

群落平均高度综合试验地带所有物种的高度情况考虑，得到条带间的平均高度，为直接体现群落间高度的差异性，本研究不对平均高度做任何数据上的处理。

物种平均高度的标准差。本研究中物种高度的集中程度用试验条带内植物高度的标准差来衡量，如果标准差越大，表明物种间高度差异性越大，物种垂直结构就越为明显；反之，越均匀物种间垂直结构越差。

物种盖度标准差。物种盖度的相对集中程度可用条带内植物盖度的标准差来衡量，若标准差越大，则物种间盖度的差异性越大；若标准差越小，则不同物种盖度越区域均匀化。若物种数不发生变化，随着标准差的增大，群落间水平结构越简单；反之，越复杂。

物种丰富度试验条带物种数量，用来分析试验条带内物种的变化情况。

综合植被指数计算公式如下：

$$VSI=\sum_{i=1}^{3}|\frac{\mathrm{V}_i-V_{I0}}{V_{I0}}|/300 \tag{1-25}$$

式中，VSI为综合植被指数，i为植被参数（高度、相对盖度、物种丰富度）的数量，V_i为对应的踩踏条上第i个植被参数的观测值，V_{I0}为对照条上第i个植被参数的观测值。参数值越大，表明综合影响越大。

植物综合优势度主要用来分析植物群落间优势种的变化情况，计算公式如下：

$$SDR=(RC+RH)/2 \tag{1-26}$$

式中，$RH=H_i\times 100/\sum_{i=1}^{n}H_i$，$RC=C_i\times 100/\sum_{i=1}^{n}\mathrm{C}_i$，$SDA$为植物综合优势度，$RH$为植物相对

高度（第i种植物高度与总高度$\sum_{i=1}^{n} H_i$比值），RC为植物相对盖度（第i种植物盖度与总盖度$\sum_{i=1}^{n} C_i$比值）。

优势度越大表明在竞争中优势越明显，对群落功能的维持贡献越大，群落优势种则为综合优势度越大的种类（所有物种间优势度之和为1）。

（2）植物群落对踩踏干扰的抵抗力分析方法

植被盖度可以直观地表现出植物群落间的相关变化，在实际管理中也易于操作。此外，通过试验表明，在踩踏结束后第二周开始，由于踩踏造成的破坏几乎不会再增加，可用这个时候的植被参数表明这种影响下的稳定状态。因此本研究采用试验结束后第二周的植被相对盖度来分析其对踩踏的抵抗力，即通过建立相对盖度与踩踏强度关系模型，分析使相对盖度发生显著性变化所需的踩踏强度。

建立相对盖度与踩踏强度关系模型，主要采用邓聚龙（1993）基于灰色分析系统提出GM（1，1）方法模型。该模型通过对原始的、较为单调的数据序列进行累加单调性较强的一系列新数据，综合运用微分方程模型（方程中参数的估计采用最小二乘法）实现了在样本数量较少的情况下的建模。适用于原始数据较为缺乏的情况下的预测，此方法的提出解决了数据量少而无法使用统计方法寻找规律的难题。

通过踩踏试验发现，植被盖度降低程度与踩踏强度密切相关，且前者随后者的增加而增加。本次试验中，数据量较小是建模过程中面临的最大问题，但由于踩踏试验中获得的数据具有一定的单调性，且有稳定的发展趋势（植被盖度随踩踏强度的增加而降低）。因此，本研究采用GM（1，1）法建立踩踏强度与植被盖度响应模型是合理的，本次试验的建模在Matlab7.1中完成。

本研究对植物群落在踩踏干扰下的抵抗力分析，就是基于以上建立的植被盖度与踩踏强度之间的关系模型，对踩踏结束后第二周的植被相对盖度进行方差分析，确定是盖度发生明显变化的踩踏强度及变化范围。

（3）植物群落的短期恢复力分析方法

分析踩踏试验结束后1周及2个月后植物盖度的平均值，基于踩踏结束1周后盖度的损失量为参考依据，计算出踩踏结束2周后植物盖度的增加情况。

即按盖度曲线积分方法，引用Cole计算恢复力的分析方法，计算出踩踏结束1周、2个月后盖度的平均值级增长率，增长率越大表明恢复越快，计算公式如下：

$$IC\,(\%) = \frac{AC_{m2} - AC_{w1}}{AB - AC_{w1}} \times 100 \tag{1-27}$$

式中，IC为植物盖度平均值的增长率，AB为对照带植物盖度的平均值，AC_{w1}为踩踏试验结束1周后植物群落盖度的平均值，AC_{m2}为踩踏试验结束2个月后植物盖度的平均值。

（4）露营活动对草甸土壤影响的研究方法

测定土壤容重采用环刀法，对整个露营调查样地进行“X”形取土，选择5个点取样土，编号依次为露营地C1~C4，分别为四个角，C为露营中间位置。采集好土壤带回烘干后用式（1-22）计算土壤容重，再测算10个土样的pH值，风干土样过1mm的筛孔，蒸馏水浸提（固液比1：5），用电位法测定pH值，进行数据对比分析。

（5）影响山地草甸区游憩的重要环境因子分析方法

运用SPSS17软件中的因子分析方法。通过Kaiser-Meyer-Olkin（KMO）检验与Bartlett球形检验法检验环境变量是否适合进行因子分析，其中*KMO*值越接近1表示越适合做因子分析，抽样适当性检验结果显示*KMO*值约为0.806，表示比较适合做因子分析。Bartlett 球形检验的原假设为相关系数矩阵，*Sig*值显示为0.000，小于显著性水平0.05，因此拒绝原假设，说明变量之间存在相关性，适合进行因子分析。运用主成分分析法和方差最大正交旋转法提取特征值大于1的因子作为主因子，为划分武功山山地草甸区游憩环境类型的一级指标。将收集的数据在excel表格整理后导入SPSS17 软件，进行数据分析处理。在进行问卷的数据分析前，有必要检验其信度，确保测量的可靠性。本研究采用克朗巴哈（Cronbach）系数来分析信度。利用SPSS17软件中的可靠性分析功能分析得出总量表的Cronbach α系数为0.664，各变量的Cronbach α系数均在0.600以上，说明问卷调查得到的数据是可靠的。其中6个因子为山地草甸区游憩环境的主要组成部分，每个因子集中解释游憩环境构成的某一核心方面。从旅游者体验角度来看自然环境因子可能是山地草甸区游憩体验形成的直接动力，但是管理环境因子更加灵活有效，通过制定游憩体验的管理措施达到提升游憩体验质量的效用。各环境变量对主成分因子的载荷即为其相应的重要性，统计结果选取因子载荷系数大于的环境变量进入最终游憩机会环境变量集，剔除拥挤程度、交通状况和休息设施合理度三项因子载荷系数小于0.6的变量。

（6）山地草甸游憩环境承载力评价方法

游憩环境承载力又称旅游容量或旅游环境承载力，作为一种旅游可持续发展的理念和模式，已普遍为学术界和实业界所接受，更是诊断游憩环境健康运行的依据和标准。到目前为止，有关游憩环境承载力的概念和限定含义在学术界还有争议，还存在着不同的认识和理解，没有形成一个统一概念体系认识。代表性的概念有：Reilly认为，旅游环境容量不能简单地理解为就旅游目的地能容纳的最大游客数量，游憩环境承载力还应更多地从目的地和当地居民的角度考虑，也就是在目的地的居民没有感到因为开展旅游对以前的容量造成了不良影响，游憩环境承载力是旅游流衰退之前的水平。崔凤军等（1997）认为，游憩环境承载力是指在某一旅游地环境的现存状态和结构组合不发生明显有害变化的前提下，在一定时期内旅游地承受的旅游活动强度（包括游客密度、土地利用强度和经济发展强度）。卞显红等（2002）提出了城市旅游环境承载力的概念及其界定基准。刘滨谊（2003）等认为风景旅游承载力是风景旅游的吸引力、生命力和承载力三力的重要组成部分。而且对游憩环境承载力的定量测度，研究者提出的方法也不尽相同，但出发点都是为了表达人类对游憩环境的利用是否处于可持续的承载能力范围之内。

综合众多学者的观点以及测度方法，研究组认为，游憩环境承载力是指在一定时期内游憩活动区域内游憩环境所能承受的最大合理游憩活动强度，其前提是保障该区域游憩环境的现存状态和结构组合不发生明显有害变化，最终实现游憩环境可持续发展。

根据科学性、全面性、可操作性和简明性的指标体系构建原则，参考国内外有关环境承载力评价的研究成果，并结合武功山草甸环境和旅游发展情况，从草甸环境的弹性力、支撑力和抵抗力3个层面，初步筛选出42个评价指标；然后采用德尔菲专家咨询法，并结合自己对武功山草甸环境的踏查判定，从中进一步筛选出20个针对性较强、便于度量且内涵丰富的指标；最后，再度向专家征询，为最终选取的20个指标进行赋权。从而为武功山草甸游憩环境承载力评价构建了一套技术标准与感知标准相结合的评价指标体系（表1-7）。

表 1-7　武功山山地草甸游憩环境承载力评价指标体系框架

评价项目	评价指标		
	名称	正负向	权重
弹性力（A）	A_1 空气负氧离子含量（万个 /cm^3）	+	0.04
	A_2 土壤容重（g/cm^3）	–	0.04
	A_3 植被覆盖率（%）	+	0.04
	A_4 植被短期恢复力（%）	+	0.06
支撑力（B）	B_1 每百米游径垃圾桶数量（个）	+	0.09
	B_2 每百人拥有厕所蹲位数（个）	+	0.04
	B_3 垃圾无害化处理率（%）	+	0.06
	B_4 游憩项目丰富度满意度	+	0.05
	B_5 休息设施数量和位置满意度	+	0.06
	B_6 标识解说系统满意度	+	0.06
	B_7 游览路径数量及合理性满意度	+	0.08
抵抗力（C）	C_1 土壤裸露率（%）	–	0.06
	C_2 道路两侧植被种类变化率（%）	–	0.05
	C_3 道路两侧植被高度变化率（%）	–	0.03
	C_4 道路两侧植被株丛数变化率（%）	–	0.02
	C_5 道路两侧伴生种与优势种比例变化率（%）	–	0.04
	C_6 非正常路径面积（m^2）	–	0.03
	C_7 拥挤感知度	–	0.08
	C_8 卫生状况满意度	+	0.04
	C_9 社区满意度	+	0.03

草甸游憩环境弹性力（A）反映的是草甸生态系统自我维持和自我调节的能力，选取了4个指标进行测度：空气负氧离子含量（A_1）是指每立方厘米空气中含有负氧离子的个数；土壤容重（A_2）是反映土壤紧实度的一个敏感性指标，土壤容重过高会影响到草甸根系的延伸生长、水的渗透率以及土壤的通气性，土壤越疏松多孔，容重越小，土壤越紧实，容重越大；植被覆盖率（A_3）是指草甸区植被面积占土地总面积之比，用百分数表示；植被短期恢复力（A_4）即按盖度曲线积分方法，引用Cole计算恢复力的分析方法，计算出踩踏结束1周、2个月后盖度的平均值级增长率，增长率越大表明恢复越快，计算方法为式（1-27）。

草甸游憩环境支撑力（B）综合考虑了草甸的游憩资源要素与游憩设施要素的整体状

况，体现了草甸环境同旅游者游憩活动相互适应的程度，选取了7个指标进行测度：每百米游径垃圾桶数量（B_1）=草甸区所有垃圾桶数量÷区域内游览路径的总长度（百米），其中垃圾桶数量包括国际帐篷节期间临时使用的垃圾桶；每百人拥有厕所蹲位数（B_2）=草甸区所有厕所蹲位数÷区域内日接待旅游者人数（百人），其中厕所蹲位数包括国际帐篷节期间临时搭建厕所以及客栈自带厕所；垃圾无害化处理率（B_3）是指无害化处理的草甸区垃圾数量占区域生活垃圾产生总量的百分比；游憩项目丰富度满意度（B_4）、休息设施数量和位置满意度（B_5）、标识解说系统满意度（B_6）和游览路径数量及合理性满意度（B_7）等指标分别指旅游者对游憩项目丰富度、休息设施数量和位置、标识解说系统和游览路径数量及合理性的感知评价，采用“很不满意（1分）”、“不满意（2分）”、“基本满意（3分）”、“满意（4分）”和“很满意（5分）”对各个指标进行测度，最后按照加权求和获取满意度数据。

草甸游憩环境抵抗力（C）综合反映了草甸环境抵抗外界干扰的能力，也体现了草甸环境同旅游者以及社区居民相互适应的程度，选取了9个指标进行测度：土壤裸露率（C_1）是指研究样地游览路径3m范围内，土壤裸露面积占该样地土地总面积之比，用百分数表示，最后数据采用对所有样地踏查的平均值；道路两侧植被种类变化率（C_2）、道路两侧植被高度变化率（C_3）、道路两侧植被株丛数变化率（C_4）、道路两侧伴生种与优势种比例变化率（C_5）等指标则分别表示研究样地道路两侧1m、3m范围分别相对5m范围的植被种类、高度、株丛数以及伴生种与优势种比例的变化率，用百分数表示。根据踩踏试验及实地踏查结果反映，在道路两侧3m范围内，随着游憩干扰的加强，离道路越近，植被受干扰的程度越大，离道路5m的范围则不明显，故以上指标选取1m、3m分别与5m的范围进行草甸变化比对，其值为两个变化值的平均值；非正常路径面积（C_6）是指旅游者因抄近路、拥挤等踩踏出来的非正常路径面积，从笔者的实地踏查看，踩踏干扰越大，非正常路径面积就越大，草甸自然受到干扰就越大；拥挤感知度（C_7）、卫生状况满意度（C_8）和社区满意度（C_9）则是旅游者对拥挤程度、卫生状况的感知评价以及社区居民的感知评价，同样采用李克特量表对各个指标进行五分法测度，最后按照加权求和获取指标数据。

根据环境承载力的内涵以及可接受改变限度的测定方法，武功山山地草甸游憩环境承载力指数可通过评价指标加权求和获得。另外，由于各指标之间量纲和量级的不同会影响评价结果的可靠性，为了消除这种影响，本研究还对各指标原始数据进行无量纲化处理；其中，负向指标采用其倒数形式，将原始数据有效归一化在（0，1）之间，使离散度具有一致性。承载力指数值越高，表明草甸游憩环境承载力越强。由此，武功山山地草甸游憩环境弹性力指数（LA）、支撑力指数（LB）、抵抗力指数（LC）以及承载力综合指数（LO）的计算模型为：

$$L=\sum_{i=1}^{n} zx_i w_i \tag{1-28}$$

式中，x_i为第i个指标原始数值，zx_i为第i个指标无量纲化后的数值，w_i为第i个指标对应的权重。

1.2.2.5　草甸修复种苗培育技术研究与示范

1.2.2.5.1　山地草甸建群种生物学特征的研究

武功山山地草甸建群种生物学特征的研究方法为物候长期观测法，在武功山草甸群落内，选择具有典型代表性的芒和野古草各50株，观测时间为2013—2015年，每年2月中旬至

11月上旬，每隔3~5天进行一次实地观测，当10%植株达到某发育期时为始期，50%植株为盛期。主要观测的物候期有：A萌动期，包括地下芽出土和地面芽变绿返青；B展叶期；C开花期，包括花蕾或花序出现期，开花始期、盛期、末期；D种子成熟期，包括始熟期、全熟期、脱落期。E枯黄期，包括枯黄始期、枯黄盛期、完全枯黄期。

1.2.2.5.2　**退化山地草甸土壤种子库的研究**

（1）土壤种子库采样

2013年4月7—13日进行野外调查及土壤样品采集。样地设在武功山山地草甸南坡海拔1600~1900m区域内。从海拔1600m开始，每隔100m海拔梯度按重度破坏、中度破坏和无退化（CK）3种类型各选取一个典型样地（10m × 10m）进行植物群落调查；在每个样地内随机选取10个小样方，样方面积为0.20m × 0.20m。在各小样方内分0~5cm和5~10cm两层采集土样分别装入布袋，并分别做好标记。

（2）土壤种子筛选

野外采集回来的土样置于常温下，首先将每份土样依次通过孔径分别为3mm、2mm、0.6mm、0.45mm的土壤筛，然后挑选种子，将保留在最后两个筛上的种子在显微镜下进行计数。将筛选过的土壤进行发芽实验，统计幼苗计入种子总数，并对挑选出来的种子进行种子生活力测定。种子生活力测定采用四唑法。

1.2.2.5.3　**不同储藏方法对武功山建群种芒和野古草种子发芽的影响**

试验材料均来源于萍乡市林科所试验基地采集的成熟种子。试验方法：将采集到的种子晒干后随机抽取4份各10.0g种子，分沙藏（A）、冷冻（B）、冷藏（C）和常温储藏（CK）4种方式储藏在实验室内；沙藏时保持细沙含水率在60%，冷藏温度为5℃，冷冻温度为-5℃，常温储藏为将种子封装在密封袋内放置在实验室内做对照处理，储藏时间为4个月。采取以上4种实验方法是基于参试材料生长在海拔1900m左右的武功山山地，年均气温比较低，昼夜温差大，冬季最低气温可达-15℃，比山下低10℃左右。因此，本研究采取了常规沙藏种子储藏、低温储藏和对照相结合的方法对其进行试验，从而探讨芒最佳的种子储藏方法。

首先用四分法将储藏好的种子取出，用纱布包好，备用。种子萌发试验各处理按每组30粒、3个重复，总计种子数360粒，再用清水浸泡12h。将浸泡后的种子用0.5%的K_2MnO_4溶液消毒，然后用清水冲洗干净备用。将其放置在玻璃培养皿中培养，发芽基质为两层滤纸，培养环境为：光照和黑夜各12h，光照强度为12000lx，相对湿度为85%，温度为25℃人工气候培养箱。试验第2天开始统计种子发芽数（发芽以胚根突破种皮露白为准），并定期对培养基质进行浇水。本试验测定的发芽指标有：

$$\text{发芽率（\%）}=\text{发芽种子数}/\text{供试种子数}\times 100 \quad (1\text{-}29)$$

$$\text{发芽势（\%）}=\frac{\text{发芽高峰期的发芽种子数}}{\text{供试种子数}}\times 100 \quad (1\text{-}30)$$

$$\text{发芽指数（}G_i\text{）}=\sum\frac{G_t}{D_t} \quad (1\text{-}31)$$

式中，D_t为发芽试验第几日；G_t为第几日的发芽数。

$$活力指数（VI）=S\sum\frac{G_t}{D_t}=S\times G_i \tag{1-32}$$

式中，S为幼苗生长势（如地上部分或根的平均鲜重）。

1.2.2.5.4　**山地草甸生态恢复草种种苗培育技术研究**

（1）草甸破坏类型的划分及破坏原因

旅游规模的扩大和游客游程范围的延伸，使得武功山草甸退化严重，根据破坏后的武功山山地草甸群落覆盖度的特征，将退化的草甸分为3种类型：群落覆盖度为0%~10%的为重度退化类型，覆盖度为10%~30%为中度退化类型，覆盖度为30%~50%的为轻度退化类型，不同退化程度生境特征见表1-8。

表 1-8　不同退化类型草甸生境特征

退化类型	群落覆盖度（%）	生境特征
重度退化	0~10	地表层 90% 为沙石，缺少土壤，地下没有植物繁殖体，地面昼夜温差大、水土流失特别严重
中度退化	10~30	地表层沙石含量为 40% 左右，地表大部分以土壤为主，土壤内还有草甸植物根系等
轻度退化	30~50	表层土壤保存较好，表层土壤下还保存部分草甸植物的繁殖体

武功山退化草甸形成的原因主要有：一是游客不按景区设计的游客步道行走，而是抄捷径穿越草甸，由于常年踩踏而形成的山路，使得山地草甸群落结构受到影响而且破坏了土壤理化环境；同时由于武功山坡度较大，加上常年雨水的冲击和风蚀的作用，导致表层土壤全部流失，地表只剩下裸露的石块或沙土，从而形成重度退化草甸。二是游客在野外搭建宿营地、景区建设项目施工破坏的草甸以及周边老百姓在景区内摆摊设点所形成的中度退化草甸。三是部分游客为满足个人的好奇心，沿着山脊（山谷）线及游步道旁边行走而形成的轻度退化草甸。

（2）重度退化草甸生态修复技术

重度退化草甸主要采取客土种植法，用芒与野古草混合播种，将泥炭土与草甸土壤按体积比3∶7混合，并将芒和野古草种子进行混合后装入植生袋中，植生袋规格80cm × 50cm。采取层堆法进行堆叠，堆叠时从裸露斜坡底部开始一层一层进行堆叠，植生袋接触处设置连接扣进行连接，堆叠后用泥土进行夯实，并在山坡顶部及中间做好引流沟，最后用无纺布进行覆盖。

（3）中度退化草甸生态修复技术

中度退化草甸主要采取植草技术进行生态修复，用武功山山地草甸主要建群种芒与野古草行状混合种植，按照株行距 20cm × 20cm进行种植，种植时间3月下旬至5月下旬。芒和野古草主要采取分蘖种植的方法，将其按3~5株一丛进行分蘖，并将地上部分距根部15cm 以上的部分剪掉，种植时将根系压紧并在退化草甸周边挖好排水沟，防止雨水对幼苗的冲刷。

（4）轻度退化草甸生态修复技术

轻度退化草甸主要选择芒与野古草块状混合种植，再将伴生草种珍珠草（*Micranthemum micranthemoides*）、蓟（*Cirsium japonicum*）、两歧飘拂草（*Fimbristylis dichotoma*）、紫萼（*Hosta ventricosa*）、藜芦（*Veratrum nigrum*）、艾（*Artemisia argyi*）、油点草（*Tricyrtis macropoda*）、前胡（*Peucedanum praeruptorum*）随机混合进行种植，采取 2~3 株一起穴植，种植时保持根系舒展并压紧，在周边挖好排水沟，防止雨水对幼苗的冲刷。

山地草甸分布格局、群落结构及气候变化响应研究

2.1 山地草甸植物多样性研究

2.1.1 山地草甸植物群落类型

经过野外实地调查和文献资料查阅，将武功山山地草甸的海拔范围划定为1450~1900m。武功山植物种类较丰富，调查统计出武功山山地草甸有维管植物108种，隶属于44科90属。其中蕨类植物6科6属6种，裸子植物1科2属2种，被子植物37科82属100种（表2-1）。

根据《中国植被》（吴征镒，1995）分类原则与系统，结合武功山山地草甸植物群落类型调查的情况，把武功山山地草甸植被分为3个草甸群系组，即禾草草甸、薹草草甸、杂类草草甸，杂类草草甸包括6个草甸群丛：线叶珠光香青（*Anaphalis margaritacea* var. *angustifolia*）+狼尾草（*Pennisetum alopecuroides*）群丛、三脉紫菀（*Aster ageratoides*）+芒群丛、粉花绣线菊（*Spiraea japonica*）+林荫千里光（*Senecio nemorensis*）群丛、泽兰（*Eupatorium* spp.）+芒群丛、紫萁（*Osmunda japonica*）+台湾剪股颖（*Agrostis sozanensis*）群丛、丛枝蓼+荔枝草群丛。

表 2-1 武功山山地草甸植物群落多样性比较

群落类型	总盖度（%）	样方物种数目	Shannon-Wiener 指数（H'）	Pielou 均匀度指数（E）	Simpson 指数（D）
禾草草甸	60~75	12~15	3.42	1.25	0.91
薹草草甸	55~68	12~14	3.28	1.21	0.85
三脉紫菀＋芒群丛	50~68	8~10	2.95	1.22	0.75
线叶珠光香青＋狼尾草群丛	48~60	13~15	2.99	1.18	0.84
紫萁＋台湾剪股颖群丛	65~72	8~11	2.29	1.09	0.69
粉花绣线菊＋林荫千里光群丛	40~55	12~15	2.16	1.04	0.72
泽兰＋芒群丛	45~50	7~11	2.21	1.05	0.71
丛枝蓼＋荔枝草群丛	50~77	9~13	0.91	0.41	0.34

武功山山地草甸的主要植被类型为山地草甸植被型。对以上8个草甸群丛的Shannon-Wiener指数、Pielou均匀度指数 、Simpson指数分别进行分析比较，分析结果如下：

对8个草甸群落按照Shannon-Wiener指数从高到低排序：禾草草甸>薹草草甸>线叶珠光香青+狼尾草群丛>三脉紫菀+芒群丛>紫萁+台湾剪股颖群丛>泽兰+芒群丛>粉花绣线菊+林

荫千里光群丛>丛枝蓼+荔枝草群丛。

分析表2-2得出以下结论：丛枝蓼+荔枝草群丛和其余7个山地草甸群丛Shannon-Wiener指数存在极显著差异。禾草草甸的Shannon-Wiener指数明显高于紫萁+台湾剪股颖群丛、粉花绣线菊+林荫千里光群丛、泽兰+芒群丛，却与薹草草甸、线叶珠光香青+狼尾草群丛、三脉紫菀+芒群丛差异不明显。紫萁+台湾剪股颖群丛、粉花绣线菊+林荫千里光群丛、泽兰+芒群丛之间Shannon-Wiener指数差异不明显。

表 2-2　8 个草甸群丛 Shannon-Wiener 指数的多重比较

代码	1	2	3	4	5	6	7
2	0.02						
3	0.33	0.31					
4	0.38	0.36	0.06				
5	0.92**	0.90**	0.60**	0.55*			
6	0.94**	0.92**	0.62**	0.57*	0.02		
7	1.05**	1.03**	0.73**	0.67**	0.13	0.11	
8	2.42**	2.43**	2.14**	2.09**	1.54**	1.52**	1.43**

注：1、2、3、4、5、6、7、8 均为草甸群丛代码，依照 Shannon-Wiener 指数从高至低排序，1 为禾草草甸，2 为薹草草甸，3 为线叶珠光香青 + 狼尾草群丛，4 为三脉紫菀 + 芒群丛，5 为紫萁 + 台湾剪股颖群丛，6 为泽兰 + 芒群丛，7 为粉花绣线菊 + 林荫千里光群丛，8 为丛枝蓼 + 荔枝草群丛。* 表示 0.05 显著水平差异，** 表示 0.01 极显著水平差异。

对8个草甸群落按照Pielou均匀度指数从高到低排序：禾草草甸>三脉紫菀+芒群丛>薹草草甸>线叶珠光香青+狼尾草群丛>紫萁+台湾剪股颖群丛>泽兰+芒群丛>粉花绣线菊+林荫千里光群丛>丛枝蓼+荔枝草群丛。

分析表2-3得出以下结论：丛枝蓼+荔枝草群丛和其余7个山地草甸群丛Pielou均匀度指数存在极显著差异。禾草草甸、薹草草甸、三脉紫菀+芒群丛、线叶珠光香青+狼尾草群丛四者的Pielou均匀度指数差异不明显。紫萁+台湾剪股颖群丛、粉花绣线菊+林荫千里光群丛、泽兰+芒群丛三者的Pielou均匀度指数差异不明显。禾草草甸、薹草草甸、三脉紫菀+芒群丛、线叶珠光香青+狼尾草群丛四者的Pielou均匀度指数明显高于紫萁+台湾剪股颖群丛、粉花绣线菊+林荫千里光群丛、泽兰+芒群丛。

表 2-3　8 个草甸群丛 Pielou 均匀度指数的多重比较

代码	1	2	3	4	5	6	7
2	0.02						
3	0.05	0.03					
4	0.06	0.04	0.01				
5	0.13	0.12	0.08	0.08			
6	0.17*	0.15*	0.13	0.12	0.06		
7	0.21*	0.19*	0.15	0.14	0.08	0.03	
8	0.88**	0.85**	0.81	0.81	0.74**	0.69**	0.67**

注：1、2、3、4、5、6、7、8 均为草甸群丛代码，依照 Pielou 均匀度指数从高至低排序，1 为禾草草甸，2 为三脉紫菀 + 芒群丛，3 为薹草草甸，4 为线叶珠光香青 + 狼尾草群丛，5 为紫萁 + 台湾剪股颖群丛，6 为泽兰 + 芒群丛，7 为粉花绣线菊 + 林荫千里光群丛，8 为丛枝蓼 + 荔枝草群丛。* 表示 0.05 显著水平差异，** 表示 0.01 极显著水平差异。

对8个草甸群落按照Simpson指数从高到低排序：禾草草甸>薹草草甸>线叶珠光香青+狼尾草群丛>三脉紫菀+芒群丛>粉花绣线菊+林荫千里光群丛>泽兰+芒群丛>紫萁+台湾剪股颖群丛>丛枝蓼+荔枝草群丛。

分析表2-4得出以下结论：丛枝蓼+荔枝草群丛和其余7个山地草甸群丛Simpson指数存在极显著差异。禾草草甸、薹草草甸、线叶珠光香青+狼尾草群丛三者的Simpson指数差异不明显。三脉紫菀+芒群丛、紫萁+台湾剪股颖群丛、粉花绣线菊+林荫千里光群丛、泽兰+芒群丛四者的Simpson指数差异不明显。禾草草甸、薹草草甸、线叶珠光香青+狼尾草群丛三者的Simpson指数明显高于三脉紫菀+芒群丛、紫萁+台湾剪股颖群丛、粉花绣线菊+林荫千里光群丛、泽兰+芒群丛。

表 2-4　8 个草甸群丛 Simpson 指数的多重比较

代码	1	2	3	4	5	6	7
2	0.00						
3	0.04	0.04					
4	0.06	0.06	0.03				
5	0.14**	0.13**	0.10*	0.08			
6	0.14**	0.14**	0.10*	0.09	0.00		
7	0.15**	0.15**	0.11*	0.10	0.02	0.02	
8	0.63**	0.63**	0.60**	0.59**	0.50**	0.50**	0.49**

注：1、2、3、4、5、6、7、8 均为草甸群丛代码，依照 Simpson 指数从高至低排序，1 为禾草草甸，2 为薹草草甸，3 为线叶珠光香青 + 狼尾草群丛，4 为三脉紫菀 + 芒群丛，5 为粉花绣线菊 + 林荫千里光群丛，6 为泽兰 + 芒群丛，7 为紫萁 + 台湾剪股颖群丛，8 为丛枝蓼 + 荔枝草群丛。* 表示 0.05 显著水平差异，* 表示 0.01 极显著水平差异。

相较于其余7个草甸群落，丛枝蓼+荔枝草群丛的Shannon-Wiener指数、Pielou均匀度指数 、Simpson指数均为最小。总而言之，禾草草甸的物种多样性最高，Shannon-Wiener指数为3.42，Pielou均匀度指数为1.25，Simpson指数为0.91。薹草草甸、线叶珠光香青+狼尾草群丛的物种多样性次之，粉花绣线菊+林荫千里光群丛、泽兰+芒群丛的物种多样性均较低，丛枝蓼+荔枝草群丛的物种多样性最低。

综上所述，武功山山地草甸植被分为3个草甸群系组，即禾草草甸、薹草草甸、杂类草草甸，杂类草草甸包括6个草甸群丛：线叶珠光香青+狼尾草群丛、三脉紫菀+芒群丛、粉花绣线菊+林荫千里光群丛、泽兰+芒群丛、紫萁+台湾剪股颖群丛、丛枝蓼+荔枝草群丛。8个草甸群丛之间多样性差异显著。禾草草甸的物种多样性最高，薹草草甸、线叶珠光香青+狼尾草群丛的物种多样性次之，粉花绣线菊+林荫千里光群丛、泽兰+芒群丛的物种多样性均较低，丛枝蓼+荔枝草群丛的物种多样性最低。

2.1.2　人为旅游干扰对武功山山地草甸植物多样性的影响研究

针对亚热带山地草甸生态系统极端脆弱性、敏感性和人为干扰严重等问题，选取武功山为典型区域，开展退化演变机制研究，为鄱阳湖流域山地草甸恢复及可持续经营提供理论依据和技术支撑。

2.1.2.1 主步道不同距离样带植物科属种的变化研究

根据表2-5能得出以下结论：距离主步道越远，植物科属种的数量呈上升趋势。经过方差分析显示：属数、种数有显著增长幅度（均值上标字母不同显示在$P<0.05$水平上存在显著差异）。第2、3样带科数相近，第4样带科数最多，第2、3样带和第1、4样带的科数存在显著差异（表2-6）。距离主步道越远，禾本科、莎草科种数基本不变，菊科、蔷薇科、忍冬科（Caprifoliaceae）植物种类有增加趋势。可见，旅游活动对武功山山地草甸植物组成有很大影响（图2-1）。

表 2-5　主步道不同距离样带植物科、属、种的比较

样带	科	属	种	禾本科种数	菊科种数	莎草科种数	蔷薇科种数	忍冬科种数
1	10	19	25	4	5	2	2	0
2	14	25	31	4	7	3	3	1
3	15	29	33	4	8	3	3	2
4	19	33	38	4	9	3	5	2

表 2-6　主步道不同距离样带植物科数、属数、种数方差分析结果

样带	科数	属数	种数
1	10c	19d	25d
2	14b	25c	31c
3	15b	29b	33b
4	19a	33a	38a

注：不同字母显示在 $P<0.05$ 水平上存在显著差异。

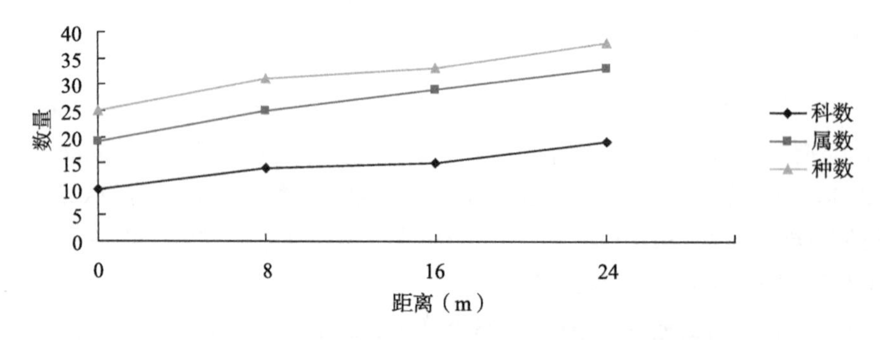

图 2-1　主步道不同距离样带植物科、属、种的比较

2.1.2.2 主步道不同距离样带主要植物的生态优势度比较

根据表2-7能得出以下结论：离主步道距离越远，样方总盖度越大。在样带4（受旅游干扰较小的样带），武功山山地草甸的优势种植物主要有台湾剪股颖、狼尾草、芒等，伴生种主要有粉花绣线菊、延叶珍珠菜（*Lysimachia decurrens*）、鼠尾草、粉花绣线菊、蕨菜（*Pteridium aquilinum* var. *latiusculum*）、林荫千里光等，偶见种有大齿山芹（*Ostericum grosseserratum*）、马先蒿（*Pedicularis sylvatica*）、荔枝草、无毛淡红忍冬（*Lonicera acuminata*）、金腺荚蒾（*Viburnum chunii*）等。但在频繁旅游活动的干扰下，武功山山地草甸的物种组成和群落结构有较大改变。

在样带1（受旅游干扰较大的样带），主要优势种为线叶珠光香青、三脉紫菀、粉花绣

线菊、林荫千里光等伴人植物，狼尾草、芒为次优势种，优势较不明显。说明伴人植物线叶珠光香青、三脉紫菀、粉花绣线菊、林荫千里光等在人为干扰强度大的情况下较易占据有利地位，且耐踩踏性较强，狼尾草、芒、台湾剪股颖等植物抗干扰性较差。

表 2-7　武功山山地草甸主步道不同距离样带植物群落特点

样带	距主步道距离（m）	主要优势种	主要伴生种	总盖度（%）	干扰程度
1	0	线叶珠光香青、三脉紫菀、粉花绣线菊、林荫千里光	台湾剪股颖、狼尾草、芒、粉被薹草（*Carex pruinosa*）、三角叶堇菜（*Viola triangulifolia*）、委陵菜（*Potentilla chinensis*）	45	较重
2	8	台湾剪股颖、狼尾草、芒、林荫千里光	粉花绣线菊、薄叶卷柏（*Selaginella delicatula*）、延叶珍珠菜、林荫千里光	58	中等
3	16	台湾剪股颖、狼尾草、芒、蕨状薹草	粉花绣线菊、延叶珍珠菜、林荫千里光、蕨菜	70	较轻
4	24	台湾剪股颖、狼尾草、芒	粉花绣线菊、延叶珍珠菜、鼠尾草、蕨菜	78	基本未受干扰

根据表2-8能得出：距离主步道越远，旅游干扰程度减弱，台湾剪股颖、狼尾草、芒优势种性质越明显，是主要建群物种，其相对密度、相对盖度、相对高度呈上升趋势，重要值也随之增大。反之，线叶珠光香青、三脉紫菀、粉花绣线菊、林荫千里光等伴人植物的相对密度、相对盖度、相对高度呈降低趋势，重要值也随之减小。

表2-9至表2-12均表明随着人为旅游干扰程度的变化，群落中原本优势植物种和伴生植物种均受到影响。这是因为随着人为旅游的频繁干扰，群落中的原有物种，如台湾剪股颖、狼尾草、芒等植物在竞争中处于不平衡状态，游人的践踏导致部分原有植物死亡，为伴人植物提供了生存条件。由于这些伴人物种多耐干扰，易萌发，竞争力较强，因而限制了其他植物的生长。

表 2-8　主步道不同距离样带主要植物相对高度、相对盖度、相对密度的比较

物种	样带 1			样带 2			样带 3			样带 4		
	相对密度	相对盖度	相对高度	相对密度	相对盖度	相对高度	相对密度	相对盖度	相对高度	相对密度	相对盖度	相对高度
芒	18.98	28.67	11.89	21.89	30.90	15.34	23.78	33.34	18.78	25.23	36.34	21.34
狼尾草	16.12	22.64	9.84	19.81	26.78	14.32	21.75	29.34	16.79	23.29	34.31	18.39
台湾剪股颖	23.98	29.69	13.84	23.88	34.80	17.38	25.79	35.38	21.78	27.28	38.34	23.39
线叶珠光香青	11.15	5.89	14.11	8.22	3.89	10.88	7.11	2.77	8.12	6.34	2.11	6.21
三脉紫菀	23.4	30.19	12.56	11.56	9.98	8.98	8.33	8.12	9.08	6.78	7.67	8.22
鼠尾草	5.44	3.11	6.78	4.78	2.99	5.12	2.11	1.21	4.32	0	0	0
粉花绣线菊	10.01	3.22	23.78	8.21	2.33	18.50	5.33	1.78	15.45	4.23	1.12	12.77
委陵菜	9.25	6.08	13.56	11.83	12.45	6. 89	11.09	8.29	7.98	8.61	5.89	6.44
林荫千里光	13.44	5.23	19.21	10.11	4.32	15..34	9.21	3.45	12.89	5.89	2.38	10.66
蕨状薹草	12.34	5.56	13.34	13.56	7.21	14.23	15.21	7.88	12.23	16.22	8.01	13.44
蕨菜	4.11	2.33	5.45	3.99	2.45	5.22	3.11	2.11	4.23	2.56	1.88	3.32
薄叶卷柏	3.18	2.83	5.11	3.67	2.43	4.88	3.13	2.42	4.56	2.64	1.93	3.84

表 2-9 主步道不同距离样带伴人植物相对高度、相对盖度、相对密度的比较

物种	样带 1			样带 2			样带 3			样带 4		
	相对密度	相对盖度	相对高度	相对密度	相对盖度	相对高度	相对密度	相对盖度	相对高度	相对密度	相对盖度	相对高度
线叶珠光香青	11.15	5.89	14.11	8.22	3.89	10.88	7.11	2.77	8.12	6.34	2.11	6.21
三脉紫菀	23.4	30.19	12.56	11.56	9.98	8.98	8.33	8.12	9.08	6.78	7.67	8.22
鼠尾草	5.44	3.11	6.78	4.78	2.99	5.12	2.11	1.21	4.32	0	0	0
粉花绣线菊	10.01	3.22	23.78	8.21	2.33	18.50	5.33	1.78	15.45	4.23	1.12	12.77
委陵菜	9.25	6.08	13.56	11.83	12.45	6.89	11.09	8.29	7.98	8.61	5.89	6.44
林荫千里光	13.44	5.23	19.21	10.11	4.32	15..34	9.21	3.45	12.89	5.89	2.38	10.66
薄叶卷柏	3.88	2.83	5.11	3.60	2.43	4.88	3.13	2.42	4.56	2.64	1.93	3.84

表 2-10 主步道不同距离样带主要植物重要值的比较

物种	样带 1 植物重要值	样带 2 植物重要值	样带 3 植物重要值	样带 4 植物重要值
芒	59.54	68.13	75.9	82.91
狼尾草	48.57	60.91	67.88	75.99
台湾剪股颖	67.51	76.06	82.95	89.01
线叶珠光香青	31.15	22.99	18	14.66
三脉紫菀	66.15	30.43	25.53	22.67
鼠尾草	15.33	12.89	7.64	0
粉花绣线菊	37.01	29.04	22.56	18.12
委陵菜	28.89	31.17	27.36	20.94
林荫千里光	37.88	29.77	25.55	18.93
蕨状薹草	31.24	35	35.32	37.67
蕨菜	11.89	11.66	9.45	7.76
薄叶卷柏	11.12	10.98	10.11	8.41

表 2-11 主步道不同距离样带主要建群植物重要值的比较

物种	样带 1 植物重要值	样带 2 植物重要值	样带 3 植物重要值	样带 4 植物重要值
芒	59.54	68.13	75.9	82.91
狼尾草	48.57	60.91	67.88	75.99
台湾剪股颖	67.51	76.06	82.95	89.01

表 2-12　主步道不同距离样带伴人植物重要值的比较

物种	样带 1 植物重要值	样带 2 植物重要值	样带 3 植物重要值	样带 4 植物重要值
线叶珠光香青	31.15	22.99	18	14.66
三脉紫菀	66.15	30.43	25.53	22.67
鼠尾草	15.33	12.89	7.64	0
粉花绣线菊	37.01	29.04	22.56	18.12
委陵菜	28.89	31.17	27.36	20.94
林荫千里光	37.88	29.77	25.55	18.93
薄叶卷柏	11.12	10.98	10.11	8.41

2.1.2.3　主步道不同距离样带的相异性分析

以欧氏距离为测度，以不同样带的重要值为依据，算出4条样带间的相异系数。根据表2-13能得出以下结论：样带4受人为旅游干扰程度最弱。从样带3到样带1，样带1与样带4间的相异系数依次增大，其中样带1与样带4间的相异系数最大（0.457），说明样带1与样带4的群落性质差异较大，这和实际调查的结果相吻合。4条样带的相异性分析结果说明，随着人为旅游干扰程度的加剧，样带3至样带1与样带4的相异性为增加趋势。样带1与样带4之间的相异系数最大，说明群落性质差异较大。样带1和样带2、3、4相比也表现出了一定的差异性。

表 2-13　4 条样带的欧氏距离（相异系数）

样带 1			
0.412	样带 2		
0.433	0.243	样带 3	
0.457	0.281	0.213	样带 4

2.1.2.4　旅游干扰对山地草甸群落物种多样性的影响分析

物种多样性指数能反映群落的组织特性，也能表征群落的组成种数、物种的个体数、水平结构、每个构成物种的所占比例，体现了群落结构的复杂性。重要值能表现群落中不同物种的地位，是表征植物种群的综合性指标。

利用以下物种多样性指标：丰富度指数（R）、Pielou均匀度指数（E）、Shannon-Wiener指数、Simpson指数，对武功山主步道不同距离样带群落物种多样性指数的显著差异性进行方差分析，方差分析主要利用SPSS17.0软件。

根据图2-2至图2-5能得出以下结论：随着样带至主步道距离的增大，丰富度指数、Pielou均匀度指数 、Simpson指数、Shannon-Wiener指数均呈现上升趋势。样带1中丰富度指数、Pielou均匀度指数 、Simpson指数、Shannon-Wiener指数均最低，样带4为最高，说明随着样带至主步道距离的增大，武功山山地草甸群落物种多样性越高。

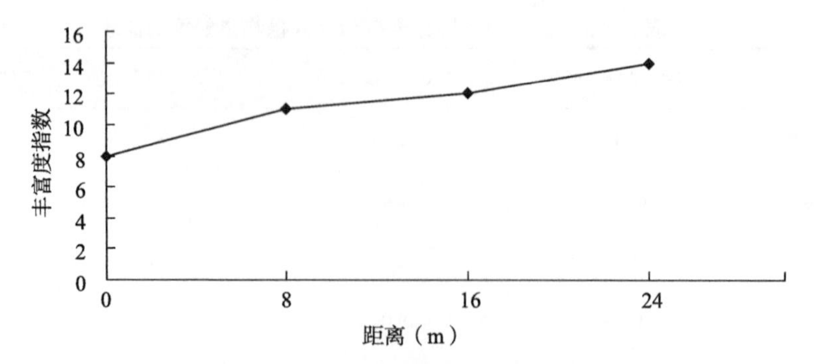

图 2-2 主步道不同距离样带植物丰富度指数的变化

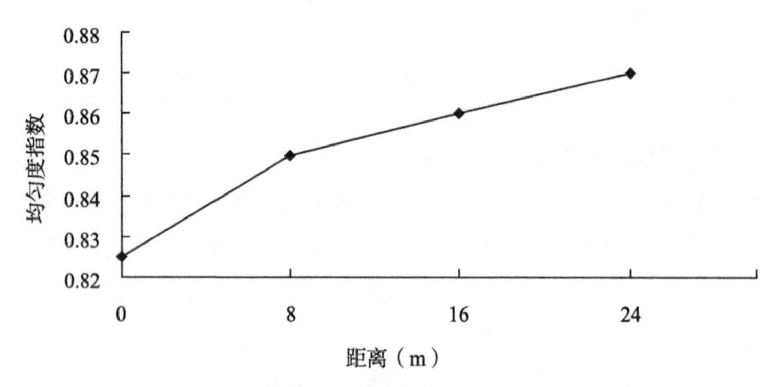

图 2-3 主步道不同距离样带植物 Pielou 均匀度指数的变化

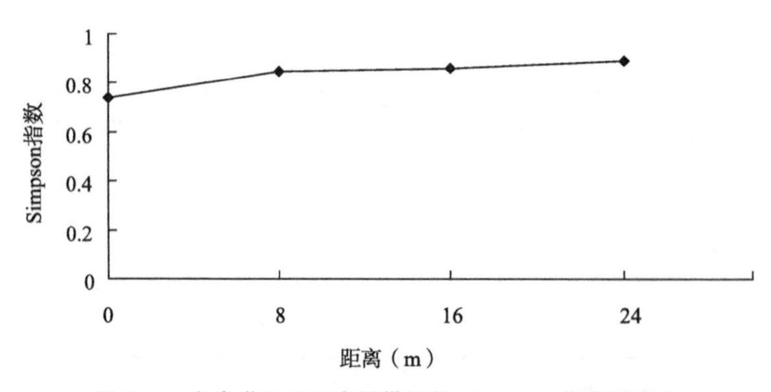

图 2-4 主步道不同距离样带植物 Simpson 指数的变化

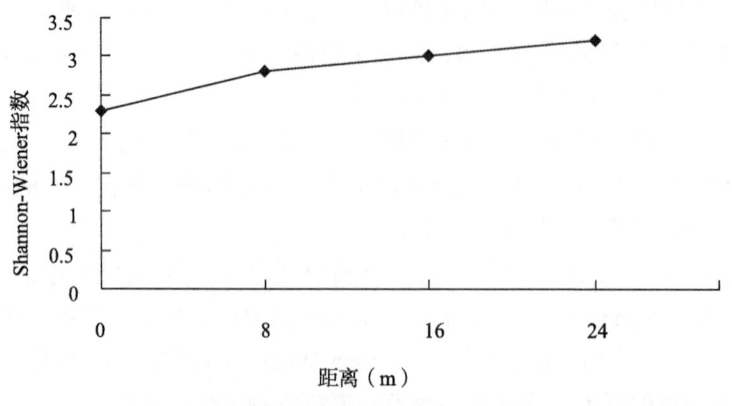

图 2-5 主步道不同距离样带植物 Shannon-Wiener 指数的变化

根据方差分析能得出以下结论：随着样带至主步道距离的增大，丰富度指数、Shannon-Wiener指数、Simpson指数的变化幅度较大，而Pielou均匀度指数变化不显著。离主步道最近的第1样带，受旅游干扰程度最剧烈，一些伴人植物在人为干扰强度大的情况下较易占据有利地位，且耐踩踏性较强，导致耐受性低的植物退出群落，所以丰富度指数、Shannon-Wiener指数、Simpson指数、Pielou均匀度指数均较低，群落稳定性也较低。随着样带至主步道距离的增大，植物的种类显著增加。可见，旅游活动对武功山山地草甸植物物种多样性有较大的影响（表2-14）。

表 2-14　主步道不同距离样带间物种多样性指数

样带	丰富度指数（R）	Shannon-Wiener 指数（H'）	Pielou 均匀度指数（E）	Simpson 指数（D）
1	8.000b	2.344b	0.819a	0.745b
2	10.950bc	2.899ac	0.851a	0.853a
3	11.950ac	3.034ac	0.862a	0.861a
4	14.012a	3.259a	0.871a	0.891a

注：字母不同表示在 $P<0.05$ 水平上存在显著差异。

2.2　山地草甸植物群落特征及空间分布格局研究

2.2.1　山地草甸维管植物区系特征及分布类型

2.2.1.1　科属组成

武功山山地草甸植物资源比较丰富，通过两年来对研究区的野外调查和标本鉴定的结果表明，蕨类植物、裸子植物和被子植物共有44科90属108种。其中蕨类植物有6科6属6种，裸子植物1科2属2种，被子植物37科82属100种，其中包括双子叶植物31科63属81种，单子叶植物6科19属19种，研究区内的详细统计数据见表2-15。

表 2-15　武功山山地草甸植物科、属、种统计

类型		科	科占比（%）	属	属占比（%）	种	种占比（%）
蕨类植物		6	13.64	6	6.67	6	5.56
裸子植物		1	2.27	2	2.22	2	1.85
被子植物	双子叶植物	31	70.45	63	70.00	81	75.00
	单子叶植物	6	13.64	19	21.11	19	17.59
合计		44		90		108	

（1）科内属的统计

研究区所鉴定的维管植物中，菊科包含14属，是包含属数最多的科。其他具有优势的禾本科含9属，蔷薇科含5属。5属及5属以上的有4科，占总科数的9.09%，5种以下的少数属的有14科，占总科数的31.82%，1属的有26科，占总科数的59.09%。具体统计数据见表2-16。

表 2-16　科内属的统计

包含属数	科数	占比（%）
≥5	4	9.09
2~4	14	31.82
1	26	59.09

（2）科内种的统计

研究区所鉴定的维管植物中，包含种数最多的是菊科，有16种。其他优势科中，禾本科有9种，蔷薇科有7种，唇形科有6种，蓼科有5种。其中菊科占总种数的14.81%，禾本科、蔷薇科、唇形科和蓼科占总种数的25%。5种以下少数种科数为14科，占总科数的31.82%，单种科数为25科，占总科数的56.82%。具体统计数据见表2-17。

表 2-17　科内种的统计

包含种数	科数	占总科数的比例（%）
≥10	1	2.27
5~9	4	9.09
2~4	14	31.82
1	25	56.82

属内种的统计：根据调查的植物中，堇菜属（*Viola*）所含的种数最多，为4种，其次就是悬钩子属（*Rubus*）和蓼属（*Polygonum*），都是3种，包含2种和3种的属数有10属，占总属数的11.11%，而单种的属数就达到79种，占总属数的87.78%。具体统计数据见表2-18。

表 2-18　属内种的统计

包含种数	属数	占总属数的比例（%）
≥4	1	1.11
2~3	10	11.11
1	79	87.78

2.2.1.2　山地草甸维管植物区系分布类型

在植物区系的形成中可以发现有大量的信息蕴含其中，例如历史、生态、地理和一些系统的进化，在对不同的时间和空间尺度上不能没有植物群落多样性的研究，这是植物物种多样性的重要基础。通过对某一个地区的植物区系群落特征组成结构的了解，对于这个群落的发生历史、动态分布、生态生物学特性和经济上都有一定的重要意义。

通过对武功山山地草甸2012—2013年两年来的野外植物调查数据为基础，分析了研究区内维管束植物区系的特征，目的是发现所调查的物种组成以及区系分布的规律，为武功山山地草甸的恢复和保护工作提供一些理论和现实依据。

（1）蕨类植物的区系分析

在武功山山地草甸中调查的蕨类植物有6种，根据秦仁昌系统（Ching，1978）归属于6科6属，详见表2-19。

在科级分布区类型中，属于世界分布的有4种，分别是蹄盖蕨科（Athyriaceae）、卷柏科（Selaginellaceae）、鳞始蕨科（Lindsaeaceae）、凤尾蕨科（Pteridaceae）；泛热带分布的有里白科（Gleicheniaceae）；旧世界温带分布的有紫萁科（Osmundaceae）。其中，蹄盖蕨科、鳞始蕨科、凤尾蕨科在世界热带及亚热带分布的比较多。

在属级分布区类型中，世界分布的属有蹄盖蕨属（*Athyrium*）和卷柏属（*Selaginella*）；泛热带分布的属有乌蕨属（*Odontosoria*）和凤尾蕨属（*Pteris*）；旧世界热带分布的属有芒萁属（*Dicranopteris*）；旧世界温带分布的属有紫萁属（*Osmunda*）。其中卷柏属在热带分布较多。

在种级分布区类型中（表2-19），世界分布的有蹄盖蕨（*Athyrium filix-femina*）；热带亚洲分布的有乌蕨（*Odontosoria chinensis*）和薄叶卷柏；旧世界温带分布的有凤尾蕨（*Spider brake*）；东亚分布的有紫萁和芒萁（*Dicranopteris pedata*）。其中蹄盖蕨主要分布在世界温带和热带高山区。从种级分布区类型中可以发现，武功山山地草甸蕨类植物的地理分布主要是温带和热带为主。武功山山地草甸中的蕨类植物数量稀少，种类贫乏，与本区的气候条件有一定的关系。这6种蕨类植物都比较喜阴湿环境。

表 2-19　武功山山地草甸蕨类植物科、属、种及种的分布区类型

种	科	属	种的分布区类型
蹄盖蕨	蹄盖蕨科	蹄盖蕨属	世界分布
薄叶卷柏	卷柏科	卷柏属	热带亚洲分布
乌蕨	鳞始蕨科	乌蕨属	热带亚洲分布
凤尾蕨	凤尾蕨科	凤尾蕨属	旧世界温带分布
芒萁	里白科	芒萁属	东亚分布
紫萁	紫萁科	紫萁属	东亚分布

（2）种子植物的区系分析

科分布区类型。科是植物分类学中最大的单位，同一个科，尤其是许多不同生物和生态特征的物种往往都是在大科里面，是自然选择和进化的结果。根据吴征镒等对世界种子植物科分布区类型的划分，将武功山山地草甸种子植物38科进行科级分布区的类型统计，可分为6个分布区类型（表2-20）（吴征镒 等，2006）。每个科的分布区类型如下：

第一，世界分布科。在7个分布区中，以世界分布占有优势，有12科，分别是菊科、禾本科、莎草科、蔷薇科、唇形科、豆科（Leguminosae）、堇菜科（Violaceae）、百合科（Liliaceae）、桔梗科（Campanulaceae）、车前草科、玄参科（Scrophulariaceae）、毛茛科

（Ranunculaceae）。

第二，泛热带分布科。分别是酢浆草科（Oxalidaceae）、龙舌兰科（Agavaceea）、荨麻科（Urticaceae）、茜草科（Rubiaceae）。

第三，热带亚洲和热带美洲间断分布科。分别是藤黄科（Guttiferae）、桤叶树科（Clethraceae）、萝藦科（Asclepiadaceae）、夹竹桃科（Apocynaceae）、兰科（Orchidaceae）、柳叶菜科（Onagraceae）。

第四，热带亚洲分布科。兰科。

第五，北温带分布科。分别是蓼科、忍冬科、伞形科（Uumbelliferae）、木通科（Lardizabalaceae）、杜鹃花科（Ericaceae）、龙胆科（Gentianaceae）、报春花科（Primulaceae）、石竹科（Caryophyllaceae）、败酱科（Valerianaceae）、槭树科（Aceraceae）、松科（Pinaceae）、虎耳草科（Saxifragaceae）。

第六，东亚和北美间断分布科。分别是旋花科（Convolvulaceae）、灯芯草科（Juncaceae）、藜科（Chenopodiaceae）。

表 2-20　武功山山地草甸植物科分布区类型

序号	分布类型	科数	占总科数的比例（%）
1	世界分布	12	31.58
2	泛热带分布	4	10.53
3	热带亚洲和热带美洲间断分布	6	15.79
4	热带亚洲分布	1	2.63
5	北温带分布	12	31.58
6	东亚和北美间断分布	3	7.89
	合计	38	100.00

根据吴征镒所划分的15个科的分布区类型中，在武功山山地草甸中共划分有6个分布区类型，并且植物区系以北温带和世界分布最多，为12科，均占所有科数的31.58%。热带亚洲和热带美洲间断分布、泛热带分布、东亚和北美间断分布、热带亚洲分布这4种分布区类型，分别有6科、4科、3科和1科，各占总科数比例的15.79%、10.53%、7.89%和2.63%。如果按世界分布、热带分布、温带分布来划分植物科的分布区类型，温带分布可以占到总科数的39%，热带分布次之，占总科数的32%，最后是世界分布，占总科数的30%。可见，温带分布在武功山山地草甸中占有明显的优势，这与武功山属亚热带季风湿润性气候条件密不可分。

属分布区类型。在植物分类学中，属是一种相对稳定的单位，它是由同一起源或具有相似进化趋向的种所组成，分布区也很稳定，在进化过程中具有比较明显的不同地区性。因此，常常把属作为植物区系进行地理分析来比较的依据。按照吴征镒对中国种子植物属的分布区类型进行划分的方法，可将武功山山地草甸种子植物83属划分为11个类型（表2-21）。一个地区的植物区系特征习惯上常用属的地理成分来分析，可以直观地揭示该区系的地带性气候特征及其在发生、发展上与全球植物区系的地理亲缘（李博 等，2000）。在每种类型的分布区中，武功山山地草甸种子植物属划分为11个分布区类型，说明武功山山地草甸维管束植物区系地理成分具有多样性。该属所包含的各个种的分布区总和是该属的分布区。

表 2-21　武功山山地草甸属分布区类型

序号	分布类型	属数	占总属数的比例（%）
1	世界分布	16	19.28
2	泛热带分布	12	14.46
3	热带亚洲和热带美洲间断分布	5	6.03
4	旧世界热带分布	2	2.41
5	热带亚洲至热带大洋洲分布	1	1.20
6	热带亚洲和热带非洲分布	1	1.20
7	北温带分布	15	18.07
8	东亚和北美洲间断分布	4	4.82
9	旧世界温带分布	10	12.05
10	地中海区、西亚（或中亚）和东亚间断分布	2	2.41
11	东亚分布	15	18.07
	合计	83	100.00

第一，世界分布属。武功山山地草甸种子植物中系世界分布型的属就有16属，分别为千里光属（*Senecio*）、鬼针草属（*Bidens*）、剪股颖属（*Agrostis* ）、马唐属（*Digitaria*）、藨草属（*Scirpus*）、薹草属（*Carex*）、悬钩子属、酸模属（*Rumex*）、堇菜属、变豆菜属（*Sanicula*）、獐牙菜属（*Swertia*）、车前草属（*Plantago*）、藜属（*Chenopodium*）、荸荠属（*Heleocharis*）、蓼属、紫菀属（*Aster*）。在武功山山地草甸区内，这些植物属大部分分布在林内、林缘或者路边。

第二，泛热带分布。在研究区内，泛热带分布属有12属，包括耳草属（*Hedyotis*）、荩草属（*Arthraxon*）、莎草属（*Cyperus*）、鼠尾草属（*Salvia*）、大豆属（*Glycine*）、天胡荽属（*Hydrocotyle*）、狗尾草属（*Setaria*）、菝葜属（*Smilax*）、冷水花属（*Pilea*）、铜锤玉带草属（*Pratia*）、酢浆草属（*Oxalis*）、天胡荽属（*Hydrocotyle*）。其中铜锤玉带草属是泛热带分布区类型中两个变形之一的热带亚洲、大洋洲和南美洲（墨西哥）间断分布类型。

第三，热带亚洲和热带美洲间断分布。在研究区内，热带亚洲和热带美洲间断分布的属有5属，分别为泽兰属（*Eupatorium*）、野古草属（*Arundinella*）、忍冬属（*Lonicera*）、桤叶树属（*Clethra*）、络石属（*Trachelospermum*）。

第四，旧世界热带分布。本研究区旧世界热带分布的属只有2属，为结缕草属（*Zoysia*）和刺蕊草属（*Pogostemon*）。

第五，热带亚洲至热带大洋洲分布。本区分布的属只有扶郎花属（*Gerbera*）。

第六，热带亚洲和热带非洲分布。属于本分布区类型的属有芒属（*Miscanthus*）。

第七，北温带分布。本区分布的属有15属，分别为蓟属（*Cirsium*）、龙芽草属（*Agrimonia*）、绣线菊属（*Spiraea*）、路边青属（*Geum*）、杜鹃花属（*Rhododendron*）、金丝桃属（*Hypericum*）、茜草属（*Rubia*）、旋花属（*Convolvulus*）、露珠草属（*Circaea*）、唐松草属（*Thalictrum*）、槭属（*Acer*）、赖草属（*Leymus*）、荨麻属（*Urtica*）、松属（*Pinus*）、荚蒾属（*Viburnum*）。

第八，东亚和北美洲间断分布。本区分布的属有一枝黄花属（*Solidago*）、铁杉属（*Tsuga*）、胡枝子属（*Lespedeza*）、绣球属（*Hydrangea*）。

第九，旧世界温带分布。本区分布的属有香青属（*Anaphalis*）、橐吾属（*Ligularia*）、飞蓬属（*Erigeron*）、香薷属（*Elsholtzia*）、萱草属（*Hemerocallis*）、沙参属（*Adenophora*）、繁缕属（*Stellaria*）、灯芯草属（*Juncus*）、风轮菜属（*Clinopodium*）、山芹属（*Ostericum*）。

第十，地中海区、西亚（或中亚）和东亚间断分布。本区分布的属有茼蒿属（*Chrysanthemum*）和鸡眼草属（*Kummerowia*）。

第十一，东亚分布。东亚分布的属有15属，分别为小苦荬属（*Ixeridium*）、蟹甲草属（*Parasenecio*）、箭竹属（*Sinarundinaria*）、红果树属（*Stranvaesia*）、紫苏属（*Perilla*）、油点草属（*Tricyrtis*）、木通属（*Akebia*）、野木瓜属（*Stauntonia*）、双蝴蝶属（*Tripterospermum*）、松蒿属（*Phtheirospermum*）、虾脊兰属（*Calanthe*）、木莲属（*Manglietia*）、玉簪属（*Hosta*）、败酱属（*Patrinia*）、萹蓄属（*Polygonum*）。

2.2.2 山地草甸植物群落特征分析

2.2.2.1 不同海拔梯度植物群落数量特征

武功山山地草甸植物群落的外貌相对单一但整齐，层次分化也不是很明显。通过对武功山金顶区域海拔1900m（草甸上限）到1500m（草甸下限）及九龙山区域海拔1700m（草甸上限）到1500m（草甸下限），每隔50m所调查的样地进行数据处理分析，得到每一种植物的相对频度、相对多度、相对盖度和重要值，选取不同海拔梯度重要值在10%以上植物种进行分析，分别见表2-22、表2-23。

表 2-22 金顶区域不同海拔梯度主要植物种群基本特征

海拔（m）	中文名	相对频度（%）	相对多度（%）	相对盖度（%）	重要值（%）
1500	芒	21.54	22.31	26.17	23.34
	菝葜（*Smilax china*）	17.46	16.77	15.34	16.52
	野古草	13.33	23.05	8.84	15.07
	黄海棠（*Hypericum ascyron*）	16.67	13.75	10.88	13.77
	紫萁	11.11	8.79	19.90	13.27
1550	芒	23.88	23.19	46.90	22.74
	白舌紫菀（*Aster baccharoides*）	19.05	12.97	20.60	17.54
	野古草	13.43	11.18	26.38	15.84
	中华小苦荬（*Ixeris chinensis*）	21.15	7.64	3.41	12.02
	双蝴蝶（*Tripterospermum chinense*）	15.25	15.05	4.34	11.55
	映山红（*Rhododendron simsii*）	11.86	7.02	11.25	10.05

续表

海拔（m）	中文名	相对频度（%）	相对多度（%）	相对盖度（%）	重要值（%）
1600	芒	23.44	20.59	48.21	47.77
	黄海棠	14.06	10.30	11.12	11.83
	野古草	15.79	10.06	8.65	11.50
	薄叶卷柏	17.91	8.24	4.10	11.39
	圆锥绣球（*Hydrangea paniculata*）	10.94	9.61	13.41	11.32
	白舌紫菀	17.24	8.40	6.46	10.70
1650	芒	27.45	4.96	15.87	34.20
	穗状香薷（*Elsholtzia stachyodes*）	20.00	33.33	25.42	26.25
	伞形绣球（*Hydrangea chinensis*）	10.77	14.36	34.21	19.78
	映山红	12.77	3.90	30.77	15.81
	莎草	7.69	15.63	16.71	13.34
	野菊花（*Dendranthema indicum*）	15.69	8.51	23.02	12.07
	薄叶卷柏	11.54	14.06	10.03	11.88
1700	芒	48.39	86.47	85.19	31.52
	线叶珠光香青	18.29	28.37	24.98	23.88
	薄叶卷柏	15.53	23.14	14.03	17.57
	莎草	15.66	35.81	20.92	17.55
	野古草	10.98	16.19	11.93	13.03
	牡蒿（*Artemisia japonica*）	12.70	12.97	9.35	11.67
1750	芒	16.90	18.24	37.15	39.47
	路边青（*Geum aleppicum*）	32.43	36.36	43.01	37.27
	野古草	18.31	19.76	13.42	18.46
	透茎冷水花（*Pilea pumila*）	11.76	24.00	2.95	12.90
	大齿山芹	7.95	15.22	7.68	10.28
1800	芒	19.18	20.10	12.10	35.18
	野古草	13.79	39.65	18.60	24.56
	箭竹	14.06	22.91	24.73	20.57
	薄叶卷柏	12.64	9.69	13.64	16.56
	莎草	22.58	22.95	28.96	16.53
	香青（*Anaphalis sinica*）	23.44	16.36	4.79	14.86
	带唇兰（*Tainia dunnii*）	8.05	15.42	7.23	10.23
	大齿山芹	12.64	12.13	5.38	10.05
1850	芒	22.73	21.20	36.83	32.49
	野古草	22.73	53.00	16.74	21.23
	白背千里光	17.05	23.89	20.93	18.83
	莎草	19.40	14.08	8.63	14.65
	蛇莓	16.67	18.35	4.44	13.15
	大齿山芹	13.85	9.73	8.81	10.79

续表

海拔（m）	中文名	相对频度（%）	相对多度（%）	相对盖度（%）	重要值（%）
1900	莎草	20.55	53.57	39.10	38.48
	芒	23.08	34.58	39.86	22.36
	野古草	23.08	38.90	53.14	18.66
	结缕草（*Zoysia japonica*）	7.23	12.10	29.50	16.27
	大齿山芹	12.77	17.08	5.99	11.00
	薄叶卷柏	9.72	12.84	8.64	10.40

注：每个海拔梯度植物重要值按从大到小的顺序进行排序。

通过表2-22可知，在金顶区域，重要值大于10%的9个海拔梯度中，海拔1500~1900m的分别有5种、6种、6种、7种、6种、5种、8种、6种和6种，9个海拔梯度的植物种数变动都不大。从9个海拔梯度中均可发现芒的存在，在海拔1500m到1850m这8个海拔梯度中重要值都是最高的，说明芒在武功山山地草甸金顶区域植物群落中占有优势地位，是建造群落的物种，决定群落的特性和生态环境；在海拔1900m时，芒的重要值排在第二，这是由于在1900m这个海拔人为旅游的干扰，不耐践踏的芒优势地位下降，耐践踏的莎草取而代之。野古草除了在海拔1650m重要值在10%以下之外，在其余8个海拔梯度的重要值都在10%以上，在群落中的地位和作用仅次于芒，说明野古草在决定群落性质和群落环境方面也起着一定的作用。菝葜和紫萁这两种植物只在海拔1500m出现，其余海拔均没有；黄海棠在海拔1500m和1600m中出现；白舌紫菀在海拔1550m和1600m中出现；中华小苦荬和双蝴蝶仅在海拔1550m出现；映山红在海拔1550m和1650m出现；薄叶卷柏在海拔1600m、1650m、1700m、1800m、1900m这5个海拔中出现；圆锥绣球仅在海拔1600m出现；穗状香薷、伞形绣球和野菊花这三种植物仅在海拔1650m出现；莎草在海拔1650m、1700m、1800m、1850m、1900m这5个海拔中出现；线叶珠光香青和牡蒿仅在海拔1700m出现；路边青和透茎冷水花仅在海拔1750m出现；大齿山芹在海拔1750m、1800m、1850m、1900m这4个海拔中出现；箭竹、香青、带唇兰这3种植物在海拔1800m出现；白背千里光和蛇莓在海拔1850m出现；结缕草仅在海拔1900m出现。

表 2-23　九龙山区域不同海拔梯度主要植物种群基本特征

海拔（m）	中文名	相对频度（%）	相对多度（%）	相对盖度（%）	重要值（%）
1500	芒	22.06	43.27	38.83	46.42
	野古草	10.29	23.56	12.08	15.31
	莎草	8.82	14.42	10.35	11.20
	香青	8.82	17.31	7.77	14.32
	黄海棠	14.04	13.33	5.38	10.92
1550	芒	35.71	42.55	13.09	42.02
	云锦杜鹃（*Rhododendron fortunei*）	10.71	6.38	39.27	18.79
	莎草	10.71	25.53	23.56	15.80
	黄海棠	15.91	17.07	11.78	14.92
	木通（*Akebia quinata*）	32.26	7.55	2.66	14.15

续表

海拔（m）	中文名	相对频度（%）	相对多度（%）	相对盖度（%）	重要值（%）
1600	芒	20.00	51.06	3.93	28.84
	野古草	11.43	19.45	37.42	20.00
	白背千里光	19.70	22.26	3.16	15.04
	中华小苦荬	16.47	5.56	8.48	10.17
	结缕草	11.76	7.94	12.12	10.61
	薄叶卷柏	13.95	16.67	10.42	13.68
	酸模叶蓼（*Persicaria lapathifolia*）	13.95	16.67	6.94	12.52
1650	芒	26.32	40.11	47.62	42.09
	野古草	10.53	12.83	9.52	23.01
	薄叶卷柏	6.76	19.40	17.30	14.48
	白背千里光	15.79	14.44	2.86	13.18
1700	车前草（*Plantago asiatica*）	24.53	49.62	42.00	38.72
	变豆菜（*Sanicula chinensis*）	13.21	68.63	5.89	29.24
	芒	17.05	24.29	15.79	19.44
	野古草	12.50	22.27	23.16	17.85
	莎草	11.36	16.19	21.05	16.20

注：每个海拔梯度植物重要值按从大到小的顺序进行排序。

通过表2-23可知，在九龙山区域，重要值大于10%的5个海拔梯度中，海拔1500m到1700m的分别有5种、5种、7种、4种和5种。在5个海拔梯度中都可以发现芒的存在，并且其重要值在海拔1500m到1650m都排在第一，在海拔1700m排在第三位，这可能是由于九龙山放牧及一些动物啃食的原因所导致。野古草除了在海拔1550m时没有发现，其余4个海拔均有发现。莎草在海拔1500m、1550m和1700m这3个海拔中出现；香青仅在海拔1500m出现；黄海棠在海拔1500m~1550m中出现；云锦杜鹃和木通这两种植物仅在海拔1550m出现；白背千里光和薄叶卷柏均在海拔1600m到1650m中出现；中华小苦荬、结缕草和酸模叶蓼这3种植物在海拔1600m出现；车前草和变豆菜这2种植物在海拔1700m的地方出现。

通过对金顶区域和九龙山区域海拔1500m到1700m这5个共有海拔的植物数量特征进行比较发现，芒同时出现在这5个海拔中，并且重要值都是最高的，说明芒这种植物是武功山山地草甸大面积植物群落的优势种及建群种。野古草出现两个调查区域的4个共有海拔中，说明野古草的个体数量和作用都次于芒，是大面积群落的亚优势种。两个区域同一海拔出现的植物有3种，分别是黄海棠在海拔1500m出现、薄叶卷柏在海拔1650m和1700m中出现、莎草在海拔1700m出现。其余所发现的植物大都是单独的存在于一个调查区域的同一海拔中或者是多个海拔中。

2.2.2.2　不同海拔梯度阳坡和阴坡植物群落数量特征

通过对武功山山地草甸金顶区域和九龙山区域不同海拔梯度阳坡、阴坡的植物群落进行调查，选取重要值在5%以上的植物进行分析，详细见表2-24、表2-25、表2-26和表2-27。

（1）不同海拔梯度阳坡植物群落数量特征

根据表2-24可知，在金顶区域中，海拔1500~1900m阳坡中主要植物种群重要值大于5%的分别有3种、4种、1种、2种、6种、3种、4种、5种和6种。作为优势种的芒同时在9个海拔梯度中都出现，前8个海拔梯度的重要值均是最高的，在海拔1900m排在第二；野古草作为亚优势种，在5个海拔中均有出现。中国悬钩子和斑叶堇菜（*Viola variegata*）仅在海拔1500m出现；中华小苦荬在海拔1550m出现；莎草在4种海拔中均出现，分别为海拔1550m、1700m、1850m和1900m；映山红在海拔1650m出现；薄叶卷柏在海拔1700m出现；大齿山芹分别在海拔1700m、1850m和1900m中出现；双蝴蝶在海拔1700m和1900m中出现；蛇莓和珍珠菜仅在海拔1750m出现；箭竹仅在海拔1800m出现；香青在海拔1800m和1850m中出现；白背千里光在海拔1900m出现。

表 2-24　金顶区域不同海拔梯度阳坡主要植物种群基本特征

海拔（m）	中文名	相对频度（%）	相对多度（%）	相对盖度（%）	重要值（%）
1500	芒	25.00	11.74	74.41	37.05
	中国悬钩子	16.07	3.76	3.42	7.75
	斑叶堇菜	8.93	6.10	0.38	5.14
1550	芒	21.21	19.58	8.86	16.55
	中华小苦荬	15.15	20.98	3.80	13.31
	野古草	13.64	12.59	5.70	10.64
	莎草	7.58	6.99	3.16	5.91
1600	芒	64.00	69.57	94.97	76.18
1650	芒	31.91	68.18	64.62	54.90
	映山红	12.77	3.90	30.77	15.81
1700	芒	13.59	10.90	33.48	19.32
	薄叶卷柏	15.53	23.14	14.03	17.57
	莎草	10.68	19.58	14.03	14.76
	野古草	12.62	8.68	15.54	12.28
	大齿山芹	10.68	8.57	6.58	8.61
	双蝴蝶	5.83	8.01	1.91	5.25
1750	芒	22.39	62.26	73.47	52.71
	蛇莓	8.96	6.79	1.75	5.83
	珍珠菜	11.94	3.02	2.33	5.76
1800	芒	21.88	30.55	46.52	32.98
	箭竹	14.06	22.91	24.73	20.57
	香青	23.44	16.36	4.79	14.86
	野古草	7.81	7.27	11.18	8.76

续表

海拔（m）	中文名	相对频度（%）	相对多度（%）	相对盖度（%）	重要值（%）
1850	芒	25.40	63.16	82.13	56.90
	莎草	15.87	6.58	4.94	9.13
	香青	14.29	5.92	0.89	7.03
	野古草	6.35	7.89	3.95	6.06
	大齿山芹	11.11	4.61	2.07	5.93
1900	野古草	14.89	34.88	44.71	31.49
	芒	14.89	14.95	16.77	15.54
	大齿山芹	12.77	17.08	5.99	11.95
	莎草	15.96	5.34	7.49	9.59
	双蝴蝶	5.32	12.46	1.50	6.42
	白背千里光	7.45	4.98	3.49	5.31

注：每个海拔梯度植物重要值按从大到小的顺序进行排序。

在九龙山区域中（表2-25），海拔1500~1700m阳坡中主要植物种群重要值大于5%的分别有7种、4种、4种、3种和6种。在5个海拔中均可发现芒的存在，其重要值除了在海拔1700m排第二位之外，其余4个海拔的重要值均排在第一位；野古草出现在海拔1500m、1600m和1700m这3个梯度中。莎草除了在海拔1650m没有出现外，其余4个海拔都有出现。黄海棠同时出现在海拔1500m、1550m、1650m和1700m中；珠光香青（*Anaphalis margaritacea*）、中华薹草和蹄盖蕨在海拔1500m出现；云锦杜鹃在海拔1550m出现；双蝴蝶在海拔1600m出现；白背千里光在海拔1650m出现；中华小苦荬和堇菜在海拔1700m出现。

表 2-25　九龙山区域不同海拔梯度阳坡主要植物种群基本特征

海拔（m）	中文名	相对频度（%）	相对多度（%）	相对盖度（%）	重要值（%）
1500	芒	22.06	43.27	38.83	34.72
	野古草	10.29	23.56	12.08	15.31
	珠光香青	8.82	17.31	7.77	11.30
	莎草	8.82	14.42	10.35	11.20
	蹄盖蕨	10.29	3.37	12.08	8.58
	中华薹草	5.88	5.77	10.35	7.34
	黄海棠	14.71	4.81	0.86	6.79
1550	芒	35.71	42.55	13.09	30.45
	莎草	10.71	25.53	23.56	19.94
	云锦杜鹃	10.71	6.38	39.27	18.79
	黄海棠	14.29	8.51	3.14	8.65

续表

海拔（m）	中文名	相对频度（%）	相对多度（%）	相对盖度（%）	重要值（%）
1600	芒	20.00	51.06	3.93	25.00
	野古草	11.43	19.45	37.42	22.77
	双蝴蝶	8.57	5.47	2.81	5.62
	莎草	5.71	6.08	3.74	5.18
1650	芒	30.61	63.25	59.52	51.13
	白背千里光	18.37	21.69	5.95	15.34
	黄海棠	12.24	3.61	1.59	5.82
1700	野古草	12.50	22.27	23.16	19.31
	芒	17.05	24.29	15.79	19.04
	莎草	11.36	16.19	21.05	16.20
	中华小苦荬	9.09	9.72	1.68	6.83
	黄海棠	10.23	3.64	1.89	5.26
	堇菜	7.95	5.67	1.47	5.03

注：每个海拔梯度植物重要值按从大到小的顺序进行排序。

（2）不同海拔梯度阴坡植物群落数量特征

根据表2-26可知，在金顶区域中，海拔1500~1900m阴坡中主要植物种群重要值大于5%的分别有2种、5种、3种、5种、2种、4种、4种、3种和4种。在9个海拔梯度中均可发现芒的存在，但在海拔1550m、1850m和1900m重要值都不是最高。

作为亚优势种的野古草在中高海拔中出现，在海拔1500~1700m都没发现。蹄盖蕨在海拔1500m和1550m出现；薄叶卷柏在海拔1550m、1650m、1700m和1750m 4个梯度出现；大齿山芹在海拔1550m、1750m、1800m和1900m 4个梯度出现；黄海棠只在海拔1600m出现；莎草在海拔1650m、1800m和1900m中出现；圆锥绣球在海拔1600m、1850m出现；蛇莓和珍珠菜仅在海拔1650m中出现。

表 2-26 金顶区域不同海拔梯度阴坡主要植物种群基本特征

海拔（m）	中文名	相对频度（%）	相对多度（%）	相对盖度（%）	重要值（%）
1500	芒	14.29	9.13	22.32	15.24
	蹄盖蕨	12.50	2.67	1.83	5.66
1550	白舌紫菀	19.05	12.97	20.60	17.54
	芒	6.35	8.65	17.17	10.72
	蹄盖蕨	6.35	2.16	21.29	9.93
	薄叶卷柏	12.70	4.32	3.43	6.82
	大齿山芹	9.52	3.24	2.58	5.11
1600	芒	23.44	20.59	48.21	30.75
	黄海棠	14.06	10.30	11.12	11.83
	圆锥绣球	10.94	9.61	13.41	11.32

续表

海拔（m）	中文名	相对频度（%）	相对多度（%）	相对盖度（%）	重要值（%）
1650	芒	14.42	17.58	31.34	21.11
	莎草	7.69	15.63	16.71	13.34
	薄叶卷柏	11.54	14.06	10.03	11.88
	蛇莓	7.69	18.75	2.79	9.74
	珍珠菜	9.62	3.91	8.36	7.29
1700	芒	48.39	86.47	85.19	73.35
	薄叶卷柏	16.13	2.51	1.15	6.60
1750	芒	18.18	44.72	60.82	41.24
	野古草	11.36	12.42	7.31	10.37
	大齿山芹	7.95	15.22	7.68	10.28
	薄叶卷柏	18.18	4.97	1.17	8.11
1800	芒	21.54	40.46	46.14	36.05
	莎草	9.23	13.87	5.93	9.68
	野古草	10.77	12.14	4.61	9.17
	大齿山芹	13.85	5.20	0.59	6.55
1850	野古草	22.73	53.00	16.74	30.82
	芒	22.73	21.20	36.83	26.92
	圆锥绣球	6.82	4.24	7.70	6.25
1900	莎草	20.55	53.57	39.10	37.74
	芒	20.55	7.65	13.03	13.74
	野古草	19.18	7.14	6.08	10.80
	大齿山芹	13.70	10.20	4.34	9.42

注：每个海拔梯度植物重要值按从大到小的顺序进行排序。

根据表2-27可知，在九龙山区域中，海拔1500m到1700m阴坡中主要植物种群重要值大于5%的分别有5种、3种、4种、7种和4种。芒在海拔1600m中没有出现，其余4个海拔梯度都有出现；野古草仅在海拔1650m中出现。莎草在海拔1500m和1650m中出现；黄海棠在海拔1500m、1600m、1650m 3个海拔出现；中国悬钩子和乌蕨仅在海拔1500m出现；木通在海拔1550m出现；薄叶卷柏在海拔1550m、1600m、1650m 3个梯度出现；酸模叶蓼和紫萁在海拔1600m出现；中华小苦荬和珠光香青在海拔1650m出现；变豆菜、结缕草和林荫千里光在海拔1700m出现。

表 2-27　九龙山区域不同海拔梯度阴坡主要植物种群基本特征

海拔（m）	中文名	相对频度（%）	相对多度（%）	相对盖度（%）	重要值（%）
1500	芒	28.07	53.33	64.60	48.67
	黄海棠	14.04	13.33	5.38	10.92
	乌蕨	21.05	6.67	1.62	9.78
	莎草	7.02	11.11	5.38	7.84
	中国悬钩子	10.53	3.33	4.04	5.97

续表

海拔（m）	中文名	相对频度（%）	相对多度（%）	相对盖度（%）	重要值（%）
1550	芒	48.39	84.91	35.90	56.40
	木通	32.26	7.55	2.66	14.15
	薄叶卷柏	9.68	5.66	6.38	7.24
1600	薄叶卷柏	13.95	16.67	10.42	13.68
	酸模叶蓼	13.95	16.67	6.94	12.52
	黄海棠	9.30	11.11	6.94	9.12
	紫萁	4.65	2.78	16.20	7.88
1650	野古草	14.86	33.19	57.09	35.05
	薄叶卷柏	6.76	19.40	17.30	14.48
	芒	12.16	7.76	4.67	8.20
	黄海棠	12.16	7.76	1.56	7.16
	中华小苦荬	8.11	7.76	3.11	6.33
	珠光香青	8.11	5.17	3.11	5.46
	莎草	8.11	5.17	3.11	5.46
1700	变豆菜	13.21	68.63	5.89	29.24
	芒	11.32	9.41	20.19	13.64
	结缕草	9.43	5.88	6.31	7.21
	林荫千里光	9.43	3.92	4.21	5.85

2.2.3 山地草甸植物群落空间分布格局

通过细致的调查发现，在武功山山地草甸中从海拔1600m开始出现小群落，发现不同的海拔和东、南、西、北4个方向分布的小群落共有23种类型。因此，针对武功山山地草甸中植物群落进行空间分布格局的研究，有助于我们更全面地掌握群落结构的总体特征以及整个群落动态发展的趋势，为草甸恢复可经营提供一定的依据。

2.2.3.1 植物群落水平分布格局

在群落水平分布上，有时在一个群落中，小地形往往发生有规律的重复变化，群落亦随之而发生有规律的交叠变化，且面积不大，这样的群落可以称之为复合群落；在另一些情况下，人们也可以看到相邻的两个群落有片段的部分嵌入另一个群落之中，这叫群落的镶嵌性；这些在一个群落中出现一块面积不大的另一种群落，其物种组成和外貌显然不同于整个群落的其余部分，就称为小群落；所谓小群落，是指群落内部的一些小型组合，它们只是整个群落的一小部分。与植物种类本身的一些生态生物学的特性，种类间的季相更迭，以及种间在一定条件下的竞争能力也有一定的关系。每一个小群落都有一定的生活型和种类组成，它不同于层片，很大程度上又依附其所在的群落。

由表2-28和表2-29可知，金顶区域和九龙山区域都存在芒这种群落，由此可见芒是大面积的分布的群落。金顶区域和九龙山区域以东的方向分布的群落有芒、丛枝蓼、大蓟（*Cirsium spicatum*）+牡蒿、狗尾草（*Setaria viridis*）、大齿山芹、类头状花序藨草（*Trichophorum subcapitatum*）+车前草、堇菜、酸模叶蓼+车前草、灰毛泡（*Rubus irenaeus*），其中灰毛泡、丛枝蓼、大蓟+牡蒿、类头状花序藨草+车前草这4种类型的群落主要是在主步道附近发现，面积不大，都是零星分布。以南的方向分布的群落有芒、香青、灰毛泡+芒、灯芯草（*Juncus effusus*）+尼泊尔蓼（*Persicaria nepalensis*），其中灯芯草+尼泊尔蓼在主步道附近呈岛屿状分布。以西的方向分布群落有芒、狗尾草、野菊花和箭竹，其中野菊花在主步道附近零散分布，狗尾草在一个山坡呈岛屿状分布。以北的方向分布群落有芒、灯芯草+酸模叶蓼、灰毛泡+林荫千里光、中华薹草+酸模叶蓼、野菊花+线叶珠光香青、珍珠菜+蹄盖蕨、蹄盖蕨、野菊花+线叶珠光香青+牡蒿、白舌紫菀+野菊花+穗状香薷、野菊花+萱草（*Hemerocallis fulva*）+穗状香薷，其中灯芯草+酸模叶蓼、野菊花+线叶珠光香青+牡蒿、白舌紫菀+野菊花+穗状香薷、野菊花+萱草+穗状香薷这4种类型的群落主要在主步道附近零散分布，面积也比较小。

表 2-28　金顶区域植物群落分布类型

方向	总数（种）	植物群落名称
东	6	芒、丛枝蓼、大蓟 + 牡蒿、狗尾草、大齿山芹、类头状花序藨草 + 车前草
南	3	芒、香青、灰毛泡 + 芒
西	3	芒、野菊花、箭竹
北	7	芒、野菊花 + 线叶珠光香青、珍珠菜 + 蹄盖蕨、蹄盖蕨、野菊花 + 线叶珠光香青 + 牡蒿、白舌紫菀 + 野菊花 + 穗状香薷、野菊花 + 萱草 + 穗状香薷

表 2-29　九龙山区域植物群落分布类型

方向	总数（种）	植物群落名称
东	4	芒、堇菜、酸模叶蓼 + 车前草、灰毛泡
南	2	芒、灯芯草 + 尼泊尔蓼
西	2	芒、狗尾草
北	4	芒、灯芯草 + 酸模叶蓼、灰毛泡 + 林荫千里光、中华薹草 + 酸模叶蓼

通过表2-30可知，海拔1500m和1550m都只出现芒这种群落，到海拔1600m金顶区域只出现了芒，而九龙山区域除了芒之外，还出现了灰毛泡、灯芯草+酸模叶蓼、灰毛泡+林荫千里光、灯芯草+尼泊尔蓼、狗尾草；在海拔1650m中，金顶区域出现的群落有芒、野菊花+线叶珠光香青、珍珠菜+蹄盖蕨、蹄盖蕨、丛枝蓼，九龙山区域出现的群落有芒、中华薹草+酸模叶蓼、堇菜；在海拔1700m中，金顶区域出现的群落有芒、野菊花+线叶珠光香青+牡蒿、香青、芒+野菊花、大蓟+牡蒿、狗尾草，九龙山区域出现的群落有芒、酸模叶蓼+车前草。经过分析发现，金顶区域与九龙山区域，芒群落同时存在于这5个相同海拔中，从海拔1600m开始出现一些小群落，金顶和九龙山区域除了前2个海拔有相同群落之外，其余3个海拔梯度都没有相同的群落，而这些小群落大多是在主步道附近零星分布或岛屿状分布，每个海拔的小群落都不相同。

表 2-30　相同海拔梯度植物群落分布类型

海拔（m）	金顶区域	九龙山区域
1500	芒	芒
1550	芒	芒

续表

海拔（m）	金顶区域	九龙山区域
1600	芒	芒、灰毛泡、灯芯草＋酸模叶蓼、灰毛泡＋林荫千里光、灯芯草＋尼泊尔蓼、狗尾草
1650	芒、野菊花＋线叶珠光香青、珍珠菜＋蹄盖蕨、蹄盖蕨、丛枝蓼	芒、中华薹草＋酸模叶蓼、堇菜
1700	芒、野菊花＋线叶珠光香青＋牡蒿、香青、芒＋野菊花、大蓟＋牡蒿、狗尾草	芒、酸模叶蓼＋车前草

2.2.3.2 植物群落垂直分布格局

（1）海拔梯度与植物群落类型

通过对金顶区域和九龙山区域不同海拔梯度植物群落进行调查，分别调查到的群落样方有51种和28种，其中金顶区域的小群落从海拔1650m开始出现，九龙山区域的小群落从海拔1600m开始出现。

由表2-31可知，9个海拔梯度中均有芒群落的出现。分布在海拔1650m的群落有芒（4种）、野菊花+珠光香青、珍珠菜+蹄盖蕨、蹄盖蕨、丛枝蓼；分布在海拔1700m的群落有芒（4种）、野菊花+线性珠光香青+牡蒿、香青、芒+野菊花、大蓟+牡蒿、狗尾草；分布在海拔1750m的群落有芒（4种）、白舌紫菀+野菊花+穗状香薷、穗状香薷+野菊花+萱草；分布在海拔1800m的群落有芒（4种）、箭竹、灰毛泡+芒、珍珠菜+大齿山芹；分布在海拔1850m的群落有芒（4种）；分布在海拔1900m的群落有芒（4种）、类头状花序藨草+车前草。其中，在海拔1850m中没有发现小群落的存在。9个海拔梯度中，野菊花+珠光香青、丛枝蓼、野菊花+线性珠光香青+牡蒿、大蓟+牡蒿、白舌紫菀+野菊花+穗状香薷、穗状香薷+野菊花+萱草、类头状花序藨草+车前草这7种小群落主要是零星地分布在主步道附近，特别是海拔1900m的类头状花序藨草+车前草分布在游客停留时间较久的金顶附近。其余的小群落都是镶嵌在周围大面积的植物群落中，面积都不大，呈零散分布。除了芒群落会在9个海拔梯度同时出现之外，每一个海拔中出现的小群落都不相同，并且都是小面积地镶嵌在周围的群落中。

表 2-31 金顶区域不同海拔梯度植物群落分布类型

海拔（m）	总数（种）	群落名称
1500	4	芒（4种）
1550	4	芒（4种）
1600	4	芒（4种）
1650	8	芒（4种）、野菊花＋珠光香青、珍珠菜＋蹄盖蕨、蹄盖蕨、丛枝蓼
1700	9	芒（4种）、野菊花＋线性珠光香青＋牡蒿、香青、芒＋野菊花、大蓟＋牡蒿、狗尾草
1750	6	芒（4种）、白舌紫菀＋野菊花＋穗状香薷、穗状香薷＋野菊花＋萱草
1800	7	芒（4种）、箭竹、灰毛泡＋芒、珍珠菜＋大齿山芹
1850	4	芒（4种）
1900	5	芒（4种）、类头状花序藨草＋车前草
合计	51	

通过表2-32可知，5个海拔梯度中均可以发现芒群落的存在，海拔1600m开始出现小群落。分布在海拔1600m的群落有芒（4种）、灰毛泡、灯芯草+酸模叶蓼、灰毛泡+林荫千里光、灯芯草+尼泊尔蓼、狗尾草；分布在海拔1650m的群落有芒（4种）、中华薹草+酸模叶蓼、堇菜；分布在海拔1700m的群落有芒（4种）、酸模叶蓼+车前草。其中灯芯草+酸模叶蓼、灯芯草+尼泊尔蓼、狗尾草这3种群落都是呈岛屿状分布在山坡或者主步道附近。经过分析可以发现，5个海拔梯度中除了相同群落芒之外，其余海拔中都没有相同的群落存在。

表 2-32　九龙山区域不同海拔梯度植物群落分布类型

海拔（m）	总数	群落名称
1500	4	芒（4 种）
1550	4	芒（4 种）
1600	9	芒（4 个）、灰毛泡、灯芯草 + 酸模叶蓼、灰毛泡 + 林荫千里光、灯芯草 + 尼泊尔蓼、狗尾草
1650	6	芒（4 种）、中华薹草 + 酸模叶蓼、堇菜
1700	5	芒（4 种）、酸模叶蓼 + 车前草
合计	28	

通过对表2-31和表2-32进行对比分析，发现了2个区域不同海拔梯度中存在2种类型的植物群落，分别为芒群落和狗尾草群落，但不同的是芒群落分布在每一个海拔梯度中，而狗尾草分布金顶区域海拔1700m以及九龙山区域海拔1600m，2个海拔分布的面积大小也不一样，金顶区域是零星地镶嵌在周围群落中，而九龙山区域是呈岛屿状分布在一个山坡上。

（2）*海拔梯度与物种丰富度*

通过对武功山山地草甸9个海拔梯度的样地进行调查，出现在样地内的植物共有106种，其中包括菊科、禾本科、莎草科、蔷薇科等在内的43科88属。总体种数随着海拔梯度的升高，物种数先增加后逐渐减少（图2-6）。在海拔1600m时，物种数最多，有50种。前7种主要科的种数分别占总种数的16.04%、8.49%、3.77%、6.6%，4.72%，其中莎草科和堇菜科

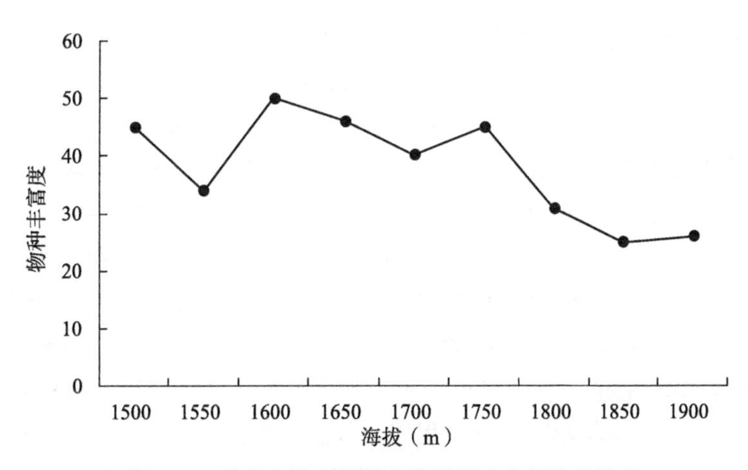

图 2-6　物种丰富度指数在海拔梯度上的变化格局

都是占总种数的3.77%；唇形科和蓼科占总种数的4.72%。其他科占总种数的51.89%。菊科、蔷薇科、唇形科、蓼科和堇菜科这5个科随海拔升高，物种数逐渐减少，菊科、唇形科、蓼科，在海拔1900m都只有1种；禾本科和莎草科随海拔升高呈先增加后减少再增加的趋势，在海拔1500m分别为3种和1种，升高到海拔1900m时分别为4种和2种。禾本科在海拔1650m和1700m时种数最多，莎草在海拔1700m没有发现植物。详细统计数据见表2-33。

表 2-33　不同海拔梯度植物群落物种丰富度变化

海拔（m）	总种数	菊科		禾本科		莎草科		蔷薇科		唇形科		蓼科		堇菜科		其他	
		种数	所占比例（%）	种数	所占比例（%）	种数	所占比例（%）	种数	所占比例（%）	种数	所占比例（%）	种数	所占比例（%）	种数	所占比例（%）	种数	所占比例（%）
1500	45	9	20.00	3	6.67	1	2.22	3	6.67	4	8.89	2	4.44	4	8.89	19	42.22
1550	34	6	17.65	3	8.82	1	2.94	3	8.82	2	5.88	2	5.88	2	5.88	15	44.12
1600	50	7	14.00	5	10.00	2	4.00	4	8.00	2	4.00	3	6.00	2	4.00	25	50.00
1650	46	11	23.91	6	13.04	2	4.35	4	8.70	2	4.35	1	2.17	3	6.52	17	36.96
1700	40	6	25.00	6	15.00	—	—	1	2.50	3	7.50	1	2.50	3	7.50	16	40.00
1750	45	1	20.00	3	6.67	1	2.22	5	11.11	3	6.67	3	6.67	3	6.67	18	40.00
1800	31	1	22.58	4	12.90	1	3.23	2	6.45	2	6.45	1	3.23	1	3.23	14	45.16
1850	25	1	16.00	3	12.00	1	4.00	1	4.00	1	4.00	1	4.00	3	12.00	11	44.00
1900	26	1	19.23	4	15.38	2	7.69	2	7.69	1	3.85	1	3.85	2	7.69	9	34.62
总数	106	17	16.04	9	8.49	4	3.77	7	6.60	5	4.72	5	4.72	4	3.77	55	51.89

（3）海拔梯度与物种相对多度

相对多度是指群落内每种植物个体数的数量相对于群落中各个植物个体数总和之比。它能够反映群落的区系组成和各个植物所占的比例，从比例的大小可以看出群落结构的复杂程度。从而说明群落的稳定性和多样性程度。

从表2-34中可以发现，在海拔1500m，相对多度>10%的植物有芒和菝葜，1%<相对多度<10%的植物有白背千里光、林荫千里光、香青、野菊花等14种植物。在海拔1550m，相对多度>10%的植物有白舌紫菀和芒两种植物，1%<相对多度<10%的植物有白背千里光、香青、野菊花、中华小苦荬、野古草等15种植物。在海拔1600m，相对多度>10%的植物有狗尾巴草、芒、酸模叶蓼和黄海棠等4种植物，1%<相对多度<10%的植物有林荫千里光、白舌紫菀、野菊花、野古草等16种。在海拔1650m，相对多度>10%的植物有白背千里光、芒和穗状香薷3种植物，1%<相对多度<10%的植物有香青、野菊花、中华小苦荬等20种。在海拔1700m，相对多度>10%的植物有中华小苦荬、狗尾巴草、芒、莎草、酸模叶蓼和车前草等6种，1%<相对多度<10%的植物有白背千里光、林荫千里光、野菊花、一枝黄花等17种。在海拔1750m，相对多度>10%的植物有芒和野古草这2种，1%<相对多度<10%的植物有白背千

里光、香青、一枝黄花等19种。在海拔1800m，相对多度>10%的植物有芒、野古草、莎草和薄叶卷柏这4种，1%<相对多度<10%的植物有白背千里、香青、一枝黄花等14种。在海拔1850m，相对多度>10%的植物有白背千里光、芒、野古草、莎草和双蝴蝶这5种，1%<相对多度<10%的植物有香青、中华小苦荬、羊草、蛇莓等12种。在海拔1900m，相对多度>10%的植物有芒、野古草、莎草3种，1% <相对多度<10%的植物有白背千里光、香青、中华小苦荬、一枝黄花等12种。

表 2-34　不同海拔梯度与主要植物物种的相对多度变化　　%

植物名称	海拔梯度（m）								
	1500	1550	1600	1650	1700	1750	1800	1850	1900
白背千里光	2.44	2.44	0.55	39.57	3.64	1.38	6.04	17.03	3.68
芒	15.71	15.66	45.82	30.97	38.05	31.70	32.02	13.84	14.58
一枝黄花	0.51	0.43	0.79	0.53	1.03	1.04	1.86	0.47	1.79
羊草	3.72	6.61	4.92	1.19	1.01	2.74	5.76	6.19	4.27
野古草	5.05	5.05	3.35	3.69	8.18	16.71	14.48	13.59	17.97
莎草	2.02	2.59	1.21	6.00	20.45	5.28	11.39	12.00	35.08
蛇莓	2.97	0.33	1.58	5.94	3.92	3.71	1.58	5.18	1.86
珍珠菜	0.86	0.93	0.71	1.41	1.44	2.16	2.02	1.62	0.73
浅圆齿堇菜（*Viola davidii*）	0.37	0.80	0.35	0.96	0.89	1.25	0.40	0.41	1.77
大齿山芹	0.71	1.64	1.15	1.49	3.29	7.27	6.35	4.46	7.45
黄海棠	3.79	3.79	10.30	2.11	1.48	1.75	1.71	0.93	1.03
双蝴蝶	0.78	6.28	2.38	1.54	4.53	2.51	2.79	24.11	2.86
带唇兰			0.30	0.43	0.33	0.63	8.29	1.19	0.36
黄花败酱（*Patrinia scabiosaefolia*）			0.42	1.54	0.67	1.07	0.51	0.54	1.02
香青	1.76	1.28		1.69	0.57	1.25	6.35	1.40	1.78
唐松草						1.87	0.42	0.64	0.62
酸模		0.25	1.41		3.24		0.72	2.45	0.62
中华小苦荬	0.58	8.23		3.88	11.08			1.83	1.85
中国繁缕	3.14	1.49	2.98	0.43	1.00	1.23		1.91	2.83
薄叶卷柏		2.37	7.36	7.06	8.04	4.57	18.47	5.06	
球兰	1.06		9.61	1.42		0.63	2.75	4.24	
映山红	1.48	3.86		2.73				4.33	
堇菜	1.47	1.08	1.71	1.17	2.17		0.80		
蹄盖蕨	2.32	2.83	3.06	2.38	1.70		1.51		
野菊花	1.03	1.78	3.61	5.21	1.19		1.43		
灰毛泡			0.94	5.27		1.44	0.22		0.48
菝葜	16.77	0.72	2.19		0.75		2.12		
大蓟	0.35	0.35	0.23	1.48		0.41			
林荫千里光	1.30		1.17	0.43	3.92	0.88			
穗状香薷	0.51		0.27	12.73	7.39	1.88			

续表

植物名称	海拔梯度（m）								
	1500	1550	1600	1650	1700	1750	1800	1850	1900
酸模叶蓼		0.81	16.67	3.27	61.75	1.21			
车前草			0.46		17.28	1.01			
狗尾草			65.62		36.04				36.04
白舌紫菀	0.51	12.97	8.40	0.57	0.28				

从表2-34的整体来看，9个海拔梯度中的相同种有12种，除了海拔1500m和1550m之外，另外7个海拔梯度的相同种有14种。在海拔1850m和1900m这2个梯度，物种组成比较单一，稳定性较小，多样性较低，在海拔1500~1800m这7个海拔梯度，物种组成比较复杂，稳定性较大，多样性也高。

9个海拔梯度中的12个相同种的相对多度随海拔的升高呈起伏变化（图2-7）。植物群落中的优势种芒的相对多度随海拔的升高，先增加后减少。在海拔1600m时，相对多度为15.82%，为最高。白背千里光的相对多度起伏变化相当大，在海拔1650m时最高，为39.57%。双蝴蝶的相对多度在前7个海拔梯度都是平稳变化，但到海拔为1850m时，突然上升，为24.11%。莎草和野古草随海拔升高而变大。由此可以说明，有些物种的相对多度随海拔的升高而增加，而有些物种则减少，还有些物种的变化不规律。

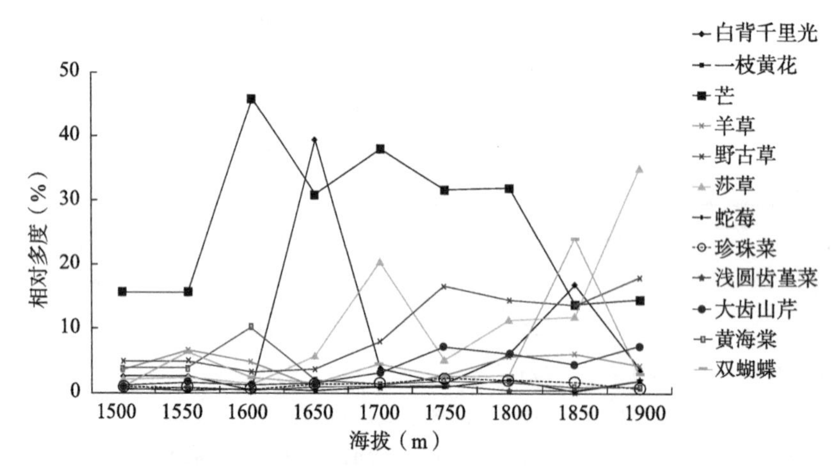

图 2-7　不同海拔梯度共有种相对多度变化格局

（4）海拔梯度与α多样性

根据对9个海拔梯度的植物群落样方调查，通过利用物种丰富度指数（S）、Shannon-Wiener多样性指数（H'）、生态优势度指数[也是Simpson指数（D）]和Pielou均匀度指数（E）进行计算得出结果（表2-35）。随着海拔的升高，物种Shannon-Wiener多样性指数逐渐升高又逐渐降低，在最低海拔1500m为3.4550，在海拔1900m为3.2981，其中在海拔为1650m时达到最高值，为3.8392。这说明在海拔为1650m时，Shannon-Wiener多样性指数高，植物群落不确定性大，物种多样性也高。生态优势度能够反映群落中各个种群优势状况的一项指标。生态优势度高，说明群落中优势种数量较少，群落也不稳定；生态优势度低，说明有若干个优势程度相近的种群组成，群落也比较稳定。Simpson指数的变化跟物种Shannon-Wiener多样性指数的变化是相似的，海拔1500m为0.9577，海拔1900m为0.9527，同样在海拔为1650m时达最高值，为0.9714。Pielou均匀度指数随海拔的升高，先升高后降低再升高再降低，呈波浪形变化，在海拔1500m时为0.8878，在海拔为1900m，为0.8941。Pielou均匀指数与物种Shannon-Wiener多样性指数和Simpson指数一样，在海拔为1650m时达到最高值，为0.9972。物种丰富度指数在海拔1500m为45种，海拔1900m为26种，在海拔1600m时最高，为50种。由此可见，这4个指数都是随着海拔的升高呈不规律的下降趋势，跟武功山山地草甸的温度和海拔面积的减少是密不可分的。在9个海拔梯度中，中间海拔区域的α多样性最为丰富。

根据对表2-36分析可知，物种丰富度指数与Shannon-Wiener多样性指数呈极显著相关，与Simpson指数呈显著性相关，与Pielou均匀度指数间没有显著性相关；Shannon-Wiener多样性指数与Simpson指数、Pielou均匀度指数均呈极显著相关性；Simpson指数与Pielou均匀度指数间具有显著相关性。

表 2-35　不同海拔梯度植物群落多样性变化

海拔（m）	丰富度指数（种）	Shannon-Wiener 多样性指数	Simpson 指数	Pielou 均匀度指数
1500	45	3.4550	0.9577	0.8878
1550	34	3.0850	0.9425	0.9162
1600	50	3.6028	0.9620	0.9032
1650	46	3.8392	0.9714	0.9972
1700	40	3.6424	0.9674	0.9745
1750	45	3.6394	0.9670	0.9934
1800	31	2.7586	0.9176	0.8680
1850	25	2.5256	0.8911	0.8577
1900	26	3.2981	0.9527	0.8941

表 2-36　植物群落物种 Shannon-Wiener 多样性指数相关性分析

	1	2	3	4
2	0.815**	1		
3	0.758*	0.976**	1	
4	0.583	0.801**	0.759*	1

注：1、2、3、4 分别代表着物种多样性的 4 种指数类型。1 为物种丰富度指数，2 为 Shannon-Wiener 多样性指数，3 为 Simpson 指数，4 为 Pielou 均匀度指数。* 表示 $P<0.05$ 显著性水平差异，** 表示 $P<0.01$ 极显著性水平差异。

（5）海拔梯度与β多样性

β多样性是群落多样性的重要内容，β多样性是指沿某一环境梯度物种替代的程度和速率，它反映了不同群落之间物种组成的差异，不同群落或某环境梯度上不同点之间的共有种越少，β多样性越大。目前关于武功山山地草甸β多样性的研究很少。因此分别采用二元属性数据和数量数据对武功山山地草甸的β多样性沿海拔梯度变化规律进行研究，从而来了解山地草甸植物群落的垂直分布格局及演化过程，可为武功山山地草甸植物多样性保护和持续利用提供科学依据。

本研究中，β多样性采用的是二元属性数据测度方法Cody指数、Wilson和Shmida指数、群落相异性系数、Sorenson指数；数量数据测度方法Bray-Curtis指数。图2-8a、图2-8b分别

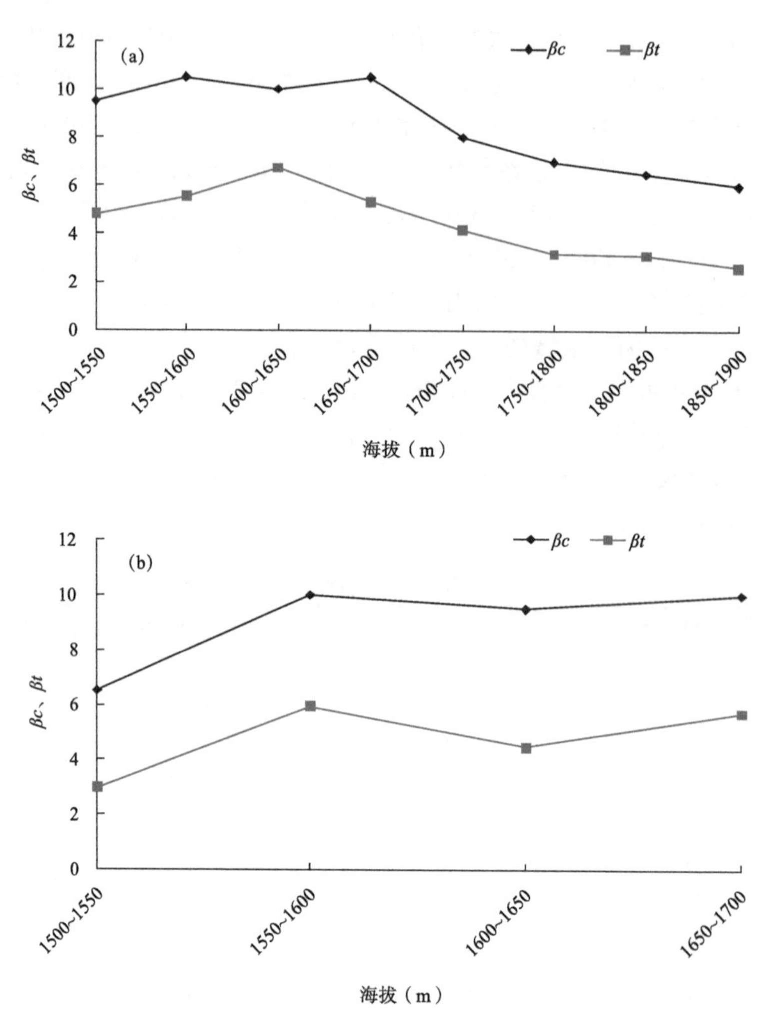

图 2-8 沿海拔梯度相邻群落 β 多样性的二元属性数据测度结果

注：a 为金顶区域；b 为九龙山区域；*βc* 为 Cody 指数；*βt* 为 Wilson 和 Shmida 指数。

代表的金顶区域和九龙山区域的Cody指数、Wilson-Shmida指数在海拔梯度上的变化格局。金顶区域中，Cody指数呈先上升后下降的趋势，在海拔1500~1600m和1650~1700m处于峰值，Wilson和Shmida指数在海拔1600~1650m处于峰值，2个指数在海拔1700m以下都有明显的波动，在海拔1700m以上均呈下降的趋势。九龙山区域中，Cody指数、Wilson和Shmida指数变化趋势大致相同，都是呈先上升后下降再上升的趋势。

β多样性的二元属性数据的测度方法只考虑物种是否出现，而忽略了种的盖度、多度等重要信息，这必然会夸大伴生种和稀疏种的作用（韩兰英 等，2008），因此采用Bray-Curtis指数进一步进行分析。

图2-9a、图2-9b分别表示金顶区域和九龙山区域群落相异性系数、Sorenson指数和Bray-Curtis指数在海拔梯度上的变化格局。金顶区域中，3个指数的变化趋势全无相似性，呈不规则跳跃性变化，但波动幅度都比较明显。这说明随海拔梯度的上升，共有种减少，β多样性变大。金顶区域中，群落相异性系数在海拔1650~1700m处于峰值，Sorenson指数在海拔1750~1800m处于峰值，Bray-Curtis指数在海拔1850~1900m处于峰值。九龙山区域中，3个指数都有明显的波动幅度。Bray-Curtis指数变化幅度明显大于群落相异性系数、Sorenson

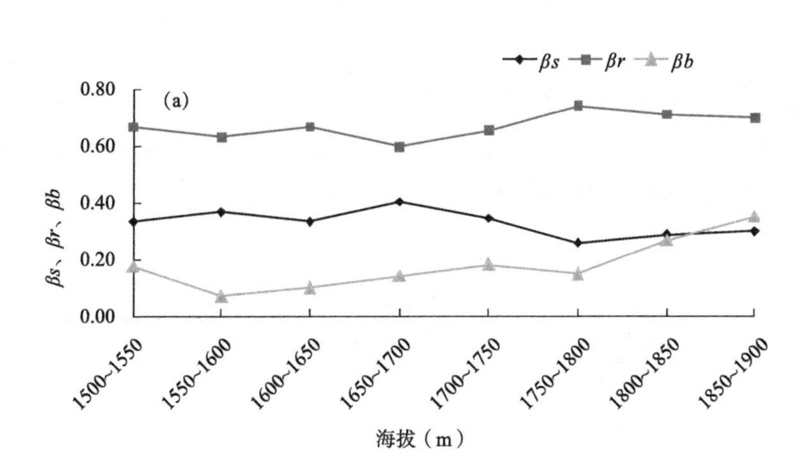

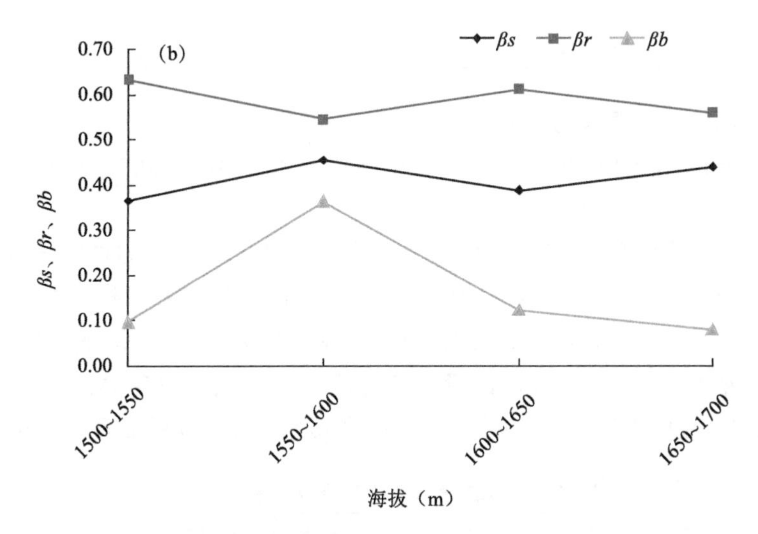

图 2-9　沿海拔梯度相邻群落 β 多样性的数量数据测度结果

注：a 金顶区域；b 九龙山区域；*βs* 为群落相异性系数；*βr* 为 Sorenson 指数；*βb* 为 Bray-Curtis 指数。

指数，群落相异性系数和Bray-Curtis指数在海拔1550~1600m处于峰值，Sorenson指数在海拔1500~1550m处于峰值。

通过对两个区域二元属性数据测度结果和数量数据测度结果进行比较分析，两种属性数据所测得的 β 多样性有明显的变化差异，这与旅游踩踏和过度放牧造成的生境破碎化密切相关，导致植物群落的物种组成结构发生改变，植物种群的优势地位发生变化。

2.3　山地草甸主要群落类型高光谱特征研究

2.3.1　不同植被群落的光谱反射率差异分析

研究首先对筛选后的每种群落的光谱数据做方差分析，其次对5种群落间做方差分析，表2-37和表2-38结果表明：5种群落组内光谱反射率差异不显著，所采光谱数据有效；5种群落的组间光谱反射率差异显著，是本研究进行的前提条件。

2.3.1.1　植被群落组内光谱反射率差异分析

利用SPSS17.0软件分别对5种草甸主要植被群落样点间的光谱反射率数据进行方差分

析，结果见表2-37。

由表2-37可知，5种群落组内各样点间F值均小于F临界值，并且$P>0.05$（表示接受原假设，即在5%的显著性水平下差异不明显），所以研究中5种主要群落类型的样点间光谱反射率差异很小，即5种群落的组内无明显差异，说明本试验所测定的同一种群落的光谱数据相对稳定。

表 2-37　5 种群落组内方差分析结果

差异源	离均差平方和	自由度	均方	F	P	F临界值
芒	8529.14	4	2132.29	0.92	0.45	2.37
野古草	32.28	3	10.76	0.06	0.98	2.61
中华薹草	7191.61	4	1797.9	1.38	0.24	2.37
飘拂草	342.62	4	85.66	0.88	0.48	2.37
箭竹	15812.15	4	3953.04	0.9	0.46	2.37

2.3.1.2　植被群落组间光谱反射率差异分析

在350~2450nm波长范围内分不同波段进行5种草甸群落的组间方差分析，同时也在各波段范围内进行组内的方差分析，结果见表2-38。

方差分析中用离差平方和来描述总体的变异情况。单个波段中的总变异$SS_{总}$有2个来源：组内变异$SS_{组内}$（即由于随机误差的原因使得样点内部的反射率各不相等）；组间变异$SS_{组间}$（即由于不同群落的影响使得各个群落的样点反射率均值大小不等），$SS_{总}=SS_{组间}+SS_{组内}$。由表2-38可知，5种群落在1600~2450nm波段高光谱无明显差异，在350~435nm、1100~1385nm和1385~1600nm 3个波段差异显著（$P<0.05$），而在其他波段差异极显著（$P<0.01$）。

表 2-38　5 种群落各波段光谱反射率方差分析

波段范围（nm）	组内、组间	参数		
		均方	F值均值	P值均值
350 ~ 435	组间	121.325	2.23	0.109
	组内	11.62		
435 ~ 540	组间	102.36	4.241	0.0026
	组内	10.0511		
540 ~ 770	组间	131.22	6.57	0.0003
	组内	13.273		
770 ~ 1100	组间	110.87	4.138	0.0022
	组内	20.56		
1100 ~ 1385	组间	122.3	4.23	0.0256
	组内	18.559		
1385 ~ 1600	组间	109.812	3.463	0.036
	组内	21.033		
1600 ~ 1915	组间	140.6	2.669	0.0589
	组内	19.81		
1915 ~ 2450	组间	96.83	2.99	0.11
	组内	25.434		

2.3.2 植被群落光谱特征分析

5种群落的方差分析组内差异小，即同一种群落的光谱数据相对稳定，而组间差异较大表明利用光谱数据可以进行不同群落的识别分类，因此对5种群落光谱的特征差异分析具有研究意义。不同植被光谱数据的差异主要来源于植被内部结构及理化性质的不同。基于野外光谱反射率数据对武功山草甸的5种群落分别进行重采样处理、一阶微分处理和连续统去除处理，再分别提取相应的特征参数，以期达到快速、精确地对山地草甸群落识别和分类的目的。本研究基于差异明显的波段对3种处理的光谱曲线进行特征提取。

2.3.2.1 重采样处理光谱特征分析

对5种群落的光谱数据进行重采样处理绘制光谱曲线如图2-10所示。5种群落的光谱曲线整体趋势具有一致性，与前人研究的健康的植被光谱曲线特征相似，在450nm和670nm左右出现吸收谷，在550nm附近出现反射峰，这跟在可见光范围内光谱受叶绿素含量吸收多少的因素有关。在近红外波段，植被的光谱曲线主要受叶片内部细胞结构的影响，细胞内部结构的复杂性导致了多重反射，从而使得此波段范围的反射率较高，在740nm附近形成了反射峰。而在短红外波段，光谱反射率主要受植被含水量的影响，反射率与含水量成负相关关系因1300nm之后不断出现负坡走向，由于山地草甸植被的含水量受外界环境因素比较大，因此该波段噪声较大。总体上，以中华薹草为优势物种的群落光谱曲线变化趋势较剧烈，其他群落相对较缓。

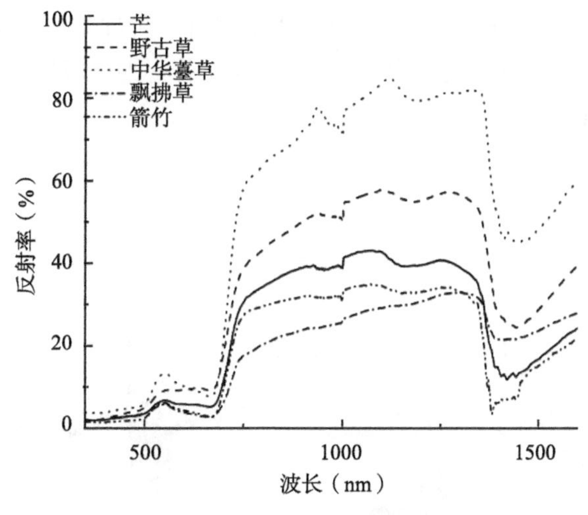

图 2-10　重采样光谱曲线对比

由于植被光谱曲线具有相似性，单从相对稳定的波形趋势无法对不同群落进行区分，因而本研究根据图2-13分别对5种群落的光谱曲线提取相应的特征参数，如表2-39所示，5个群落在500~600nm的波峰所对应的波长和600~700nm与1200~1300nm的波谷对应的波长相近，600~700nm波段的波谷对称度也近似相等，而其余的特征提取值差异较大，基本可以依据波峰、波谷值、对称度、波峰/谷深度、宽度来区分出一种或者多种群落，其中，500~600nm、600~700nm和1200~1300nm 3个波段的波峰/谷深度差别都最明显，由此可见，波峰/谷深度是区分5种群落最有效的特征参数。

表 2-39　重采样光谱曲线波段特征提取值

波段（nm）	特征提取值	芒	野古草	中华薹草	飘拂草	箭竹
500 ~ 600	波峰值	6.698	9.238	13.295	5.765	6.133
	波峰点对应波长（nm）	552	560	552	550	548
	波峰对称度	0.379	0.661	0.38	0.232	0.35
	波峰深度（nm）	2.883	3.012	7.322	0.853	3.88
	波峰宽度（nm）	134	141	89	30	86
600 ~ 700	波谷值	5.162	9.034	7.636	2.628	2.739
	波谷点对应波长（nm）	666	667	667	667	667
	波谷对称度	0.59	0.597	0.569	0.579	0.579
	波谷深度（nm）	14.813	17.661	32.341	10.006	16.073
	波谷宽度（nm）	172	81	87	90	86
1200 ~ 1300	波谷值	11.734	24.416	44.903	21.601	3.39
	波谷点对应波长（nm）	1420	1442	1450	1442	1382
	波谷对称度	0.224	0.304	0.293	0.366	0.118
	波谷深度（nm）	21.795	25.996	30.85	9.454	26.411
	波谷宽度（nm）	203	201	225	189	105

2.3.2.2　一阶微分处理光谱特征分析

通过对5种群落重采样后的反射率平均值数据进行一阶导数变换得到5种群落的一阶微分光谱曲线，由于植被光谱特征主要体现在1000nm之前，因此截取350~1000nm波段的一阶微分光谱曲线（图2-11）。

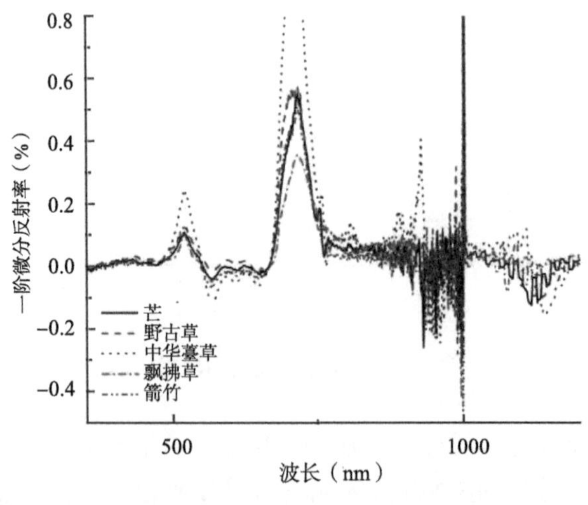

图 2-11　一阶微分光谱曲线对比

由于本研究在野外进行，土壤作为植物的背景对光谱数据的测定有一定影响，通过对光谱数据进行一阶导数变换，进而根据表2-40提取特征参数值，使所得数据更具植被真实的特征，如表2-40所示，物种群落的红边、蓝边位置几乎完全相同，而黄边位置相对有差异，但都在610~630nm范围内浮动，芒、野古草与箭竹的红边/蓝边幅值和面积近似相等，

似乎表现为同为禾本科的特征，因此根据红边/蓝边幅值和面积可将中华薹草和飘拂草从这5种群落中区分出来。但同为莎草科的中华薹草和飘拂草却差异非常大，可能是天然草种和人工草种的差别表现，这需要进一步研究证实。5种群落之间的黄边幅值和黄边面积虽然数值差别不大，但走势不同，箭竹的黄边幅值是负值，据此又可将箭竹从禾本科植被中区分出，五节芒的黄边面积为负值，而野古草的为正值，据此又可将芒和野古草区分开来。

表 2-40　一阶微分光谱特征提取值

优势物种	D_r	λ_r	D_b	λ_b	D_y	λ_y	SD_r	SD_b	SD_y
芒	0.55	717	0.11	520	0.00	624	25.95	2.71	−1.00
野古草	0.58	716	0.12	520	0.02	610	29.82	3.44	0.47
中华薹草	1.10	716	0.24	520	−0.02	626	51.44	6.01	−4.26
飘拂草	0.12	716	0.03	520	0.03	619	6.78	1.07	1.62
箭竹	0.51	717	0.13	520	−0.01	622	24.80	3.34	−2.39

2.3.2.3　连续统去除处理光谱曲线特征分析

利用ENVI5.1软件分别对5种群落重采样后的反射率平均值经过Spectral->Mapping Methods->Continuum Removal进行去包络线处理，获得的光谱曲线再归一化处理得到图2-12。

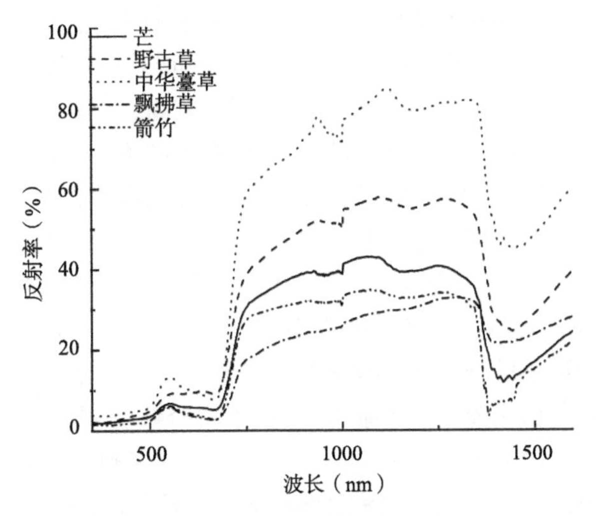

图 2-12　连续统去除光谱曲线对比

对5种群落去包络线处理后得到的光谱曲线波形变化趋势更简明，波峰波谷也更突出，分别在480nm附近和680nm附近出现吸收谷，并且近红外波段比可见光附近有更强烈的吸收效应。提取特征参数值如表2-41所示。5种群落2个波段的吸收谷位置仍然比较稳定，在500nm附近的中华薹草的吸收深度与其他4种植被相比要小得多，据此可以将中华薹草区分出来。5种群落的吸收宽度在2个吸收波段差异都不大，因此用吸收宽度来不能将5种群落识别分类。而宽深比（*WID*/*DEP*）和吸收谷面积相对差异较大，在450~550nm波段，5种群落的吸收谷宽深比差值最大达到92，在600~700nm波段，吸收谷的宽深比差值最大达到52，总体而言，光谱曲线连续统去除处理后，区分5种群落最有效的特征参数是宽深比。

表 2-41 连续统去除光谱曲线特征提取值

吸收谷波段（nm）	特征提取值	芒	野古草	中华薹草	飘拂草	箭竹
450~550	CR_{min}	0.335	0.377	0.535	0.296	0.255
	DEP	0.665	0.623	0.465	0.704	0.745
	WID	124	126	121	127	125
	WID/DEP	187	202	260	180	168
	AREA	82	78	56	89	93
600~700	CR_{min}	0.213	0.296	0.183	0.166	0.128
	DEP	0.787	0.704	0.817	0.834	0.872
	WID	172	167	151	161	175
	WID/DEP	219	237	185	193	201
	AREA	135	118	123	134	153

综上所述，由于采集时间对植被光谱的影响很大，草地植被冠层结构会随着生长阶段的不同而发生变化，其物化性质也会有相应的变化。本研究是在2015年9月单次取样分析，虽然5种群落的取样时间一致，但5种群落的生长发育阶段仍有微小的差别，其中野古草、芒、飘拂草叶子已有不同程度的枯黄，草地植被的光谱受其色素、长势、叶面积及生长形态的影响很大，特别是可见光波段，所以本研究不能代表同一生长期的植被群落的分类识别，对5种山地草甸植被群落的精细识别分类需要分生长季来做进一步的研究。此外，本研究采用野外采集光谱的方法无法避免地产生一定的试验误差，采集的5种群落的光谱数据不同程度地受到高海拔环境因素的影响，由于芒的冠层较高，而其余4种植被相对较矮，5种植被冠层的小气候可能会有一定程度的差异，是否对本试验结果产生影响需要做进一步的验证分析。另外，草甸光谱的季节性差异和群落光谱与植物养分含量相关性是接下来的研究方向。以芒、野古草、中华薹草、飘拂草和箭竹为优势物种的5种群落的组内、组间方差分析结果表明：同种群落样点间差异不显著，但5种群落之间在350~1600nm范围内差异显著，说明利用高光谱技术可以进行植被的识别和分类。

本研究获取的5种群落的样点光谱曲线具有植被共有的波形，总体变化趋势具有一致性。5种群落光谱反射率相比较，中华薹草>野古草>芒>箭竹>飘拂草。其中，中华薹草的波形变化较剧烈，明显区别于其他4种群落，这可能是人工修复草种与天然植被的明显差别。分别用重采样处理、一阶微分处理和连续统去除处理3种方法来提取的光谱特征值都能够有效地对5种群落进行快速分类。重采样处理最有效的识别参数是波峰、波谷的深度，一阶微分处理可以分别利用红/蓝/黄边幅值和面积将5种群落进行划分，连续统去除处理的特征参数中宽深比是识别5种群落最有效的特征值。总体而言，3种处理方法得到的光谱曲线的波峰/波谷对应的波长位置都相近，说明这是山地草甸5种主要群落的共性参数。

2.4 山地草甸植被覆盖度分布格局

2.4.1 山地草甸植被覆盖度空间分布特征

将$NDVI_{soil}$和$NDVI_{veg}$代入基于$NDVI$的像元二分模型，计算得出山地草甸4个时期的植被覆盖度。运用 ENVI 5.1软件中生成山地草甸植被覆盖度图，在此基础上按其等级进行密度

分割，得到武功山山地草甸1995年、2002年、2010年和2015年4个时期植被覆盖度空间格局图（图2-13）。

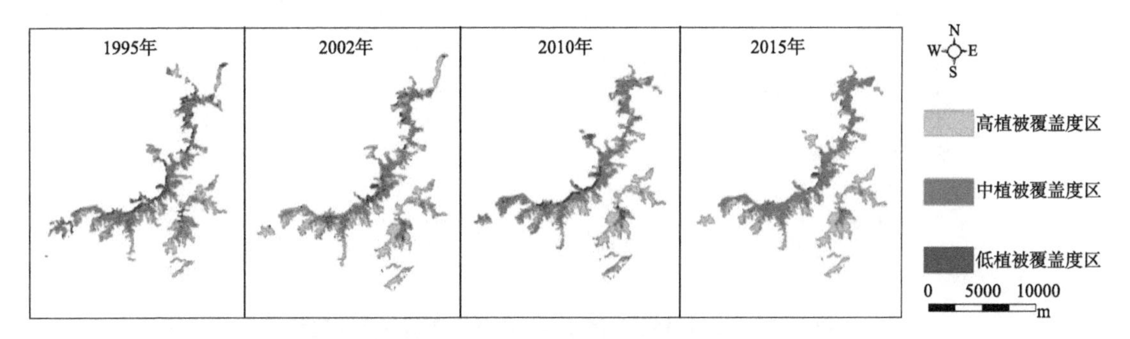

图 2-13　武功山山地草甸 4 个时期植被覆盖度空间格局

分析结果表明，总体上植被覆盖度在空间上呈现东南高、西北低的分布特征。低覆盖度草甸区集中在武功山脉的部分山脊线上和西北侧坡面的崖壁，而高覆盖度草甸区多分布在武功山脉的东南坡面，坡度相对较缓，说明山地草甸的分布和坡向、坡度密切相关。在3种植被覆盖度区中，高覆盖度草甸区所占比例最大，4个时期分别占山地草甸总体面积的58.31%、69.88%、62.45%和63.69%，反映了武功山山地草甸良好的植被覆盖状况。

对植被覆盖度空间分布统计得到各覆盖度等级的面积，表2-42中显示，山地草甸面积20年来呈递减趋势，2015年比1995年减少了9.72%。这可能和全球气候变化，林草过渡带上移有关。1995年低植被覆盖度区面积占当年草甸面积的7.06%，所占比例远高于2015年的0.87%，面积高出2.50km^2。20世纪90年代武功山山地草甸开展大规模的放牧，过度踩踏与啃噬可能是研究初期低植被覆盖度草甸占很大面积的直接原因。中植被覆盖度区面积在20年期间呈先降低后增长的趋势，但总体上降低，2015年比1995年减少了7.63%，计1.06km^2。而高植被覆盖度区面积先增加后减少，2010年为最低点22.64km^2，2013年比2010年增加1.62%。从1995—2015年的植被覆盖度图看，不同时期之间植被覆盖度有上升和下降，反映出植被覆盖度在时间序列上的变化。

表 2-42　武功山山地草甸 4 个时期植被覆盖度特征

覆盖度	1995 年		2002 年		2010 年		2015 年	
	面积（km^2）	比例（%）	面积（km^2）	比例（%）	面积（km^2）	比例（%）	面积（km^2）	比例（%）
高植被覆盖度区	23.33	58.31	25.91	69.88	22.64	62.45	23.00	63.69
中植被覆盖度区	13.86	34.64	9.96	26.86	12.09	33.34	12.80	35.44
低植被覆盖度区	2.82	7.06	1.21	3.26	1.52	4.20	0.32	0.87
合计	40.01	100.00	37.08	100.00	36.25	100.00	36.12	100.00

由式（1-18）计算得到武功山山地草甸4个时期植被平均覆盖度（图2-14），可以看出研究期间山地草甸平均植被覆盖度呈波浪式变化。1995—2002年植被覆盖度呈增长趋势，从2.51上升到2.71。之后至2010年期间植被覆盖度一直降低，在最后5年有所上升，2015年达到2.70。研究期间山地草甸平均植被覆盖度总体呈上升趋势。

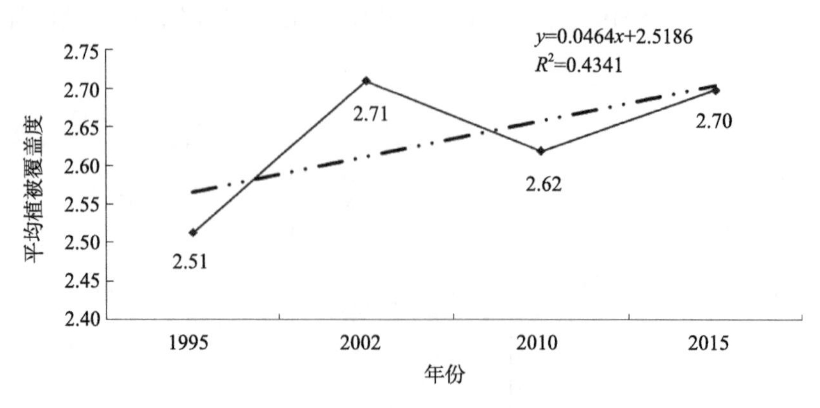

图 2-14　山地草甸 4 个时期平均植被覆盖度变化趋势

这主要和近20年来的武功山风景区旅游业的发展密切相关。1997年武功山风景区成立，山地草甸从自然状态到有序管理状态，1995—2002年期间草甸植被覆盖度从2.51增长到2.71。但随着旅游业发展，旅游设施建设，游人踩踏、露营，使得武功山的优质草甸资源受到严重威胁。而武功山地处萍乡、吉安、宜春三市区的行政交界处，受利益驱使，无序的旅游开发更加重了山地草甸的退化，2010年草甸植被覆盖度降低至2.62。从2012年以来开展的山地草甸生态修复是2010—2015年期间草甸覆盖度上升的直接原因。随着管理的不断完善，植被覆盖状况总体上趋于好转。当然，由于自然、社会因素影响的复杂性，山地草甸植被覆盖度的变化趋势和20年来气候因子的波动也有很大关系。

2.4.2　山地草甸植被覆盖度动态变化

为了揭示武功山山地草甸20年间植被覆盖度动态变化过程及特征，采用植被覆盖度等级的差值量化分析1995—2015年间的4期数据，通过ENVI 5.1软件对4期数据的植被覆盖度等级图分别进行叠加运算，得到山地草甸不同时期各等级植被覆盖度转移矩阵。

由图2-15中可以看出，1995—2002年间山地草甸的发云界北端区域和九龙山西、南端植被覆盖度降低区域大于增加的区域，植被状况有所下降；但在九龙山和百鹤峰的西北坡及发云界南部的东坡植被覆盖度有大面积的增加，总体植被状况好转。2002—2010年山地草甸的北端和白鹤峰铁蹄峰之间的西北坡以及九龙山西端植被状况明显下降，铁蹄峰附近西南坡植被明显增加，发云界以东的区域植被有所恢复，但整体上为降低趋势。2010—2015年由于林草过渡带上移，山地草甸的阴坡低海拔处退化为非草甸类型，阳坡植被覆盖

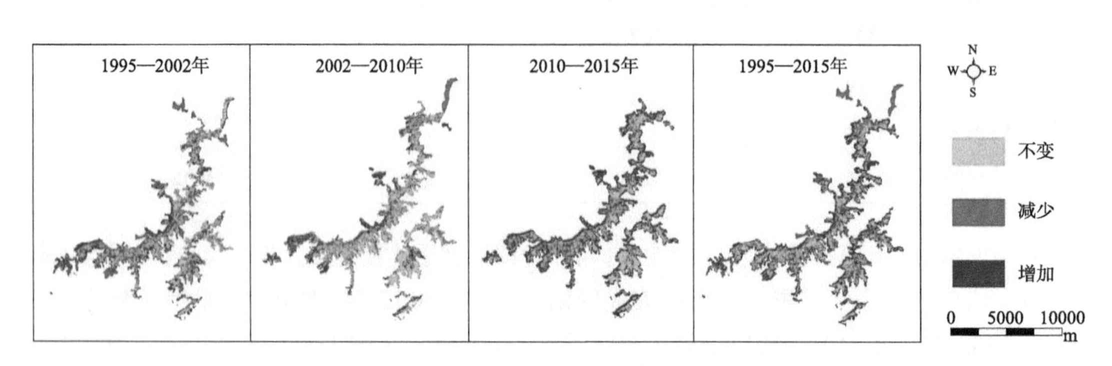

图 2-15　武功山山地草甸 4 个时期植被覆盖度差值

度增加明显。1995—2015年这20年间，草甸北端覆盖度下降趋势明显，九龙山西端有大面积植被退化，但在白鹤峰铁蹄峰区域的北坡、山脊，发云界南部的东坡植被覆盖度增加。

从表2-43、表2-44、表2-45可以进一步了解各覆盖度等级植被相互转移面积和比例。1995—2002年总体植被状况有所好转的原因是5.65km^{2}的非草甸区域得以改善，成为不同植被覆盖度的山地草甸；有1.78km^{2}低覆盖度草甸转化为中、高覆盖度草甸，4.50km^{2}中覆盖度草甸转化为高覆盖度草甸。改善面积11.94km^{2}高于退化面积10.34km^2。2002—2010年7.51km^{2}高覆盖度草甸退化为非草甸用地和中、低覆盖度草甸，所以尽管同时有2.31km^{2}非草甸用地改善为不同植被覆盖度的草甸，仍表现为退化趋势。2010—2015年草甸覆盖度变化趋势有所改变，8.26km^{2}非草甸用地改善为不同植被覆盖度的草甸，有3.35km^{2}草甸覆盖度明显增加，在此期间山地草甸为生态修复阶段。

表 2-43　1995—2002 年山地草甸植被覆盖度等级转移矩阵

年份	等级	1995 年							
		非草甸用地		低覆盖度草甸		中覆盖度草甸		高覆盖度草甸	
		面积（km^2）	比例（%）	面积（km^2）	比例（%）	面积（km^2）	比例（%）	面积（km^2）	比例（%）
2002 年	非草甸用地	0.00	0.00	0.44	15.55	1.69	12.20	6.46	27.69
	低覆盖度草甸	0.21	3.72	0.61	21.55	0.28	2.02	0.11	0.47
	中覆盖度草甸	0.76	13.45	0.73	25.80	7.38	53.29	1.08	4.63
	高覆盖度草甸	4.68	82.83	1.05	37.10	4.50	32.49	15.68	67.21
	合计（km^2）	5.65	100.00	2.83	100.00	13.85	100.00	23.33	100.00

表 2-44　2002—2010 年山地草甸植被覆盖度等级转移矩阵

年份	等级	2002 年							
		非草甸用地		低覆盖度草甸		中覆盖度草甸		高覆盖度草甸	
		面积（km^2）	比例（%）	面积（km^2）	比例（%）	面积（km^2）	比例（%）	面积（km^2）	比例（%）
2010 年	非草甸用地	0.00	0.00	0.13	10.83	0.20	2.01	2.80	10.80
	低覆盖度草甸	0.06	2.60	0.41	34.17	0.27	2.71	0.79	3.05
	中覆盖度草甸	0.67	29.00	0.49	40.83	7.01	70.31	3.92	15.12
	高覆盖度草甸	1.58	68.40	0.17	14.17	2.49	24.97	18.41	71.03
	合计（km^2）	2.31	100.00	1.20	100.00	9.97	100.00	25.92	100.00

表 2-45　2010—2015 年山地草甸植被覆盖度等级转移矩阵

年份	等级	2010 年							
		非草甸用地		低覆盖度草甸		中覆盖度草甸		高覆盖度草甸	
		面积（km^2）	比例（%）	面积（km^2）	比例（%）	面积（km^2）	比例（%）	面积（km^2）	比例（%）
2015 年	非草甸用地	0.00	0.00	0.55	36.18	1.40	11.58	2.44	10.80
	低覆盖度草甸	0.01	0.12	0.19	12.50	0.04	0.33	0.69	3.03
	中覆盖度草甸	1.49	18.04	0.33	21.71	8.08	66.83	3.42	15.12
	高覆盖度草甸	6.76	81.84	0.45	29.61	2.57	21.26	16.09	71.05
	合计（km^2）	8.26	100.00	1.52	100.00	12.09	100.00	22.64	100.00

由表2-46可以看出，1995—2015年期间8.02km²非草甸用地面积转移为山地草甸；同时11.92km²各等级植被覆盖度的草甸转移为非草甸。高植被覆盖度草甸转移明显，其中9.43km²转化为林地等非草甸用地，是山地草甸面积减少的重要原因。低等级覆盖度草甸转化为高等级覆盖度草甸面积为5.14km²，远大于高等级覆盖度草甸转化为低等级覆盖度草甸的面积1.48km²，所以20年间山地草甸植被覆盖度状况整体表现出上升的特征。

表 2-46　1995—2015 年山地草甸植被覆盖度等级转移矩阵

年份	等级	1995 年							
		非草甸用地		低覆盖度草甸		中覆盖度草甸		高覆盖度草甸	
		面积（km²）	比例（%）	面积（km²）	比例（%）	面积（km²）	比例（%）	面积（km²）	比例（%）
2015 年	非草甸用地	0.00	0.00	1.17	41.34	1.31	9.45	9.43	40.42
	低覆盖度草甸	0.03	0.37	0.18	6.36	0.07	0.51	0.04	0.17
	中覆盖度草甸	1.66	20.70	0.95	33.57	8.82	63.64	1.37	5.87
	高覆盖度草甸	6.33	78.93	0.53	18.73	3.66	26.41	12.49	53.54
	合计（km²）	8.02	100.00	2.83	100.00	13.86	100.00	23.33	100.00

2.4.3　山地草甸植被覆盖度变化的空间差异性分析

在研究区植被覆盖度等级的差值量化分析的基础上，对1995—2015年山地草甸植被覆盖度等级变化的空间差异进行具体分析（图2-16、表2-47）。

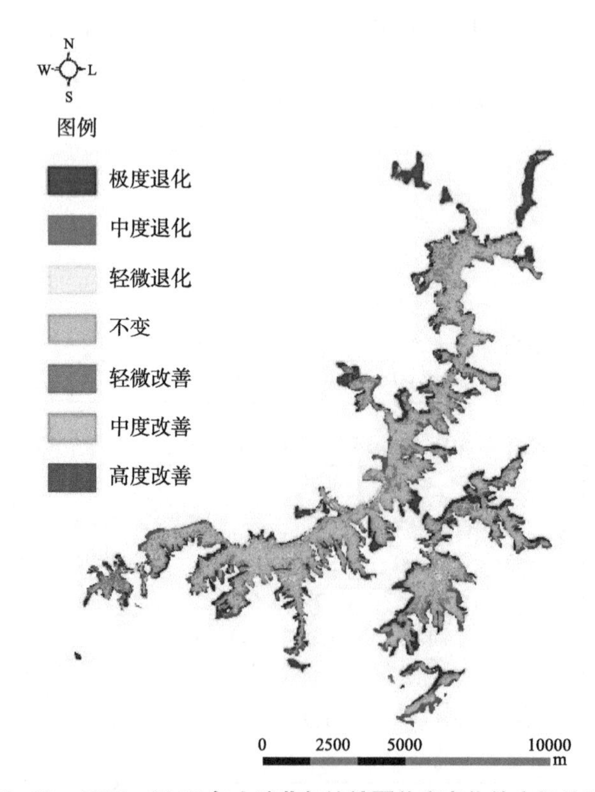

图 2-16　1995—2015 年山地草甸植被覆盖度变化的空间差异性

植被覆盖度等级面积变化统计结果表明，1995—2015年全球气候变化，研究区复杂的地质地形和多样的人为干扰，使山地草甸退化与改善并存。山地草甸最北端、九龙山的最西端和白鹤峰—九龙山区域的东南坡、南坡低海拔处植被总体有退化趋势；发云界南部的东坡植被呈现改善趋势。植被退化区域在20年间面积达到13.39km^2，占武功山山地草甸总面积的28.07%，其中重度退化面积为9.43km^2，占草甸总面积的19.77%；同时2.83%为中度退化草甸，5.47%为轻度退化草甸。研究期间13.16km^{2}草甸呈现改善特征，占山地草甸总面积的27.58%。其中9.72%为轻度改善区，4.59%为中度改善区，13.27%为极度改善区，其中极度改善面积为6.33km^2，所占比例较大（表2-47）。

表 2-47　1995 － 2015 年山地草甸植被覆盖度等级变化

类项	退化			未变化	改善		
	重度	中度	轻度		轻度	中度	极度
面积（km^2）	9.43	1.35	2.61	21.16	4.64	2.19	6.33
比例（%）	19.77	2.83	5.47	44.35	9.72	4.59	13.27
合计（%）		28.07		44.35		27.58	

2.4.4　山地草甸植被覆盖度的地形因子分异研究

山区地形特征是一个多维变量，不同坡向、坡度和高程具有不同的水热条件分布和养分移动堆积的特点，在某一特征尺度上不同的特征对山地草甸植被覆盖度的影响强度将会发生不同梯度的变化。武功山山势陡峻，地形复杂，对植被覆盖度的分布格局有很大的影响。

2.4.4.1　不同坡向植被覆盖度的变化

将从研究区DEM数据提取的坡向分为9个坡向带：平坡、正北、东北、正东、东南、正南、西南、正西和西北。平坡为0°，正北方向是337.5°~360°和0°~22.5°2个坡向，其余7个坡向分级依次为22.5°~67.5°、67.5°~112.5°、112.5°~157.5°、157.5°~202.5°、202.5°~247.5°、247.5°~292.5°、292.5°~337.5°，然后统计不同坡向的山地草甸植被覆盖度。

坡向是决定某一坡面接收太阳辐射的强度以及水分分布的一个重要的环境因子。从图2-17可以看出，由于不同的坡向接受的阳光照射的时间以及热量、水分的差异，植被覆盖度随着坡向的变化呈现出有规律的变化。山地草甸在东南坡向植被覆盖度最高，其次是正南坡向和正东坡向；植被覆盖度最低的是西北坡向和正北坡向。主要因为在阳坡与半阳坡接收的太阳辐射相对较强，昼夜温差较大，水分蒸发量较多，更适宜草甸植被的生长。武功山东南坡向的半阳坡，可能是集中了阳坡、阴坡的优点，使得水分和温度更为适中，从而植被覆盖较阳坡稍高。总体上山地草甸植被覆盖度的分布规律为阳坡>平坡>阴坡。

2.4.4.2　不同坡度植被覆盖度的变化

参照《土壤侵蚀分类分级标准》（SL190—1996），根据临界坡度分级法，将草甸分布区DEM数据的坡度重分类为6级，0°~5°为第1级，5°~10°为第2级，10°~15°为第3级，15°~25°为第4级，25°~45°为第5级，45°~90°为第6级，然后统计不同坡度级山地草甸的平均植被覆盖度。

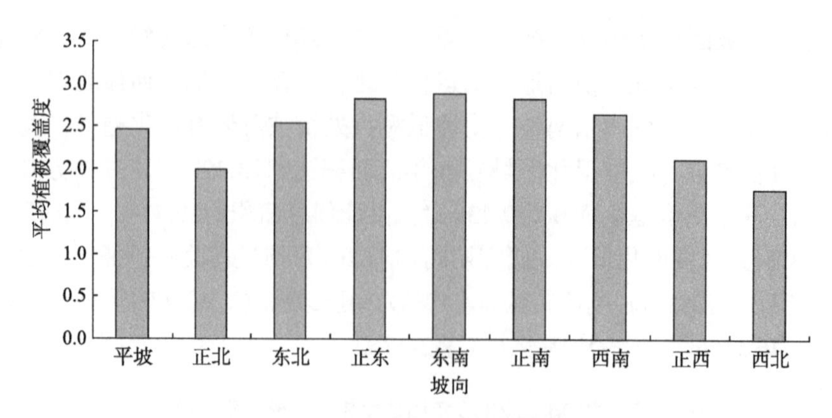

图 2-17　坡向对山地草甸植被覆盖度的影响

坡度的不同，直接影响到土壤的母质组成、土层厚度、有机质含量和土壤养分等基本属性。另外，也影响着太阳辐射的量值和水分分布的差异，从而将进一步影响到坡面的植被覆盖。从图2-18可以看出，植被覆盖度先是随着坡度的上升而升高，在坡度15°~25°时达到最高，然后随坡度的上升而下降，在45°~90°最低。45°~90°和坡度小的区域之间差异显著（$P<0.05$）。坡度大的区域（45°~90°）植被覆盖度降低是因为武功山地形复杂，坡陡处因雨水冲刷，造成水土流失，土层较薄，草甸分布稀少，且某些区域为裸露的岩石和崖壁。

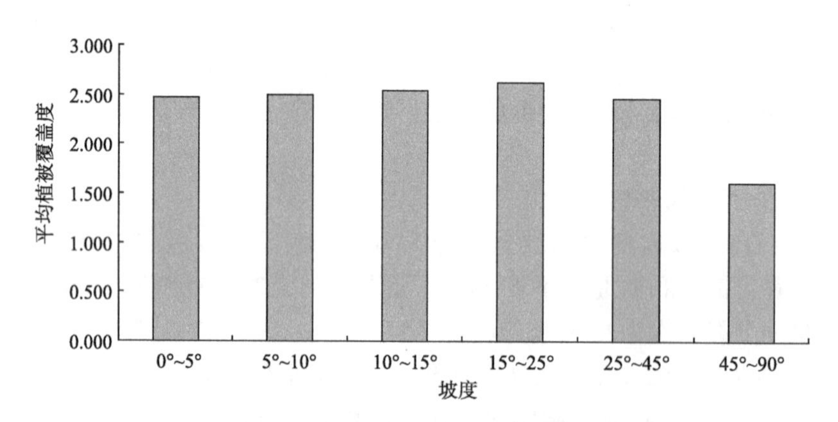

图 2-18　坡度对山地草甸植被覆盖度的影响

2.4.4.3　不同海拔的植被覆盖度的变化

为了分析海拔对植被覆盖度的影响，将草甸范围的DEM数据重分类为7个高程带，海拔范围分别是≤800m、800~1000m、1000~1200m、1200~1400m、1400~1600m、1600~1800m、1800~1918.3m，然后统计山地草甸不同高程带的植被覆盖度。

从图2-19可以看出，不同高程带之间无显著性差异（$P>0.05$），植被覆盖度随海拔升高呈波浪式下降，海拔1000~1200m最高，海拔1800~1918.3m最低。表明随着高程的增加，气温下降，降水量、相对湿度及风力在一定高度上则随之增加，土壤状况随着高程的变化也呈现垂直地带性的变异。这些自然环境状况随高程变化的规律同时也影响着山地草甸覆盖度的分布，使之越来越低。加之金顶作为核心景区，受到旅游活动影响最为严重，所以山顶山地草甸退化明显。

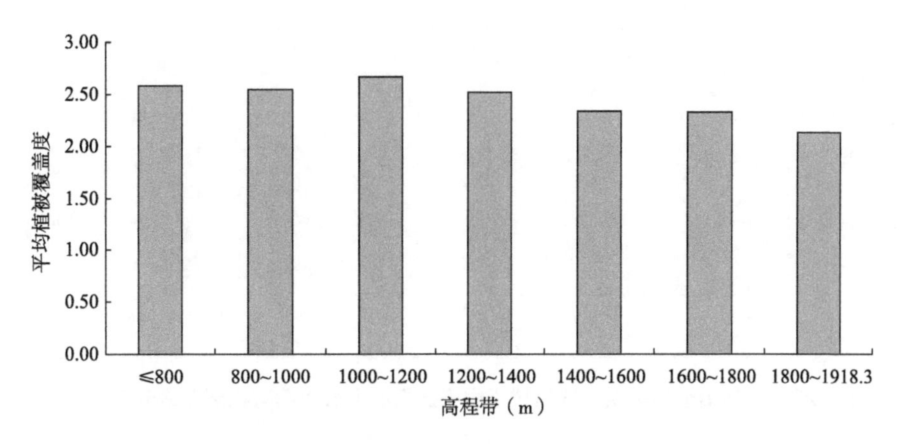

图 2-19　高程带对山地草甸植被覆盖度的影响

2.5　山地草甸土壤活性碳研究

2.5.1　山地草甸土壤有机碳

土壤有机质不仅是植物养分的主要来源，影响土壤结构和物理化学性质，而且土壤中的有机碳是大气中CO_2的主要源和汇。近年来，中国因草地过度放牧、旅游开发等原因造成的草地退化、沙化、盐渍化情况越来越严重，继而造成的土壤碳损失也成为学者研究的热点之一。武功山山地草甸因旅游开发导致草甸退化情况越来越严重，因此研究其有机碳的分布情况将有助于为退化的草甸恢复提供理论和指导意义。

2.5.1.1　山地草甸土壤有机碳分布特征

（1）金顶区域土壤有机碳分布特征

武功山山地草甸的土壤有机碳主要分为3个区域，分别是受人为干扰严重的金顶区域和放牧严重的九龙山区域。每个区域均按照不同草甸植被覆盖度分为未受干扰（CK）、轻度干扰和重度干扰3种级别。另外，为了研究武功山不同植被群落的土壤有机碳分布特征，在武功山全山又分别采集了18个不同的小群落土壤来分析。

金顶是武功山的最高峰，几乎是旅行者的必经之地，所以，金顶区域是人为干扰最为严重的区域。

金顶区域上层（0~20cm）土壤有机碳含量分布情况由高到低依次为：CK>轻度干扰>重度干扰。其中，CK的有机碳含量平均值为98.07g/kg（高海拔CK平均值为101.47g/kg），轻度干扰的有机碳平均值为93.10g/kg，重度干扰的有机碳平均值为74.87g/kg。轻度干扰相对CK有机碳损失率为5.07%，重度干扰相对CK图2-23有机碳损失率为26.21%（图2-20）。

由于本试验在低海拔处（≤1800m）未设置重度干扰试验样地，主要是因为在低海拔处人为干扰不严重，只有轻度干扰，所以采取不同海拔CK、轻度干扰同时分析，高海拔的3个不同干扰程度单独分析的方法进行试验数据分析。表2-48为金顶区域CK和轻度干扰上层土壤（0~20cm）有机碳含量方差分析结果。

从表2-48方差分析可以看出海拔1600~1900m处，在CK和轻度干扰之间，其F值（3.27）$<F_{\alpha(0.05)}$（5.99），P值（0.12）>0.05，所以没有显著性差异；不同海拔之间，F值（58.81）$>F_{\alpha(0.05)}$（4.28），P值（0.00）<0.05，有显著性差异。

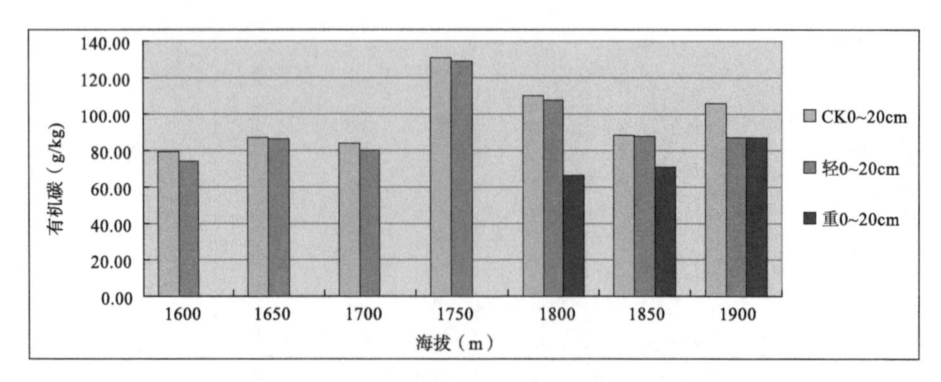

图 2-20　武功山金顶区域不同海拔不同干扰程度上层土壤有机碳含量分布情况

表 2-48　不同海拔不同干扰程度下上层土壤有机碳含量方差分析

碳含量分布	方差	自由度	均方差	F值	P值	$F_{\alpha(0.05)}$
不同干扰程度	76.42	1	76.42	3.27	0.12	5.99
不同海拔	4025.40	6	670.90	58.81	0.00	4.28

高海拔（1800~1900m）有机碳含量包含有3个不同的干扰程度的，分别是CK、轻度干扰和重度干扰，其方差分析结果如下：

从表2-49可以看出，在高海拔处（1800~1900m），不同干扰程度下F值为4.32，小于$F_{\alpha(0.05)}$（6.94），P值为0.12，大于0.05，所以干扰程度之间没有显著性差异；海拔之间因P值（0.42）>0.05，F值（1.08）<6.94，所以海拔之间也没有显著性差异。

表 2-49　高海拔区域不同干扰程度下上层土壤有机碳含量方差分析

差异源	方差	自由度	均方差	F值	P值	$F_{\alpha(0.05)}$
不同干扰程度	1128.33	2	564.16	4.32	0.12	6.94
不同海拔	280.63	2	140.32	1.08	0.42	6.94

武功山金顶区域不同干扰程度下下层土壤有机碳含量平均值分别为83.17g/kg（高海拔CK平均值为81.64g/kg）、78.01g/kg、58.67 g/kg，其中，CK>轻度干扰>重度干扰。这和土壤上层有机碳含量分布情况基本一致。轻度干扰相对CK有机碳损失率为6.20%，重度干扰相对CK有机碳损失率为28.14%。有机碳含量具体分布情况如下图2-21所示。

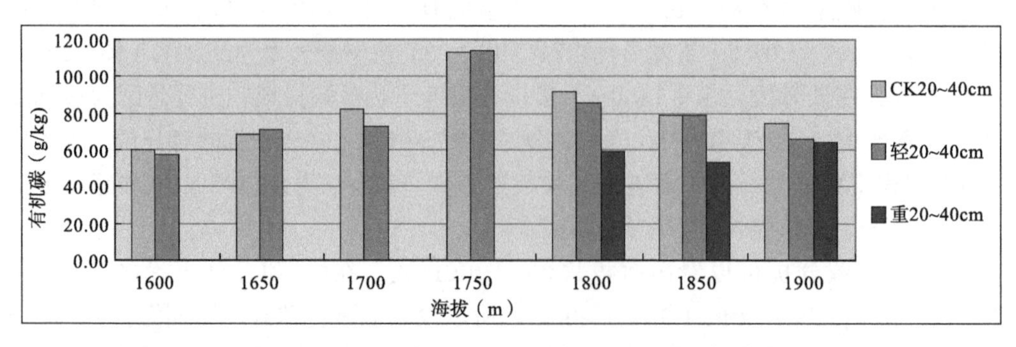

图 2-21　武功山金顶不同海拔不同干扰程度下层土壤有机碳含量分布情况

从金顶区域下层土壤有机碳含量方差分析表2-50可以看出，不同干扰程度（CK和轻度干扰）下，F值（3.27）< $F_{\alpha(0.05)}$（5.99），P值（0.12）>0.05，所以，CK和轻度干扰之间没有显著性差异；不同海拔下，F值（58.81）> $F_{\alpha(0.05)}$（4.28），P值（0.00）<0.05，有显著性差异。

表 2-50　不同海拔不同干扰程度下下层土壤有机碳含量方差分析

差异源	方差	自由度	均方差	F 值	P 值	$F_{\alpha(0.05)}$
不同干扰程度	34.81	1	34.81	3.27	0.12	5.99
不同海拔	3752.82	6	625.47	58.81	0.00	4.28

从表2-51可以看出，3个不同干扰程度下，F值（7.81）>$F_{\alpha(0.05)}$（6.94），P值（0.042）<0.05，有显著性差异；不同海拔下，F值（1.77）<6.94，P值（0.282）>0.05，没有显著性差异。

表 2-51　高海拔区域不同干扰程度下下层土壤有机碳含量方差分析

差异源	方差	自由度	均方差	F 值	P 值	$F_{\alpha(0.05)}$
不同干扰程度	882.13	2	441.06	7.81	0.042	6.94
不同海拔	199.53	2	99.77	1.77	0.282	6.94

从表2-52可以看出，CK和轻度干扰下，F值（23.17）> $F_{\alpha(0.05)}$（3.26），P值（0.000）<0.05，上层和下层土壤有机碳含量有显著性差异。高海拔不同土层间，F值（7.87）>$F_{\alpha(0.05)}$（3.33），P值（0.003）<0.05，有显著性差异。

表 2-52　金顶区域不同土层的有机碳含量方差分析

差异源	方差	自由度	均方差	F 值	P 值	$F_{\alpha(0.05)}$
不同土层（CK 和轻度干扰）	1946.13	3	648.71	23.17	0.000	3.16
不同土层（高海拔区域不同干扰程度下）	3439.30	5	687.86	7.87	0.003	3.33

为了解武功山金顶区域的土壤有机碳含量随土层加深的变化规律，绘制土壤有机碳分布情况如图2-22所示。

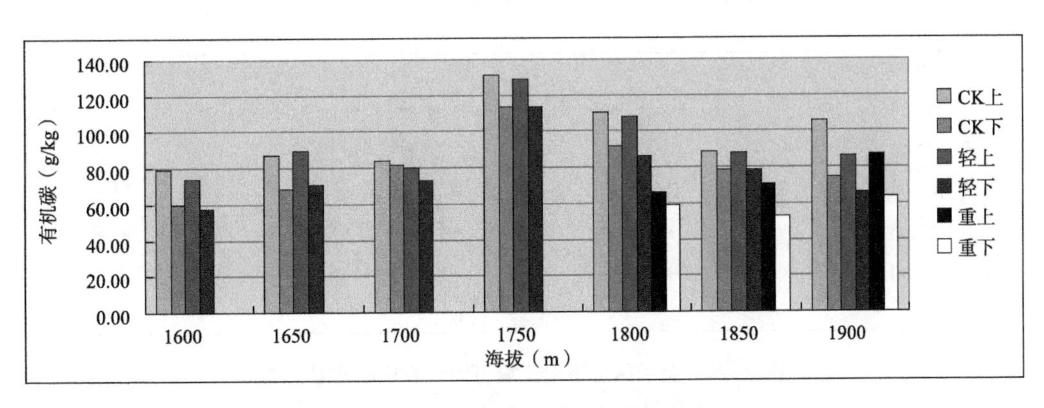

图 2-22　金顶区域土壤有机碳分布情况

从图2-22可以看出，武功山金顶区域土壤有机碳分布随土层加深而减小，这符合自然土壤有机碳含量的变化规律。土壤有机碳含量在海拔1750m处达到最大值，这可能是因为1750m处的气候、湿度、温度等环境因子较适合微生物生长，从而有利于腐殖质的分解，导致土壤有机碳含量较高。高海拔处的土壤有机碳因人为踩实，导致土壤通气不良，土壤环境发生改变，微生物活动减弱，所以出现人为干扰越严重的区域，土壤含碳量越低的情况。

2.5.1.2 金顶区域土壤活性碳分布特征

（1）土壤可溶性有机碳分布特征

溶解性有机碳作为土壤碳循环的有效指标，已经受到各国学者的广泛关注。虽然土壤可溶性有机碳含量很少，但却是土壤微生物能够迅速利用的有机质、土壤微生物的周转需要补充溶解性有机碳作为能源。

金顶区域上层土壤可溶性碳含量变幅为45.74~245.81mg/kg，其中CK>轻度干扰>重度干扰。CK平均值为147.2mg/kg（高海拔CK平均值为171.17mg/kg），轻度干扰平均值为117.62mg/kg，重度干扰平均值为89.45mg/kg。轻度干扰相对CK可溶性碳损失率为20.10%，重度干扰相对CK可溶性碳损失率为47.74%。CK是处于自然状态下未受人为干扰的草甸土，其属于自然发育形成的土质，加之植物枯枝落叶较多，腐殖质丰富所以其可溶性碳含量值较高，而轻度干扰和重度干扰均不同程度的受到了人为干扰，土壤发生不同程度的退化，导致其可溶性碳含量及其他养分发生流失。

从图2-23、图2-24可以看出，土壤可溶性碳分布没有随海拔的增加呈现一定的规律性，这是因为不同海拔环境因素不一样，所以土壤的成土因子、土质有所不同。

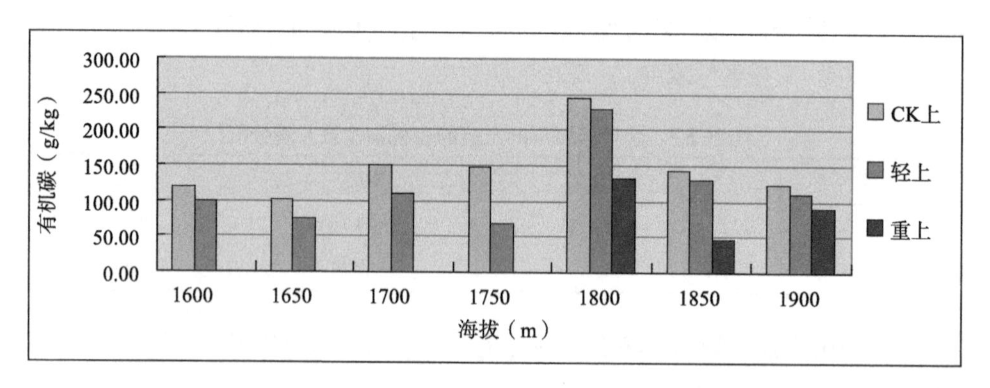

图 2-23 金顶区域上层土壤可溶性有机碳含量分布

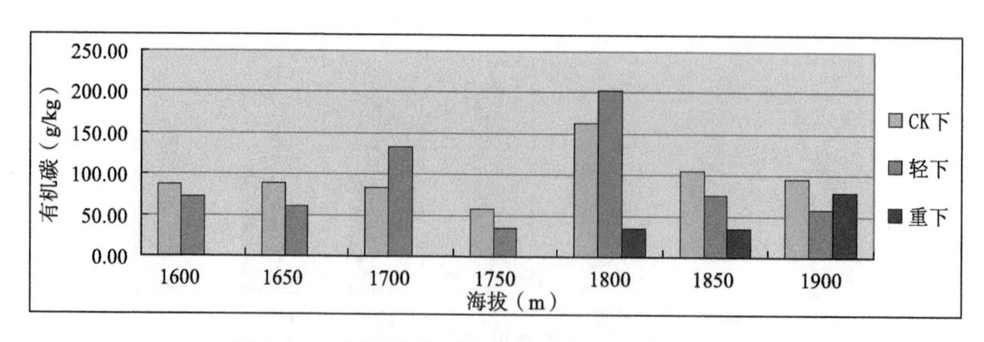

图 2-24 金顶区域下层土壤可溶性有机碳含量分布

从表2-53可以看出，在金顶区域，不同干扰程度下（CK和轻度干扰）F值（10.70）>$F_{\alpha(0.05)}$（5.99），P值（0.017）<0.05，说明在金顶区域，不同干扰程度（CK和轻度干扰）下，可溶性碳含量的分布具有显著性差异；不同海拔下，F值（16.85）>$F_{\alpha(0.05)}$（4.28），P值（0.002）<0.05，所以，在金顶区域，不同海拔下，可溶性碳含量的分布也具有显著性差异。

表 2-53　不同海拔不同干扰程度下上层土壤可溶性有机碳含量方差分析

差异源	方差	自由度	均方差	F 值	P 值	$F_{\alpha(0.05)}$
不同干扰程度	3065.94	1	3065.94	10.70	0.017	5.99
不同海拔	28961.1	6	4826.85	16.85	0.002	4.28

从表2-54、表2-55可以看出，高海拔区域（1800~1900m）上层土壤可溶性碳含量，在不同干扰程度下，F值（10.07）> $F_{\alpha(0.05)}$（6.94），P值（0.01）<0.05呈显著性差异；不同海拔下，F值（16.02）>$F_{\alpha(0.05)}$（6.94），P值（0.01）<0.05也呈显著性差异。由此可见，不同海拔以及不同干扰程度均会对土壤中的可溶性碳含量产生影响。

表 2-54　高海拔区域不同干扰程度下上层土壤可溶性有机碳含量方差分析

差异源	方差	自由度	均方差	F 值	P 值	$F_{\alpha(0.05)}$
不同干扰程度	11441.93	2	5720.96	10.07	0.03	6.94
不同海拔	18209.5	2	9104.75	16.02	0.01	6.94

表 2-55　不同海拔不同干扰程度下下层土壤可溶性有机碳含量方差分析

差异源	方差	自由度	均方差	F 值	P 值	$F_{\alpha(0.05)}$
不同干扰程度	7551.11	1	3775.55	1.30	0.37	6.94
不同海拔	6422.82	6	3211.41	1.11	0.41	6.94

金顶区域下层土壤可溶性碳含量在不同干扰程度下平均值分别为97.41mg/kg（高海拔CK平均值为121.56mg/kg、90.86mg/kg 、49.18mg/kg。轻度干扰相对CK可溶性有机碳损失率为39.91%，重度干扰相对CK可溶性有机碳损失率为59.54%。

从图2-24金顶区域下层土壤可溶性碳含量分布可以看出，海拔1800m的轻度干扰下可溶性碳含量值达到最大值为202.68mg/kg，最小值为重度干扰的34.28mg/kg。另外，从可溶性碳含量分布的总体趋势来看，下层土壤的可溶性碳含量在不同海拔以及不同干扰程度下均没有一定的规律性。从表2-56可以看出，下层土壤的可溶性碳含量不同干扰程度下（CK和轻度干扰）的F值（1.30）<$F_{\alpha(0.05)}$（6.94），P值（0.37）>0.05，没有显著性差异；不同海拔下的F值1.11<$F_{\alpha(0.05)}$（6.94），P值（0.41）>0.05，也没有显著性差异。这主要是因为高山草甸土的下层土壤可溶性碳主要来源于土壤自身含有的，并与下层土壤的温度、土质以及微生物活动有关。

表 2-56　高海拔区域不同干扰程度下下层土壤可溶性有机碳含量方差分析

差异源	方差	自由度	均方差	F 值	P 值	$F_{\alpha(0.05)}$
高海拔不同干扰程度	7551.11	2	3775.55	1.30	0.37	6.94
不同海拔	6422.82	2	3211.41	1.11	0.41	6.94

从表2-57可以看出，在不同干扰程度下（CK和轻度干扰），F值（11.02）>$F_{\alpha(0.05)}$（3.16），P值（0.00）<0.05，上层和下层土壤可溶性碳含量之间有显著性差异。高海拔区域不同干扰程度下，F值（4.53）>$F_{\alpha(0.05)}$（3.33），P值（0.02）<0.05，有显著性差异。

表 2-57 金顶区域不同海拔不同土层的可溶性碳含量方差分析

差异源	方差	自由度	均方差	F值	P值	$F_{\alpha(0.05)}$
不同土层（CK 和轻度干扰）	13473.82	3	4491.27	11.02	0.00	3.16
不同土层（高海拔区域不同程度干扰）	29816.87	5	5963.37	4.53	0.02	3.33

（2）土壤微生物生物量碳分布特征

土壤微生物量碳是土壤环境变化的敏感指示因子，土壤系统的微环境恶化将会直接影响微生物的生长繁殖，从而影响土壤养分的转化能力，导致植被和土壤的双重退化。在金顶区域，上层土壤微生物量碳分布规律如下。

金顶区域上层土壤微生物量碳的变幅为531.99~2727.98mg/kg，不同干扰程度下的均值分别为：CK2039.71mg/kg（高海拔CK平均值为2340.88mg/kg）、轻度干扰1417.67mg/kg、重度干扰654.07mg/kg。轻度干扰相对CK微生物量碳损失率为30.50%，重度干扰相对CK微生物量碳损失率为72.06%。由此可见，人为干扰越严重的区域，微生物活动越弱，微生物量碳含量越低（图2-25）。

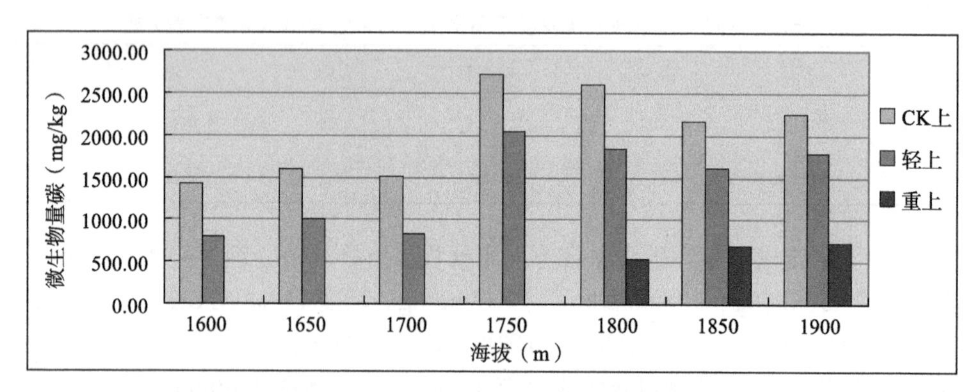

图 2-25 金顶区域上层土壤微生物量碳含量分布

从表2-58可以看出，不同干扰程度下（CK和轻度干扰），F值（325.00）>$F_{\alpha(0.05)}$（5.99），P值（1.87×10^{-6}）<0.05，呈现极显著性差异；不同海拔下，F值（133.88）>4.920，P值（4.03×10^{-6}）<0.05，呈现极显著性差异。说明土壤微生物量碳极易受外界环境因素影响，对外界环境变化较为敏感，能够及时反映土壤土质的变化，是土壤环境变化的指示指标。

表 2-58 不同海拔不同干扰程度下上层土壤微生物量碳含量方差分析

差异源	方差	自由度	均方差	F值	P值	$F_{\alpha(0.05)}$
不同干扰程度之间	1354287	1	1354287	325.00	1.87×10^{-6}	5.99
不同海拔之间	3347410	6	557901.7	133.88	4.03×10^{-6}	4.289

从表2-59可以看出高海拔区域，不同干扰程度下F值（77.80）>$F_{\alpha(0.05)}$（6.95），P值（0.0006）<0.05，呈显著性差异；不同海拔下F值（0.73）<$F_{\alpha(0.05)}$（6.95），P值（0.54）>0.05，所以海拔之间没有显著性差异。

表 2-59　高海拔区域不同干扰程度下上层土壤微生物量碳含量方差分析

差异源	方差	自由度	均方差	*F* 值	*P* 值	$F_{\alpha(0.05)}$
不同干扰程度	4393223	2	2196612	77.80	0.0006	6.95
不同海拔	41080.26	2	20540.13	0.73	0.54	6.95

金顶区域下层土壤微生物量碳含量变幅为127.13~2517.99mg/kg，落差达到2390.86mg/kg，落差值较大。其中CK平均值为1234.52mg/kg（高海拔CK平均值为1275.52mg/kg）、轻度干扰平均值为537.05mg/kg、重度干扰为272.23mg/kg。轻度干扰相对CK微生物量碳损失率为56.50%，重度干扰相对CK微生物量碳损失率为78.66%。说明土壤微生物量碳在人为干扰下损失较为严重（图2-26）。

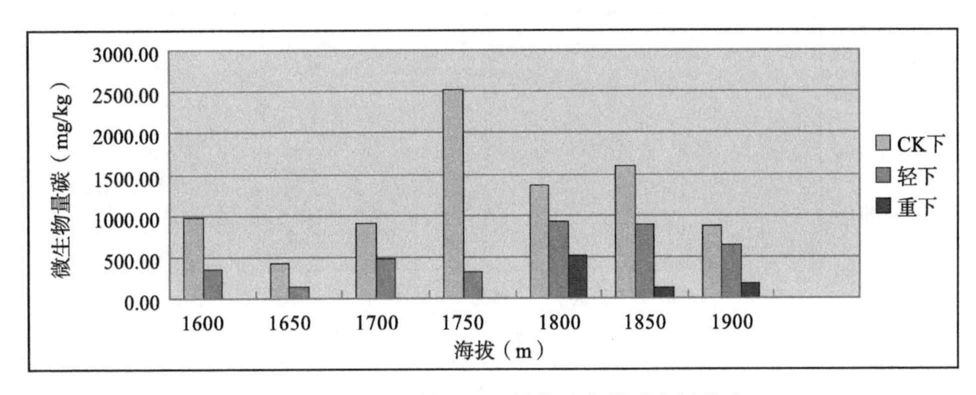

图 2-26　金顶区域下层土壤微生物量碳含量分布

从表2-60可以看出，不同干扰程度下*F*值（7.28）>$F_{\alpha(0.05)}$（5.99），*P*值（0.036）<0.05，呈显著性差异；不同海拔下，*F*值（1.34）<$F_{\alpha(0.05)}$（4.289），*P*值（0.364）>0.05，没有显著性差异。

表 2-60　不同海拔不同干扰程度下下层土壤微生物量碳含量方差分析

差异源	方差	自由度	均方差	*F* 值	*P* 值	$F_{\alpha(0.05)}$
不同干扰程度	1702639	1	1702639	7.28	0.036	5.99
不同海拔	1886053	6	314342.2	1.34	0.364	4.289

从表2-61可以看出，不同干扰程度下*F*值（17.14）>$F_{\alpha(0.05)}$（6.94），*P*值（0.011）<0.05，呈显著性差异；不同海拔下，*F*值（2.66）<6.94，*P*值（0.18）>0.05，没有显著性差异。

表 2-61　高海拔区域不同干扰程度下下层土壤微生物量碳含量方差分析

差异源	方差	自由度	均方差	*F* 值	*P* 值	$F_{\alpha(0.05)}$
不同干扰程度	1513622	2	756810.9	17.14	0.011	6.94
不同海拔	234937	2	117468.5	2.66	0.18	6.94

从表2-62可以看出，CK和轻度干扰下，*F*值（23.55）>$F_{\alpha(0.05)}$（3.16），*P*值（0.00）<0.05，上层和下层土壤微生物量碳之间有显著性差异；高海拔区域不同干扰程度下，*F*值（41.41）>3.33，*P*值（0.00）<0.05，上层和下层土壤微生物量碳之间有显著性差异。

表 2-62　金顶区域不同干扰程度下不同土层土壤微生物量碳含量方差分析

差异源	方差	自由度	均方差	F 值	P 值	$F_{\alpha(0.05)}$
不同土层（CK 和轻度干扰）	8030355	3	2676785	23.55	0.00	3.16
不同土层（高海拔区域不同程度干扰）	8733841	5	1746768	41.14	0.00	3.33

（3）土壤易氧化碳分布特征

金顶区域上层土壤易氧化碳变幅为219.92~507.93mg/kg，CK平均值为507.93mg/kg（高海拔CK平均值为492.99mg/kg）、轻度干扰平均值为382.69mg/kg、重度干扰平均值为270.56mg/kg（图2-27）。轻度干扰相对CK易氧化碳损失率为24.66%，重度干扰相对CK易氧化碳损失率为45.12%。

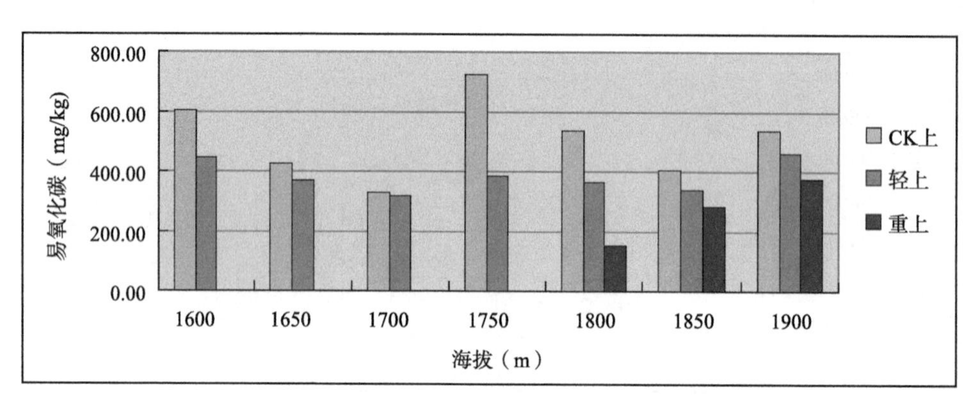

图 2-27　金顶区域上层土壤易氧化碳含量分布

从表2-63可以看出，CK和轻度干扰下，F值（9.15）>$F_{\alpha(0.05)}$（5.99），P值（0.029）<0.05，有显著性差异；不同海拔下，F值（2.39）<$F_{\alpha(0.05)}$（4.28），P值（0.157）>0.05，没有显著性差异。

表 2-63　不同海拔不同干扰程度下上层易氧化碳含量方差分析

差异源	方差	自由度	均方差	F 值	P 值	$F_{\alpha(0.05)}$
不同干扰程度之间	54901.45	1	54901.45	9.15	0.029	5.99
不同海拔之间	85934.32	6	14322.39	2.39	0.157	4.28

从表2-64可以看出，高海拔区域，不同干扰程度下，F值（7.20）>$F_{\alpha(0.05)}$（6.94），P值（0.047）<0.05，有显著性差异；不同海拔下，F值（2.49）<$F_{\alpha(0.05)}$（6.94），P值（0.198）>0.05，海拔之间没有显著性差异。

表 2-64　高海拔区域不同干扰程度下上层土壤易氧化碳含量方差分析

差异源	方差	自由度	均方差	F 值	P 值	$F_{\alpha(0.05)}$
不同干扰程度之间	74317.8	2	37158.9	7.20	0.047	6.94
不同海拔之间	25698.26	2	12849.13	2.49	0.198	6.94

金顶区域下层土壤易氧化碳平均值分别为403.63mg/kg（高海拔CK平均值为409.37mg/kg）、277.45mg/kg、219.92mg/kg，其中CK>轻度干扰>重度干扰。轻度干扰相对CK易氧化碳损失

率为31.26%，重度干扰相对CK易氧化碳损失率为46.28%（图2-28）。

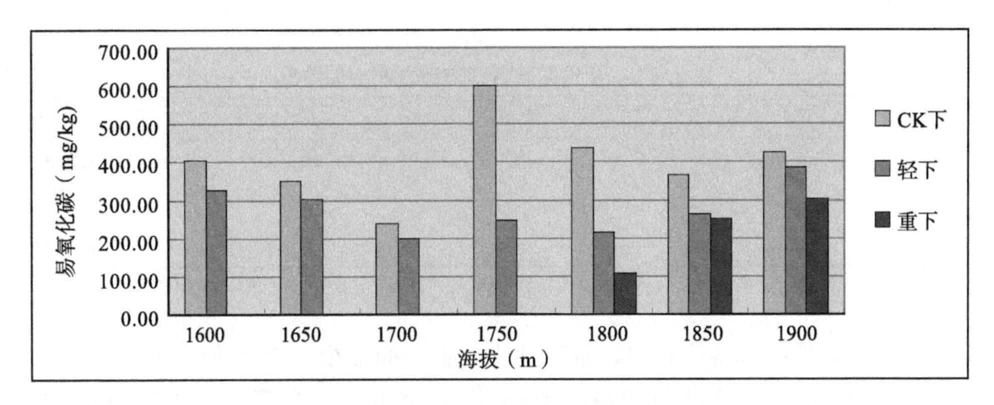

图 2-28　金顶区域下层土壤易氧化碳含量分布

从表2-65可以看出，CK和轻度干扰之间，F值（7.96）>$F_{\alpha(0.05)}$（5.99），P值（0.03）<0.05，有显著性差异；不同海拔之间，F值（1.32）<$F_{\alpha(0.05)}$（4.28），P值（0.37）>0.05，没有显著性差异。

表 2-65　不同海拔不同干扰程度下下层易氧化碳含量方差分析

差异源	方差	自由度	均方差	F值	P值	$F_{\alpha(0.05)}$
不同干扰程度之间	55724.61	1	55724.61	7.96	0.03	5.99
不同海拔之间	55411.49	6	9235.25	1.32	0.37	4.28

从表2-66可以看出，高海拔区域不同干扰程度之间，F值（6.55）<$F_{\alpha(0.05)}$（6.94），P值（0.055）>0.05，没有显著性差异；高海拔之间，F值（2.58）<$F_{\alpha(0.05)}$（6.94），P值（0.191）>0.05，没有显著性差异。

表 2-66　高海拔区域不同干扰程度下下层土壤易氧化碳含量方差分析

差异源	方差	自由度	均方差	F值	P值	$F_{\alpha(0.05)}$
不同干扰程度之间	55254.3	2	27627.15	6.55	0.055	6.94
不同海拔之间	21751.06	2	10875.53	2.58	0.191	6.94

从表2-67可以看出，CK和轻度干扰下，F值（13.2）>$F_{\alpha(0.05)}$（3.16），P值（0.00）<0.05，上层和下层土壤易氧化碳含量有显著性差异；高海拔区域不同干扰程度下，F值（7.97）>$F_{\alpha(0.05)}$（3.33），P值（0.003）<0.05，不同土层间有显著性差异。

表 2-67　金顶区域不同干扰程度下不同土层土壤易氧化碳含量方差分析

差异源	方差	自由度	均方差	F值	P值	$F_{\alpha(0.05)}$
不同土层（CK 和轻度干扰）	187458.5	3	62486.16	13.20	0.00	3.16
不同土层（高海拔区域不同程度干扰）	157220.4	5	31444.08	7.97	0.003	3.3

2.5.1.3　金顶区域土壤各形态碳间相关性分析

对金顶区域0~20cm和20~40cm土壤共计34个土样进行相关性分析，结果表明：有机碳和可溶性碳之间呈显著相关，而和微生物量碳、易氧化碳之间呈极显著相关；各活性碳之间，微生物量碳和可溶性碳以及易氧化碳之间均呈极显著相关，而可溶性碳和易氧化碳没有相关性（表2-68）。

表 2-68　金顶区域各形态碳之间相关关系

指标	有机碳	可溶性碳	微生物量碳	易氧化碳
有机碳	1	0.369*	0.766**	0.556**
可溶性碳		1	0.525**	0.269
微生物量碳			1	0.737**

注：采用 Pearson 系数进行分析。** 表示 $P<0.01$，为极显著相关；* 表示差异水平 $P<0.05$，为显著相关。

综上所述，金顶区域各形态碳含量均随土层加深而减少，随人为干扰加重碳损失量加大。如上层土壤有机碳轻度干扰相对CK碳损失率为5.07%、重度干扰相对CK碳损失率为26.21%。碳损失量最大的是微生物量碳，上层土壤轻度干扰相对CK碳损失率为30.50%，重度干扰相对CK碳损失率为72.06%；下层土壤轻度干扰相对CK碳损失率为56.50%、重度干扰相对CK碳损失率为78.66%。其他形态碳均没有微生物量碳损失率大，说明微生物量碳较为敏感，易受外界环境变化影响。究其原因可能是人为踩踏导致土壤被踩实，土壤通气不良，微生物活动减弱，土壤环境的变化可能致使很多微生物死亡，所以微生物量碳才较其他形态的碳减少得多。但总体来说，人为对草甸的干扰已经不同程度地破坏了土壤的生态环境，导致了土壤养分流失，中断了土壤碳及其养分的循环过程，致使土壤发生严重的退化。研究结果也表明，有机碳与活性碳之间均达到了显著或极显著相关（$P<0.05$或$P<0.1$），各活性碳之间，微生物量碳和可溶性碳以及易氧化碳之间均呈极显著相关，而微生物量碳和易氧化碳没有相关性。

为了避免武功山山地草甸的进一步恶化，加强武功山的旅游开发管理，减少客流量，对武功山山地草甸植被恢复具有一定的现实意义。

2.5.1.4　九龙山区域土壤有机碳分布特征

九龙山区域地势比较平缓，海拔较低，最高海拔为1700m，是武功山放牧相对比较集中的区域。九龙山土壤退化是人为干扰中的过度放牧引起的。其土壤退化最为严重的是海拔1600m处，海拔1650m和1700m处均没有土壤退化严重的区域。其土壤有机碳含量最高值为82.76g/kg，最低值为35.09g/kg。其中上层土壤有机碳含量在不同海拔不同干扰程度下的平均值分别为82.76g/kg、57.33g/kg、50.57g/kg，CK>轻度干扰>重度干扰（图2-29）。轻度干扰相对CK有机碳损失率为30.73%，重度干扰相对CK有机碳损失率为59.24%（因只有海

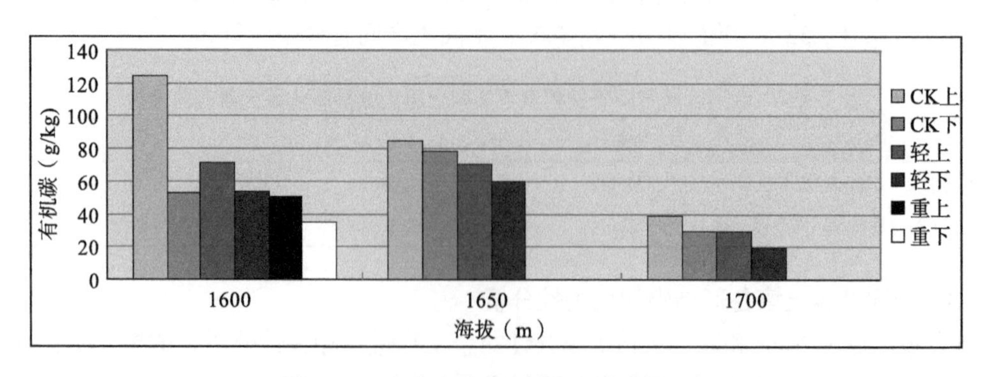

图 2-29　九龙山区域土壤有机碳含量分布

拔1600m处有重度干扰，所以其重度干扰有机碳损失率=（海拔1600mCK值/海拔1600m重度退化值）×100%。下层土壤有机碳含量在不同海拔不同干扰程度下的CK平均值为53.61g/kg，轻度干扰平均值为44.38g/kg，重度干扰平均值为35.09g/kg。轻度干扰相对CK有机碳损失率为17.22%，重度干扰相对CK有机碳损失率为34.55%。

从表2-69可以看出，上层土壤，在不同干扰程度下，F值（3.56）<$F_{\alpha(0.05)}$（18.51），P值（0.20）>0.05没有显著性差异；不同海拔下，F值（7.78）<$F_{\alpha(0.05)}$（19），P值（0.11）>0.05，没有显著性差异。下层土壤，在不同干扰程度下，F值（2.69）<$F_{\alpha(0.05)}$（18.51），P值（0.24）>0.05，没有显著性差异；不同海拔下，F值（21.75）>$F_{\alpha(0.05)}$（19），P值（0.04）<0.05，有显著性差异。上下土层间，F值（3.31）<$F_{\alpha(0.05)}$（4.76），P值（0.10）>0.05，没有显著性差异。

表 2-69　九龙山区域土壤有机碳方差分析

差异源	方差	自由度	均方差	F值	P值	$F_{\alpha(0.05)}$
上层土壤不同干扰程度	969.77	1	969.77	3.56	0.20	18.51
上层土壤不同海拔	4239.59	2	2119.80	7.78	0.11	19
下层土壤不同干扰程度	127.97	1	127.97	2.69	0.24	18.51
下层土壤不同海拔	2071.08	2	1035.54	21.75	0.04	19
不同土层间	2426.84	3	808.95	3.31	0.10	4.76

九龙山区域上层土壤可溶性碳含量不同海拔不同干扰程度下平均值分别为143.68mg/kg（海拔1600m为196.41mg/kg）、110.54mg/kg 、25.44mg/kg；下层土壤可溶性碳含量平均值分别为112.24mg/kg（海拔1600m为172.05mg/kg）、93.34mg/kg、6.65mg/kg。上层土壤轻度干扰相对CK碳损失率为23.67%，重度干扰相对CK碳损失率为87.05%；下层土壤轻度干扰相对CK碳损失率为16.84%，重度干扰相对CK碳损失率为96.13%（图2-30）。

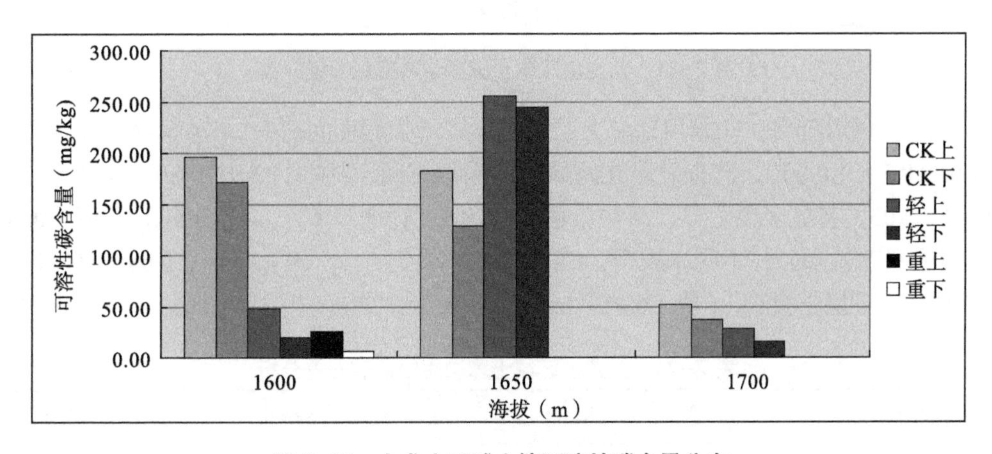

图 2-30　九龙山区域土壤可溶性碳含量分布

从表2-70可以看出，上层土壤不同干扰程度之间，F值（0.27）<$F_{\alpha(0.05)}$（18.51），P值（0.65）>0.05，没有显著性差异；不同海拔间，F值（2.65）<$F_{\alpha(0.05)}$（19），P值（0.27）>0.05，没有显著性差异。下层土壤不同干扰程度间，F值（0.06）<$F_{\alpha(0.05)}$（18.51），P值（0.83）>0.05，没有显著性差异；不同海拔间，F值（1.43）<$F_{\alpha(0.05)}$（19），P值（0.41）>0.05没有显著性差异。上层和下层土壤间，F值（0.26）<$F_{\alpha(0.05)}$（4.76），P值（0.85）>0.05，没有显著性差异。

表 2-70　九龙山区域土壤可溶性碳方差分析

差异源	方差	自由度	均方差	*F* 值	*P* 值	$F_{\alpha(0.05)}$
上层土壤不同干扰程度之间	1646.67	1	1646.67	0.27	0.65	18.51
上层土壤不同海拔	32224.78	2	16112.39	2.65	0.27	19
下层土壤不同干扰程度之间	535.73	1	535.73	0.06	0.83	18.51
下层土壤不同海拔	25728.14	2	12864.07	1.43	0.41	19
上下层土壤之间	3956.64	3	1318.88	0.26	0.85	4.76

上层土壤微生物量碳在九龙山区域不同海拔不同干扰程度下的平均值分别为338.60mg/kg（海拔1600m处为526.47mg/kg）、264.89mg/kg、246.86mg/kg。轻度干扰相对CK碳损失率为21.77%，重度干扰相对CK碳损失率为53.11%。下层土壤的平均值分别为253.80mg/kg（海拔1600m处为341.91mg/kg）、185.59mg/kg、139.49mg/kg。轻度干扰相对CK碳损失率为26.88%，重度干扰相对CK碳损失率为59.20%（图2-31）。

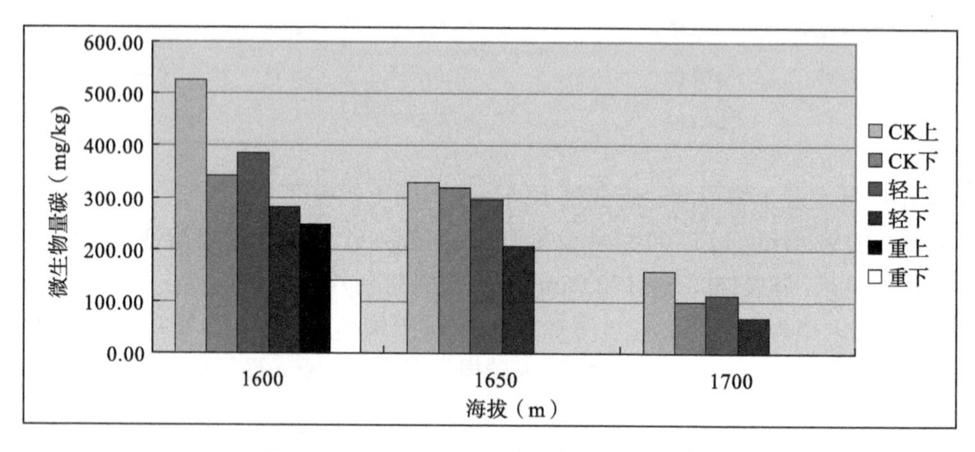

图 2-31　九龙山区域土壤微生物量碳含量分布

从表2-71可以看出，九龙山区域上层土壤不同干扰程度间*F*值（4.74）<$F_{\alpha(0.05)}$（18.52），*P*值（0.168）>（0.05），没有显著性差异；不同海拔间，*F*值（29.92）>$F_{\alpha(0.05)}$（19），*P*值（0.038）<0.05，有显著性差异。下层土壤间，*F*值（8.39）<$F_{\alpha(0.05)}$（18.51），*P*值（0.10）>0.05，没有显著性差异；不同海拔间，*F*值（34.25）>$F_{\alpha(0.05)}$（19），*P*值（0.03）<0.05，有显著性差异。上下层土壤间，*F*值（6.41）>$F_{\alpha(0.05)}$（4.76），*P*值（0.03）<0.05，有显著性差异。

表 2-71　九龙山区域土壤微生物量碳方差分析

差异源	方差	自由度	均方差	*F* 值	*P* 值	$F_{\alpha(0.05)}$
上层土壤不同干扰程度之间	8149.58	1	8149.58	4.74	0.168	18.52
上层土壤不同海拔	103057.3	2	51528.67	29.92	0.038	19
下层土壤不同干扰程度之间	6979.11	1	6979.11	8.39	0.10	18.51
下层土壤不同海拔	57006.62	2	28503.31	34.25	0.03	19
上下层土壤之间	35322.43	3	11774.14	6.41	0.03	4.76

九龙山区域上层土壤易氧化碳平均值分别为292.51mg/kg（海拔1600m处CK值为399.45mg/kg）、215.65mg/kg、196.44mg/kg。轻度干扰相对CK碳损失为26.28%，重度干扰相对CK碳损失率为50.82%。下层土壤平均值分别为177.15mg/kg（海拔1600m处CK值为218.74mg/kg）、124.87mg/kg、99.97mg/kg。轻度干扰相对CK碳损失率为29.51%，重度干扰相对CK碳损失率为54.30%（图2-32）。

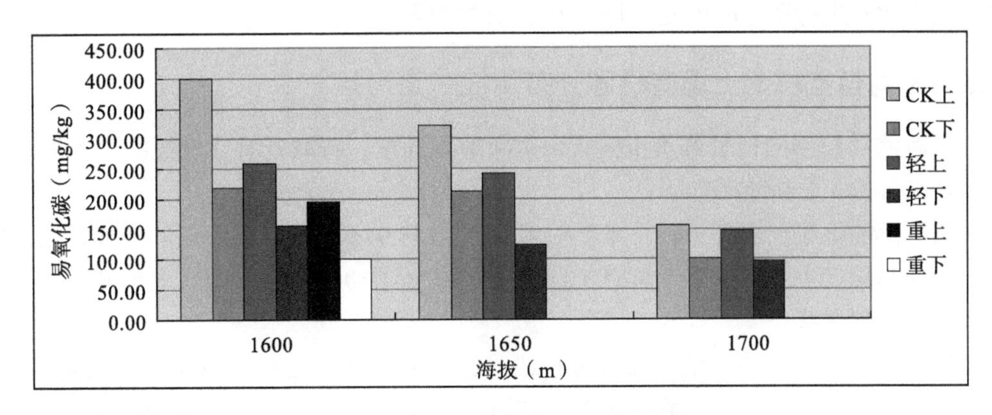

图 2-32　九龙山区域土壤易氧化碳含量分布

从表2-72可以看出，上层土壤不同干扰程度之间F值（4.18）<$F_{\alpha(0.05)}$（18.51），P值（0.18）>0.05，没有显著性差异；不同海拔间F值（8.04）<$F_{\alpha(0.05)}$（19），P值（0.11）>0.05，没有显著性差异。下层土壤间F值（4.52）<$F_{\alpha(0.05)}$（18.51），P值（0.17）>0.05，没有显著性差异；不同海拔间F值（4.75）<$F_{\alpha(0.05)}$（19），P值（0.17）<0.05，没有显著性差异。上下层土壤间，F值（8.72）>$F_{\alpha(0.05)}$（4.76），P值（0.01）<0.05，有显著性差异。

表 2-72　九龙山区域土壤微生物量碳方差分析

差异源	方差	自由度	均方差	F值	P值	$F_{\alpha(0.05)}$
上层土壤不同干扰程度之间	8861.10	1	8861.10	4.18	0.18	18.51
上层土壤不同海拔	34056.31	2	17028.15	8.04	0.11	19
下层土壤不同干扰程度之间	4099.01	1	4099.01	4.52	0.17	18.51
下层土壤不同海拔	8606.01	2	4303.00	4.75	0.17	19
上下层土壤之间	44833.98	3	14944.66	8.72	0.01	4.76

从表2-73相关性分析可以看出，有机碳与可溶性碳达到了显著相关，与微生物量碳和易氧化碳均达到了极显著相关。各活性碳之间，可溶性碳和微生物量碳、易氧化碳间均达到了显著相关性，微生物量碳和易氧化碳间达到了极显著相关。

表 2-73　九龙山区域土壤微生物量碳方差分析

指标	有机碳	可溶性碳	微生物量碳	易氧化碳
有机碳	1	0.649*	0.932**	0.917**
可溶性碳		1	0.545*	0.543*
微生物量碳			1	0.911**

注：采用 Pearson 系数进行分析。** 表示 P<0.01，为极显著相关；* 表示差异水平 P<0.05，为显著相关。

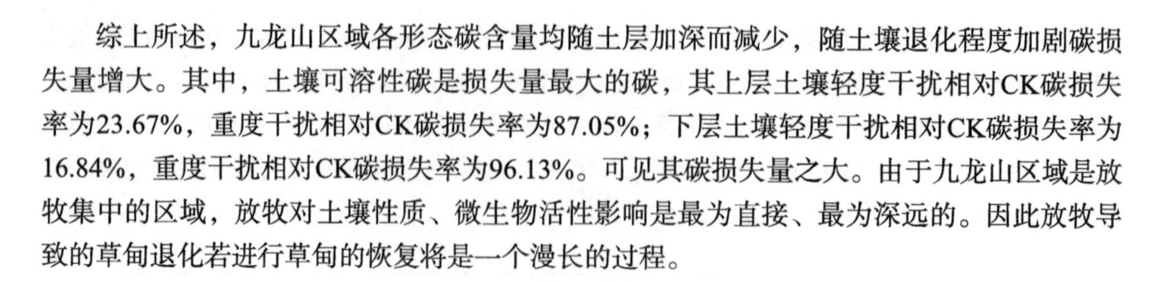

综上所述，九龙山区域各形态碳含量均随土层加深而减少，随土壤退化程度加剧碳损失量增大。其中，土壤可溶性碳是损失量最大的碳，其上层土壤轻度干扰相对CK碳损失率为23.67%，重度干扰相对CK碳损失率为87.05%；下层土壤轻度干扰相对CK碳损失率为16.84%，重度干扰相对CK碳损失率为96.13%。可见其碳损失量之大。由于九龙山区域是放牧集中的区域，放牧对土壤性质、微生物活性影响是最为直接、最为深远的。因此放牧导致的草甸退化若进行草甸的恢复将是一个漫长的过程。

2.5.2 不同植被群落土壤有机碳分布特征

为了解武功山不同植被群落土壤碳含量间的差异性，特取具有代表性的18个群落进行土壤测试与分析。分析结果如下：

植被群落的上层土壤有机碳含量变幅为53.07~145.07g/kg。含量最高的是野菊花，最低的是野菊花与珠光香青。下层土壤有机碳含量变幅为41.50~113.29g/kg。含量最高的是野菊花，最低的是狗尾草。

植被群落的上层土壤可溶性碳含量变幅为28.18~121.91mg/kg。含量最高的是蹄盖蕨，最低的是狗尾草。下层土壤可溶性碳含量变幅为17.53~81.75mg/kg。含量最高的是大莎草，最低的是狗尾草。

植被群落的上层土壤微生物量碳含量变幅为190.50~486.54mg/kg。含量最高的是珍珠菜与蹄盖蕨，最低的是野菊与珠光香青。下层土壤微生物量碳含量变幅为107.14~338.00mg/kg。含量最高的是珍珠菜与蹄盖蕨，最低的是狗尾草。

植被群落的上层土壤易氧化碳含量变幅为185.50~477.56mg/kg。含量最高的是灰毛泡与蹄盖蕨，最低的是杜鹃。下层土壤易氧化碳含量变幅为169.46~406.18mg/kg。含量最高的是大蓟与蒿，最低的是杉木。

不同植被群落的各形态碳含量间的相关性如下：

从表2-74可以看出，有机碳与微生物量碳、易氧化碳均达到了极显著相关，与可溶性碳达到了显著相关；可溶性碳和易氧化碳有极显著相关，而与微生物量碳没有相关性；微生物量碳与易氧化碳也没有相关性。

表 2-74　不同植被群落土壤不同形态碳间相关性分析

指标	有机碳	可溶性碳	微生物量碳	易氧化碳
有机碳	1	0.340*	0.681**	0.461**
可溶性碳		1	0.307	0.493**
微生物量碳			1	0.314

注：采用 Pearson 系数进行分析。** 表示 P<0.01，为极显著相关；* 表示差异水平 P<0.05，为显著相关。

方差分析也表明有机碳与微生物量碳、易氧化碳方差差异均达到了显著水平（P<0.05），而与可溶性碳差异不显著（P<0.05）。可溶性碳与微生物量碳、易氧化碳差异达到了显著水平（P<0.05），微生物量碳与易氧化碳差异也达到了显著水平（P<0.05）。

2.6 退化山地草甸土壤团聚体及有机碳特征研究

2.6.1 不同退化程度山地草甸土壤总有机碳及其活性组分的变化

2.6.1.1 不同退化程度山地草甸土壤总有机碳含量变化

土壤有机碳是土壤中有机质的输入和输出的动态的平衡结果，在土壤物理、化学和生物过程起着非常重要的作用。

从图2-33可以看出，不同退化程度草甸0~20cm和20~40cm土层的土壤总有机碳含量变化在35.48~64.67g/kg之间。其中，0~20cm土层总有机碳含量随着退化程度的加剧总体呈下降趋势，表现为轻度退化>未退化>中度退化>重度退化；而20~40cm土层则为轻度退化>未退化>重度退化>中度退化。相对于未退化草甸，轻度、中度和重度退化草甸0~20cm和20~40cm土层土壤总有机碳含量均表现为先升高后下降；0~20cm土层轻度退化增幅为1.18%，中度退化和重度退化降幅分别为7.65%和44.48%，而20~40cm土层则增幅为21.61%，降幅分别为13.44%和13.22%。可见，0~20cm土层重度退化土壤总有机碳含量较未退化土壤降幅最大，有机碳含量显著下降。

除重度退化（0~20cm土层略低于20~40cm土层）外，未退化、轻度退化和中度退化草甸土壤总有机碳含量均表现为0~20cm土层显著高于20~40cm土层（$P<0.05$），且20~40cm土层较0~20cm土层降幅分别达33.29%、19.83%和37.47。原因是重度退化类型表层植被破坏殆尽甚至整个地表裸露，土壤结构遭受水蚀和风蚀情况严重，释放出来的有机碳被迅速矿化分解，而下层有机碳虽含量较低，但微生物活性较低，有机碳较难被分解。

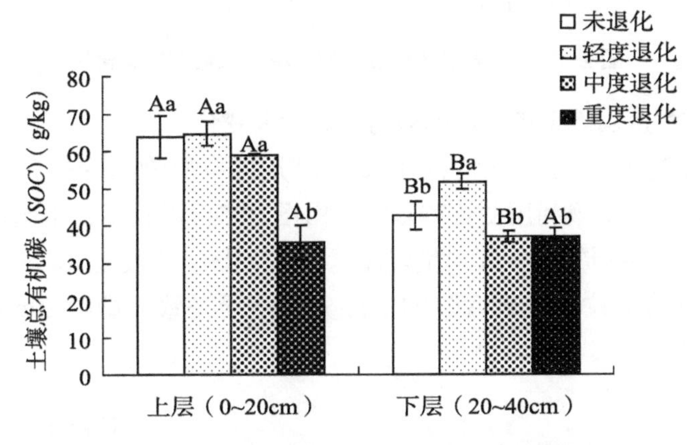

图 2-33　不同退化程度草甸土壤总有机碳含量分布

注：不同小写字母表示同一土层不同退化程度总有机碳差异显著（$P<0.05$），不同大写字母表示同一退化程度不同土层总有机碳差异显著（$P<0.05$）。

2.6.1.2 不同退化程度山地草甸土壤易氧化有机碳含量变化

易氧化有机碳是有机质中最不稳定的部分，是土壤养分的潜在来源，其含量受环境的影响较总有机碳更为敏感，通常可以指示土壤有机质早期的变化。如图2-34所示，不同退化程度山地草甸0~20cm、20~40cm土层易氧化有机碳均呈轻度退化>未退化>中度退化>重度退化。同时，不同退化程度山地草甸易氧化有机碳含量的土体分布格局一致，即0~20cm土层均高于20~40cm土层。

不同退化程度山地草甸20~40cm土层土壤易氧化有机碳含量较0~20cm土层的降幅具有明显差异。各退化类型草甸下层较上层降幅从大到小依次为：轻度退化、未退化、重度退化和中度退化，其中轻度退化土层之间差异显著（$P<0.05$）。

相对于未退化草甸，轻度、中度和重度退化草甸0~20cm、20~40cm土层易氧化有机碳含量均呈先小幅度提高后大幅度降低；其中，0~20cm土层轻度退化增幅为12.60%，中度退化和重度退化降幅分别为28.32%和36.12%，而20~40cm土层增幅为7.20%，降幅分别为28.79%和46.27%。由此可见，0~20cm土层中度退化和重度退化较未退化降幅均略低于20~40cm土层，而轻度退化增幅则高于20~40cm土层。与土壤总有机碳相比，中度退化和重度退化0~40cm土层易氧化有机碳降幅（分别达28.56%和41.19%）要大得多；可见，山地草甸退化对土壤易氧化有机碳的不利影响较大，其较土壤总有机碳对环境变化的影响更为敏感（图2-34）。

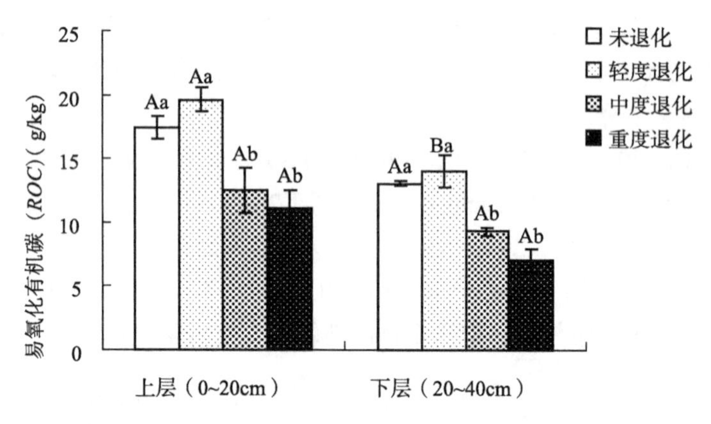

图 2-34 不同退化程度草甸土壤易氧化有机碳含量

2.6.1.3 不同退化程度山地草甸土壤颗粒有机碳含量变化

土壤颗粒有机碳处于新鲜动植物残体到可利用的有机物质的过渡阶段，与土壤结构关系密切，并且容易受土壤利用变化的影响。由图2-35可以看出，不同退化程度山地草甸0~20cm、20~40cm土层颗粒有机碳均呈轻度退化>未退化>中度退化>重度退化。同时，不同退化程度山地草甸颗粒有机碳含量的土层分布格局一致，即0~20cm土层均显著高于20~40cm土层（$P<0.05$）。

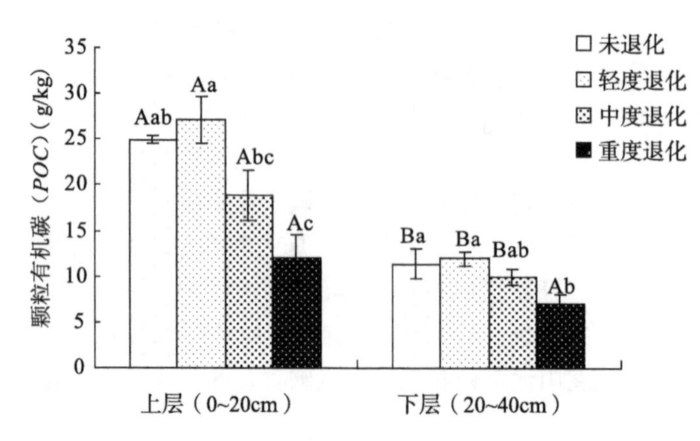

图 2-35 不同退化程度草甸土壤颗粒有机碳含量

不同退化程度山地草甸土壤20~40cm土层较0~20cm土层降幅明显不同。不同退化程度草甸20~40cm土层较0~20cm土层降幅呈轻度退化>未退化>中度退化>重度退化。

相对于未退化草甸，轻度、中度和重度退化草甸0~20cm、20~40cm土层易氧化有机碳含量均呈先小幅度提高后大幅度降低；其中，0~20cm土层轻度退化增幅为18.50%，中度退化和重度退化降幅分别为24.34%和51.92%，而20~40cm土层增幅为5.02%，降幅分别为12.32%和37.32%。由此可见，0~20cm土层中度和重度退化降幅均高于20~40cm土层，而轻度退化增幅则低于20~40cm土层。可以看出，0~20cm土层土壤颗粒有机碳含量随草甸退化程度加剧而下降的趋势明显高于20~40cm土层，说明草甸退化对上层（0~20cm）土壤颗粒有机碳的影响较为显著。

2.6.1.4　不同退化程度山地草甸土壤微生物量碳含量变化

土壤微生物量碳具有较高的活性，占有机碳比例极低，它是植物养分的重要来源，参与植物营养元素的地球化学作用过程并起着重要作用。由图2-36可以看出，不同退化程度山地草甸0~20cm、20~40cm土层土壤微生物量碳均呈轻度退化>未退化>中度退化>重度退化。同时，不同退化程度山地草甸微生物量碳含量的土体分布格局一致，即0~20cm土层均显著高于20~40cm土层（$P<0.05$）。

不同退化类型山地草甸土壤20~40cm土层较0~20cm土层降幅明显不同。不同退化程度草甸20~40cm土层较0~20cm土层降低的幅度呈中度退化>未退化>轻度退化>重度退化。

相对于未退化草甸，轻度、中度和重度退化草甸0~40cm土层微生物量碳含量均呈先小幅度提高后大幅度降低；其中，0~20cm土层轻度退化增幅为8.94%，中度退化和重度退化降幅分别为26.67%和62.52%，而20~40cm土层增幅为15.77%，降幅分别为34.53%和54.11%。可见，0~20cm和20~40cm土层重度退化草甸土壤微生物量碳较未退化降幅较大（62.52%和54.11%），降幅明显高于土壤总有机碳、易氧化有机碳和颗粒有机碳，说明草甸退化演替至重度退化阶段，土壤微生物量呈显著下降。

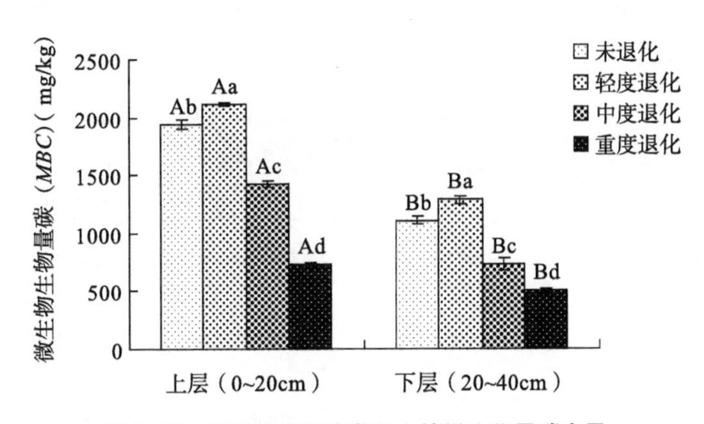

图 2-36　不同退化程度草甸土壤微生物量碳含量

2.6.1.5　不同退化程度山地草甸土壤可溶性有机碳含量变化

可溶性有机碳既是微生物生长的基质，同时又参与许多土壤过程，还是许多矿质元素从地表淋溶到土壤的重要介质。从图2-37可以看出，随着草甸退化加剧，0~40cm土层土壤可溶性有机碳含量总体呈下降趋势，0~20cm土层表现为轻度退化>未退化>中度退化>重度退化，而20~40cm土层则表现未退化>轻度退化>中度退化>重度退化。0~20cm土层随着草甸的退化加剧，可溶性有机碳含量先小幅度升高后大幅度下降，轻度退化增幅为1.78%，差异不显著（$P>0.05$），而中度退化和重度退化降幅为30.38%和61.12%，都存在显著性差异（$P<0.05$）；而20~40cm土层随着草甸退化加剧，可溶性碳呈逐渐下降的趋势，且降幅逐渐增大，分别为2.51%、21.20%和52.26%，未退化和重度退化之间差异显著（$P<0.05$）。由此可见，0~20cm土层中度退化和重度退化降幅显著高于20~40cm土层。

不同退化程度山地草甸土壤20~40cm土层较0~20cm土层降幅明显不同。不同退化程度草甸20~40cm土层较0~20cm土层降幅呈轻度退化>未退化>中度退化>重度退化，其中未退化和轻度退化之间存在显著差异（$P<0.05$）。

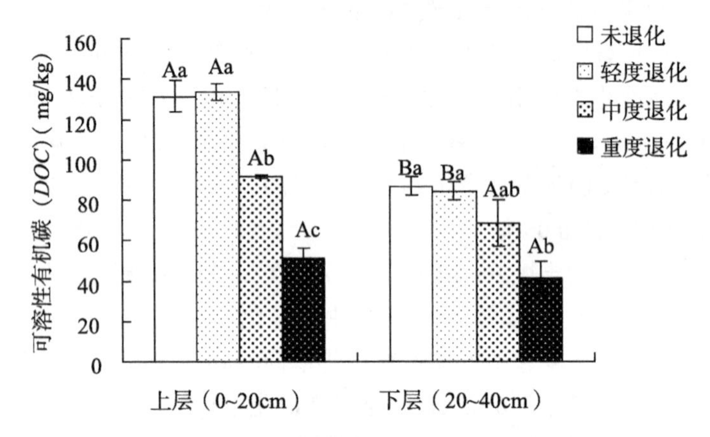

图 2-37 不同退化程度草甸土壤可溶性有机碳含量

2.6.1.6 土壤总有机碳和活性有机碳组分相关分析

由表2-75可知，不同退化类型土壤总有机碳和各活性有机碳组分之间都存在极显著正相关关系，且各活性有机碳组分相互之间也都存在极显著正相关。总有机碳与活性有机碳组分中的微生物量碳相关性最强（r=0.892，$P<0.01$），而各活性有机碳组分之间较强的相关性存在于易氧化有机碳和微生物量碳之间（r=0.898，$P<0.01$）。

表 2-75 土壤总有机碳和活性有机碳组分相关分析

指标	总有机碳（*SOC*）	易氧化有机碳（*ROC*）	颗粒有机碳（*POC*）	微生物量碳（*MBC*）	可溶性有机碳（*DOC*）
总有机碳（*SOC*）	1.000	0.785**	0.844**	0.892**	0.754**
易氧化有机碳（*ROC*）		1.000	0.810**	0.898**	0.793**
颗粒有机碳（*POC*）			1.000	0.887**	0.807**
微生物量碳（*MBC*）				1.000	0.883**
可溶性有机碳（*DOC*）					1.000

注：** 表示差异极显著（$P<0.01$）。

2.6.1.7　不同退化程度草甸土壤活性有机碳的分配比例

土壤活性有机碳组分的分配比例较活性有机碳组分更能反映环境对土壤碳行为影响的方向和程度。易氧化有机碳与总有机碳的比值能够反映土壤碳的稳定情况，其值越大，说明土壤碳活性越大，土壤碳的稳定性就越差，容易被氧化。由表2-76可以看出，不同退化程度草甸0~40cm土层间易氧化有机碳分配比例在19.23%~31.44%之间，0~20cm土层易氧化有机碳的分配比例从高到低依次为重度退化>轻度退化>未退化>中度退化。与易氧化有机碳含量分布不一致，可能是因为重度退化草甸受人为干扰严重，土壤受踩踏和扰动剧烈，土壤结构严重破坏，土壤易氧化有机碳含量较未退化显著下降，有机碳稳定性较差。

表 2-76　不同退化程度草甸土壤活性有机碳组分的分配比例

退化程度	土层深度（cm）	易氧化有机碳分配比例（*ROC/SOC*）（%）	颗粒有机碳分配比例（*POC/SOC*）（%）	微生物量碳分配比例（*MBC/SOC*）（%）	可溶性有机碳分配比例（*DOC/SOC*）（%）
未退化	0~20	27.74 ± 2.98ab	33.35 ± 2.63a	3.10 ± 0.34ab	0.21 ± 0.02a
	20~40	31.17 ± 3.22A	23.87 ± 1.77A	2.64 ± 0.22A	0.21 ± 0.03A
轻度退化	0~20	30.41 ± 1.41a	42.71 ± 5.74a	3.29 ± 0.18a	0.21 ± 0.04a
	20~40	27.00 ± 2.40AB	31.65 ± 4.10A	2.48 ± 0.09A	0.16 ± 0.01AB
中度退化	0~20	21.15 ± 2.89b	39.53 ± 1.74ab	2.41 ± 0.03bc	0.16 ± 0.01a
	20~40	25.18 ± 0.36AB	33.81 ± 3.02A	1.97 ± 0.12B	0.18 ± 0.03AB
重度退化	0~20	31.44 ± 0.76a	28.45 ± 2.26b	2.11 ± 0.25c	0.15 ± 0.05a
	20~40	19.23 ± 3.36B	16.72 ± 1.32B	1.38 ± 0.08C	0.11 ± 0.03B

注：不同小写字母表示 0~20cm 土层不同退化程度间差异显著（$P<0.05$），不同大写字母表示 20~40cm 土层不同退化程度间差异显著（$P<0.05$）。

颗粒有机碳是一种非保护性有机碳，与土壤结构密切相关，对表层土壤中植被残体积累和根系分布变化较为敏感。表2-76中颗粒有机碳分配比例在0~40cm土层间（16.72%~42.71%）均高于其他土壤活性有机碳组分所占比例，这可能与山地草甸土壤中植被残体和根系归还量高有关。在同一土层间，未退化和重度退化均存在显著性差异（$P<0.05$）。不同退化程度草甸总体随土层加深而下降，但降幅要低于颗粒有机碳随土层加深而下降的幅度。

微生物量碳分配比例变化趋势与颗粒有机碳一致，但总体上微生物量碳分配比例要比颗粒有机碳要小得多，但波动性相差不大，变幅在1.38%~3.29%之间。0~20cm和20~40cm土层均表现为未退化、轻度退化高于中度退化和重度退化，未退化和重度退化均存在显著性差异（$P<0.05$）。不同退化程度草甸均随土层加深而下降，重度退化降幅略高于其他退化类型。不同退化程度草甸可溶性有机碳不同土层间差异不大，这与可溶性有机碳随下渗水迁移有关。0~40cm土层总体表现为未退化>轻度退化>中度退化>重度退化，0~20cm土层各退化类型间差异均不显著，20~40cm土层未退化与重度退化差异显著（$P<0.05$）。

2.6.2 不同程度退化对草甸土壤活性有机碳含量分布及其所占总有机碳比例的影响

研究表明，土壤活性有机碳的含量多少很大程度上取决于土壤总有机碳的含量。本研究中，活性有机碳各组分与总有机碳之间以及活性有机碳各组分相互之间均呈极显著正相关关系（$P<0.01$），不仅说明了土壤总有机碳对各活性组分的显著影响，而且体现了各活性有机碳组分之间相互紧密的联系，同时本研究也反映了山地草甸退化对土壤活性有机碳各组分相对一致的影响趋势。

本研究中，4种土壤活性有机碳在0~40cm土层随着草甸逐渐退化呈先（小幅度）升高后（大幅度）下降的趋势，这与土壤总有机碳分布规律大体一致。虽然4种活性有机碳在0~40cm土层绝对降低量（颗粒有机碳为17.82g/kg、可溶性有机碳为90mg/kg、微生物量碳为1431.9mg/kg和易氧化有机碳为10.42g/kg）远低于土壤总有机碳（28.43g/kg），但相对降低量较高（分别为71.45%、68.51%、73.78%和59.79%），要显著高于土壤总有机碳（44.48%），这表明活性有机碳组分受环境变化影响较土壤总有机碳更为敏感，这与许多研究结果一致。其中可以看出，微生物量碳相对降幅为最大，说明土壤微生物量碳受草甸退化影响较其他活性组分更为敏感，并且微生物量碳与土壤总有机碳的相关性（r=0.892）明显高于其他活性组分，说明土壤微生物量碳是土壤有机质最具活性和最易变化的那部分，这也与土壤微生物量碳可作为衡量土壤总有机碳变化的敏感指标之一的结论一致。

各活性有机碳组分相互之间的相关性均呈极显著正相关关系，且其中易氧化有机碳和微生物量碳相关性最好，相关系数达0.898，这可能是因为易氧化有机碳主要包括土壤中易氧化、易分解和稳定性差的有机质，是植物营养的潜在来源，也是土壤微生物活动的重要营养来源和能源。

虽然各活性有机碳组分呈极显著相关，相互关联密切，但各活性有机碳组分绝对含量明显不同，因为不同的测定方法表征的活性有机碳在机制上是不同的，可能是仅得到了同一碳库或不同碳库的不同大小部分；并且土壤各活性有机碳占土壤总有机碳比例也不一样，在0~40cm土层依次为颗粒有机碳>易氧化有机碳>微生物量碳>可溶性碳。易氧化有机碳分配比例在0~20cm土层表现为重度退化>轻度退化>未退化>中度退化，可能是因为重度退化草甸受人为干扰严重，土壤受踩踏和扰动剧烈，土壤结构严重破坏，土壤易氧化有机碳含量较未退化显著下降，有机碳稳定性较差。颗粒有机碳的分配比例在0~40cm土层表现为轻度退化>中度退化>未退化>重度退化，因为轻度退化的山地草甸土壤温度较未退化草甸有所升高、水分含量有所下降，可能更加适宜土壤微生物活动及根系生长，利于土壤有机碳形成和积累；随着草甸退化不断演替，中度退化植被凋落物急剧减少，已经不能满足土壤微生物活动的需求，此阶段微生物活动逐渐将土壤中储存的有机质分解，土壤有机质输入和输出开始出现反差，因微生物活性及其分泌物达到临界值，可能导致中度退化颗粒有机碳占总有机碳比例较未退化更高；直至重度退化草甸0~20cm土层有机质输入几乎没有，有机质含量剧减，加上土壤团聚体崩解（尤其是大团聚体的破碎），其保护的有机碳释放，加快有机碳矿化，有机碳矿化量增加，随着草甸退化的加剧，深层土壤逐渐受影响；因此也可说明本研究中重度退化0~20cm土层土壤总有机碳含量要低于20~40cm土层的现象。不同退化程度草甸0~40cm土层土壤微生物量碳分配比例与微生物量碳含量分布规律一致，均表

现为轻度退化>未退化>中度退化>重度退化。土壤可溶性碳则是土壤中能直接进入水相的有机碳，本研究中可溶性有机碳分配比例为0.11%~0.21%，仅仅是土壤总有机碳中很小的一部分；随着草甸退化程度加剧，0~40cm土层可溶性有机碳分配比例表现为未退化>轻度退化>中度退化>重度退化；可能是由于可溶性有机碳能随下渗水迁移的原因，本研究中的可溶性有机碳分配比例在不同土层之间没有规律。

2.6.3　不同退化程度草甸土壤水稳性团聚体各粒级分布及其稳定性

2.6.3.1　不同退化程度草甸土壤水稳性团聚体各粒级分布

由表2-77可以看出，不同退化程度草甸土壤水稳性团聚体在0~20cm土层和20~40cm土层均表现为>2mm和<0.25mm这2个粒级百分含量最高，分别介于29.81%~54.82%和16.02%~47.72%；其次是1~2mm和0.5~1mm这两个粒级，分别介于8.79%~14.79%和8.62%~15.37%；0.25~0.5mm粒级的团聚体百分含量为最低，仅为5.07%~10.78%。不同退化程度草甸土壤>0.25mm粒级团聚体百分含量为52.28%~83.98%，说明大团聚体较多是试验地草甸土壤水稳性团聚体分布的特征，土壤团聚化作用明显。

随着草甸退化程度的加剧，>2mm粒级团聚体在0~20cm土层和20~40cm土层均呈下降趋势，表现为轻度、中度和重度退化较未退化降幅分别为5.77%、41.70%和42.82%和7.25%、31.41%和38.73%；且0~20cm土层均大于20~40cm土层；其中0~20cm土层未退化和轻度退化团聚体含量都大于中度退化和重度退化（$P<0.05$），20~40cm土层未退化团聚体含量显著大于中度退化和重度退化（$P<0.05$）；而<0.25cm粒级团聚体百分含量在0~20cm土层和20~40cm土层均呈上升趋势，轻度、中度和重度退化较未退化增幅分别达到25.83%、55.41%、121.00%和5.24%、71.66%、138.77%，0~20cm土层未退化团聚体含量显著低于中度退化和重度退化（$P<0.05$），20~40cm土层未退化和重度退化差异显著（$P<0.05$）。

说明随着草甸逆向演替的发展，土壤水稳性大团聚体周转加快，大团聚体所占比例下降，微团聚体比例逐渐升高，从表2-77可以看出，重度退化草甸微团聚体的比例较未退化增幅要显著高于轻度退化和中度退化，同时也说明随着草甸逆向演替的发展，微团聚体百分含量是加速升高的，大团聚体比例是加剧减少的。

表 2-77　不同退化程度草甸土壤水稳性团聚体粒级分布

退化程度	土层深度（cm）	土壤水稳性团聚体粒级分布 (%)				
		>2mm	1~2mm	0.5~1mm	0.25~0.5mm	<0.25mm
未退化	0~20	54.82 ± 8.66Aa	10.55 ± 3.70Ab	10.92 ± 3.18 Ab	7.68 ± 2.05 Ab	16.02 ± 0.58Cb
	20~40	48.66 ± 7.72Aa	14.41 ± 2.67Abc	10.88 ± 1.87 Abc	6.09 ± 0.59Ac	19.98 ± 3.28Bb
轻度退化	0~20	51.65 ± 1.00Aa	11.66 ± 0.29 Ac	9.15 ± 0.29 Acd	7.37 ± 0.69 Ad	20.16 ± 1.51BCb
	20~40	45.13 ± 3.58ABa	13.75 ± 0.73 Ac	12.35 ± 1.76 Ac	7.74 ± 1.00Ac	21.03 ± 2.13Bb
中度退化	0~20	31.96 ± 1.38Ba	16.99 ± 2.45 Ac	15.37 ± 0.48 Acd	10.78 ± 0.61 Ad	24.90 ± 2.16Bb
	20~40	33.38 ± 0.49BCa	14.79 ± 1.54 Ab	11.40 ± 0.37 Ab	6.13 ± 0.38Ac	34.30 ± 1.81ABa
重度退化	0~20	31.35 ± 1.47Ba	13.87 ± 2.62 Ab	12.17 ± 2.72 Ab	7.20 ± 1.29 Ab	35.41 ± 4.43Aa
	20~40	29.81 ± 2.36Cb	8.79 ± 3.38 Ac	8.62 ± 1.69 Ac	5.07 ± 1.02Ac	47.72 ± 7.73Aa

注：不同大写字母表示同一粒级同一土层不同退化程度之间差异显著（$P<0.05$），不同小写字母表示同一退化程度同一土层不同粒级之间差异显著（$P<0.05$）。

2.6.3.2 不同退化程度草甸土壤水稳性团聚体稳定性变化

小于0.25cm团聚体被认为是最好的土壤结构，其质量与数量直接影响着土壤的肥力水平。不同退化程度草甸土壤>0.25cm团聚体含量分布在52.28%~83.98%，随着退化程度的加剧，在0~40cm土层表现为未退化>轻度退化>中度退化>重度退化，在0~20cm土层，未退化与中度退化和重度退化之间均存在显著性差异（$P<0.05$），在20~40cm土层，未退化和重度退化差异显著（$P<0.05$）；且随土层深度的加深而减小，表现为0~20cm>20~40cm，随着退化加剧，土层间差异逐渐越大。土壤分形维数（D_m）越小，土壤容重越小，土壤结构越松散多孔，土壤蓄存水分和水土保持的功能越强。不同退化程度草甸土壤D_m分布在2.65~2.92，在0~20cm土层表现为重度退化>中度退化>轻度退化>未退化，而20~40cm土层则表现是中度退化>重度退化>未退化>轻度退化，重度退化和中度退化显著大于轻度退化和未退化（$P<0.05$）；由此可以看出，随着草甸逐渐发生退化，土壤分形维数呈升高趋势，土壤结构稳定性将逐渐降低；除重度退化外，其他退化类型土壤分形维数均随着土层深度的加深而增大。

平均重量直径（MWD）作为评价团聚体分布和稳定性的指标，近几年在土壤团聚体研究方面广泛应用。平均重量直径值越大，说明土壤结构越稳定，抗侵蚀能力越强。不同退化程度草甸土壤平均重量直径为2.06~3.40（表2-78），在0~20cm土层表现为未退化>轻度退化>中度退化>重度退化，重度退化与其他退化类型差异显著（$P<0.05$）；20~40cm土层表现为轻度退化>未退化>中度退化>重度退化；说明随着退化程度的加剧，土壤结构稳定性越差，抗侵蚀能力急剧下降。

表 2-78 不同退化程度草甸土壤水稳性团聚体稳定性特征值变化

退化程度	土层深度 (cm)	>0.25mm 团聚体 $R_{0.25}$	分形维数 D_m	平均重量直径 MWD
未退化	0~20	83.98 ± 0.58a	2.65 ± 0.03b	3.28 ± 0.12a
	20~40	80.02 ± 3.28a	2.77 ± 0.01b	2.93 ± 0.19ab
轻度退化	0~20	79.84 ± 1.51ab	2.72 ± 0.02b	3.27 ± 0.09a
	20~40	78.79 ± 2.13a	2.75 ± 0.03b	3.40 ± 0.35a
中度退化	0~20	75.10 ± 2.16b	2.89 ± 0.01a	2.71 ± 0.53a
	20~40	65.70 ± 1.81ab	2.91 ± 0.01a	2.37 ± 0.01bc
重度退化	0~20	64.59 ± 4.43c	2.92 ± 0.04a	2.12 ± 0.08b
	20~40	52.28 ± 7.73b	2.90 ± 0.02a	2.06 ± 0.19c

注：不同小写字母表示同一特征值同一土层不同退化程度之间差异显著（$P<0.05$）

2.6.3.3 水稳性团聚体各粒级百分比和团聚体稳定性相关分析

各粒级水稳性团聚体百分含量相关分析结果表明：>2mm与<0.25mm呈极显著负相关，1~2mm与0.5~1mm呈极显著正相关，0.5~1mm与0.25~0.5mm呈显著正相关；分别与团聚体稳定性特征值相关分析得出：>2mm与MWD和$R_{0.25}$呈极显著正相关，而与D_m呈极显著负相关，说明大团聚体（>0.25mm）百分含量的高低能显著影响土壤结构的稳定性；<0.25mm与MWD和$R_{0.25}$呈极显著负相关，而与D_m呈显著正相关，说明微团聚体对土壤结构的稳定性具有一定影响（表2-79）。

团聚体稳定性特征值之间相关分析表明：MWD与D_m呈极显著负相关，与$R_{0.25}$呈极显著正相关，D_m与$R_{0.25}$呈显著负相关；说明>0.25mm水稳性团聚体含量越高，土壤结构越趋于良好，稳定性增强，土壤抗侵蚀的能力也越强。

表 2-79　各粒级水稳性团聚体百分比和团聚体稳定性特征值相关分析

指标	>2mm	1~2mm	0.5~1mm	0.25~0.5mm	<0.25mm	*MWD*	D_m	$R_{0.25}$
>2mm	1.000	−0.240	−0.286	0.016	−0.844**	0.882**	−0.975**	0.844**
1~2mm		1.000	0.846**	0.600	−0.273	0.023	0.345	0.274
0.5~1mm			1.000	0.830*	−0.258	0.045	0.278	0.258
0.25~0.5mm				1.000	−0.481	0.345	−0.060	0.481
<0.25mm					1.000	−0.912**	0.804*	−0.921**
MWD						1.000	−0.890**	0.912**
D_m							1.000	−0.804*
$R_{0.25}$								1.000

2.6.4　不同退化程度草甸土壤各粒级水稳性团聚体有机碳分配特征

2.6.4.1　不同退化程度草甸土壤各粒级水稳性团聚体有机碳含量分布

由图2-38所知，山地草甸0~20cm和20~40cm土层土壤各粒级水稳性团聚体有机碳随着退化程度加剧总体呈下降趋势，各粒级降幅明显不一样，0~20cm土层均高于20~40cm土层。

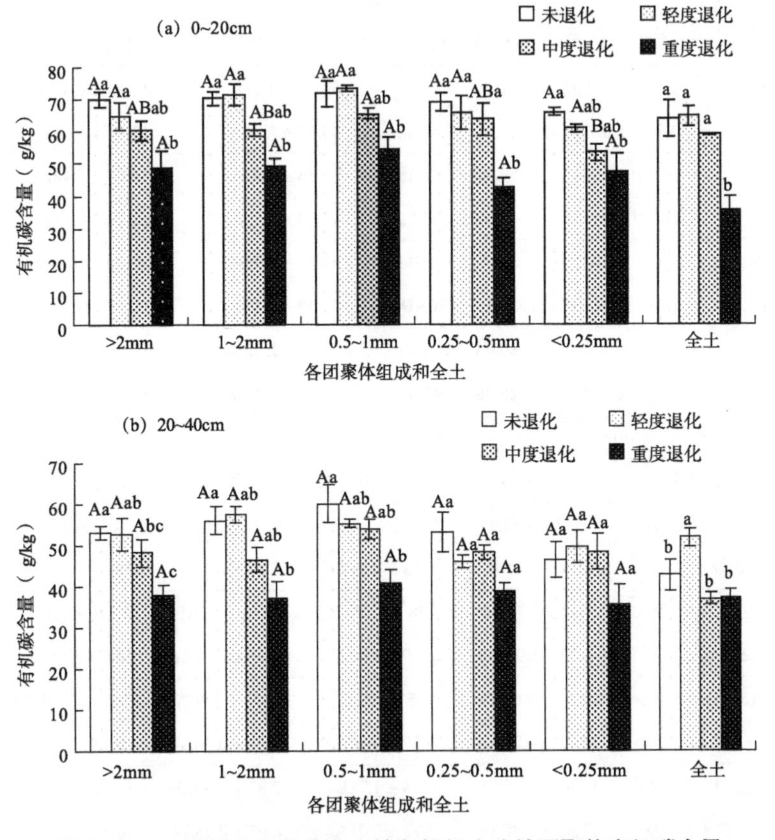

图 2-38　不同退化程度草甸土壤各粒级水稳性团聚体有机碳含量

注：不同小写字母表示同一粒级不同退化程度之间差异显著（$P<0.05$），不同大写字母表示同一退化程度不同粒级之间差异显著（$P<0.05$）。

不同退化程度相同粒级水稳性团聚体有机碳含量相比较：在0~20cm土层，各粒级均表现为未退化显著大于中度退化和重度退化（$P<0.05$），除0.5~1mm外，>2mm、1~2mm和0.25~0.5mm粒级重度退化有机碳含量较未退化降幅（30.24%、29.97%和38.19%）均高于<0.25mm粒级（28.30%）；20~40cm土层，各粒级均表现为未退化大于重度退化，其中>2mm、1~2mm和0.5~1mm粒级中未退化和重度退化之间差异显著（$P<0.05$）；各粒级重度退化有机碳含量较未退化降幅（28.24%、33.55%和27.14%）均高于<0.25mm粒级（23.13%）；说明随着草甸退化加剧，大团聚体有机碳周转速度加快，较微团聚体更易被矿化分解，这与微团聚体对有机碳的保护作用强于大团聚体的研究结果一致。

同一退化程度不同粒级团聚体有机碳含量相比较：各退化类型土壤0~20cm土层0.5~1mm粒级土壤有机碳含量均表现为最高，除重度退化外，其他类型最小值均出现在<0.25mm粒级；20~40cm土层各粒级间虽存在差异，但均不显著（$P>0.05$），说明20~40cm土层受退化影响较0~20cm土层更弱。

2.6.4.2 不同退化程度草甸土壤水稳性团聚体各粒级有机碳储量和分配比例

从表2-80可以看出，不同退化程度草甸0~20cm和20~40cm土层全土有机碳储量从大到小依次为：轻度退化、未退化、中度退化和重度退化，未退化、轻度退化与重度退化之间差异显著（$P<0.05$），0~20cm土层均大于20~40cm土层。

表 2-80 不同粒级水稳性团聚体有机碳储量和比例

退化程度	土层深度（cm）	全土	>2mm		1~2mm	
		储量（t/hm²）	储量（t/hm²）	比例（%）	储量（t/hm²）	比例（%）
未退化	0~20	112.93 ± 8.80A	61.10 ± 9.46Aa	54.10 ± 3.13Aa	12.43 ± 4.48Ab	11.01 ± 3.69ABb
	20~40	92.46 ± 6.22B	45.48 ± 6.59Aa	49.19 ± 5.36Aa	13.01 ± 1.64Ab	14.07 ± 2.60Ab
轻度退化	0~20	113.41 ± 7.58A	59.31 ± 2.65Aa	45.86 ± 0.25Aa	14.01 ± 0.44Ac	12.35 ± 0.46Ac
	20~40	101.10 ± 6.69A	45.39 ± 1.98Aa	44.90 ± 3.59Aa	15.29 ± 1.48Ab	15.12 ± 0.88Ab
中度退化	0~20	106.71 ± 7.41AB	36.07 ± 4.25Ba	33.80 ± 1.95Ba	18.86 ± 2.02Abc	17.67 ± 2.51Ab
	20~40	83.40 ± 3.91BC	32.00 ± 3.10ABa	38.37 ± 0.43Ba	13.98 ± 0.39Ab	16.23 ± 1.86Ab
重度退化	0~20	81.22 ± 8.38B	30.45 ± 2.09Ba	37.49 ± 2.00Ba	13.65 ± 2.97Ab	16.81 ± 2.52Ab
	20~40	65.19 ± 2.99C	25.88 ± 4.11Ba	38.29 ± 2.43Bb	10.73 ± 3.89Ac	16.46 ± 3.31Ac

退化程度	土层深度 (cm)	0.5~1mm		0.25~0.5mm		<0.25mm	
		储量（t/hm²）	比例 (%)	储量（t/hm²）	比例 (%)	储量（t/hm²）	比例（%）
未退化	0~20	13.27 ± 4.20Ab	11.75 ± 3.43Ab	8.78 ± 2.39ABb	7.77 ± 1.91ABc	19.35 ± 1.77Bb	17.13 ± 1.24Bb
	20~40	10.27 ± 1.23Ab	11.11 ± 1.64Abc	5.63 ± 0.09Ab	6.65 ± 0.48Ac	18.07 ± 2.15Bb	19.54 ± 1.68Bb
轻度退化	0~20	11.31 ± 1.06Acd	9.97 ± 0.74Ad	8.08 ± 0.19ABd	6.49 ± 0.47ABe	20.70 ± 1.71Ab	18.25 ± 0.70Bb
	20~40	13.43 ± 2.78Abc	13.28 ± 1.99Abc	6.99 ± 1.42Ac	6.92 ± 1.03Ac	20.00 ± 2.66Ab	19.78 ± 1.87Bb
中度退化	0~20	18.55 ± 0.57Abc	17.38 ± 0.67Ab	12.57 ± 0.30Ac	11.78 ± 0.50Ac	20.66 ± 3.06Abc	20.36 ± 1.72Bb
	20~40	12.72 ± 1.02Ab	15.25 ± 0.26Ab	5.57 ± 0.70Ac	6.67 ± 0.26Ac	19.13 ± 5.05Ab	22.93 ± 2.21Aa
重度退化	0~20	13.51 ± 3.42Ab	16.63 ± 3.19Ab	6.39 ± 1.78Bc	7.87 ± 1.68Bb	17.22 ± 8.03Bb	22.20 ± 5.16Aa
	20~40	8.77 ± 2.16Ac	13.45 ± 1.80Ac	5.23 ± 0.01Ac	8.02 ± 0.98Ac	16.58 ± 4.45Bb	24.68 ± 7.45Aa

注：不同大写字母表示同一粒级不同退化程度之间差异显著（$P<0.05$），不同小写字母表示同一退化程度不同粒级之间差异显著（$P<0.05$）。

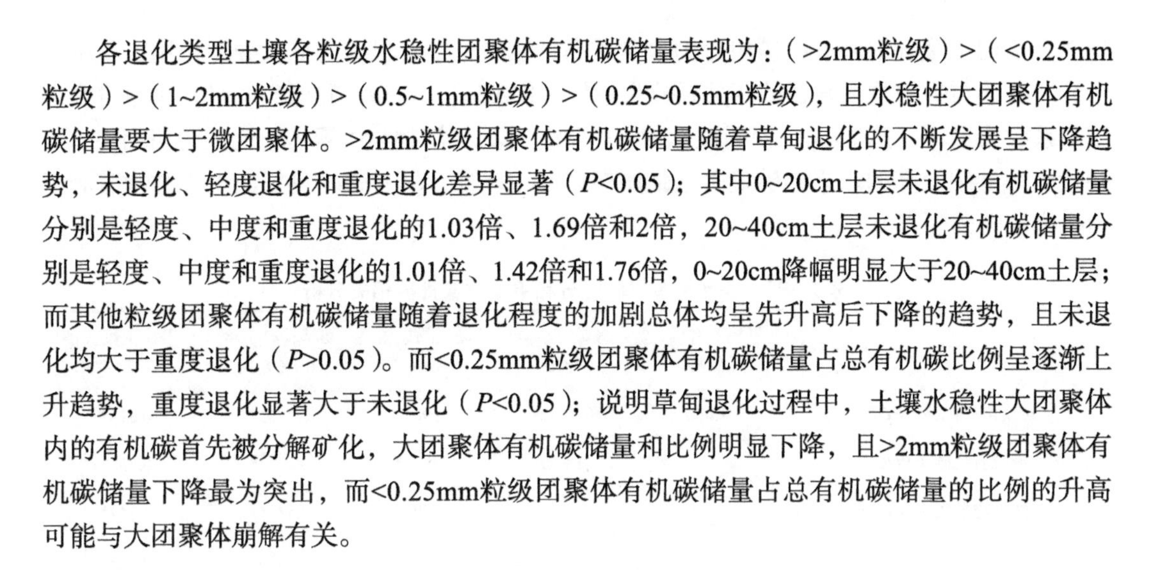

各退化类型土壤各粒级水稳性团聚体有机碳储量表现为：（>2mm粒级）>（<0.25mm粒级）>（1~2mm粒级）>（0.5~1mm粒级）>（0.25~0.5mm粒级），且水稳性大团聚体有机碳储量要大于微团聚体。>2mm粒级团聚体有机碳储量随着草甸退化的不断发展呈下降趋势，未退化、轻度退化和重度退化差异显著（$P<0.05$）；其中0~20cm土层未退化有机碳储量分别是轻度、中度和重度退化的1.03倍、1.69倍和2倍，20~40cm土层未退化有机碳储量分别是轻度、中度和重度退化的1.01倍、1.42倍和1.76倍，0~20cm降幅明显大于20~40cm土层；而其他粒级团聚体有机碳储量随着退化程度的加剧总体均呈先升高后下降的趋势，且未退化均大于重度退化（$P>0.05$）。而<0.25mm粒级团聚体有机碳储量占总有机碳比例呈逐渐上升趋势，重度退化显著大于未退化（$P<0.05$）；说明草甸退化过程中，土壤水稳性大团聚体内的有机碳首先被分解矿化，大团聚体有机碳储量和比例明显下降，且>2mm粒级团聚体有机碳储量下降最为突出，而<0.25mm粒级团聚体有机碳储量占总有机碳储量的比例的升高可能与大团聚体崩解有关。

2.6.5　土壤有机碳和团聚体稳定性的简单相关分析

2.6.5.1　土壤总有机碳含量与平均重量直径的相关分析

土壤有机碳不仅在土壤水稳定性团聚体的形成过程中起重要胶结作用，而且能增强团聚体之间的粘结力和抗张强度，提高团聚体的水稳定性，再之土壤有机碳吸水的容量远大于土壤矿物，可减缓水分湿润速率，提高土壤抗侵蚀能力。因此，土壤有机碳水平和团聚体稳定性密切相关。由图2-39可以看出，平均重量直径随土壤总有机碳含量的提高而增大，且变化趋势呈二项式正相关关系（R^2=0.6913）。土壤平均重量直径越大，土壤抗侵蚀能力越强，土壤团聚体结构越好，说明土壤有机碳含量对土壤团聚体结构贡献大；而土壤团聚体结构的改善可以调节土壤环境（包括水分和空隙），为凋落物分解、腐殖化和微生物活动提供更好的条件，有利于有机质的积累。而本研究中，随着草甸退化加剧，土壤有机碳含量的下降，土壤平均重量直径减小，土壤团聚体结构遭破坏，团聚体稳定性随之减弱，土壤抗侵蚀能力也显著下降。

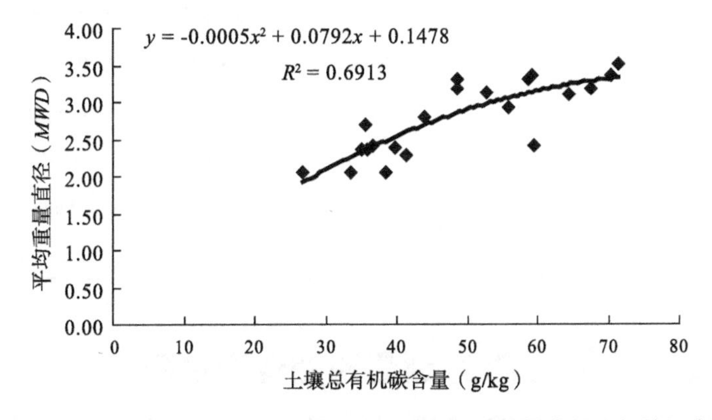

图2-39　不同退化程度草甸土壤总有机碳和平均重量直径之间的拟合曲线

2.6.5.2　土壤活性有机碳组分与平均重量直径的相关分析

由表2-81可得出，不同退化程度下各活性有机碳组分和平均重量直径均呈极显著正相关关系，说明活性有机碳含量的提高，能显著增强团聚体的稳定性；反之，团聚体稳定性越强，草甸土壤各活性有机碳组分的含量越高，减缓土壤有机碳的矿化分解作用；其中以颗粒有机碳与平均重量直径的相关系数为最低，仅0.551，以微生物量碳与平均重量直径的相关系数为最高，达0.744，说明微生物的生物量及其分泌物与团聚体稳定性密切相关，维持微生物量碳较高的水平能够显著增强团聚体的稳定性，反过来，良好的土壤结构有利于微生物量碳的固存。

表 2-81　各活性有机碳组分和平均重量直径相关分析

指标	易氧化有机碳（*ROC*）	颗粒有机碳（*POC*）	微生物量碳（*MBC*）	可溶性有机碳（*DOC*）	平均重量直径（*MWD*）
易氧化有机碳（*ROC*）	1.000	0.810**	0.898**	0.793**	0.618**
颗粒有机碳（*POC*）		1.000	0.887**	0.807**	0.551**
微生物量碳（*MBC*）			1.000	0.883**	0.744**
可溶性有机碳（*DOC*）				1.000	0.729**
平均重量直径（*MWD*）					1.000

2.6.5.3　土壤各粒级团聚体有机碳含量与平均重量直径的相关分析

从表2-82中可以看出，除<0.25mm粒级外，各粒级团聚体有机碳含量相互之间均呈极显著或显著正相关。>2mm、0.5~1mm、0.25~0.5mm粒级团聚体有机碳含量和平均重量直径均呈显著正相关关系，1~2mm粒级团聚体有机碳含量和平均重量直径均呈极显著正相关，<0.25mm粒级与平均重量直径之间虽未达到显著性关系，但两者之间也呈正相关关系，且相关系数达0.647。同时也表明大团聚体有机碳含量和平均重量直径密切相关（孙涛　等，2007），土壤团聚体稳定性的提高，将有利于土壤各粒级有机碳含量的增加，尤其大团聚体有机碳含量的增加；反之，各粒级团聚体有机碳含量则减少。

表 2-82　各粒级水稳性团聚体有机碳含量和平均重量直径相关分析

指标	>2mm	1~2mm	0.5~1mm	0.25~0.5mm	<0.25mm	平均重量直径
>2mm	1.000	0.973**	0.975**	0.899**	0.831*	0.762*
1~2mm		1.000	0.970**	0.871**	0.868**	0.847**
0.5~1mm			1.000	0.893**	0.899**	0.722*
0.25~0.5mm				1.000	0.735*	0.720*
<0.25mm					1.000	0.647
平均重量直径						1.000

2.7　山地草甸土壤呼吸 CO_2 通量时空变异性研究

2.7.1　山地草甸土壤呼吸的时间变化

2.7.1.1　草甸退化过程中土壤呼吸日变化

选取夏、秋、冬3个季节海拔1900m的测定数据，可以看出不同季节不同退化程度的草甸在一天不同时段土壤呼吸呈现不同的变化趋势。

夏季（2014年7月）不同退化程度草甸土壤呼吸强度明显不同，总体上中度退化草甸区>未退化草甸区>重度退化草甸区，说明适度的干扰会促进土壤呼吸。未退化草甸区CO_2通量在9:00—11:00维持在较低水平，在12:00—14:00明显升高，然后在15:00—17:00时轻微下降，而中度和重度退化草甸区则一直保持升高趋势。这显然和不同覆盖度下的土壤温度、湿度随一天温度的变化而产生不同变化，从而土壤呼吸产生不同响应（图2-40）。

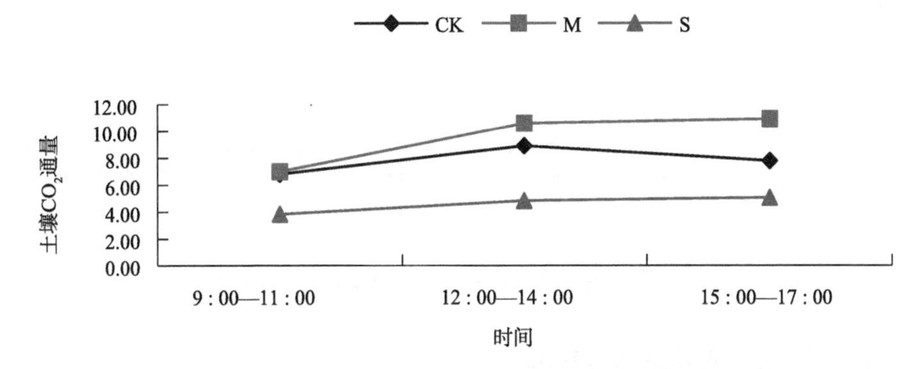

图 2-40　夏季不同退化程度草甸土壤呼吸日变化

注：CK 为未退化草甸区，M 为中度退化草甸区，S 为重度退化草甸区，下同。

秋季（2014年10月）不同退化程度草甸土壤呼吸强度明显不同，但和夏季呈现的特点不一致，总体上未退化草甸区>中度退化草甸区>重度退化草甸区。不同退化程度草甸区土壤呼吸在一天中呈现出不同的特点。在未退化草甸区CO_2通量从上午、中午到下午一直保持增长趋势，中度退化草甸区先升高再降低，重度退化草甸区CO_2通量则从上午、中午到下午一直保持减弱趋势（图2-41）。

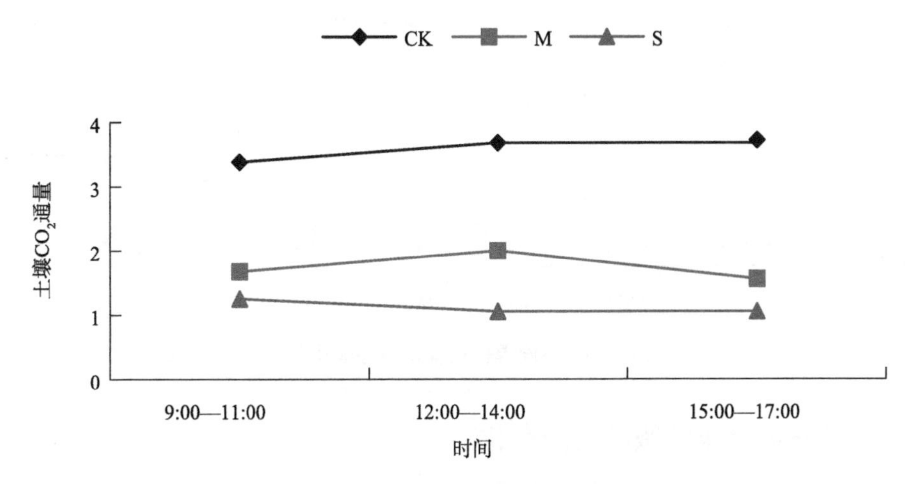

图 2-41　秋季不同退化程度草甸土壤呼吸日变化

冬季（2015年1月）不同退化程度草甸土壤呼吸强度特点不明显。中度退化草甸区CO_2通量在9:00—11:00最高，但在12:00—14:00、15:00—17:00保持下降趋势，低于未退化草甸区；未退化草甸区CO_2通量在9:00—11:00维持在较低水平，在12:00—14:00明显升高然后在15:00—17:00时轻微下降；重度退化草甸区则一直保持很低的水平，在12:00—14:00略微升高后在15:00—17:00时下降（图2-42）。

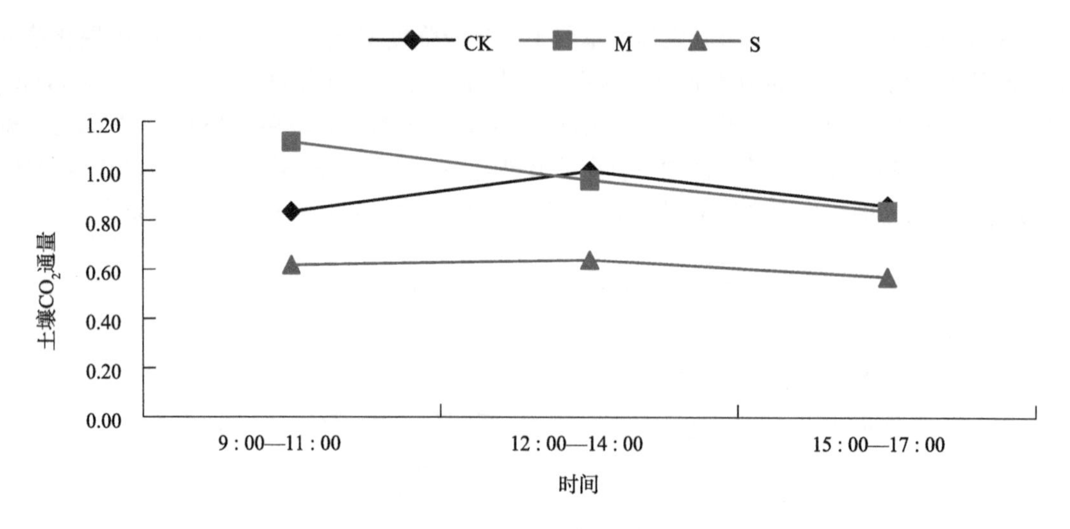

图 2-42　冬季不同退化程度草甸土壤呼吸日变化

2.7.1.2　山地草甸土壤呼吸的季节变化

取不同季节的海拔1900m测得不同退化程度草甸土壤呼吸进行比较，CO_2通量值不同季节差异显著，夏季>秋季>冬季。不同退化程度草甸区呈现不同的季节变化趋势。在未退化草甸区，3个季节之间差异明显，在中度退化草甸区和重度退化草甸区，秋季CO_2通量值渐渐趋近于冬季，冬季CO_2通量不同退化程度草甸区一直保持较低的水平（图2-43）。

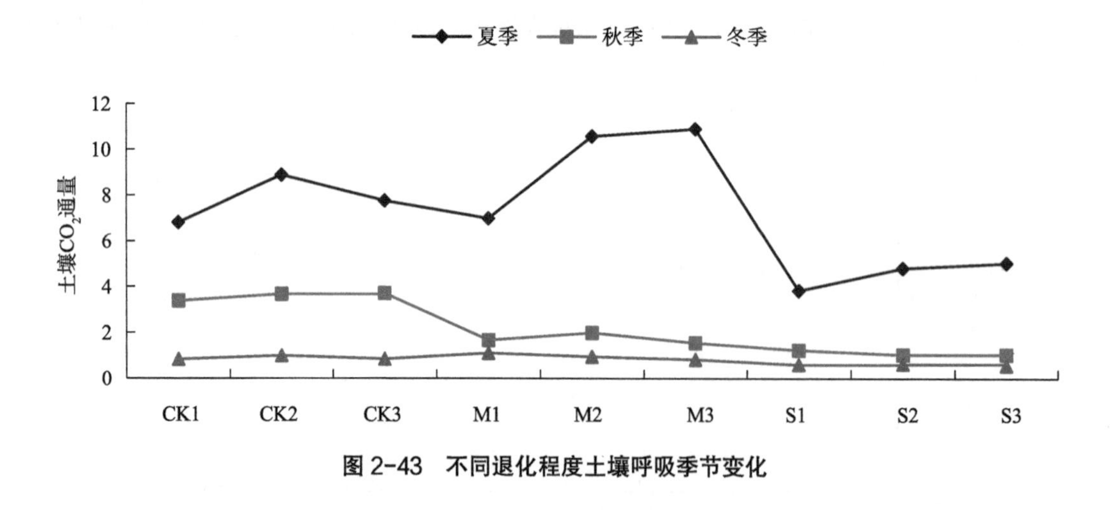

图 2-43　不同退化程度土壤呼吸季节变化

2.7.2　山地草甸土壤呼吸的空间变化

选取夏季（2014年7月）土壤呼吸测定数据，对不同海拔不同退化程度的样地土壤CO_2通量取日平均值后比较，山地草甸土壤呼吸随着海拔升高先是在海拔1700m处略微减弱，然后到高海拔处保持增强趋势，在海拔1900m山地附近达到最强。总体随海拔升高而加强，其中中度退化区随海拔升高土壤呼吸加强趋势最为明显。可见由于海拔梯度的增加，影响土壤CO_2通量的环境因子也发生了变化，从而在一定程度上引起了土壤CO_2通量在一定范围内的波动（图2-44）。

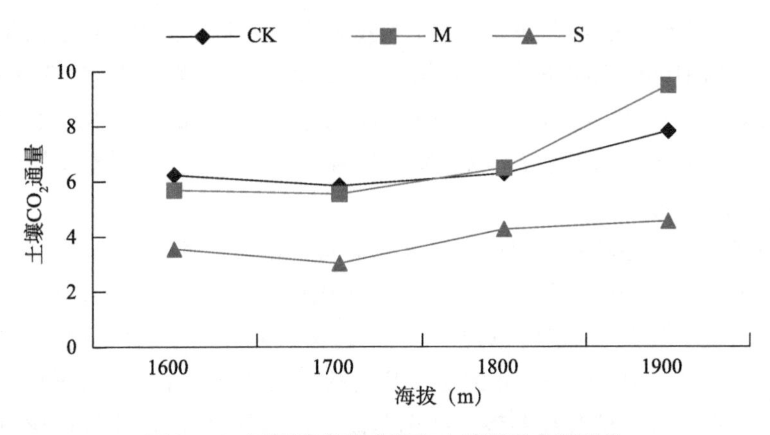

图 2-44　不同退化程度草甸土壤呼吸空间变化

2.7.3　山地草甸土壤呼吸与土壤水热因子及生物量的关系

对土壤CO_2通量、土壤温度、土壤含水量、地上生物量、地下生物量进行相关性分分析，结果发现土壤CO_2通量与土壤温度成极显著相关（$P≤0.05$），与土壤温度相关性系数达到0.694，表明土壤温度可能是土壤CO_2通量时空变异的主导因子；其次土壤CO_2通量与地下生物量成显著相关（$P≤0.05$），说明根系生物量对土壤呼吸有一定影响。山地草甸土壤CO_2通量与土壤含水量、地上生物量之间的变化趋势并不一致，相关性不显著（表2-83）。

表 2-83　山地草甸土壤 CO_2 通量与影响因素相关性（双尾检验）

指标	CO_2 通量	土壤温度	土壤含水量	地上生物量	地下生物量
CO_2 通量	1	0.694**	0.142	0.200	0.318*
土壤温度		1	−0.220**	−0.339*	−0.235
土壤含水量			1	0.020	0.053
地上生物量				1	0.410**
地下生物量					1

注：** 表示在 0.01 水平（双侧）上显著相关。* 表示在 0.05 水平（双侧）上显著相关。

综上所述，土壤 CO_2通量的空间变异在各种尺度上都存在。Raich 等（1992）综合了全球范围内土壤CO_2通量的实测数据，指出了土壤CO_2通量平均速率在不同植被类型之内和之间都存在着很大的差异，最寒冷（苔原）和最干旱（荒漠）的生态系统中，土壤CO_2通量最低，而最高速率出现在全年温度和水分有效性都最高的热带雨林；Russell 等（1998）在一个成熟的白杨林内，沿着1条40m的样线，每隔2~4m取样1次，发现土壤CO_2通量的变异系数在16%~45%之间。在武功山对退化山地草甸研究得到的结果是，不同退化程度之间的土壤CO_2通量存在着较大的变异，且这种变异在空间尺度（海拔梯度）和时间尺度（日变化、季节变化）上都存在不同的差异。武功山退化山地草甸土壤CO_2通量日变化过程为单峰曲线，这与崔骁勇等在草地的研究结论相类似，即在一日内，不同时间土壤CO_2通量的速率不同（崔骁勇　等，2001）。在相同的退化程度土壤中，不同季节土壤CO_2通量的高低峰值出现的时间也不相同。关于引起土壤CO_2通量空间变异的原因，不同的研究者得到的结论有些差别。Raich等发现在全球尺度上，不同生物群系（Biome）的年土壤CO_2通量同温度、水分和生物量有着很好的线性关系。Fang等认为生物量的大小控制着土壤CO_2通量的空间分布，而温度和水分的影响则可以忽略不计。Xu等的研究结果是，根系和微生物生物量、土壤理化性质、土壤温度和水分等因素同土壤CO_2通量的空间变异高度相关。本研究在武功山山地草甸研究的结果是，土壤CO_2通量与土壤温度极显著相关，根系生物量对土壤CO_2通量的空间变异也有着重要的影响。

研究期间武功山山地草甸土壤CO_2通量的空间变化为：随着海拔的增加，土壤呼吸速率逐渐增加。不同退化程度的草甸土壤呼吸日变化在不同季节呈现不同的变化趋势。在夏季总体上中度退化草甸区>未退化草甸区>重度退化草甸区，未退化草甸区CO_2通量9:00—11:00维持在较低水平，在12:00—14:00明显升高然后在15:00—17:00时轻微下降，而中度和重度退化草甸区则一直保持升高趋势。秋季总体上未退化草甸区>中度退化草甸区>重度退化草甸区，在未退化草甸区CO_2通量从上午、中午到下午一直保持增长趋势，中度退化草甸区先升高再降低，重度退化草甸区CO_2通量则从上午、中午到下午一直保持减弱趋势。冬季不同退化程度草甸的CO_2通量日变化差异不明显，中度退化草甸区CO_2通量和未退化草甸区出现交叉，中度退化草甸区CO_2通量9:00—11:00最高，但在12:00—14:00、15:00—17:00保持下降趋势，低于未退化草甸区；未退化草甸区CO_2通量在9:00—11:00维持在较低水平，在12:00—14:00明显升高然后在15:00—17:00时轻微下降；重度退化草甸区则一直保持很低的水平，在12:00—14:00略微升高后在15:00—17:00时下降。取不同季节的同一海拔梯度测得不同退化程度草甸土壤呼吸进行比较，CO_2通量值不同季节之间差异显著，夏季>秋季>冬季。在整个研究周期，武功山山地草甸土壤CO_2通量的时空变异主要受土壤温度和植物根系生物量的综合影响。

2.8 研究结论

本章节主要探析了武功山山地草甸群落的结构特征、分布格局及其在区域尺度上的特殊性和重要意义，深入剖析了草甸植被退化机制。通过对现有草甸植被退化程度和类型划分与评价，提出合理调整旅游开发等人类活动的行为、强度与范围的建议；通过获取山地草甸的基础生态指标监测的动态数据，并结合草甸—矮林交错带对环境变化敏感性的属性进行区域性气候响应研究。

2.8.1 山地草甸植物多样性研究

在植物生长旺盛季节（6—9月），采用样带和样方相结合的方法，对武功山山地草甸进行植物踏查、标本采集、样方调查、植物照片拍摄，沿途记录草甸被破坏状况，目的是为武功山山地草甸的保护、恢复和适度利用开发提供科学依据。经过整理文献资料、样方植物标本鉴定、分析数据，研究了武功山山地草甸植物多样性，旅游干扰因素对其的影响，根据试验数据和分析结果，我们发现武功山山地草甸有维管植物108种，隶属于44科90属。其中蕨类植物6科6属6种，裸子植物1科2属2种，被子植物37科80属100种。研究表明，不同植物群落多样性比较的结果是禾草草甸从多样性、丰富度及均匀度方面均为最优，而丛枝蓼+荔枝草群则为最小；不同群落之间多样性差异明显；各群丛Shannon-Wiener多样性指数不同，但差异主要来源于枝蓼+荔枝草群丛。调查统计的结果表明随着样带至主步道距离

的增大，武功山山地草甸群落物种多样性越高。随着样带至主步道距离的增大，丰富度指数、Shannon-Wiener指数、Simpson指数的变化幅度较大，而Pielou均匀度指数变化不显著。离主步道最近的第1样带，受旅游干扰程度最剧烈，一些伴人植物在人为干扰强度大的情况下较易占据有利地位，且耐踩踏性较强，导致耐受性低的植物退出群落，所以丰富度指数、Shannon-Wiener指数、Simpson指数、Pielou均匀度指数均较低，群落稳定性也较低。随着样带至主步道距离的增大，植物的种类显著增加。分析表明，旅游活动对武功山山地草甸植物物种多样性有较大的影响。

2.8.2　山地草甸植物群落特征及空间分布格局研究

以武功山山地草甸115个样地调查资料为基础，通过对武功山山地草甸的维管束植物区系特征和分布类型、植物群落多样性、小群落的空间分布格局以及人为干扰影响进行分析研究。通过对不同海拔不同坡向的植物群落物种进行调查，芒是整个植物群落的优势种，其次是亚优势种野古草，伴生种如黄海棠、薄叶卷柏等植物。对调查到的植物群落空间分布格局进行分析，芒作为主要群落分布面积较大，其中有23种类型的小群落，在水平分布格局中，阳坡和阴坡分别分布有11个、12个小群落，每个小群落中的优势种和建群种都不尽相同，并且都是单独存在于周围大群落中。垂直分布格局中，海拔1900m只发现了一种小群落。随着海拔梯度的升高，α 多样性指数均呈波浪形变化。对β 多样性5个指数的变化趋势进行分析，随着海拔升高，5个指数波动的幅度较大，说明相邻海拔带之间物种替代速率变化悬殊，导致群落间的β 多样性变化。该研究为武功山山地草甸的合理开发利用，植被的保护和恢复提供有力的科学参考依据。

2.8.3　山地草甸主要群落类型高光谱特征研究

以江西武功山金顶风景区的芒、野古草、飘拂草、中华薹草、箭竹为优势物种的5种主要群落为研究对象，以美国 SVC HR-768 野外便携式地物波谱仪测定的高光谱数据为基础，利用重采样处理、一阶微分处理和去包络线处理3种数据处理方法分别提取有效的光谱吸收特征参数，以此获得区分5种草地群落的光谱特征。结果表明：①5种群落光谱反射率数据各波段方差分析差异明显，中华薹草>野古草>芒>箭竹>飘拂草；②重采样处理得到的特征参数中500~600nm、600~700nm和1200~1300nm 3个波段的波峰/谷深度差别都最明显，一阶微分处理提取的红边、黄边和蓝边有关的特征参数也能够很好地将5种群落进行分类，而利用连续统去除法提取的特征参数中，吸收谷的宽深比差值最大可达到92，是区分5种群落最有效的特征参数；③波峰/波谷对应的波长位置是山地草甸5种主要群落的共性参数。

2.8.4　山地草甸植被覆盖度分布格局

以武功山山地草甸为研究区，基于4期 TM卫星遥感影像，提取 NDVI，采用像元二分模型，运用ENVI 5.1和ArcGIS 10.0软件计算得到武功山山地草甸1995—2015年的植被覆盖度分布格局及动态变化。研究结果表明：①研究期间山地草甸面积减少了9.72%，呈递减趋势。20年来随着武功山风景区成立—旅游业发展—山地草甸生态修复，山地草甸植被覆盖度增加和减少交替，总体呈上升趋势；②山地草甸植被覆盖度呈现东南高西北低的空间分

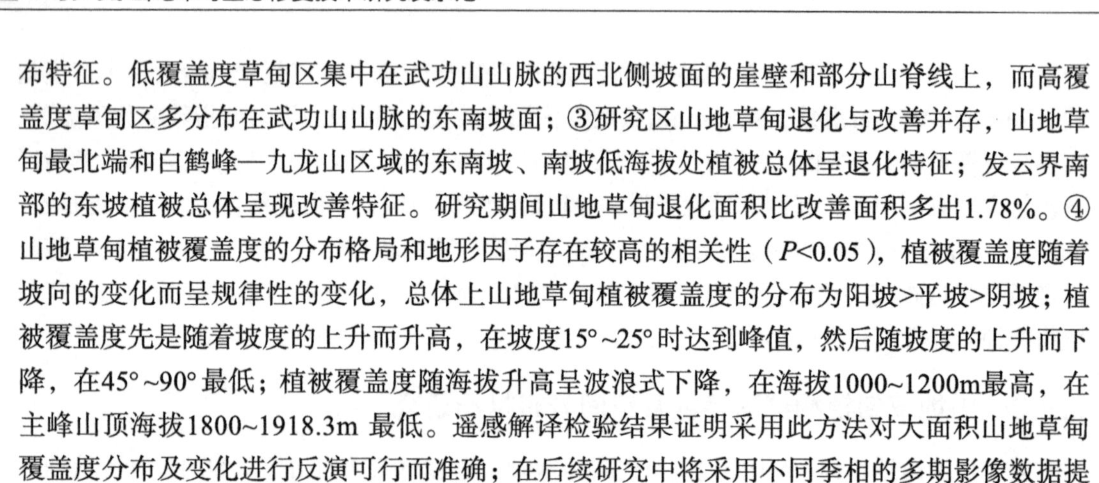

布特征。低覆盖度草甸区集中在武功山山脉的西北侧坡面的崖壁和部分山脊线上，而高覆盖度草甸区多分布在武功山山脉的东南坡面；③研究区山地草甸退化与改善并存，山地草甸最北端和白鹤峰—九龙山区域的东南坡、南坡低海拔处植被总体呈退化特征；发云界南部的东坡植被总体呈现改善特征。研究期间山地草甸退化面积比改善面积多出1.78%。④山地草甸植被覆盖度的分布格局和地形因子存在较高的相关性（$P<0.05$），植被覆盖度随着坡向的变化而呈规律性的变化，总体上山地草甸植被覆盖度的分布为阳坡>平坡>阴坡；植被覆盖度先是随着坡度的上升而升高，在坡度15°~25°时达到峰值，然后随坡度的上升而下降，在45°~90°最低；植被覆盖度随海拔升高呈波浪式下降，在海拔1000~1200m最高，在主峰山顶海拔1800~1918.3m 最低。遥感解译检验结果证明采用此方法对大面积山地草甸覆盖度分布及变化进行反演可行而准确；在后续研究中将采用不同季相的多期影像数据提取 NDVI 对研究区植被覆盖度进行长期监测，以便更准确可靠地分析山地草甸演化过程和趋势。

2.8.5 山地草甸土壤活性碳研究

在金顶区域和九龙山区域，从不同退化程度和不同群落开展了山地草甸土壤活性炭的研究。金顶区域，微生物量碳含量是最高的，但是相对其他活性碳，微生物量碳也是碳损失量最大的碳，干扰越严重的区域，活性碳损失率也越高。九龙山区域的活性碳含量均没有金顶区域的含量高，但含量最高的仍然为微生物量碳，无论是在金顶区域还是九龙山区域，土壤有机碳含量与微生物量有机碳、易氧化态碳之间的相关性均达到极显著水平，与可溶性碳含量也达到了显著相关，说明土壤有机碳水平影响活性有机碳含量。金顶区域土壤微生物量有机碳与可溶性有机碳、易氧化态碳存在极显著相关关系，而可溶性有机碳与易氧化态碳相关性不大。九龙山区域，可溶性有机碳与微生物量有机碳及易氧化态碳存在显著相关关系，微生物量碳与易氧化态碳存在极显著相关关系。因此有机碳与各活性碳之间均有一定的相关关系，有机碳的变化会直接影响活性碳含量的变化，进而改变土壤碳汇与源的关系。从而对大气CO_2浓度产生一定的影响。不同植被群落的土壤有机碳与微生物量碳、易氧化碳均达到了极显著相关，与可溶性碳达到了显著相关；可溶性碳和易氧化碳有极显著相关，而与微生物量碳没有相关性；微生物量碳与易氧化碳也没有相关性。因不同植被群落的土样差异因素很多，包括不同区域、不同植被群落、不同海拔等因素的影响，因此，土壤活性碳有必要做进一步的研究。

2.8.6 退化山地草甸土壤团聚体及有机碳特征研究

2014年6月上旬选取了武功山主峰（白鹤峰）至吊马桩方向（海拔1750~1900m）山脊线上具有代表性的以芒为优势种的草甸群落为研究对象，对不同退化程度草甸土壤团聚体分布及其稳定性、有机碳及其活性组分和团聚体中有机碳的分配特征以及在此基础之上探讨了有机碳对团聚体稳定性影响及其两者相关作用的关系。相对于未退化草甸，轻度、中度和重度退化草甸0~40cm土层土壤总有机碳含量均呈先（轻度退化）升高后（中度退化和重度退化）下降；不同退化类型土壤总有机碳和各活性有机碳组分间存在极显著的相关性，且各活性有机碳组分间也存在极显著相关性。>0.25mm团聚体被认为是最好的土壤结构，其质量与数量直接影响着土壤的肥力水平。不同退化程度草甸土壤>0.25mm团聚体含量分

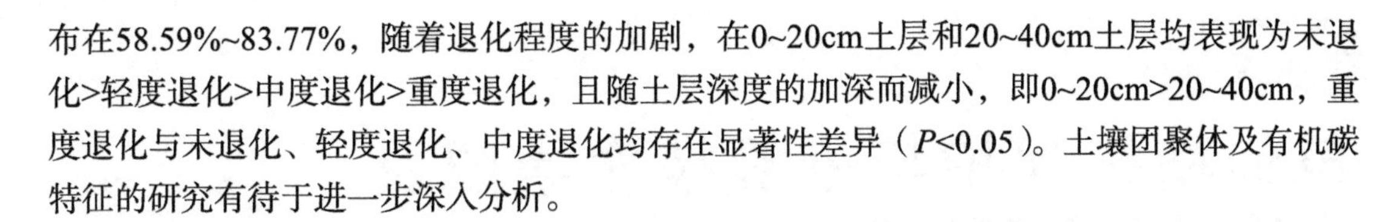
布在58.59%~83.77%，随着退化程度的加剧，在0~20cm土层和20~40cm土层均表现为未退化>轻度退化>中度退化>重度退化，且随土层深度的加深而减小，即0~20cm>20~40cm，重度退化与未退化、轻度退化、中度退化均存在显著性差异（$P<0.05$）。土壤团聚体及有机碳特征的研究有待于进一步深入分析。

2.8.7　山地草甸土壤呼吸 CO_2 通量研究

2014年7月和10月对武功山山地草甸的土壤呼吸进行了夏、秋两个季节的测定。把不同季节的草甸土壤呼吸进行比较，CO_2通量值夏季明显高于秋季，并且两个季节空间变化呈现不同的趋势。而不同退化程度的草甸在一天不同时段土壤呼吸呈现不同的变化。未退化、轻度退化草甸先升高然后下降，中度和重度则一直保持升高趋势。山地草甸土壤呼吸呈现明显的空间变异，未退化草甸上午随着海拔升高不断加强，随着一天温度的升高，低海拔无显著变化，而高海拔草甸明显升高然后降低。随着草甸的严重退化，上午在海拔1700m处土壤呼吸明显低于其他海拔，并且一天中变化不大。而随一天温度升高高海拔草甸土壤呼吸呈加强趋势。所以高海拔草甸更容易受一天温度变化影响。为了更全面地监测山地草甸土壤呼吸时空变异，应继续在春季进行试验，而且需加强土壤微生物和土壤酶的同步测定，以利于深入分析山地草甸碳排放的影响因素。

草甸植被保护与恢复技术集成及土壤养分管理研究

江西武功山山地草甸以其面积广和分布基准海拔低的特点在华东植被垂直带谱中具有典型性和特殊性，山地草甸在山岳型旅游景点的要素构成中是特殊的景观类型，近来年，武功山草甸旅游活动中人为践踏等破坏因素造成了草甸植被死亡，土壤裸露且蓄水能力降低，养分循环受扰动，人为干扰和过度旅游开发已经使武功山脆弱的山地草甸出现严重退化和破碎化态势。作为陆地生态系统中分布最广的生态系统类型之一，维持山地草甸地力是在恢复全球退化植被中起着示范作用。草地退化不仅存在于中国，世界各主要畜牧业大国都曾有过草地退化的经历，也开展了诸多关于草地恢复的科学研究与实践活动，积累了相关的科学数据，如表土和有机质的损失、草地过度放牧、荒漠化、物种濒危与消失等，并在治理中取得了一些宝贵的经验。以美国和澳大利亚为例，草地退化问题基本上是采用多学科的方法来分析和解决的，以围封受破坏的地区建立保护区使其自然恢复为佳，慎重使用外来物种。我国在以前的生态恢复中曾投入了大量的人力、物力和财力，实施了一系列的治理恢复措施，在一定程度上，获得了一些暂时的效果，但地区之间相互模仿，缺乏恢复后的管理、评估和监测。因此对于草甸的保育修复显得十分有必要。

本章内容是通过对不同海拔山地草甸土发生条件，养分性状，土壤碳、氮和土壤微生物特征进行调查分析，探讨山地草甸土的养分特性、生物活性和制约因子；采用国际上先进的土壤养分状况系统研究法，开展山地草甸土壤养分限制因子和吸附试验研究，确定不同退化阶段和海拔草甸土壤养分限制因子和养分空间变异性，探讨山地草甸土壤和植株养分诊断技术及标准，探讨土壤养分库的变异和演变规律及土壤养分的变化和消长与草甸生产力的相关关系，揭示不同时空草甸土壤养分、结构、形态、微生物等变化特征及土壤肥力的变异规律及其机理，实现草甸生态系统环境友好平衡施肥，并对草甸土壤衰退和改良起到恢复和促进作用，为武功山山地草甸健康状况的评价体系及评价方法提供初步的经验，为武功山山地草甸的恢复以及生态建设提供科学依据。

3.1 山地草甸植被生物量分布特征

武功山植物种类较丰富，调查统计出武功山草甸生态系统有维管植物108种，隶属于44科90属。其中被子植物37科80属100种，裸子植物1科2属2种，蕨类植物6科6属6种。根据武功山山地草甸植物群落类型调查的情况，可把武功山草甸生态系统植物组成分为三大类，即禾草、薹草、杂类草。禾草类主要包括台湾剪股颖、芒、狼尾草；薹草主包括粉被薹草、蕨状薹草；其他所有双子叶植物均归于杂类草。由于研究区禾草为优势种，且破坏的草甸和现在的草甸主要为禾草类植物。因此本研究主要对武功山草甸退化的禾草类芒进行研究。禾草类植物地上部分萌发始于4月底5月初，7、8月达到最大，称为地上活体，9月下旬生长季结束后死亡，转变立枯体、凋落物。故地上活体和根的生物量调查在8月进行，而武功山草甸立枯体和凋落物的调查则在10月进行，其生物量情况见表3-1。

表 3-1　研究区生物量情况　　kg/m²

海拔（m）	地上活体生物量	根系生物量	立枯体	凋落物量
1600	0.225 ± 0.012Aa	0.300 ± 0.025Aab	0.189 ± 0.010aA	0.035 ± 0.001Ba
1650	0.177 ± 0.013Aab	0.360 ± 0.084Aa	0.149 ± 0.011Bab	0.028 ± 0.001Cab
1700	0.155 ± 0.034Bbc	0.333 ± 0.054Aa	0.130 ± 0.029Bbc	0.025 ± 0.002Cbc
1750	0.173 ± 0.011Aab	0.310 ± 0.061Aab	0.146 ± 0.009Bab	0.028 ± 0.001Cab
1800	0.114 ± 0.018Abcd	0.162 ± 0.018Ab	0.096 ± 0.015Abcd	0.018 ± 0.001Bbcd
1850	0.097 ± 0.030Bcd	0.242 ± 0.007Aab	0.081 ± 0.025Bcd	0.015 ± 0.002Ccd
1900	0.085 ± 0.024Ad	0.224 ± 0.062Aab	0.071 ± 0.020Bd	0.014 ± 0.001Cab

注：平均值 ± 标准误，不同大写字母表示植物不同部分差异显著，不同小字母表示不同海拔之间差异显著。

方差分析表明，不同海拔的地上活体生物量和根系生物量有着显著差异。地上部分生物量在海拔1600m处最大，为0.225kg/m²，而在海拔1900m处最小，为0.085kg/m²；而地下生物量最大值在海拔1650m处，为0.360kg/m²，最小值在海拔1800m处，为0.162kg/m²。地上活体生物量和根系生物量除海拔1650m、1850m外，其他海拔位置上都不存在显著差异，而地上活体生物量和立枯体除海拔1650m、1900m外，其余海拔梯度上也不存在显著差异。而凋落物量则与地上活体生物量、根系生物量和立枯体存在显著差异。

研究表明，地上活生物量与立枯体、凋落物量呈现极显著正相关，这说明地上活体生物量的大小直接影响立枯体和凋落物量，而根系生物量则与地上部分呈不显著的正相关，这说明根系生物量能一定程度影响地上部分生物量（表3-2）。

表 3-2　各生物量相关系数

相关系数	地上活体生物量	根系生物量	立枯体	凋落物量
地上活体生物量	1	0.69	0.896**	0.764**
根系生物量		1	0.68	0.54
立枯体			1	0.724**
凋落物量				1

注：* 表示 $P<0.05$，** 表示 $P<0.01$。

为了阐明海拔对地上活体生物量和根系生物量的影响，对地上活体生物量、根系生物量和海拔作相关性分析。分析表明，地上生物量与海拔呈极显著的负相关（$R=-0.95$，$P<0.01$），说明随着海拔的上升，地上生物量会呈显著下降趋势。地下生物量与海拔呈不显著的负相关（$R=-0.71$，$P>0.05$），说明地下生物随海拔升高而有下降趋势，但不显著（图3-1）。

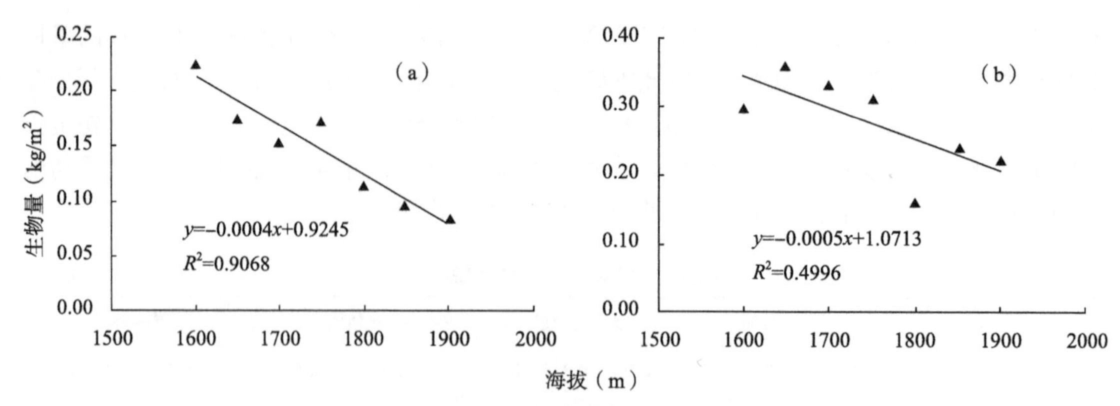

图 3-1　研究区植物生物量沿海拔变化规律

注：a 为地上活体生物量，b 为根系生物量

地上部分与地下部分生物量的分布很大程度上受到群落特征、生长类型的影响，而海拔梯度上土壤条件和环境因子的变化决定群落特征和生长类型，因此空间分布会影响植物群落数量及其生活型。随着海拔的升高，环境因子发生了改变，势必会直接影响植物生长的好坏，才会使得地上生物量随海拔升高而降低；而地下部分生物量则不同，当海拔发生变化时，植物群落也随之发生改变，因此，地下生物量也会随群落改变而发生改变，地下生物量随海拔升高不发生显著变化。

3.2　山地草甸土壤养分特征研究

3.2.1　土壤全氮、全磷和全钾统计分析

通过对采集的7个梯度3个重复的未退化样地的上下层土壤的有机质、全氮和碱解氮的试验分析，得出的数据通过SPSS中描述分析生成Q-Q图进行上下层这三大指标数据的正态分布检验，得出上下层土壤每个系列的数据点均分布在坐标轴对角线上或者附近，说明数据基本符合正态分布。对得出的数据在SPSS17.0进行统计分析，可知武功山采样区金顶山地草甸上层（0~20cm）土壤全氮、全磷和全钾含量的变化范围分别为2094.4~7473.6mg/kg、0.59~1.73g/kg和18.25~54.25g/kg，山地草甸下层（20~40cm）土壤全氮、全磷和全钾含量的变化范围分别为1444.8~7089.6mg/kg、0.42~1.48g/kg和19.00~69.50g/kg，三者变异程度均在30%~40%之间，均呈现中度变异（表3-3）。

表 3-3　武功山不同海拔梯度样地草甸土壤上层（0~20cm）和下层（20~40cm）全氮、全磷及全钾统计分析

项目	上层土 A（0~20cm）					下层土 B（20~40cm）				
	最大值	最小值	平均值	标准差	变异系数（%）	最大值	最小值	平均值	标准差	变异系数（%）
全氮（mg/kg）	7473.6	2094.4	3584.7	1123.6	31.34	7089.6	1444.8	2888.6	1100.9	38.11
全磷（g/kg）	1.73	0.59	0.92	0.30	32.61	1.48	0.42	0.84	0.27	32.14
全钾（g/kg）	54.25	18.25	30.12	9.46	31.41	69.50	19.00	31.85	11.72	36.80

3.2.2　土壤全量氮磷钾的分布格局

海拔与土层深度是影响土壤养分含量变化的重要因素。氮磷钾元素在植物生理和生长过程的起着十分重要的营养作用，山地发育的土壤，其钾素和磷素的来源主要来自基质母岩，因此受母岩的地形和性质的影响。通过方差分析探讨了武功山山地草甸0~20cm与20~40cm土层全氮、全磷、全钾含量的分布格局，如图3-2、图3-3、图3-4所示，在整体草甸海拔1600~1900m的梯度上，土壤全氮在土壤上下层均不存在显著性差异（0~20cm，P=0.1559；20~40cm，P=0.2573）。除了在海拔1750m左右出现了一个全氮的峰值，并且在各个海拔0~20cm土层的土壤全氮平均含量均高于20~40cm土层的土壤全氮平均含量，说明武功山山地草甸土壤全氮含量随海拔变化不明显，而随土壤层的下降而降低；土壤全磷在土壤上下层均不存在显著性差异（0~20cm，P=0.2204；20~40cm，P=0.1485），但是在各个海拔梯度上，0~20cm土层的土壤全磷平均含量高于20~40cm土层的土壤全磷平均含量，说明武功山山地草甸土壤全磷含量随海拔变化不明显，而随土壤层的下降而降低；土壤全钾上下层均存在极显著性差异（0~20cm，P=0.0003；20~40cm，P=0.0056），基本上均呈现出了随海拔上升的趋势，说明在海拔梯度上，武功山山地草甸土壤全钾平均含量随海拔上升而呈上升趋势，在草甸的最高海拔1900m处出现了峰值，然而随土壤层的变化上下层土壤全钾的平均含量接近且没有表聚性。

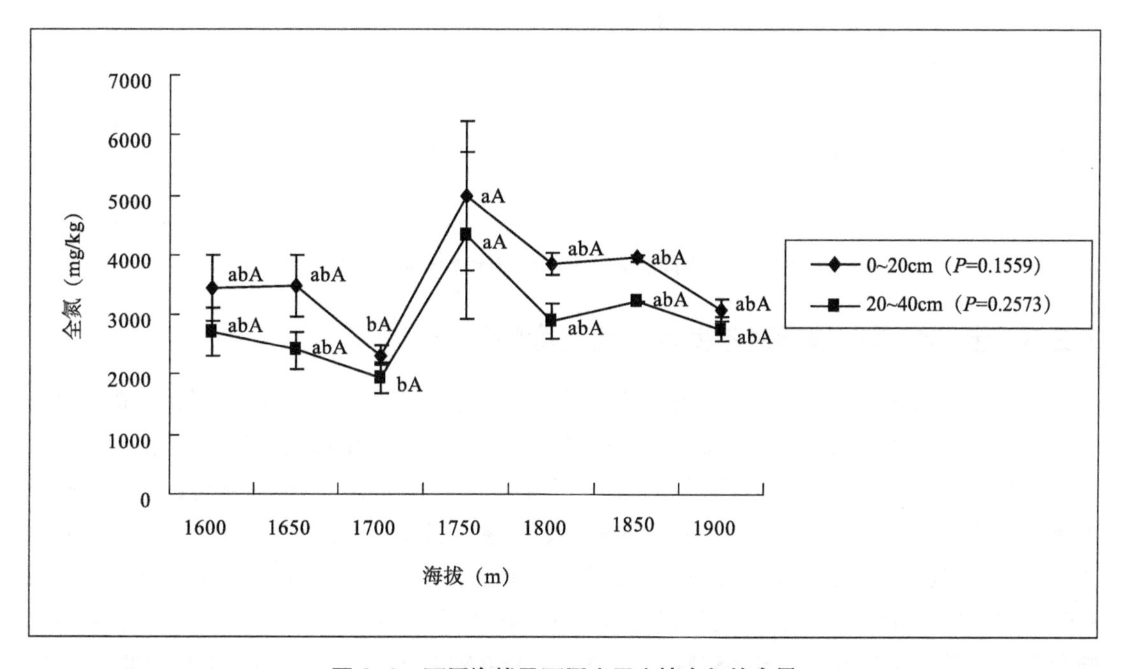

图 3-2　不同海拔及不同土层土壤全氮的含量

注：不同小写字母表示不同海拔同一土层的指标差异显著（P<0.05），相同的小写字母表示不同海拔同一土层的指标差异不显著（P>0.05）；不同的大写字母表示不同海拔同一土层的指标差异极显著（P<0.01），相同的大写字母表示不同海拔同一土层的指标差异不极显著（P>0.01），下同。

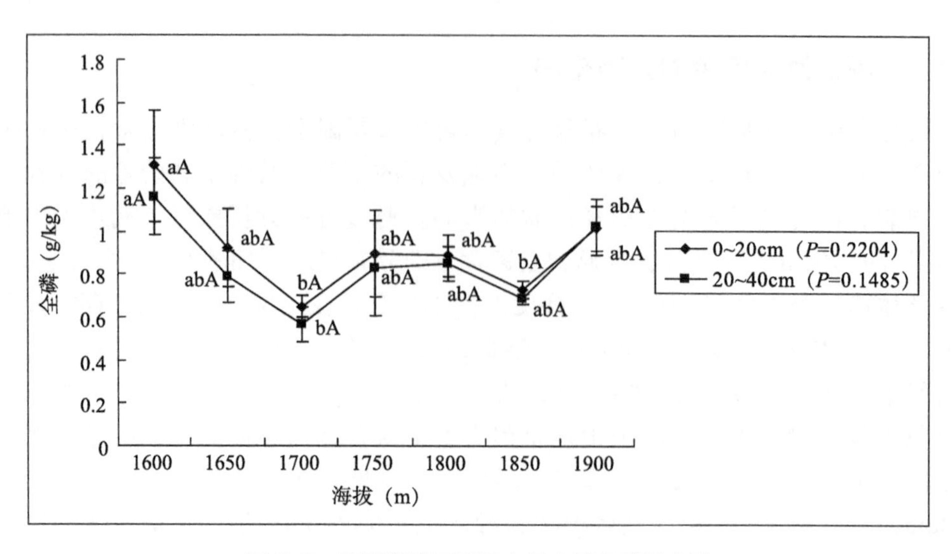

图 3-3　不同海拔及不同土层土壤全磷的含量

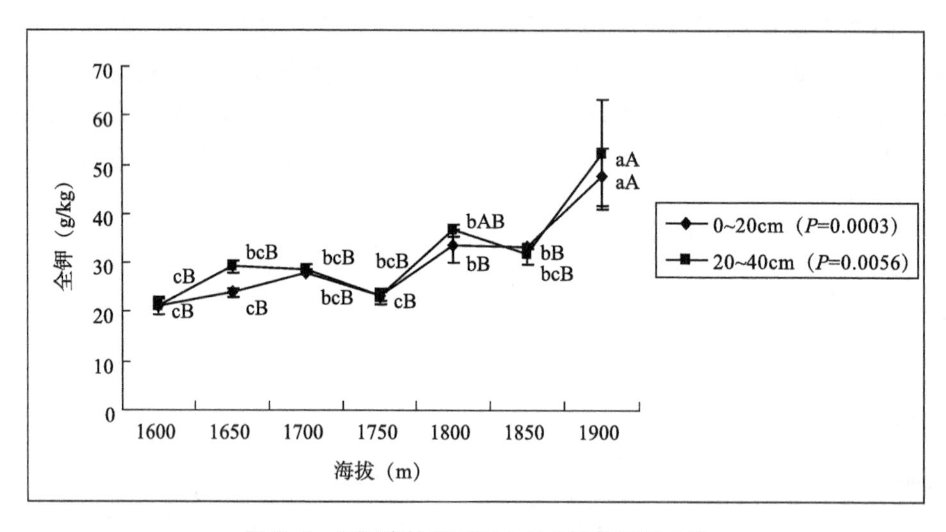

图 3-4　不同海拔及不同土层土壤全钾的含量

3.2.3　土壤全量氮磷钾对不同的退化程度的响应

近来年，武功山草甸旅游活动中人为践踏等破坏因素造成了草甸植被死亡，草甸植被退化导致土壤裸露且蓄水能力降低，养分循环受扰动。因金顶附近的高山草甸集中在海拔1600~1900m，而金顶的高山草甸的植被破坏主要在海拔1800m左右的游步道，所以我们选取不同退化程度草甸的海拔在1850m，样地相邻紧凑，且统一东北坡向和0°~5°坡度。通过DPS分析得出如图3-5、图3-6、图3-7土壤全量氮磷钾对不同的退化程度的响应状况。从图3-5可以看出，不同人为干扰造成的退化对0~20cm土层和20~40cm土层的土壤全氮含量的影响差异不显著（0~20cm，P=0.6552；20~40cm，P=0.8496）。在4种不同的干扰程度土壤中，均出现0~20cm土层的土壤全氮平均含量高于20~40cm土层的土壤全氮含量；但是在人为干扰下，除了未受干扰的CK组，发现上层土壤（0~20cm）的全氮含量均随着干扰程度的加重在减少，而下层未受明显影响，说明人为干扰能对土壤表层全氮产生影响。从图3-6可以看出，不同退化程度造成的退化对0~20cm土层和20~40cm土层的土壤全磷含量的影响差异不显

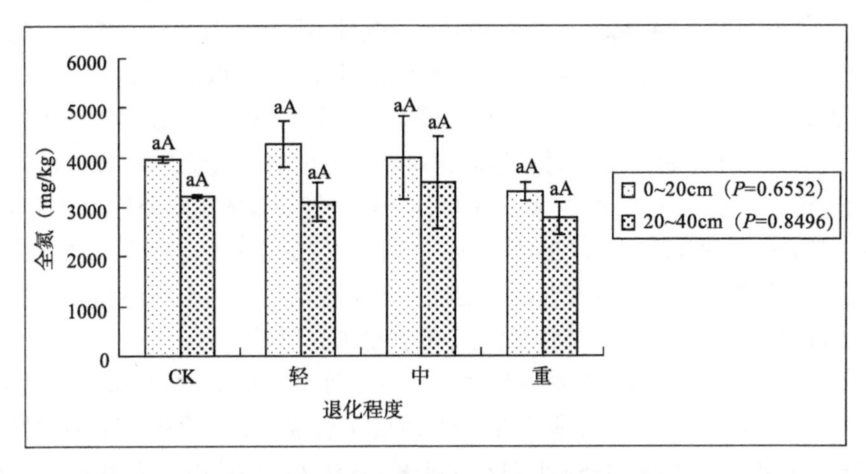

图 3-5　不同退化程度对土壤全氮含量的影响

注：CK 为无退化（植被总盖度 100%）；轻为轻度退化（60%< 植被总盖度≤90%）；中为中度退化（30%< 植被总盖度≤60%）；重为重度退化（植被总盖度≤30%）。不同小写字母表示同一土层不同退化程度差异显著（$P<0.05$），相同小写字母表示同一土层不同退化程度样地差异不显著（$P<0.05$）；不同大写字母表示同一土层不同退化程度差异显著（$P<0.01$），相同大写字母表示同一土层不同退化程度差异不显著（$P<0.01$），下同。

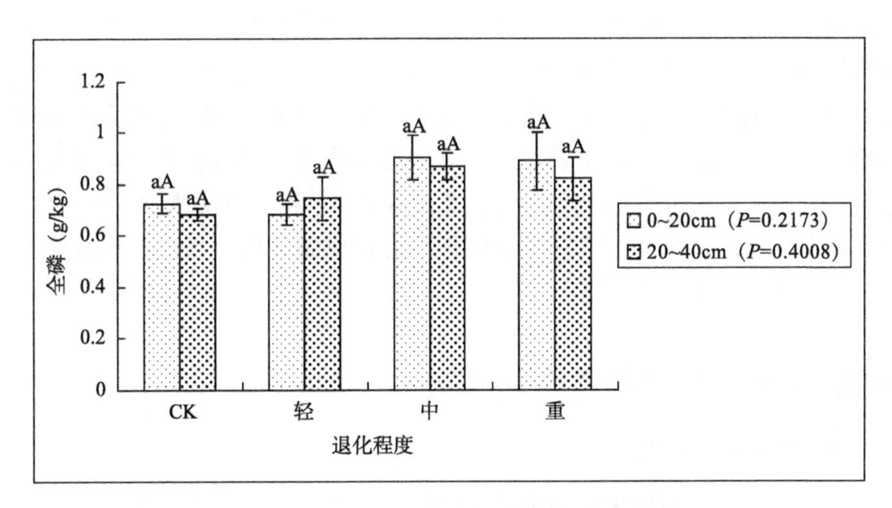

图 3-6　不同退化程度对土壤全磷含量的影响

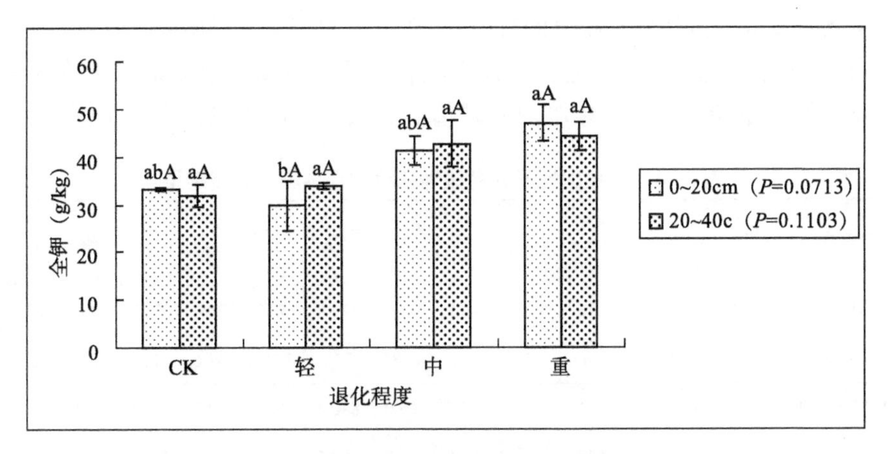

图 3-7　不同退化程度对土壤全钾含量的影响

著（0~20cm，P=0.2173；20~40cm，P=0.4008）。在4种不同的干扰程度土壤中，除了受轻度干扰组，其他均出现0~20cm土层的土壤全磷平均含量高于20~40cm土层的土壤全磷平均含量，但是在人为干扰下，上下层草甸土壤的全磷含量未受明显影响，说明人为干扰对土壤全磷产生的影响有限，可以进一步探讨其他因素对磷素的影响。从图3-7可以看出，不同人为干扰造成的退化对0~20cm土层和20~40cm土层的土壤全钾含量的影响差异不显著（0~20cm，P=0.0713；20~40cm，P=0.1103）。在4种不同的干扰程度土壤中，土壤上下层土壤的全钾含量均没有表现出规律性，而是均表现出稳定性，波动较小，且随土壤层加深并没有明显变化，说明在退化扰动下，上下层草甸土壤的全钾含量未受明显影响。

综上所述，通过对武功山山地草甸自然样地中草甸分层进行分析土壤全量氮磷钾含量，数据发现武功山采样区金顶山地草甸上层（0~20cm）土壤全氮、全磷和全钾含量的变化范围分别为2094.4~7473.6mg/kg、0.59~1.73g/kg和18.25~54.25g/kg，山地草甸下层（20~40cm）土壤全氮、全磷和全钾含量的变化范围分别为1444.8~7089.6mg/kg、0.42~1.48g/kg和19.00~69.50g/kg。通过对武功山海拔，土层深度和退化程度对土壤全量氮磷钾含量的影响研究，结果表明：①草甸土壤全氮全磷含量在同一垂直土壤剖面中均随着发生层的降低而减少；而全钾含量没有这一特征，且在0~20cm、20~40cm 两层中差距较小。②海拔的变化对武功山草甸土壤全氮和全磷含量的影响不显著，但是全钾随着海拔的上升呈显著上升趋势。③不同草甸退化程度对武功山草甸土壤全氮、全磷、全钾的含量的影响均不显著，说明武功山退化草甸土壤的养分供应水平无较大缺失，这可能是因为武功山草甸退化发生的时间较短，且武功山有长年炼山的习惯，导致养分堆积，且山上的气候和水文条件使得土壤养分流失较慢，且很多退化样地土壤下层有活根和草种，有快速重新恢复自然的潜力。因此下一步需要在短时间尺度上对速效氮磷钾养分供应做分析，且在生态修复工作中，利用肥料调节土壤肥力需要谨慎合理。

3.3 山地草甸养分限制性因子研究

3.3.1 草甸土壤养分状况

平衡施肥是促进草甸植被生长的重要措施之一，在制定植被恢复实施计划时必须对土壤中的养分状况有一个全面、直观的了解。根据ASI确定的各营养元素与临界亏缺值和要求，凡化学测定值低于该临界亏缺值的3倍均可作为缺素对象加以研究。

根据表3-4，处于海拔1850m地块草甸土壤有机质含量高，退化地块土壤的酸性较弱，两个地块类型铁含量超过了该元素临界亏缺值的3倍；CK地块硫元素高于临界亏缺值，含

表 3-4　武功山地不同海拔地块草甸土壤养分测试结果

不同海拔	土壤来源	pH值	OM（%）	AA（cmol/L）	氮	磷	钾	钙	镁	硫	铁	铜	锰	锌	硼
高海拔地块	1850m 退化	5.61	1.8	3.16	7.7	3.7	32.1	849.8	55.0	20.4	55.7	0.2	0.7	0.6	0.1
	1850mCK	4.74	2.3	2.4	27.3	4	38	343	153.1	42.6	111	1.1	1.5	1.8	0.01
中海拔地块	1750m 退化	5.88	0.50	2.94	7.5	4.5	16.0	880.4	49.0	17.7	26.2	0.0	0.9	0.6	0.2
	1750mCK	4.66	1.50	2.35	15.6	1.8	22.9	299.2	134.6	33.3	145.6	0.8	1.4	1.2	0.1

续表

不同海拔	土壤来源	pH值	OM（%）	AA（cmol/L）	氮	磷	钾	钙	镁	硫	铁	铜	锰	锌	硼
低海拔地块	1650m退化	5.5	1.94	3.1	6.8	4.0	24.1	930.4	57.0	14.9	55.0	0.3	1.2	0.6	0.4
	1650mCK	4.48	1.16	2.7	12.4	0.7	18.8	293.2	80.9	43.8	138.3	1.1	1.3	1.1	0.1
临界亏缺值					50	12	78.2	400.8	121.5	12.0	12.0	1.0	5.0	2.0	0.2

注：OM为有机质；AA为活性酸；各元素含量单位为mg/L。

量充足；明显缺乏氮、磷、钾大量元素。退化地块的微量元素值均低于其临界亏缺值；除钙元素外，退化地块的铵态氮、速效钾、速效磷及其他微量元素含量都较CK地块低，初步说明草甸退化加剧了土壤钙化和土壤质量的降低。

因此，氮、磷、钾、钙、镁、铜、锰、锌、硼元素都有可能成为武功山海拔1850m草甸土壤的养分限制因子，硫元素可能是退化地块土壤的限制因子。

中海拔地块有机质含量偏低，其中退化草甸土壤的有机质含量极低（仅为0.5%）；退化草甸土壤pH值较高。氮、磷、钾、铜、锰、锌含量均比临界亏缺值低，同高海拔地块，铁含量高；1750m退化地块钙含量高于临界亏缺值，1750mCK地块硫元素含量接近临界亏缺值的3倍；土壤中是否缺乏硼还需要结合他们的吸附特性来判定。

根据表3-4中结果可推断，氮、磷、钾、钙、镁、铜、锰、锌、硼都有可能成为武功山1750m处土壤养分限制因子；硫、铁元素可能为退化地块草甸土壤限制因子。

低海拔退化地块（1650m退化）钾元素含量较1650mCK高，表明钾含量受人为因素干扰较小；两地块铁元素含量超过了3倍临界亏缺值；1650m退化地块硼含量充足，1650mCK地块硫含量充足；两地块铵态氮、钾、铜、锰、锌含量均低于3倍临界亏缺值水平。

根据上述数据可推断，氮、磷、钾、钙、镁、铜、锰、锌、硼均可能是武功山海拔1650m土壤养分限制因子；退化地块新增硫是限制因子的可能。

不同海拔梯度CK地块土壤pH值表现为高海拔地块高于低海拔地块土壤pH值；有机质、速效氮、速效钾、钙、镁元素含量均表现为高海拔地块较高，原因为：随着海拔的降低，气温有所升高，加剧了土壤有机质的分解和速效养分的利用。另外，高海拔地块开发程度加大可能是造成钙、镁含量高的原因。除钙、磷元素外，其他各元素均因退化而造成不同程度的降低；高海拔地块由于退化的原因，各元素含量与CK地块差异明显。1750mCK地块土壤铁元素含量最高，同海拔退化地块铁含量却最低，说明中海拔地块因退化导致铁元素流失量大；退化造成了铜、锰、锌元素含量减少，硼元素含量的增加。CK地块微量元素的含量表现为高海拔地块大于低海拔地块，退化地块微量元素含量则相反。

总体来看，武功山草甸土壤普遍缺氮、钾，严重缺磷；微量元素含量不高；中量元素中镁元素缺乏；铁元素含量充足，草甸退化不仅导致钙富集、硫元素流失严重，其他元素含量也出现了不同程度的降低；pH值随海拔梯度变化差异不大，这与其他研究结果较一致；退化地块的pH值高于CK地块，差异明显，究其原因是退化地块大面积裸露，水分蒸发快，土壤动物种类少加上人为踩踏，导致土壤密实，容重增大，进而渗透蓄水能力弱，导致土壤pH值较CK大；CK地块有机质含量呈现随海拔降低而下降趋势，退化对中海拔地块有机质含量产生影响最大，高海拔过低的土壤温度不利于土壤有机质的转化，这也是高海拔植

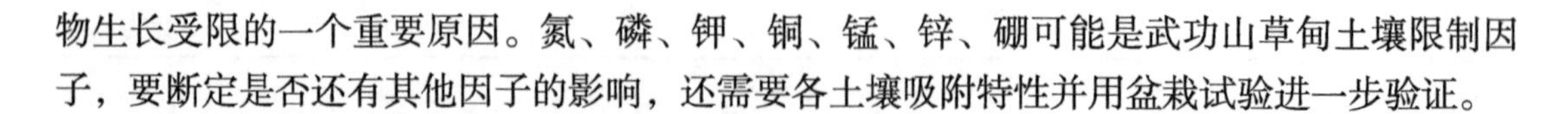

物生长受限的一个重要原因。氮、磷、钾、铜、锰、锌、硼可能是武功山草甸土壤限制因子，要断定是否还有其他因子的影响，还需要各土壤吸附特性并用盆栽试验进一步验证。

3.3.2 不同海拔下草甸土壤的吸附特性

（1）1850m海拔的草甸土壤吸附固定能力

土壤化学分析结果仅仅表明了武功山草甸土壤养分现存的含量，至于这些养分中有多少是被吸附固定，有多少能被利用无从得知，因此有必要进行土壤养分的吸附固定研究。土壤的吸附固定能力决定土壤养分的行为特征，能够防止养分流失，另一方面，吸附固定能力强会限制或降低土壤养分的有效性。养分对土壤吸附能力的研究，目的在于确定各养分元素与土壤之间反应的程度，大致明确要达到植物最佳生长时所需加入土壤肥料量，为盆栽试验最佳处理中各元素加入量的确定提供依据。

武功山海拔1850m以上属高海拔地区，旅游区餐饮服务、帐篷搭建集中于该区，人为干扰大；太阳辐射、气候等因素对土壤吸附能力有一定影响。武功山1850m退化地块、CK

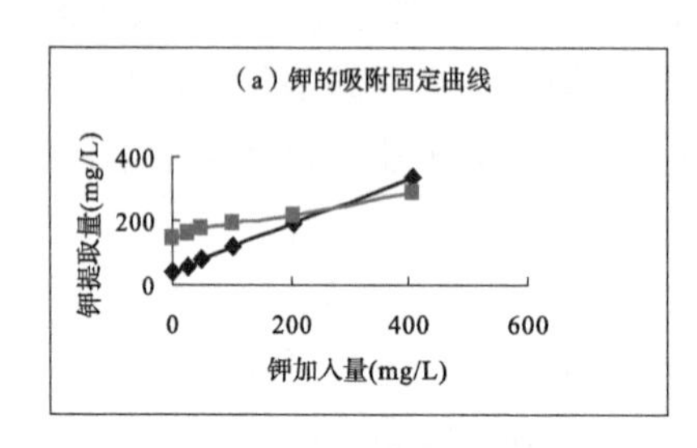

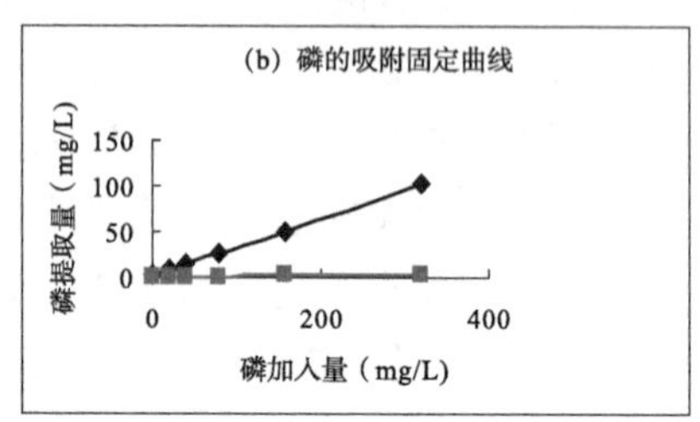

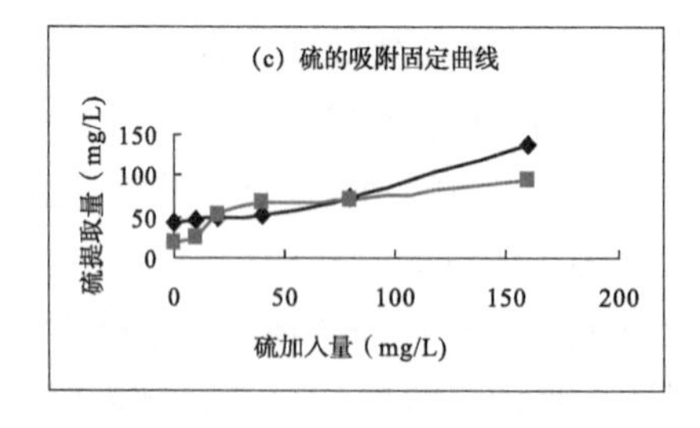

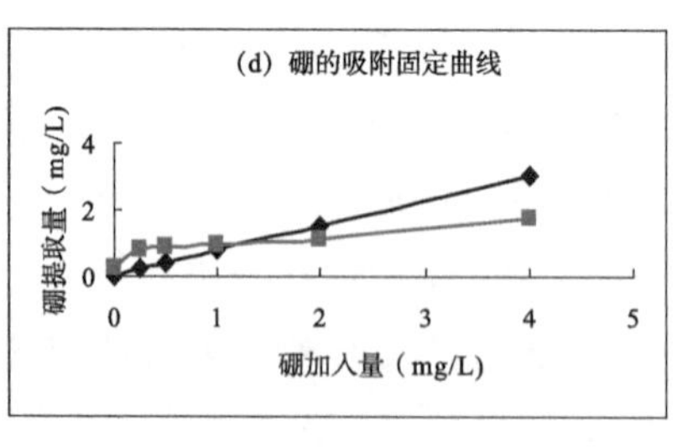

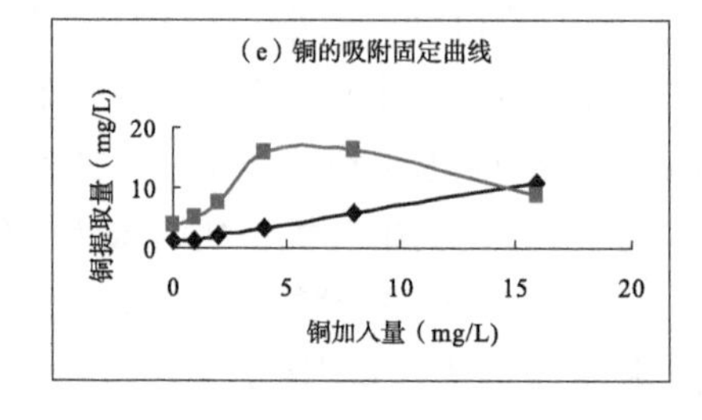

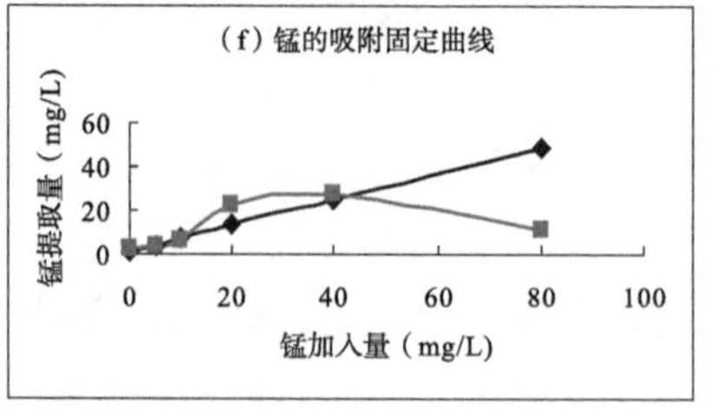

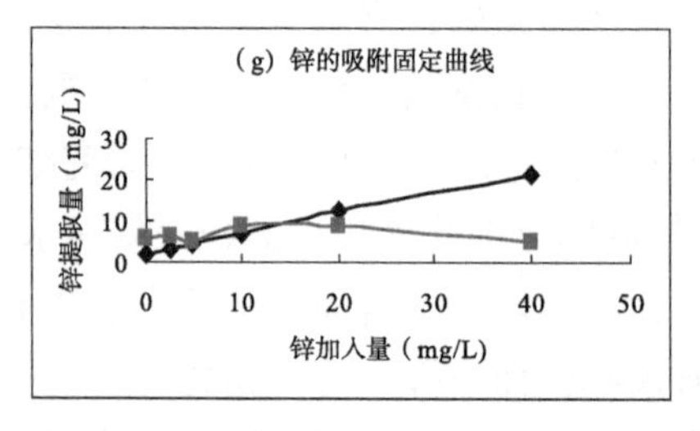

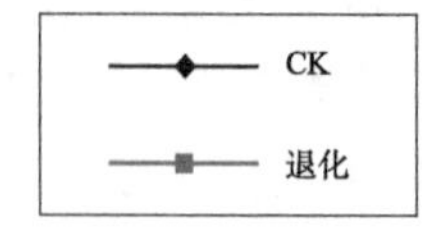

图 3-8 武功山海拔 1850m 草甸土壤对钾、磷、硫、硼、铜、锰、锌的吸附曲线

地块土壤对钾、磷、硫、硼、铜、锰、锌的吸附曲线如图3-8所示。

土壤对养分的吸附固定能力因土壤类型和元素化学特性不同而异。根据吸附结果，以养分加入量x，养分提取量y分别对钾、磷、硫、硼、铜、锰、锌养分元素的吸附在一定范围内用直线方程$y=Ax+B$进行拟合，其中A为吸附系数（相对吸附能力），A越大表示土壤吸附能力越小，吸附特性曲线结果见表3-5。

表3-5　武功山1850m草甸土壤对各养分元素的吸附特性曲线模拟方程

养分元素	CK		退化	
	$Y=Ax+B$	R^2	$Y=Ax+B$	R^2
钾	$y=0.7327x+42.165$	$R^2=0.9996$	$y=0.3431x+150.48$	$R^2=0.9013$
磷	$y=0.3076x+2.7554$	$R^2=0.9979$	$y=0.0074x+0.6291$	$R^2=0.6291$
硫	$y=0.5825x+36.731$	$R^2=0.9573$	$y=0.4317x+32.466$	$R^2=0.8114$
硼	$y=0.7432x+0.05$	$R^2=0.9991$	$y=0.2933x+0.5862$	$R^2=0.8555$
铜	$y=0.622x+0.9029$	$R^2=0.999$	$y=0.3148x+7.94$	$R^2=0.1251$
锰	$y=0.5944x+1.6614$	$R^2=0.9998$	$y=0.1318x+8.8457$	$R^2=0.1418$
锌	$y=0.4876x+1.9429$	$R^2=0.9973$	$y=-0.0035x+6.6114$	$R^2=0.0008$

以图3-8和表3-5为依据，可分析武功山1850m地块草甸土壤对钾、磷、硫、硼、铜、锰、锌元素的吸附固定能力。

武功山1850mCK地块土壤养分亏缺顺序为磷>锌>硫>锰>铜>钾>硼，1850m退化地块土壤养分亏缺顺序为磷>硼 >钾 >硫。

常规分析显示磷元素含量仅为4mg/L左右，不论退化与否，高海拔地块土壤对磷元素的吸附固定能力最强，CK地块对其吸附率达70%，退化地块土壤吸附率高达99%；为了使土壤中磷达到3倍临界亏缺值，推荐向CK地块中加入磷元素140.8mg/L，向退化地块加入磷元素4.8g/L。

对于钾元素而言，加入量低于200mg/L时，CK地块对钾的吸附固定能力较强，加入量超过200mg/L后退化地块表现出的缺素现象更明显，CK地块的吸附率为27%，推荐向其加入钾元素155.4mg/L；退化地块的吸附率为76%，推荐施加钾元素200.4mg/L。

CK地块对硫的吸附率为41.7%，退化地块为56.8%。由于供试土壤中所测得硫的值都较高，根据其吸附特性，推荐向退化地块土壤中施加硫17.4mg/L以满足植物生长的需要，CK地块可少添加。

微量元素中，退化地块对硼、锰、锌元素的吸附率非常高，均达70%以上。CK地块中的铜、锰、锌元素含量稍高，但都未达到临界水平，推荐分别加入铜、锰、锌3.4mg/L、22.4mg/L、8.3mg/L，未测定出硼元素，推荐加入硼元素0.7mg/L。退化地块加入铜、锰、锌、硼元素分别为9.5mg/L、46.69mg/L、174.7mg/L、0.1mg/L。

综上，不论大量元素还是微量元素，退化地块对各个元素的吸附能力都远远超过了CK地块，草地退化使得土壤质量大幅度降低；两类地块对磷的吸附固定能力都非常强，磷是首要限制因子，高海拔地块因游客量大，导致退化面积大，地表裸露，再加上太阳辐射强，微生物活动加剧，磷素容易流失；土壤养分吸附固定能力顺序CK地块为磷>锌>硫>锰>铜>钾>硼，退化地块为磷>锰>硼>铜>钾>硫，表明高海拔草甸退化主要导致微量元素含量低。

（2）1750m海拔的草甸土壤吸附固定能力

土壤是受环境中诸多因素综合作用和影响的一个开放型的复杂体系。因植物群落不同或其他土壤环境指标对土壤吸附固定能力的影响也各不相同；中海拔地块植被保存完好，土层较厚，植被覆盖率高。武功山1750m退化地块、CK地块土壤对钾、磷、硫、硼、铜、锰、锌的吸附曲线如图3-9所示。

根据图3-9和表3-6分析海拔梯度1750m武功山草甸土壤对钾、磷、硫、硼、铜、锰、锌元素的吸附能力。

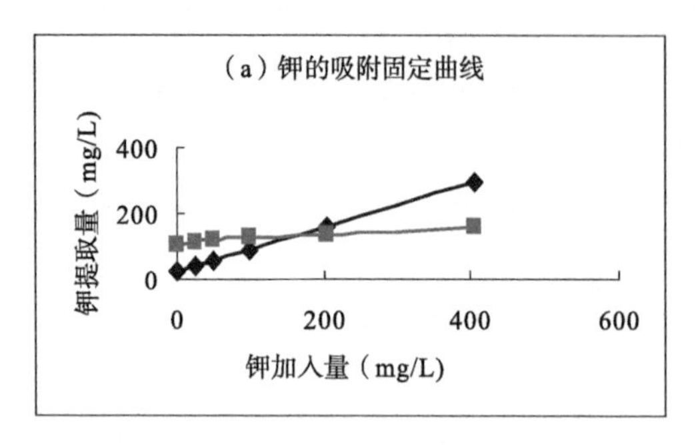

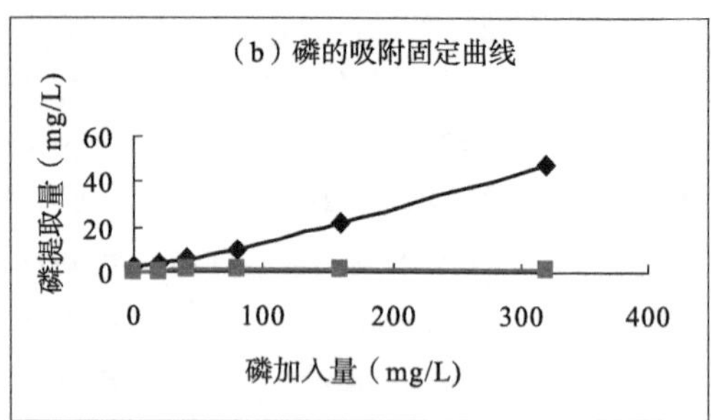

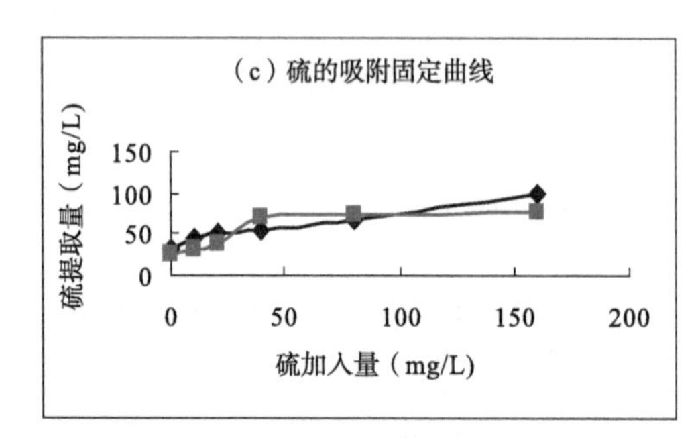

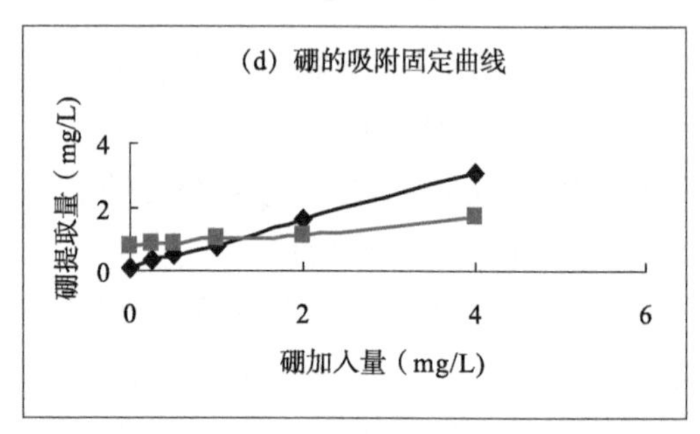

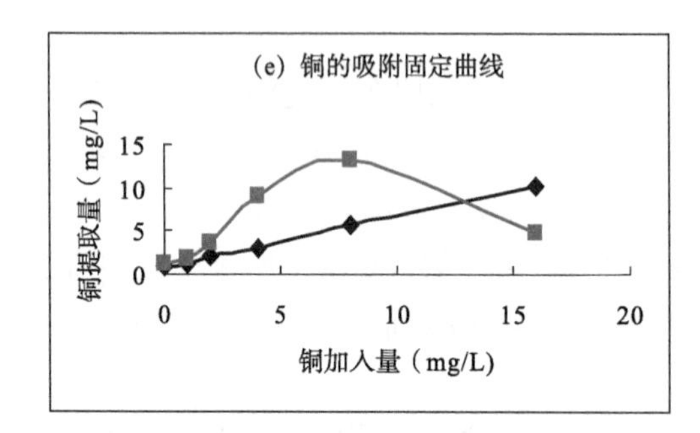

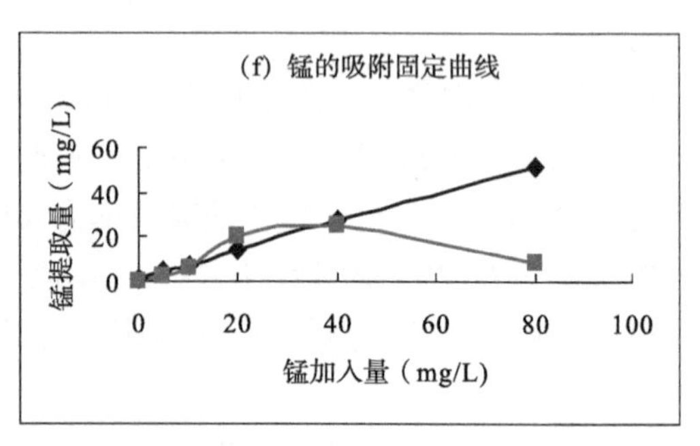

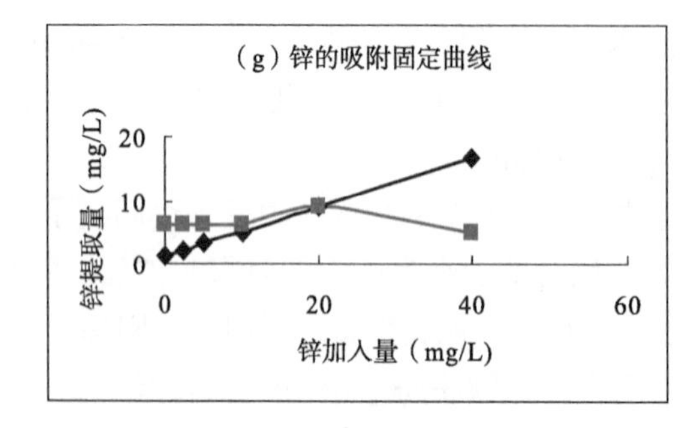

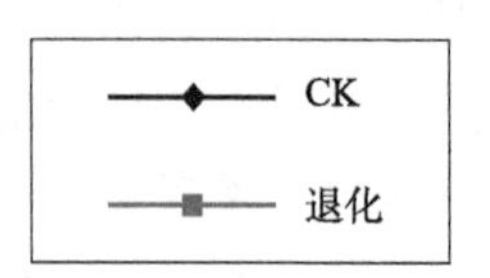

图3-9　武功山海拔1750m草甸土壤对钾、磷、硫、硼、铜、锰、锌的吸附曲线

表3-6　武功山海拔1750m草甸土壤对各养分元素的吸附特性曲线模拟方程

养分元素	CK		退化	
	$Y=Ax+B$	R^2	$Y=Ax+B$	R^2
钾	$y=0.6745x+21.878$	$R^2=0.9996$	$y=0.1278x+109.28$	$R^2=0.9197$
磷	$y=0.1447x+0.3503$	$R^2=0.9916$	$y=0.004x+0.4766$	$R^2=0.9948$
硫	$y=0.3782x+39.101$	$R^2=0.9778$	$y=0.3025x+36.351$	$R^2=0.7012$
硼	$y=0.7327x+0.1003$	$R^2=0.9971$	$y=0.2289x+0.7511$	$R^2=0.9759$
铜	$y=0.5914x+0.7943$	$R^2=0.9996$	$y=0.3002x+4.0657$	$R^2=0.1484$
锰	$y=0.6337x+1.3957$	$R^2=0.9997$	$y=0.1219x+7.6171$	$R^2=0.1313$
锌	$y=0.3869x+1.1357$	$R^2=0.9994$	$y=-0.01x+6.4286$	$R^2=0.0113$

退化地块对钾的吸附固定能力极强，吸附率为87.2%，随着加入量的增大，提取量趋于恒定；CK地块对钾的吸附率为32.5%，说明CK地块钾不足，推荐向盆栽试验中加入该元素198.8mg/L使其达到临界亏缺值的3倍。

土壤分析中CK地块与退化地块磷元素含量分别为4.5mg/L、1.8mg/L，吸附率分别为85.5%、99%，两地块对磷的固定能力都非常强，表现为极缺；需要向盆栽土壤中加入大量磷元素，分别推荐施加313.8mg/L和923.7mg/L。

与海拔1850m相比，海拔1750mCK与退化地块对硫的吸附能力更强，CK地块吸附率为62.2%，供试土壤中硫含量为33.3mg/L；退化地块的吸附率为69.7%，供试土壤中硫含量为17.7mg/L。两地块土壤中硫含量均达到了临界亏缺值，但并不充裕，根据其吸附特性，推荐向CK地块加入硫19mg/L，向退化地块中加入硫25mg/L。

CK地块对硼元素的吸附能力弱，仅为26%，退化地块对硼吸附能力达78%；但从供试土壤硼含量看，退化地块含量高于CK地块；根据吸附曲线图，在加入量小于1.5mg/L时，退化地块吸附特性弱，随着浓度的增加，CK地块的吸附能力增强。推荐向CK地块、退化地块中分别加入硼0.7mg/L和1.2mg/L。

退化地块对铜的吸附能力呈现阶段性反应，铜在1~10mg/L时随着浓度的增加吸附能力减弱，当加入量超过10mg/L时吸附能力增强。供试土壤中未测出铜元素含量，可认为其含量极其小，因此要达到临界亏缺值的3倍水平，需加入铜10.5mg/L；向CK地块中加入铜浓度为3.7mg/L。

两地块锰、锌含量都较低，推荐向CK地块加入21.5mg/L的锰和12.6mg/L的锌元素；向退化地块加入浓度为63.2mg/L的锰和35mg/L的锌元素。

CK地块的养分亏缺顺序为磷>硫>锌>铜>锰>钾>硼；退化地块的养分亏缺顺序为锌>磷>锰>钾>硼>铜>硫；退化地块对各元素的吸附能力均大于CK地块，且退化地块对元素的吸附能力与元素浓度有关，随着浓度的增加，其吸附率表现为先弱后强；磷元素仍然是主要限制因子。

（3）1650m海拔的草甸土壤吸附固定能力

武功山1650m部分区域积水严重，经试验测定，土壤水分含量较高，水与土壤养分的耦合作用使土壤吸附固定能力发生改变。土壤淹水后促使铁、铝形成氢氧化物沉淀，减少了对磷的固定。武功山1650m退化地块、CK地块土壤对钾、磷、硫、硼、铜、锰、锌的吸附曲线如图3-10所示。

CK地块的草甸土壤对磷、锌的吸附较大，分别为82%、73.3%。对硫的吸附固定能力差别不明显，CK地块对硫、铜、锌的吸附分别为58%、43.8%、73.3%，而退化地块对硫、铜、锌的吸附分别为60%、68.7%、94.5%。

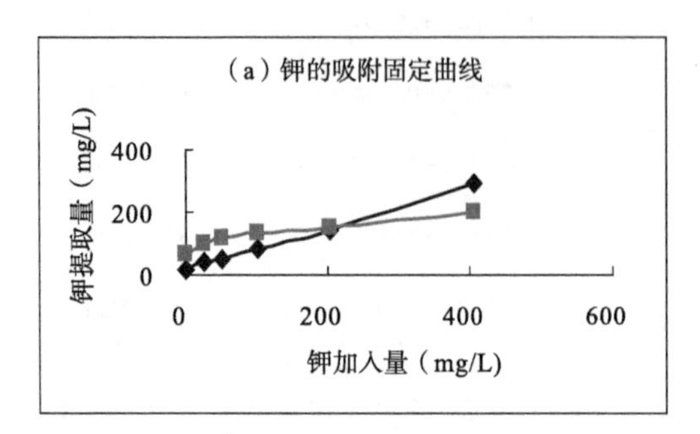

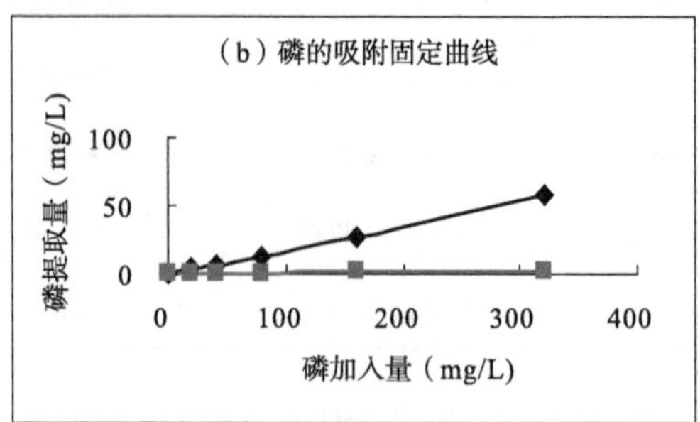

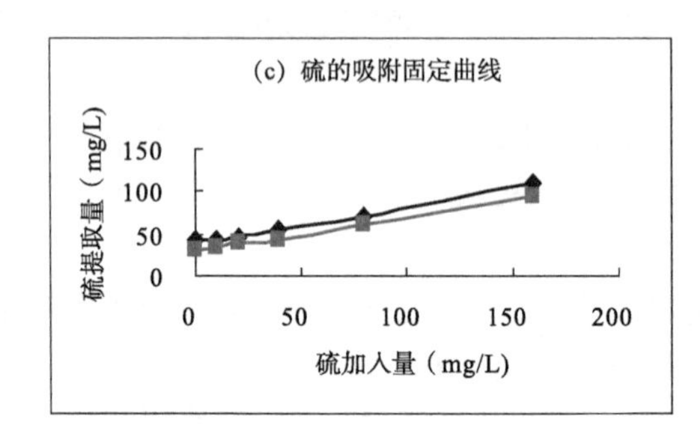

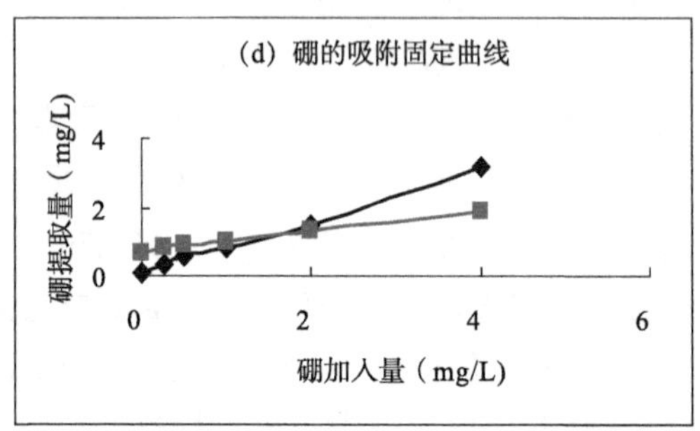

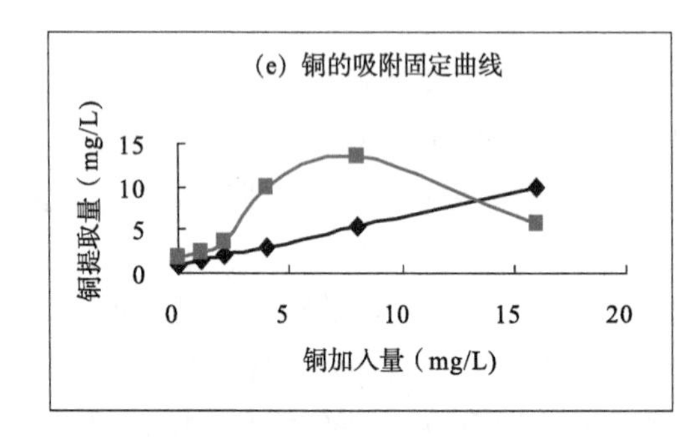

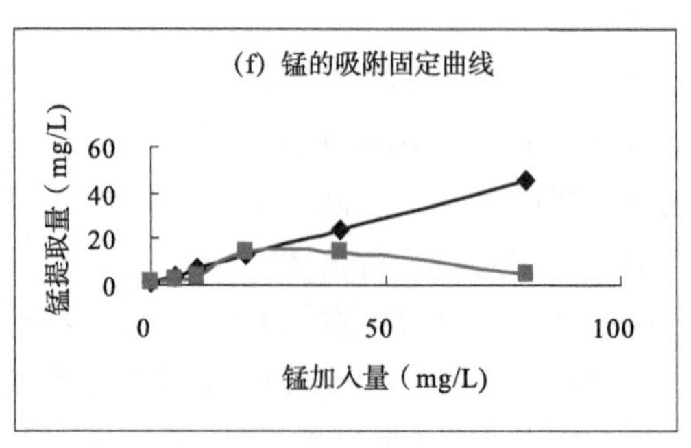

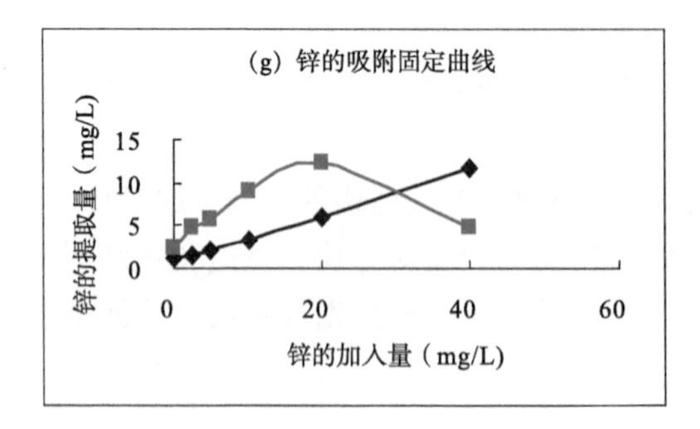

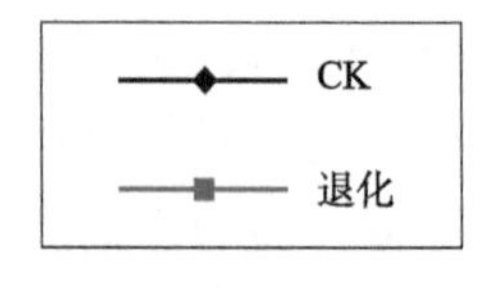

图3-10 武功山海拔1650m草甸土壤对钾、磷、硫、硼、铜、锰、锌的吸附曲线

退化土壤也强烈表现出对磷元素的亏缺，其吸附率达近100%；对铜、锌元素的吸附能力呈现阶段性的变化，均是从浓度开始增加而没表现出吸附特性或吸附能力非常弱，浓度增加到一定值时表现出了强的吸附能力。

根据表3-7可知，CK地块土壤对各元素的吸附固定能力强弱顺序为磷>锌>硫>锰>铜>钾>硼；退化地块土壤对各元素的吸附固定强弱顺序为磷>锌>锰>钾>硼>铜>硫；结合化学分析值，1650mCK地块土壤限制因子应该为磷、硼、氮、镁、锰、锌、钾、钙；退化土壤限制因子可能为磷、铜、氮、镁、锰、锌、钾。

表 3-7　武功山海拔 1650m 草甸土壤对各养分元素的吸附特性曲线模拟方程

养分	CK		退化	
	$Y=Ax+B$	R^2	$Y=Ax+B$	R^2
钾	$y=0.6534x+18.829$	$R^2=0.9968$	$y=0.2841x+91.431$	$R^2=0.9073$
磷	$y=0.181x-0.2937$	$R^2=0.9974$	$y=0.0044x+0.412$	$R^2=0.8991$
硫	$y=0.4207x+39.945$	$R^2=0.9905$	$y=0.3995x+29.951$	$R^2=0.9966$
硼	$y=0.7502x+0.086$	$R^2=0.9946$	$y=0.2941x+0.6832$	$R^2=0.9898$
铜	$y=0.5622x+0.9786$	$R^2=0.9998$	$y=0.3135x+0.4903$	$R^2=0.1662$
锰	$y=0.5579x+1.48$	$R^2=0.9996$	$y=0.0608x+5.3594$	$R^2=0.0923$
锌	$y=0.2676x+0.8186$	$R^2=0.9981$	$y=0.0546x+5.7977$	$R^2=0.053$

综上，武功山在海拔1650~1850m范围内的草甸土均表现对磷素的吸附固定能力极强，说明土壤中与磷酸阴离子的交换性吸附的离子数量多，如OH^-、SO_3^-、F^-；铁元素含量较其他元素丰富。退化草甸与CK草甸相比，钙元素含量较高，微量元素含量极低；从吸附曲线上看，退化草甸土对铜、锌、锰均在元素浓度低时表现出微弱的吸附能力，待元素浓度升高后吸附能力非常强，说明退化土壤对铜、锌、锰元素的利用量高、依赖性强。

3.3.3　不同海拔下对照地块土壤吸附固定能力比较

很多研究结果均表明：土壤养分确实存在着明显的空间变化。张娜等（2012）的研究结果也表明，土壤的空间异质性主要受地形、海拔、坡度等因素的影响。何志祥等（2011）研究发现不同海拔梯度间土壤养分的含量差异性十分明显，并且土壤养分含量的空间异质性主要受植被、海拔的影响。武功山3个海拔梯度草甸土壤对钾、磷、锌的吸附能力差异明显。

结合已有分析结果，武功山CK地块土壤性质及吸附固定能力随海拔梯度变化存在差异性，pH值顺序为1850mCK（4.74）>1750mCK（4.66）>1650mCK（4.48），上层土壤（0~20cm）平均容重1650m（1.23g/cm³）>1850m（0.98g/cm³）>1750m（0.83g/cm³），下层土壤（20~40cm）平均容重1650m（1.31g/cm³）>1850m（1.10/cm³）>1750m（0.92g/cm³）；武功山土壤整体为酸性，高海拔地块的碱化程度较中、低海拔高。

吸附试验结果表明，3个海拔梯度CK地块土壤对养分的吸附固定能力因海拔和元素化学特性的不同而存在差异，不同地块土壤对磷和锌的吸附差异明显，土壤对磷的固定能力均很高，吸附率在70%~85%，吸附系数1750mCK<1650mCK<1850mCK土壤，表明吸附磷的能力为1750mCK>1650mCK>1850mCK；同理，对锌元素的吸附固定能力为1650mCK>1750mCK>1850mCK；对钾元素的吸附固定能力为

1650mCK>1750mCK>1850mCK；随着加入量的增大，1750mCK土壤对硫的吸附能力逐渐显强；3个土壤对硼的吸附固定能力相对较弱（图3-11）。

退化土壤中，pH值顺序为1750m退化（5.88）>1850m退化（5.74）>1650m退化（5.5），平均容重上层土（0~20cm）大小顺序为1650m退化（1.28g/cm^3）>1850m退化（1.06g/cm^3）>1750m退化（0.74g/cm^3），下层土（20~40cm）大小顺序为1850m退化（1.30g/cm^3）>1650m退化（1.24g/cm^3）>1750m（0.85g/cm^3）。3个海拔梯度土壤的pH值相差不大，高海拔地块和低海拔地块较中海拔地块大，因为高、低2个海拔分别存在金顶和吊马桩景点，游客驻足休憩，大量聚集使得两个地块受到人为踩踏相对较重，上、下层土壤更加密实。

3个海拔梯度退化地块同样对磷的吸附固定能力最强，吸附率接近100%；对钾元素、硫元素的吸附能力大小均是1750m退化>1650m退化>1850m退化；对硼元素的吸附固定能力差异不大；3个供试土样对微量元素铜、锰、锌的吸附曲线近乎为曲线，模拟方程更趋向于

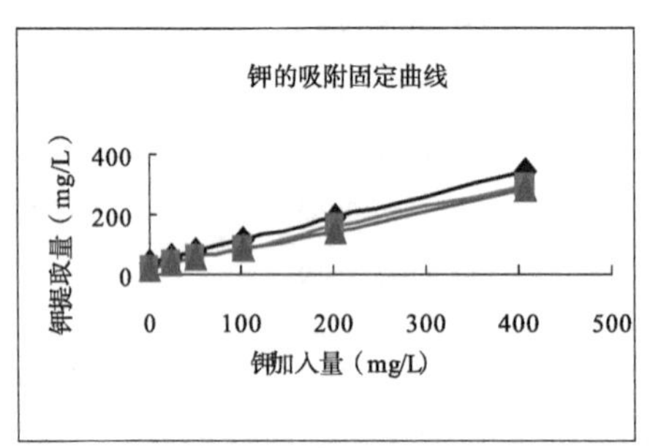

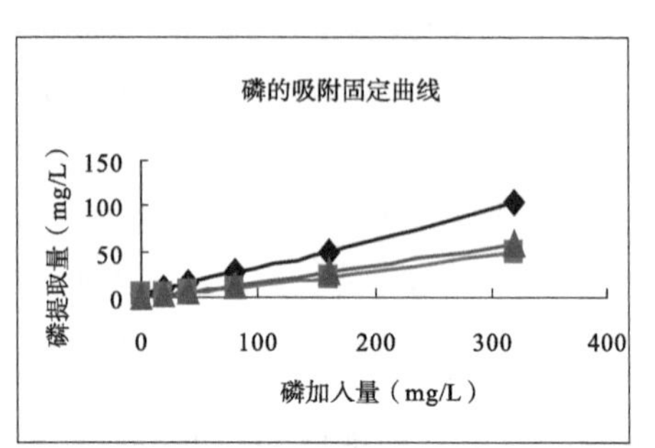

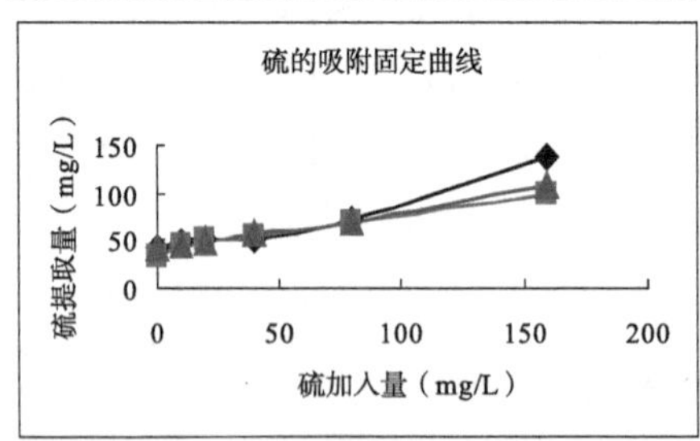

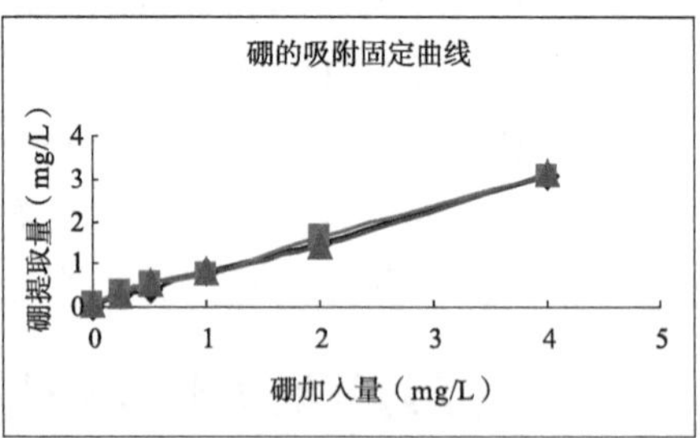

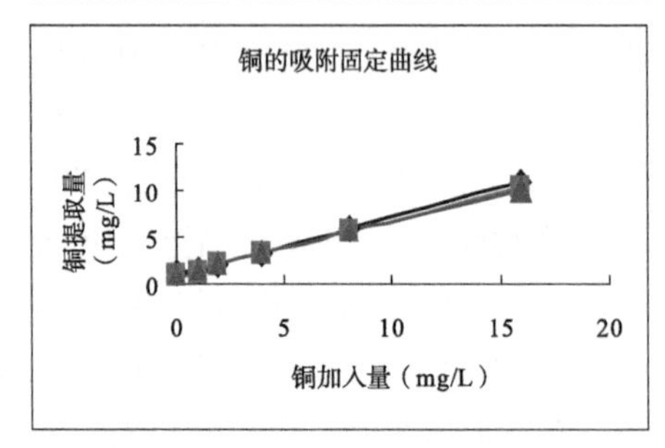

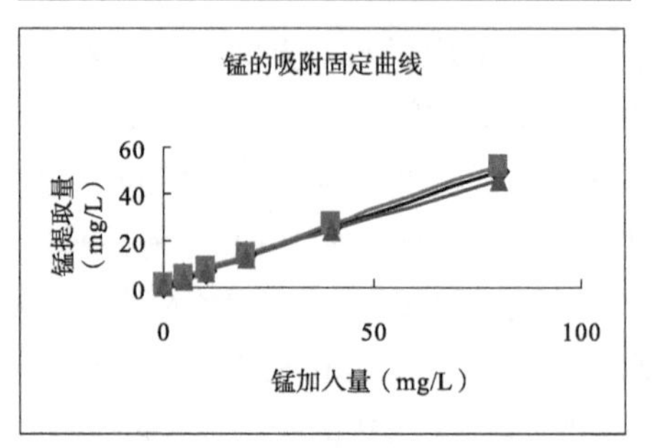

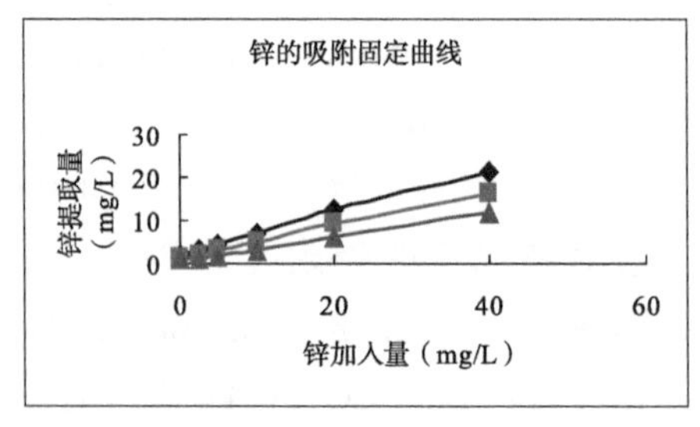

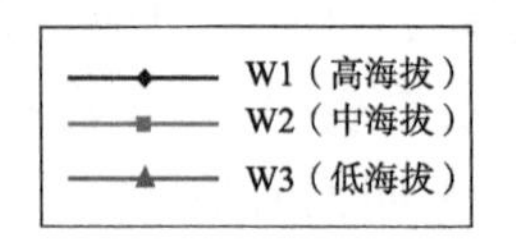

图3-11　不同海拔梯度对照（CK）土壤吸附固定能力曲线

二次方程，故不能单从吸附曲线或一次模拟方程判断其吸附固定能力，需要盆栽试验确定。

影响各种养分元素吸附固定能力的原因为：

第一，影响土壤对钾元素吸附固定的因素主要有：①钾的吸附量随着可变电荷数量增加而增加；②与黏土矿物晶层的电荷密度有关，矿物晶层电荷密度越大，固钾能力和数量随之增大；③土壤固钾的能力因土壤pH值升高而增强；④黏土矿物的数量和种类不同产生的差异。

第二，第四纪红壤对磷元素的吸附固定能力极强，主要是受土壤pH值的影响，酸性较强的土壤中铁元素和铝元素的活性很高，与磷元素形成难溶性铁磷化合物和铝磷化合物，甚至结合为有效性较低的闭蓄态磷。酸性强会导致土壤磷素和施入磷大部分转化为固定态磷，很大程度上降低磷在土壤中的活性。

第三，影响土壤对硫元素吸附固定的因素主要有：①受土壤pH值的影响，pH值低的土壤对硫的吸附较强，其吸附量随pH值的升高而减少，反之增多；②与土壤胶体含量及种类有关，一般情况下，铁铝氧化物和高岭石类黏粒矿物对SO_4^{2-}吸附较强。

第四，影响土壤对硼元素的吸附固定主要原因为：①硼元素的化合价是稳定的，它受土壤环境中酸碱度的影响，发生一系列形成络合物的反应使得硼元素的有效性降低；②硼元素在被土壤中的铁、铝氧化物吸附固定后，容易形成非有效性的闭蓄态硼；③黏性强的土壤，硼元素不易流失，很容易被吸附固定。供试土壤是酸性土壤，当土壤加入吸附溶液后，pH值可能因此产生改变，从而影响对硼元素的吸附能力。

第五，土壤对锰元素的吸附固定能力随着pH值的升高而升高。在酸性土壤中，锰元素以还原价态存在，还原性锰易被植物吸收和利用。土壤呈弱酸性或碱性的状况下有利于生成锰的有机复合物，从而降低其有效性。

第六，锌元素、铜元素是阳离子吸附，影响它们的吸附能力因素主要有：土壤所带的负电荷数量越多对其吸附性越强，也与黏粒矿物种类及数量有关。

3.3.4 草甸土壤盆栽试验

3.3.4.1 对照（CK）地块土壤盆栽试验

基于土壤化学分析及吸附试验结果所推测出的土壤养分限制因子只是土壤中该养分元素存在的可能性，确定土壤中的障碍因子及养分元素亏缺程度需要生物盆栽试验进一步验证。

从表3-8可知，不同处理之间植株地上部分生物量差异均达到显著水平，为检验各养分元素的丰缺，进一步采用LSD法将各个处理与最佳处理OPT比较。不施钙、不施钾、不施磷均会影响高粱干物质产量，分别减产44%、40%和39%；加镁元素可增产，说明镁元素能促进植物生长；土壤不缺硼、铜、铁、锰、锌。故武功山海拔1850mCK土壤养分亏缺顺序为钙>钾>磷，在吸附试验基础上进一步验证了该土壤的养分限制因子为钙、钾、磷元素。

表3-8 海拔1850mCK地块土壤的盆栽试验结果

处理	平均干重	差异显著性		相对产量	养分状况评价
		0.05	0.01		
OPT	1.870	cd	C	1.000	
–Ca	1.050	e	D	0.561	土壤缺钙，不施减产44%

续表

处理	平均干重	差异显著性		相对产量	养分状况评价
		0.05	0.01		
+Mg	2.533	a	A	1.355	加镁可增产
–N	1.769	d	C	0.946	土壤不缺氮
–P	1.144	e	D	0.612	土壤缺磷，不施减产 39%
–K	1.126	e	D	0.602	土壤缺钾，不施减产 40%
–S	2.193	b	B	1.173	不施硫可增产
–B	1.985	cd	BC	1.061	土壤不缺硼
–Cu	1.804	cd	C	0.965	土壤不缺铜
+Fe	1.778	cd	C	0.951	土壤不缺铁
–Mn	1.948	cd	BC	1.042	土壤不缺锰
–Mo	1.958	cd	BC	1.047	土壤不缺钼
–Zn	1.792	cd	C	0.958	土壤不缺锌
CK	0.433	f	E	0.232	不加任何元素，明显减产

注：+ 表示施加，– 表示表示不施加；OPT 表示试验最佳处理；不同小写字母表示在 P=0.05 水平下差异显著，不同大写字母表示在 P=0.01 水平下差异显著；下同。

从盆栽分析结果可知，武功山海拔1750mCK土壤严重缺钙和磷，不施钙、磷显著影响供试植物高粱的生长，分别减产61.8%、61.4%，其次是缺氮、钾，不施加则分别减产28.3%、25%；土壤不缺镁、硫、硼、铜、锰、钼、锌；盆栽加入铁元素反而减产，相对产量为86%，说明中海拔CK地块土壤中的铁含量满足植物生长需要，增加铁会抑制植物正常生长。盆栽试验该土壤中各元素的缺乏程度为钙>磷>氮>钾，吸附试验得出该土壤对元素的吸附固定能力为磷>硫>锌>铜>锰>钾>硼，在实验室化学分析中硫含量为33.3mg/L，比较充足。在盆栽试验中验证该土壤未施加磷后与OPT没有显著差异。综上，钙是1750mCK土壤第一养分限制因子，磷是第二限制因子，其次是氮、钾（表3-9）。

表 3-9　海拔 1750mCK 地块土壤的盆栽试验结果

处理	平均干重	差异显著性		相对产量	养分状况评价
		0.05	0.01		
OPT	2.4267	abc	ABC	1.000	
–Ca	0.9267	d	DE	0.382	严重缺钙，不施减产 61.8%
+Mg	2.8500	ab	AB	1.174	充足，盆栽可不施
–N	1.8200	c	BCD	0.750	缺氮，不施减产 25%
–P	0.9367	d	DE	0.386	严重缺磷，不施减产 61.4%
–K	1.7400	c	CD	0.717	缺钾，不施减产 28.3%
–S	2.2833	abc	ABC	0.941	充足，盆栽可不施
–B	2.3600	abc	ABC	0.973	充足，盆栽可不施
–Cu	2.6900	ab	ABC	1.109	充足，盆栽可不施

续表

处理	平均干重	差异显著性		相对产量	养分状况评价
		0.05	0.01		
+Fe	2.0800	bc	ABC	0.857	土壤可不加铁
–Mn	2.8967	a	A	1.194	充足，盆栽可不施
–Mo	2.3867	abc	ABC	0.984	充足，盆栽可不施
–Zn	2.3867	abc	ABC	0.984	充足，盆栽可不施
CK	0.3333	d	E	0.137	不加任何元素，明显减产

海拔1650mCK地块土壤盆栽试验结果为：土壤非常缺钙，高粱相对产量仅有14.7%，是该土壤第一养分限制因子，磷、钾是该土壤第二、第三养分限制因子，其次是钼。增施铁则产生负面效应导致减产，土壤不缺镁、氮、硫、硼、铜、锰、锌，产量均在90%以上，均不是该土壤所缺乏的因子。在供试土壤化学分析中钙、磷、钾含量均未达到临界亏缺值水平，吸附试验中该土壤对磷、钾的吸附率较高，这与盆栽试验较为一致；盆栽中不施硫减产不明显，结合其吸附特性，认为硫作为1650mCK土壤潜在限制因子（表3-10）。

表 3-10　海拔 1650mCK 地块土壤的盆栽试验结果

处理	平均干重	差异显著性		相对产量	养分状况评价
		0.05	0.01		
OPT	2.1733	abc	A	1.000	
–Ca	0.3200	g	E	0.147	严重缺钙，不施减产 85.3%
–Mg	2.0033	abc	AB	0.922	充足，盆栽可不施
–N	2.1700	abc	A	0.998	充足，盆栽可不施
–P	0.9633	f	DE	0.443	缺磷，不施减产 55.7%
–K	1.2233	ef	CD	0.563	缺钾，不施减产 43.7%
–S	1.9533	bcd	AB	0.899	土壤不缺硫
–B	2.0367	abc	AB	0.937	充足，盆栽可不施
–Cu	2.3800	ab	A	1.095	充足，盆栽可不施
+Fe	1.4733	de	BCD	0.678	铁过剩，应不加铁
–Mn	2.4667	a	A	1.135	充足，盆栽可不施
–Mo	1.8400	cd	ABC	0.847	缺钼，不施减产 15.3%
–Zn	2.0533	abc	AB	0.945	充足，盆栽可不施
CK	0.3200	g	E	0.147	不加任何元素，明显减产

海拔1850mCK土壤的主要限制因子及亏缺顺序为钙>磷>钾，相应的缺素处理下高粱分别减产43.9%、38.8%、35.2%。1750mCK土壤的主要限制因子及亏缺顺序为钙>磷>钾>氮，相应的缺素处理下高粱分别减产61.8%、61.4%、28.3%、25%。1650mCK土壤的主要限制因子及亏缺顺序为钙>磷>钾，相应的缺素处理下高粱分别减产85.3%、55.7%、43.7%，钼和硫为潜在限制因子，相应的缺素处理下高粱分别减产15.3%、10.1%。

综上，武功山未退化草甸土壤的养分主要限制因子是钙、磷、钾，海拔1750m地块增加氮为限制因子，1650m地块增加钼为潜在限制因子。有研究表明，武功山成土母质大多为花岗核杂岩，不同的地带岩石的常量元素没有很显著的区别，而微量元素特征存在差异。

3.3.4.2 退化地块土壤盆栽试验

海拔1850m退化地块土壤在缺磷、氮、钙、硼时高粱产量与OPT相比较分别减少了43%、21%、39%、52%，其养分亏缺顺序为硼>磷>钙>氮，加铁元素反而减产23%，说明铁元素对产量产生负效应，不施钾反而增产，其他元素施与不施对产量影响不大；1750m退化地块土壤明显缺磷、钙、硼、锌、氮，产量分别减少53%、57%、47%、47%、27%，养分亏缺顺序为钙>磷 >硼 >锌>氮，加铁对产量产生负效应；1650m退化地块缺钙元素较其他两地块严重，高粱减产65%，不施钾元素反而增产，不施磷、锌元素，高粱分别减产35%、19%，其养分亏缺顺序为钙>磷 >锌（表3-11）。

表 3-11 武功山退化草甸土壤的盆栽试验结果

处理	1850m 退化			1750m 退化			1650m 退化		
	平均值		相对值	平均值		相对值	平均值		相对值
OPT	1.375	bcd	1.00	1.547	bc	1.00	1.198	b	1.00
–Ca	0.834	g	0.61	0.664	fg	0.43	0.414	e	0.35
–Mg	1.266	cde	0.92	1.635	b	1.06	1.262	ab	1.05
–N	1.086	ef	0.79	1.132	e	0.73	1.141	bc	0.95
–P	0.788	g	0.57	0.724	f	0.47	0.784	d	0.65
–K	1.666	a	1.21	1.387	cd	0.90	1.437	a	1.20
–S	1.198	def	0.87	1.477	bc	0.95	1.164	bc	0.97
–B	0.658	g	0.48	0.821	f	0.53	1.138	bc	0.95
–Cu	1.427	bc	1.04	2.347	a	1.52	1.166	bc	0.97
+Fe	1.057	f	0.77	1.247	de	0.81	1.131	bc	0.94
–Mn	1.281	cde	0.93	1.524	bc	0.99	1.259	ab	1.05
–Mo	1.398	bcd	1.02	1.430	cd	0.92	1.304	ab	1.09
–Zn	1.488	ab	1.08	0.822	f	0.53	0.973	c	0.81
CK	0.287	h	0.21	0.511	g	0.33	0.494	e	0.41

武功山退化草甸普遍以钙、磷、硼为主要限制因子，退化草甸土从不同海拔梯度上看，低海拔缺钙程度最高，中海拔磷素最缺乏，植物生长需要大量的磷素，中海拔地块供应弱，储量少；高、中海拔地块表现出氮、硼素的亏缺，锌元素的缺乏对植物生长影响较大；钙元素的亏缺顺序为1650m>1750m>1850m，磷元素的亏缺顺序为1750m>1850m>1650m，硼元素的亏缺顺序为1850m>1750m；与CK地块土壤比较，共同缺钙、磷元素，CK地块缺素症状更多表现在大量元素上，而退化草甸土壤中钾含量充足，微量元素硼成为退化草甸土壤的限制因子。

3.3.5 退化草甸土壤养分限制因子评价

3.3.5.1 草甸土壤养分丰缺顺序

用土壤养分状况系统研究法对江西武功山3个不同海拔梯度CK地块土壤进行分析，结果表明，3个海拔梯度CK地块土壤氮、磷、钾、钙、锰、锌、硼均在临界亏缺值以下，不同海拔梯度土壤以上元素含量比较，1850m>1750m>1650m；镁、铜高于临界亏缺值，均表现为海拔越高，镁、铜含量较丰富；3个海拔铁含量丰富，远远超过了临界亏缺值。总

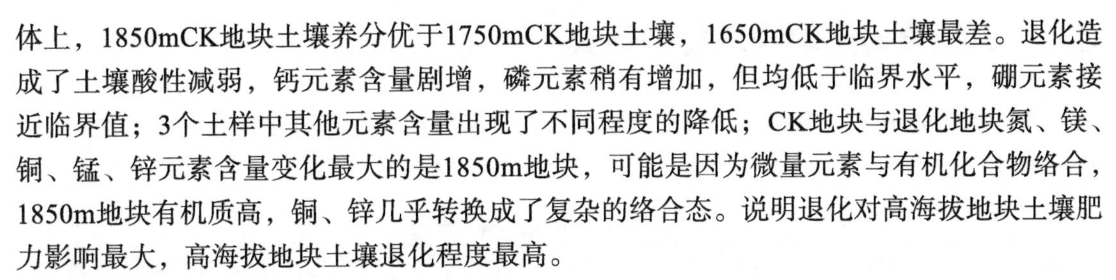
体上，1850mCK地块土壤养分优于1750mCK地块土壤，1650mCK地块土壤最差。退化造成了土壤酸性减弱，钙元素含量剧增，磷元素稍有增加，但均低于临界水平，硼元素接近临界值；3个土样中其他元素含量出现了不同程度的降低；CK地块与退化地块氮、镁、铜、锰、锌元素含量变化最大的是1850m地块，可能是因为微量元素与有机化合物络合，1850m地块有机质高，铜、锌几乎转换成了复杂的络合态。说明退化对高海拔地块土壤肥力影响最大，高海拔地块土壤退化程度最高。

3.3.5.2　草甸土壤对养分的吸附固定性能

吸附试验可通过土壤对养分的吸附，了解养分加入草甸土壤后的反应，估计施入一定的肥料后对草甸土壤有效养分的贡献，从而大致明确使草甸土壤中某一元素达到作物所需浓度应加入的肥料量，为生物盆栽试验最佳处理中肥料用量的确定提供依据。3个海拔梯度的土样采自武功山同一坡向的山体，试验结果表明，3个海拔梯度CK地块土壤对磷均有较强的吸附固定能力，1850mCK地块土壤加入的肥料中，磷有56%以上转化为不可提取的形态，1750mCK地块为80%，1650mCK地块则高达80%以上。对钾的吸附固定能力均很弱，提取量大于加入量。铜、锌在达到吸附平衡后，1850mCK地块土壤对其吸附率在30%左右，1750mCK地块土壤在40%以上，而1650mCK地块对铜的吸附率为35%，但对锌的吸附率高于高海拔地块，为70%左右。上述结果表明，1650mCK地块土壤对磷、钾、锰、锌的吸附固定能力比1750mCK强，1850mCK最弱，这是由于1850m土壤pH值较大，减少了土壤对磷素的固定。要使这3个土样的养分含量达到相同水平，1650mCK要施入更多的肥料。

3个海拔梯度土壤因退化导致对磷的吸附固定能力增强，可提取量非常少，不到8%；退化土壤对硫的固定能力较CK地块弱，吸附率都很弱；3个CK土样对硼的吸附率在25%左右，而退化土样高达70%；对铜、锰的吸附率均是退化土样高于CK土样；1850m、1750m地块土样对锌的吸附率也表现为退化高于CK，1650m地块则相反。

3.3.5.3　草甸土壤的养分限制因子

盆栽试验生物方法是验证临界土壤营养元素有效性的最直接而有效的方法。从武功山3个CK试验点原始土样的相对产量可以看出，虽然土壤综合肥力1750m优于1650m地块，1850mCK、1750mCK、1650mCK的CK处理相对产量均很低，仅占OPT值的23.2%、13.7%、14.7%，养分供应不足。从各类土壤盆栽试验相对产量与土壤测试值高低来看，除硼外，其他元素两者基本吻合，1850m土壤硼含量较低，未施硼处理的相对产量与其他2个海拔差异不大。养分缺乏的程度表明CK地块土壤主要缺乏钙和磷，1850m、1750m、1650m的养分亏缺顺序分别为钙>钾>磷、钙>磷>氮>钾、钙>磷>钾>钼。不同海拔梯度比较，1650m土样缺钙、钾程度最严重，缺微量元素钼；1750m土样未施磷处理所得的相对产量最低；1850m土样盆栽试验表明缺氮。

退化引起各地块土样盆栽试验产量降低，即便OPT处理，除了CK土样所缺的元素种类外，退化造成了微量元素硼、锌的流失。1850m、1750m、1650m退化土壤的养分亏缺顺序分别为硼>磷>钙>氮、钙>磷>硼>锌>氮、钙>磷>锌，

综上所述，退化加剧了磷元素和硼的亏缺，钙元素为首要限制因子。武功山土壤普遍缺乏钙和磷，缺乏程度严重；土壤对磷元素的固定能力非常强，可能是因为土壤中铁和铝活性较高，与磷形成难溶性铁磷和铝磷。退化使得土壤黏性增强，硼元素容易被吸附固定。在恢复植被的养分管理要注重磷肥和钙镁肥的施用，同时要补充硼肥。

3.4 山地草甸土壤物理特征研究

通过测定分析，得出不同海拔土壤物理性质分布特征及与养分含量的关系，见表3-12和表3-13。

表 3-12 不同海拔土壤物理性质

海拔（m）	土壤容重（g/cm³）	质量含水量（g/kg）	土壤饱和持水量（g/kg）	土壤毛管持水量（g/kg）	最大持水量（g/kg）
1600	0.92 ± 0.01	314.38 ± 2.25	338.55 ± 4.94	332.39 ± 4.32	328.38 ± 3.81
1650	1.02 ± 0.03	230.19 ± 3.56	266.46 ± 4.98	260.46 ± 5.31	257.33 ± 5.43
1700	1.05 ± 0.03	263.60 ± 12.56	287.79 ± 12.41	281.36 ± 11.55	278.35 ± 11.57
1750	0.88 ± 0.03	309.01 ± 4.51	343.87 ± 6.81	337.07 ± 5.35	339.29 ± 7.67
1800	1.00 ± 0.08	272.65 ± 5.32	319.23 ± 5.52	305.86 ± 5.38	294.90 ± 4.63
1850	0.99 ± 0.01	251.03 ± 6.85	293.27 ± 6.09	279.44 ± 4.21	267.85 ± 4.94
1900	0.92 ± 0.04	252.13 ± 6.66	305.36 ± 3.26	288.32 ± 0.59	267.97 ± 3.21

注：平均值 ± 标准误。

表 3-13 土壤养分含量与土壤物理性质之间的相关系数

相关系数	土壤容重	质量含水量
全磷	−0.43	0.32
有效磷	−0.11	−0.03
有机磷	−0.48	0.27
微生物量磷	−0.2	0.11
铝磷	−0.14	0.31
铁磷	−0.44	0.58*
氧磷	−0.26	0.26
钙磷	−0.07	0.13

注：* 表示 $P<0.05$，** 表示 $P<0.01$。

研究结果表明，武功山草甸退化区土壤容重变异范围在0.92~1.05g/cm³，土壤毛管持水量和饱和持水量变幅分别为260.46~337.07g/kg、266.46~343.87g/kg（表3-12）。相关性分析表明，土壤中磷素与土壤容重呈不显著负相关，有效磷与质量含水量呈负相关，说明土壤容重、质量含水量的增加会使有效磷的含量降低（表3-13）。

3.5 山地草甸土壤微生物特征研究

3.5.1 不同海拔下各土层土壤微生物数量变化

微生物种类和数量是衡量土壤是否健康的一个重要指标。武功山0~20cm、20~40cm土层的细菌、真菌、放线菌随着海拔的增加变化规律基本上是一致的。对不同海拔下各土层微生物数量进行方差分析得出：不同海拔0~20cm和20~40cm土层土壤微生物数量存在显著差异，即海拔会显著影响各土层细菌、放线菌、真菌的数量。从表3-14、表3-15中还可以看出，武功山高山草甸微生物的数量表现为放线菌>细菌>真菌，这很可能与武功山高山草甸

的土壤比较干燥且有机质丰富难分解有关。

表 3-14　不同海拔下 0~20cm 土壤层土壤微生物数量变化（CK）

海拔（m）	细菌数量（ $\times10^5$cfu/g）	放线菌数量（ $\times10^5$cfu/g）	真菌含量（ $\times10^2$cfu/g）	微生物数量（ $\times10^5$cfu/g）
1600	20.67 ± 2.40cdC	79.67 ± 11.20deCD	1.33 ± 0.33cD	100.33 ± 8.84cdC
1650	3.33 ± 0.88dC	5.00 ± 1.53eD	2.00 ± 0.58cD	8.33 ± 2.40dC
1700	64.00 ± 16.29bB	171.00 ± 22.81bcBC	3.33 ± 0.67cCD	235.00 ± 32.56bB
1750	2.00 ± 1.00dC	6.33 ± 5.33eD	8.66 ± 2.19bB	8.34 ± 6.33dC
1800	29.67 ± 2.40cC	382.67 ± 35.80aA	6.20 ± 0.15bBC	412.33 ± 36.41aA
1850	259.54 ± 5.51cdC	98.33 ± 18.70cdCD	1.70 ± 0.26cD	123.33 ± 14.31cBC
1900	121.67 ± 6.67aA	248.00 ± 57.18bB	40.00 ± 0.58aA	370.07 ± 63.72aA

注：表中为平均值 ± 标准误，同列的不同小写字母表示不同海拔的差异显著（$P<0.05$），相同的字母表示不同海拔的差异不显著（$P<0.05$）；同列不同的大写字母表示不同海拔的差异显著（$P<0.01$），相同的字母表示不同海拔的差异不显著（$P<0.01$），下同。

表 3-15　不同海拔下 20~40cm 土壤层土壤微生物数量变化（CK）

海拔（m）	细菌数量（ $\times10^5$cfu/g）	放线菌数量（ $\times10^5$cfu/g）	真菌含量（ $\times10^2$cfu/g）	微生物数量（ $\times10^5$cfu/g）
1600	17.00 ± 4.51bcBC	151.67 ± 20.67abAB	1.33 ± 0.33cC	168.67 ± 22.32 bAB
1650	1.37 ± 0.09cC	2.33 ± 0.88bB	1.00 ± 0.00cC	3.70 ± 0.93cB
1700	58.00 ± 14.73aA	288.33 ± 136.00aA	1.00 ± 0.00cC	346.33 ± 131.03aA
1750	29.00 ± 0.58bBC	148.00 ± 47.16abAB	1.00 ± 0.00cC	177.00 ± 47.29 bAB
1800	4.67 ± 0.88cC	3.67 ± 1.45bB	1.67 ± 0.33cBC	8.33 ± 1.33cB
1850	34.67 ± 2.91bAB	171.00 ± 6.08abAB	4.87 ± 0.41aA	205.67 ± 7.88abAB
1900	1.03 ± 0.23cC	0.50 ± 0.25bB	2.40 ± 0.17bB	1.53 ± 0.22cB

3.5.2　不同干扰对土壤中细菌数量的影响

从图3-12可以看出，随着干扰强度的加重，细菌在不同土壤层中的数量呈现先上升后下降的趋势，在中度干扰强度下数量达到最高（能够有代表性的数据），这说明重度干扰影响了细菌的生长繁殖导致数量下降，而中度干扰却对细菌的生长繁殖有利。

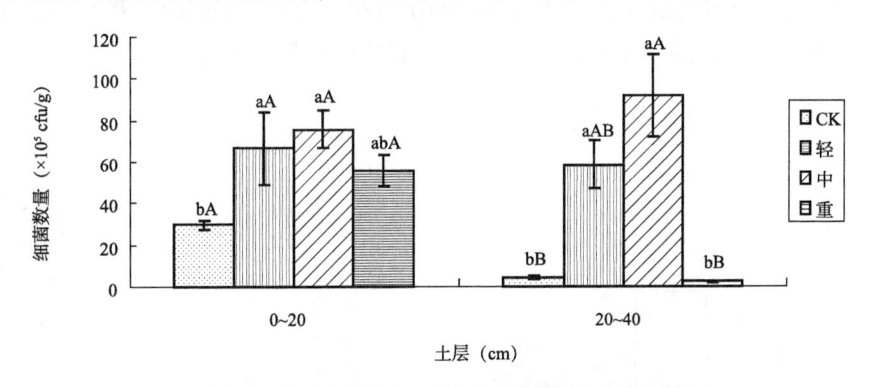

图 3-12　不同干扰程度对土壤细菌含量的影响

注：CK 为无干扰或无退化（植被总盖度 100%）；轻为人为轻度干扰或轻度退化（60%≤植被总盖度 <90%）；中为人为中度干扰或中度退化（30%≤植被总盖度 <60%）；重为人为强烈干扰或重度退化（植被总盖度 <30%）。不同小写字母表示同一土层不同干扰程度差异显著（$P<0.05$），相同小写字母表示同一土层不同干扰程度样地差异不显著（$P<0.05$）；不同大写字母表示同一土层不同干扰程度差异显著（$P<0.01$），相同大写字母表示同一土层不同干扰程度差异不显著（$P<0.01$），下同。

对不同干扰程度对细菌数量变化影响做方差分析，得出在0~20cm土层，P=0.0536>0.05，表明不同干扰程度在0~20cm土层时细菌的数量变化差异不显著；在20~40cm土层，P=0.0065<0.01，表明不同干扰程度在20~40cm时细菌的数量变化差异极显著。

3.5.3 不同干扰对土壤中放线菌数量的影响

从图3-13可以看出，随着干扰强度的加重，放线菌在不同土壤层中的数量呈现先上升后下降的趋势，在中度干扰强度下数量达到最高，这说明重度干扰影响了放线菌的生长繁殖导致数量下降，而中度干扰却却对放线菌的生长繁殖有利，对不同干扰程度下土壤放线菌数量进行方差分析，得出在0~20cm土层，P=0.0022<0.01；在20~40cm土层，P=0.0002<0.01；表明不同干扰程度在土层为0~20cm和20~40cm时放线菌的数量变化差异极其显著。

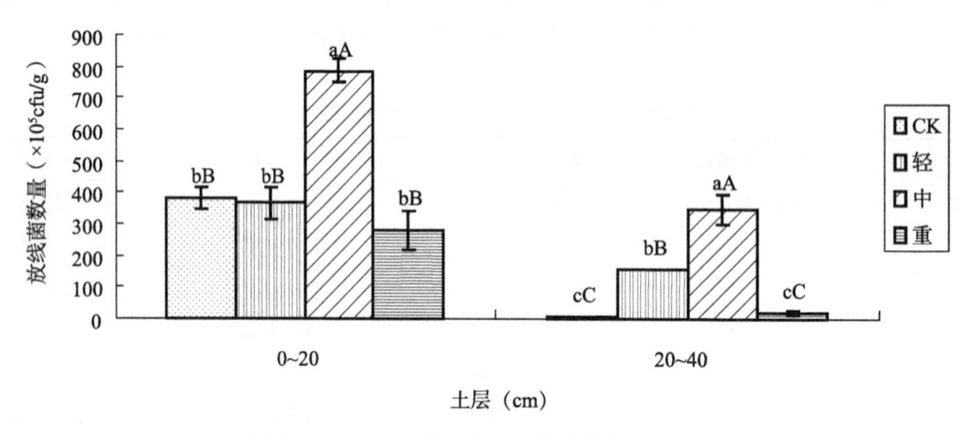

图 3-13 不同干扰程度对土壤放线菌含量的影响

3.5.4 不同干扰程度对土壤中真菌的数量的影响

从图3-14可以看出，随着干扰强度的加重，真菌在不同土壤层中的数量呈现先上升后下降的趋势，在轻度干扰强度下数量达到最高，这说明重度干扰影响了真菌的生长繁殖导致数量下降，而适当的轻度干扰却对真菌的生长繁殖有利，对不同干扰程度对真菌数量变化影响作方差分析，得出在0~20cm时，P=0.0001<0.01；在20~40cm时，P=0.0005<0.01；表明不同干扰程度在土壤层为0~20cm和20~40cm时真菌的数量变化差异极显著。

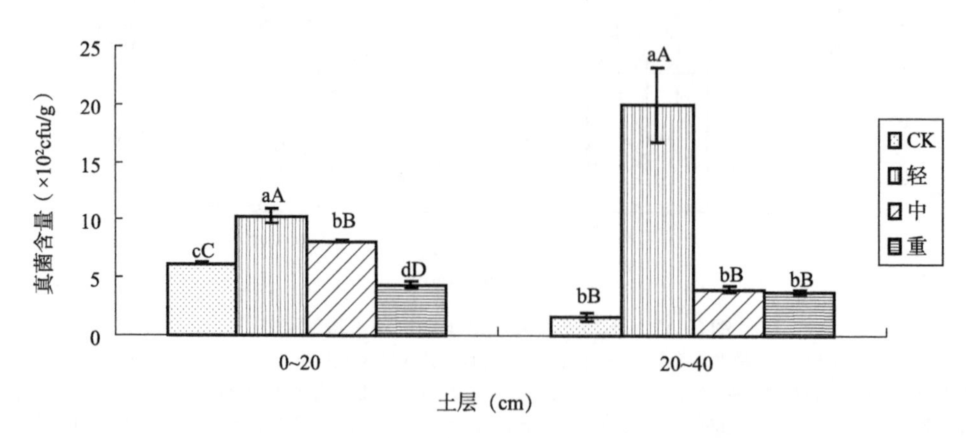

图 3-14 不同干扰程度对土壤真菌含量的影响

3.5.5　不同干扰程度对土壤中微生物数量的影响

从图3-15可以看出，随着干扰强度的加重，微生物在不同土壤层中的数量呈现先上升后下降的趋势，在中度干扰强度下数量达到最高，这说明重度干扰影响了真菌的生长繁殖导致数量下降，而中度干扰却对微生物的生长繁殖有利。对不同干扰程度对微生物数量变化影响做方差分析，得出在0~20cm土层，$P=0.0016<0.01$；在20~40cm土层，$P=0.0004<0.01$，表明不同干扰程度在土壤层为0~20cm和20~40cm时微生物的数量变化差异极显著。

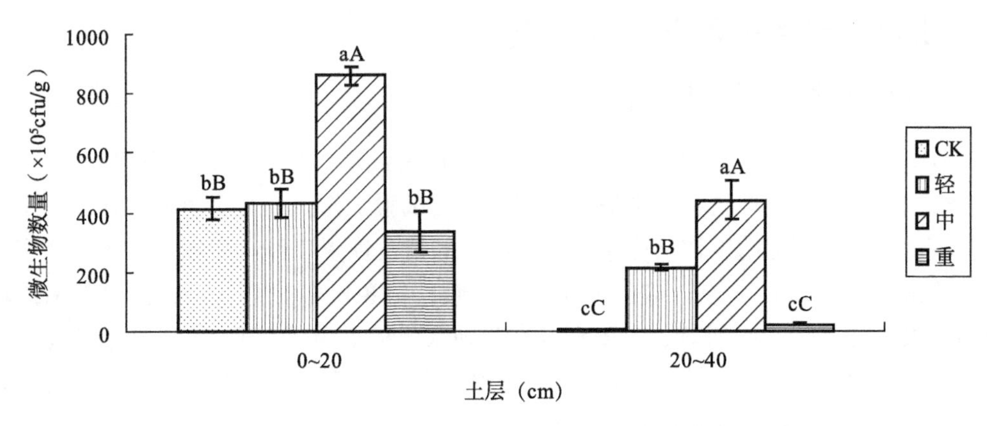

图 3-15　不同干扰程度对微生物含量的影响

3.5.6　草甸土壤微生物数量与生态因子的相关性

从表3-16可以看出，在0~20cm土层，细菌、放线菌与海拔、湿度、pH值、有机质和氨基酸成正相关，真菌与海拔和有机质呈正相关，与湿度和氨基酸呈负相关，与pH值相关性呈极显著。微生物总数除与湿度不呈相关性外，与其他几个因子都呈正相关。

表 3-16　武功山 0~20cm 土壤层环境因子与土壤微生物数量间的相关性分析

土壤微生物	海拔	湿度	pH 值	氨基酸	有机质
细菌	0.65	0.05	0.07	0.08	0.22
放线菌	0.51	0.07	0.01	0.35	0.14
真菌	0.66	−0.09	0.85**	−0.36	0.08
微生物总数	0.57	0	0.21	0.21	0.06

注：** 表示差异 1% 水平显著性，下同。

从表3-17可以看出，在20~40cm土层，细菌除和有机质呈正相关外，与其几个因子均呈负相关。放线菌除和湿度呈正相关外，与其余几个因子均呈正相关，真菌与海拔、湿度、有机质呈正相关，与海拔和氨基酸呈负相关，微生物总数除了与湿度不呈相关性外，与其他几个因子均呈负相关。

表 3-17　武功山 20~40cm 土壤层环境因子与土壤微生物数量间的相关性分析

土壤微生物	海拔	湿度	pH 值	氨基酸	有机质
细菌	−0.13	−0.05	−0.19	−0.04	0.1
放线菌	−0.28	0.01	−0.14	−0.2	−0.06
真菌	0.64	0.18	−0.29	−0.04	0.41
微生物	−0.26	0	−0.15	−0.18	−0.03

3.6　山地草甸生态修复技术研究

3.6.1　不同草种恢复效果研究

试验区位于武功山山地草甸景观核心区域，也是武功山最高峰金顶附近，海拔较高，地势复杂，不方便带过多物料上来进行大规模恢复试验工作。而且这里游客众多，干扰较大，也不适合较多的辅助工作措施来开展大面积的植被恢复工作。所以，首先采用直接撒播的方式进行植被恢复试验。结合山地气温较低，游客较多的特点，选择耐踩踏或耐低温的狗牙根、高羊茅、画眉草、黑麦草及在当地采集的五节芒等几种草种作为试验草种，在播种30天后观测各草种长势。同时，选择相同面积的样方，采用无处理自然封育方式（CK）对照观测，结果如图3-16所示。

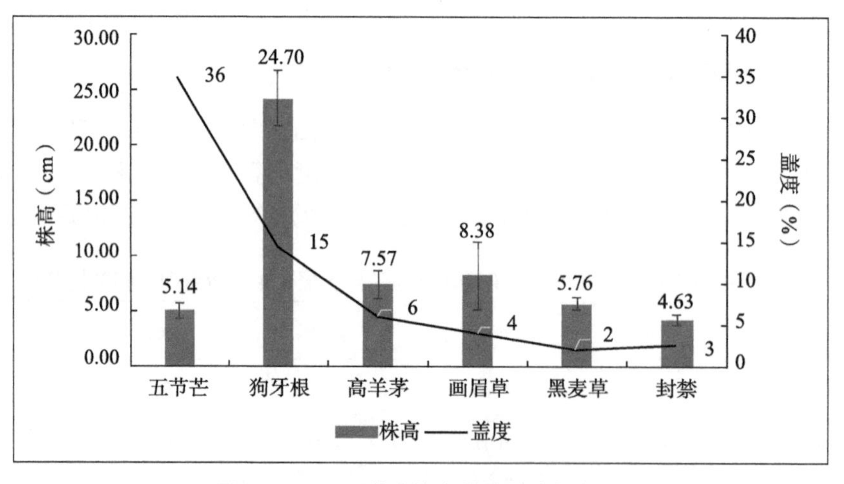

图 3-16　不同草种恢复措施株高与盖度

由图3-16可知，从几种草种撒播后的长势来看，五节芒的盖度最大，达到36%，说明在无其他辅助措施下，撒施该草种在武功山退化土壤环境中发芽率最高，适应性较好。其次为狗牙根，盖度达到15%。盖度最小的是黑麦草，仅为2%，甚至低于无任何草种撒施的封禁处理，说明该草种发芽率较低。撒播的狗牙根株高最高，其次为画眉草，其他恢复方式样方内的植被株高度差异不大，具体情况见表3-18。

由表3-18可知，不同草种恢复方式的样方内植被株高存在极显著差异。为进一步对比确定撒播草种和封育植被株高长势差别，做了对比封育措施的几种草种株高单样本检验分析，见表3-19。

表 3-18　不同草种株高生长方差分析

指标	平方和	自由度	均方	*F*	显著性
组间	1675.532	5	335.106	24.734	0.000
组内	596.121	44	13.548		
总数	2271.653	49			

表 3-19　对比封育措施的几种草种株高单样本检验

项目	检验值 = 4.36					
	t	*df*	*Sig.*（双侧）	均值差值	差分的 95% 置信区间	
					下限	上限
狗牙根	7.938	4	0.001	20.34000	13.2261	27.4539
高羊茅	2.545	9	0.031	3.21000	0.3565	6.0635
画眉草	1.292	4	0.266	4.02000	−4.6216	12.6616
黑麦草	2.381	4	0.076	1.40000	−0.2322	3.0322
五节芒	1.136	14	0.275	0.78000	−0.6926	2.2526
封育	0.000	9	1.000	0.00000	−1.1175	1.1175

由表3-19可知，几种撒播草种样方内植被与封育措施样方植被株高（均值为4.36cm，下同）对比，狗牙根和高羊茅与封育措施样方存在明显差异，黑麦草样方内植被株高与封育措施有一定差异，画眉草和五节芒与封育植被株高差异不明显。

综合以上结果，在无任何其他辅助措施情况下，五节芒和狗牙根较适合在该区域进行撒播，高羊茅可以作为备选草种，这3种草种比封育措施下能较好地对退化地表进行恢复。而画眉草和黑麦草的效果较差，可能是因为种子本身的生态特征或种子质粒较为细小的原因造成的。

3.6.2　基于无纺布覆盖撒施不同恢复草种适应性研究

无纺布作为一种新一代环保材料，具有透气、柔韧、质轻、不助燃、容易分解、无毒、无刺激性、色彩丰富、价格低廉、可循环再用等特点。在植被恢复工程中的常用作作物保护布、育秧布、灌溉布、保温幕帘等。本试验中分别在4m^{2}内撒播高羊茅、黑麦草、画眉草和狗牙根，然后，在样方表面覆盖无纺布，起到对种子保护及育苗、保温的作用，同时将生长结果与封育措施相对比，观测在该措施下不同草种的生长成效。

由图3-17可知，在无纺布覆盖措施下，撒播高羊茅草种的样方盖度最高，达到28.33%，其次为撒播黑麦草种子的样方，盖度为9%，说明在辅助无纺布的措施条件下，高羊茅能较好的发芽生长。狗牙根草种样方的盖度较之无覆盖措施下有所降低，画眉草草种样方盖度则依旧和封育措施相似。在该措施下，狗牙根的株高仍然最高，其次依然为画眉草。具体几种草种的株高差异见表3-20。

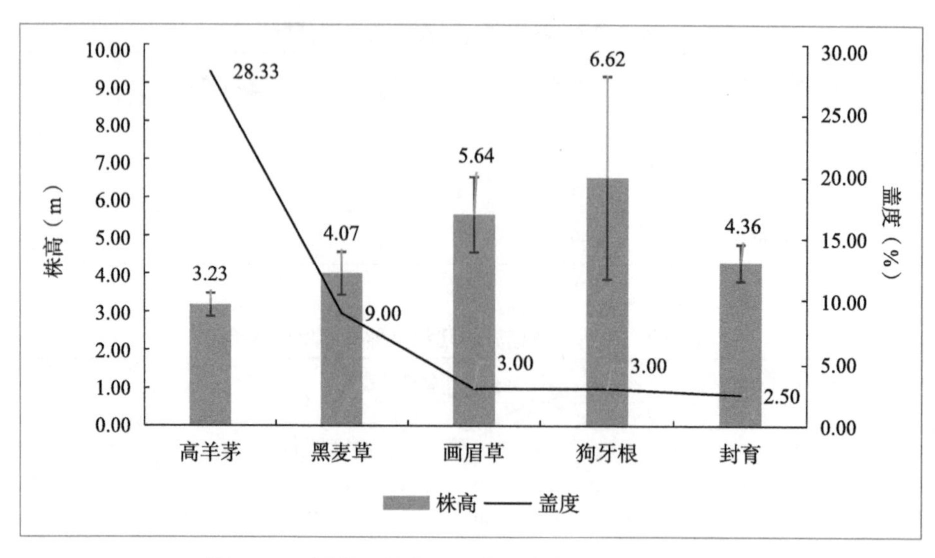

图 3-17　覆盖无纺布不同草种恢复措施株高与盖度

由表3-20所示，在覆盖无纺布的条件下，几种草种的株高无明显差异，方差分析结果显示，显著性为0.08。说明草种生长对覆盖无纺布有一定的响应。撒播几种草种与封育措施下，株高生长对比见表3-21。

表 3-20　覆盖无纺布不同草种株高生长方差分析

项目	平方和	*df*	均方	*F*	显著性
组间	53.514	4	13.378	2.247	0.081
组内	238.118	40	5.953		
总数	291.632	44			

由表3-21可知，撒播的几种草种生长株高与封育措施样方内自然生长的植被株高对比，高羊茅草种样方的植被株高有明显差异，显著性为0.003，其他几种草种样方内植被株高与封育措施无显著差异。

表 3-21　对比封育措施的几种覆盖无纺布草种株高单样本检验

项目	检验值 =4.36					
	t	*df*	*Sig.*（双侧）	均值差值	差分的 95% 置信区间	
					下限	上限
高羊茅	−3.664	14	0.003	−1.12667	−1.7861	−0.4672
黑麦草	−0.507	9	0.625	−0.29000	−1.5847	1.0047
画眉草	1.280	4	0.270	1.28000	−1.4973	4.0573
狗牙根	0.834	4	0.451	2.26000	−5.2623	9.7823
封育	0.000	9	1.000	0.00000	−1.1175	1.1175

综上所述，在覆盖了无纺布的保护措施下，高羊茅草种样方的覆盖度增大，发芽率提高，但是植株生长高度有所降低，可能是因为山上风力较大，吹在无纺布上面产生了一种压迫效应所致。黑麦草草种在得到覆盖保护后，样方内的盖度较之无保护措施下明显提高，说明在合适的辅助措施下，该草种可以作为武功山区域植被恢复的备选草种。狗牙根在覆盖作用下，盖度没有提升，但是株高依旧最高，说明该草种适合该区域气候特征。

3.6.3　基于草帘子覆盖撒施不同恢复草种适应性研究

武功山山地景观以草甸著称，其退化特征为游人集中区域退化较为严重，而其他大部分的坡面地区则为草甸茂盛区。本研究因地制宜，从方便取材角度出发，分散采收其他茂盛草甸区域的茅草替代传统稻草制品的草帘子，散铺在撒播草种的样方上面，作为草种生长辅助防护工具，分别选取狗牙根和高羊茅这2种草种进行撒播，观察生长情况，并对比封育措施样方内的植株生长概况，结果如下。

由图3-18可知，在覆盖草帘子的情况下，高羊茅样方的覆盖度达到了26.67%，长势较好，而狗牙根和封育措施的覆盖度基本一致，相对高羊茅长势较差。说明狗牙根草种在覆盖草帘子作用下不适合在该区域撒播。

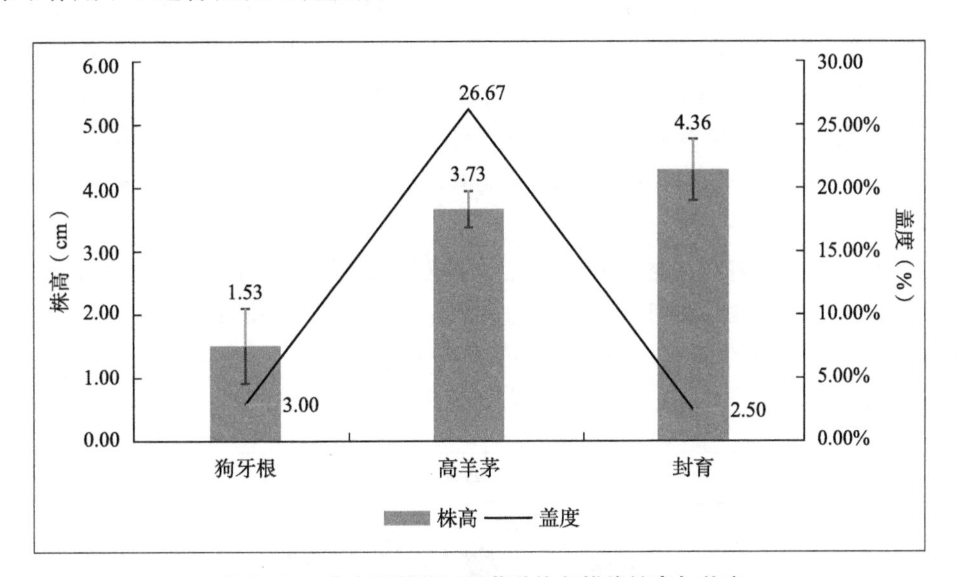

图 3-18　草帘子覆盖不同草种恢复措施株高与盖度

由表3-22可知，在覆盖草帘子作用下几个恢复处理样方内植株高度无明显差异。但从表3-23可得，2种草种处理和封育措施的植被株高，狗牙根的差异明显，而高羊茅的不明显，结合图3-18可知，狗牙根在该措施下生长特性较差。

表 3-22　覆盖草帘子的不同草种株高生长方差分析

项目	平方和	*df*	均方	*F*	显著性
组间	2.860	1	2.860	2.318	0.145
组内	22.209	18	1.234		
总数	25.069	19			

表 3-23　对比封育措施的几种覆盖草帘子草种株高单样本检验

项目	检验值 =4.36					
	t	*df*	*Sig.*（双侧）	均值差值	差分的 95% 置信区间	
					下限	上限
狗牙根	−4.725	14	0.000	−2.82667	−4.1097	−1.5436
高羊茅	−2.188	14	0.046	−0.63333	−1.2541	−0.0126
封禁	0.000	9	1.000	0.00000	−1.1175	1.1175

综上所述，在覆盖草帘子的作用下，高羊茅长势较好，狗牙根的长势较差。说明高羊茅是适合该措施，可以作为武功山区域进行植被恢复的备选草种，并结合该措施进行辅助防护。

3.6.4　基于裸地移植草皮恢复方式效果研究

在游人集中的严重退化区域，存在大片的土壤严重侵蚀现象。在认为干扰作用下，再经风雨侵蚀，表土层被冲刷殆尽，或仅有较少的间断浅土层，地表岩石裸露，在这种情况下是不适合进行撒施播种的。基于该种情况，本研究采取草皮移植的方案，即从其他草甸茂盛区，分散铲取当地优势植物芒、薹草、飘拂草草皮，另外，从山下面购买人工培育的狗牙根草皮，作为岩石裸地或少土退化区的恢复措施，观测各种处理下植被生长情况。

由图3-19可知，几种草皮移植处理中薹草草皮的长势最好，样方盖度达到了95%，其次为芒和飘拂草草皮，分别为94%和93.33%。说明本土植物的草皮移植能较好地适应区域环境，成活率高。而外来草皮狗牙根的覆盖度为80.67%，存在一定的死株现象。对比封育措施，草皮移植处理的效果明显，能快速地修复草甸退化情况。

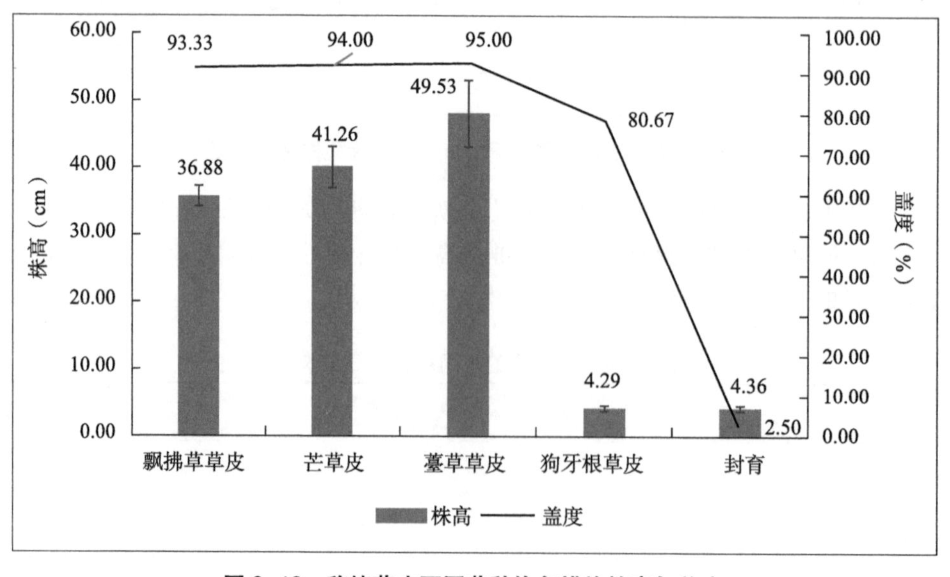

图 3-19　移植草皮不同草种恢复措施株高与盖度

由表3-24可知，几种处理样方内植株高度差异明显。从表3-25可得，对比封育措施，几种草皮移植方案中，本土草皮能够延续原来的生长特征。

表 3-24　不同草皮移植恢复草种株高生长方差分析

项目	平方和	*df*	均方	*F*	显著性
组间	17707.275	3	5902.425	41.143	0.000
组内	8033.779	56	143.460		
总数	25741.054	59			

表 3-25　对比封育措施的不同草皮移植恢复草种株高单样本检验

项目	检验值 =4.36					
	t	*df*	*Sig.*（双侧）	均值差值	差分的 95% 置信区间	
					下限	上限
飘拂草草皮	21.839	14	0.000	32.52000	29.3262	35.7138
五节芒草皮	11.722	14	0.000	36.90000	30.1483	43.6517
薹草草皮	8.875	14	0.000	45.16667	34.2509	56.0824
狗牙根草皮	−0.140	14	0.891	−0.06667	−1.0885	0.9552
封育	0.000	9	1.000	0.00000	−1.1175	1.1175

综上所述，在草皮移植的方案作用下，几种处理均能较好地恢复退化地表的严重裸露状况，对比封育措施亦有明显的优势，尤其是本土草种草皮的移植，效果更为明显，该方案可以作为武功山山草甸修复措施中的优先措施。

3.6.5　不同恢复措施恢复效果对比

通过直接撒播、覆盖无纺布、草帘子及草皮移植等方案的实施，对山地草甸修复工作均有一定的成效。对比几种修复措施的具体结果如图3-20所示。

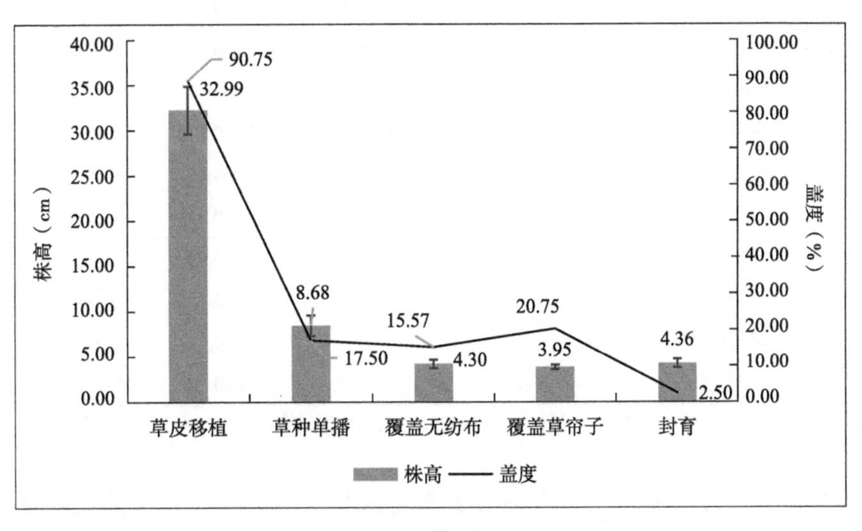

图 3-20　不同恢复措施植被株高与盖度

由图3-20可知，几种措施中草皮移植的样方内，植被覆盖度最高，平均达到90.75%，其次为覆盖草帘子的样方，植被覆盖度平均为20.75%，草种直接撒播和覆盖无纺布效果接近，植被覆盖度分别为17.5%和15.57%。但几种措施均比封育措施下的植被平均覆盖度高。植株生长情况来看，由表3-26可知，几种处理方式差异极显著。

表 3-26　不同恢复措施草种株高方差分析

项目	平方和	*df*	均方	*F*	显著性
组间	28508.347	4	7127.087	40.497	0.000
组内	28158.463	160	175.990		
总数	56666.810	164			

从植株生长情况来看，由图3-20和表3-26可知几种处理方式差异极显著。具体情况见表3-27。

表 3-27　不同恢复措施草种株高多个比较分析

恢复方式（I）	恢复方式（J）	均值差值（I-J）	标准误差	*Sig.*	95% 置信区间	
					下限	上限
草种单播	覆盖无纺布	4.3750	3.07051	0.156	−1.6890	10.4390
	覆盖草帘子	4.7300	3.63308	0.195	−2.4450	11.9050
	草皮移植	−24.3150*	2.70794	0.000	−29.6629	−18.9671
	封育	4.3150	4.69029	0.359	−4.9479	13.5779
覆盖无纺布	草种单播	−4.3750	3.07051	0.156	−10.4390	1.6890
	覆盖草帘子	0.3550	3.71858	0.924	−6.9888	7.6988
	草皮移植	−28.6900*	2.82161	0.000	−34.2624	−23.1176
	封育	−0.0600	4.75682	0.990	−9.4543	9.3343
覆盖草帘子	草种单播	−4.7300	3.63308	0.195	−11.9050	2.4450
	覆盖无纺布	−0.3550	3.71858	0.924	−7.6988	6.9888
	草皮移植	−29.0450*	3.42530	0.000	−35.8096	−22.2804
	封育	−0.4150	5.13795	0.936	−10.5620	9.7320
草皮移植	草种单播	24.3150*	2.70794	0.000	18.9671	29.6629
	覆盖无纺布	28.6900*	2.82161	0.000	23.1176	34.2624
	覆盖草帘子	29.0450*	3.42530	0.000	22.2804	35.8096
	封育	28.6300*	4.53125	0.000	19.6812	37.5788
封育	草种单播	−4.3150	4.69029	0.359	−13.5779	4.9479
	覆盖无纺布	0.0600	4.75682	0.990	−9.3343	9.4543
	覆盖草帘子	0.4150	5.13795	0.936	−9.7320	10.5620
	草皮移植	−28.6300*	4.53125	0.000	−37.5788	−19.6812

注：基于观测到的均值。误差项为均值方（错误）= 175.990。* 表示均值差值在 $P<0.05$ 级别上较显著。

由表3-27可知草皮移植的方式与其他处理方式植株差异明显，而其他处理方式之间，植株高度差异不明显。说明草皮移植的方式下，植株高度明显优于其他处理方式。

由表3-28可知，不同草甸恢复方式处理之间的样方盖度差异明显。各种处理具体差异如下所示。

表 3-28　不同恢复措施草种盖度差异检验

源	Ⅲ型平方和	*df*	均方	*F*	*Sig.*	偏 Eta 方
校正模型	4.309*	4	1.077	39.722	0.000	0.850
截距	1.964	1	1.964	72.431	0.000	0.721
恢复方式	4.309	4	1.077	39.722	0.000	0.850
误差	0.759	28	0.027			
总计	11.230	33				
校正的总计	5.068	32				

注：* R^2=0.850（调整 R^2=0.829）。

由表3-29可知，草皮移植方式的样方盖度与其他方式差异显著。封育措施与草种单播、覆盖无纺布、草帘子等也有一定差异。

表 3-29　不同恢复措施草种盖度多个比较

恢复方式（I）	恢复方式（J）	均值差值（I-J）	标准误差	*Sig.*	95% 置信区间	
					下限	上限
草种单播	覆盖无纺布	0.0193	0.08523	0.823	−0.1553	0.1939
	覆盖草帘子	−0.0325	0.10084	0.750	−0.2391	0.1741
	草皮移植	−0.7325*	0.07516	0.000	−0.8865	−0.5785
	封育	0.1500	0.13019	0.259	−0.1167	0.4167
覆盖无纺布	草种单播	−0.0193	0.08523	0.823	−0.1939	0.1553
	覆盖草帘子	−0.0518	0.10322	0.620	−0.2632	0.1596
	草皮移植	−0.7518*	0.07832	0.000	−0.9122	−0.5914
	封育	0.1307	0.13204	0.331	−0.1397	0.4012
覆盖草帘子	草种单播	0.0325	0.10084	0.750	−0.1741	0.2391
	覆盖无纺布	0.0518	0.10322	0.620	−0.1596	0.2632
	草皮移植	−0.7000*	0.09508	0.000	−0.8948	−0.5052
	封育	0.1825	0.14261	0.211	−0.1096	0.4746
草皮移植	草种单播	0.7325*	0.07516	0.000	0.5785	0.8865
	覆盖无纺布	0.7518*	0.07832	0.000	0.5914	0.9122
	覆盖草帘子	0.7000*	0.09508	0.000	0.5052	0.8948
	封育	0.8825*	0.12577	0.000	0.6249	1.1401
封育	草种单播	−0.1500	0.13019	0.259	−0.4167	0.1167
	覆盖无纺布	−0.1307	0.13204	0.331	−0.4012	0.1397
	覆盖草帘子	−0.1825	0.14261	0.211	−0.4746	0.1096
	草皮移植	−0.8825*	0.12577	0.000	−1.1401	−0.6249

注：基于观测到的均值。误差项为均值方（错误）= 0.027。* 表示均值差值在 P<0.05 级别上较显著。

总之，从综合效果来看，草皮移植是快速实现草甸恢复方案中最快的，也是效果最好的，且本地草皮的适应更好。但是其劣势也是显而易见的：一方面，因为在山区，地形复杂，在铲取草皮的过程中，需要投入的劳动成本较大；另一方面，直接铲取草甸修复裸地的同时，也造成了新的裸地的产生。所以，该方案在实施过程中需要严格把关，应尽量避免在修复过程中，造成新的破坏。其他辅助措施中，覆盖草帘子的效果较好，但应考虑草种的选择，从本研究来看，高羊茅可以作为与草帘子配合的草种。其他草种中，五节芒和狗牙根可以直接撒播，且长势较好，画眉草和黑麦草则仅作为备选方案。

3.6.6 建筑破坏区坡面不同恢复措施恢复效果对比

武功山地区拥有着得天独厚的山地草甸景观，在吸引大批游人来此一览“云间草原”盛景的同时，当地一些为游客提供食宿服务的建筑体也纵然而起，遍布山野。因为这些建筑体在开发、建设过程中没有统一的规划，缺少监管，肆意开挖，造成了很多山地草甸的破坏，产生了很多裸露的土体坡面。如果不及时进行防护，则这些坡面将面临着严重的水土流失问题，进而将造成更为严重的生态环境的破坏。本研究选取武功山铁蹄峰景区内的“仙境山庄”客栈附近的典型建筑破坏产生的土壤裸露坡面，采用不同的草种撒播、辅助防护、草皮移植、草株移栽等方式，对该坡面进行植被修复及水土保持工作，具体结果如下。

由图3-21可知，在坡面不同植被恢复措施中，芒草皮移植的盖度最高，达到95%，其次是撒播高羊茅的样方，盖度为27%，栽植芒和撒播黑麦草的盖度分别为20%和15%。说明移植草皮是在该区域进行坡面植被恢复的较好措施。几种措施中，株高最高的为芒栽植处理，因为在栽植的过程中选择的都是较为优良、粗大的植株。之所以盖度会低，是因为栽植上以后有部分植株干枯及株行距间隙较大等造成的。

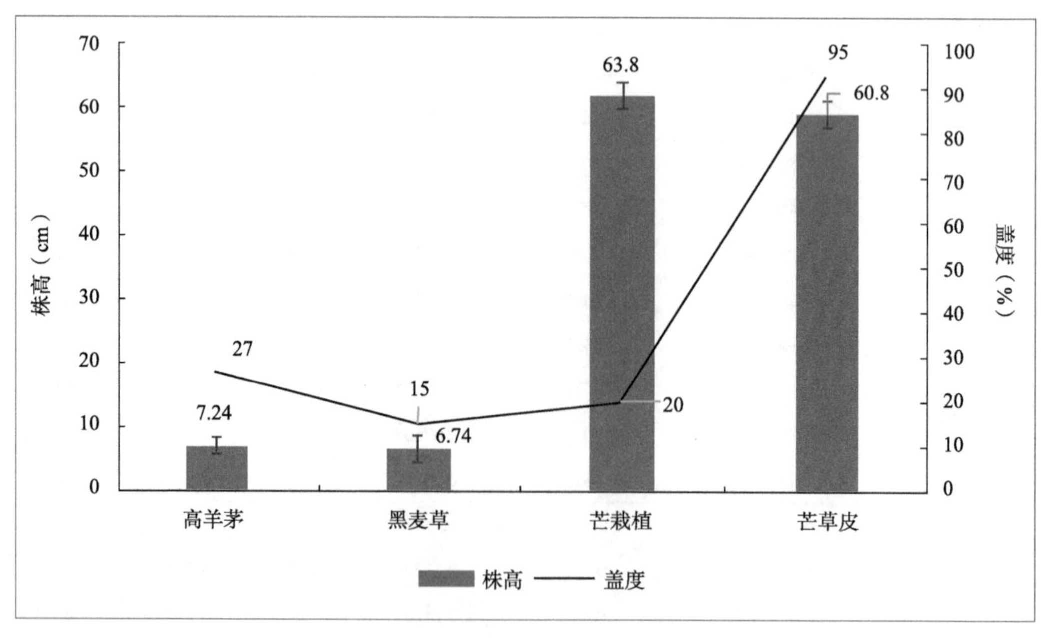

图 3-21 坡面不同恢复措施植被株高与盖度

由表3-30可知，不同处理植株的高度差异明显。具体各个样方之间的差异情况如下表所示。

表 3-30　坡面不同恢复措施草种株高差异检验

项目	Ⅲ型平方和	*df*	均方	*F*	*Sig.*	偏 Eta 方
校正模型	20325.999*	3	6775.333	285.736	0.000	0.971
截距	28806.625	1	28806.625	1214.862	0.000	0.979
恢复方式	20325.999	3	6775.333	285.736	0.000	0.971
误差	616.508	26	23.712			
总计	40465.310	30				
校正的总计	20942.507	29				

注：* R^2=0.971（调整 R^2=0.967）。

由表3-31可知，撒播黑麦草的样方植被高度和其他处理间差异明显，栽植芒和移植草皮2种处理下，样方内的株高没有明显差异。

表 3-31　坡面不同恢复措施草种株高多个比较

恢复方式（I）	恢复方式（J）	均值差值（I-J）	标准误差	*Sig.*	95% 置信区间	
					下限	上限
高羊茅	黑麦草	0.5000	2.51459	0.844	–4.6688	5.6688
	芒草皮	–53.5600*	2.51459	0.000	–58.7288	–48.3912
	芒栽植	–56.5600*	2.51459	0.000	–61.7288	–51.3912
黑麦草	高羊茅	–0.5000	2.51459	0.844	–5.6688	4.6688
	芒草皮	–54.0600*	3.07973	0.000	–60.3905	–47.7295
	芒栽植	–57.0600*	3.07973	0.000	–63.3905	–50.7295
芒草皮	高羊茅	53.5600*	2.51459	0.000	48.3912	58.7288
	黑麦草	54.0600*	3.07973	0.000	47.7295	60.3905
	芒栽植	–3.0000	3.07973	0.339	–9.3305	3.3305
芒栽植	高羊茅	56.5600*	2.51459	0.000	51.3912	61.7288
	黑麦草	57.0600*	3.07973	0.000	50.7295	63.3905
	芒草皮	3.0000	3.07973	0.339	–3.3305	9.3305

注：基于观测到的均值。误差项为均值方（错误）= 23.712。* 表示均值差值在 P<0.05 级别上较显著。

综上所述，在破坏坡面修复的过程中，移植草皮有较好的效果，草株栽植也有较好的效果，但应注意合适的栽植方式和株行距。另外撒播高羊茅有较好的发芽率，可以作为备选草种使用。黑麦草效果相对较差，建议作为参考方案。

3.6.7 不同退化程度草甸区修复措施

在武功山退化草甸区域内，对轻度退化地块，实施以封育为主的近自然生态修复模式；在中度退化地块，通过草甸建群种、伴生种植物种子不同组合的补播、混播，促进草地群落演替、缩短草地生态系统自然恢复进程，改善草地群落结构，增加草地生态系统的多样性与稳定性；在严重退化地块，通过选取适宜物料、基质、覆盖及喷播等技术集成进行人工建植草甸植被的研究与示范。

以上研究结果，主要针对严重退化区域做了具体的分析，在轻度退化及中度退化地块的修复草种依旧推荐狗牙根（不脱壳）、高羊茅、多年生黑麦草、画眉草4种。具体实施方案为：

3.6.7.1 轻度退化：自然恢复方式和混播草种相结合

在轻度退化的地块主要以自然恢复方式为主，采取围栏、树立告示牌等引导游客，避免对该类型草甸区再进行深度的破坏。另外，选择狗牙根（1）、高羊茅（2）、画眉草（3）及黑麦草（4），根据草种生物学特性，实行多种混播。

播种方案：1×2×3×4（混播狗牙根、高羊茅、画眉草、黑麦草）。

参考播种量：狗牙根单播15g/m^2、高羊茅单播30~40g/m^2、画眉草单播0.1~0.3g/m^2、黑麦草单播30~40g/m^2。

通过该自然恢复及混播的方式，修复轻度退化草甸面积约22hm^2，植被覆盖度全部恢复至100%。

3.6.7.2 中度退化：补播、混播方式

在中度退化的区域，主要依靠补播与混播相结合的方式，对于区域内植被较丰富的退化草甸采用补播的方式，而对于植被种类较为单一的区域，则主要采用混播的方式。选择狗牙根（1）、高羊茅（2）及画眉草（3），根据草种生物学特性，实行单播或两两混播或多种混播。

播种方案：1（单播狗牙根）、3（单播画眉草）、1×2（混播狗牙根、高羊茅）、2×3（混播高羊茅、画眉草）、1×2×3（混播狗牙根、高羊茅、画眉草）。

参考播种量：狗牙根单播15g/m^2、高羊茅单播30~40g/m^2、画眉草单播0.1~0.3g/m^2。

通过该补播与混播相结合的方式，在中度退化区域内完成植被修复面积约10hm^2，且修复区的植被覆盖度均达到了80%以上。

3.6.7.3 重度退化：覆盖措施与多种草种播种方式搭配

对于严重退化的地块，课题组采取了多种修复措施，如单播狗牙根、黑麦草、画眉草、高羊茅、芒、刺芒野古草等及不同草种混播，另外搭配不同的覆盖方式对播入土壤的草种进行保护，同时采用移植草皮等方式，多途径地开展修复措施研究，具体成果见4.1至4.3，通过对严重退化地块进行修复，完成示范面积约8hm^2，严重退化草甸区域植被覆盖度均达50%以上。

3.6.8 草甸养分管理模式及土壤配方施肥措施

通过对武功山山地草甸植被及土壤特性的调查，分别研究了具有针对性的草甸养分管理模式及土壤配方施肥措施。

3.6.8.1　山地草甸养分管理模式

第一，山地草甸土壤养分限制因子管理模式。

该方法在本书1.3一节中已经做了详细阐述，通过基于土壤养分系统研究法（ASI）快速测定土壤养分含量临界值，通过一系列实验过程，可以精确确定土壤状况及养分限制因子与草甸植物生长的关系，从而为草甸土壤养分管理和植被抚育提供依据。

第二，山地草甸植被叶片养分快速诊断管理模式。

植被叶片中氮素浓度的高低对植被生长影响显著，因此，了解叶中氮素浓度的缺乏临界值，即对氮缺乏进行判断，具有重要意义，特别是在大范围的草甸植被养分管理中，尤其希望有既快速又准确的诊断方法和结果以供决策参考。利用美国生产的SPAD-502叶绿素仪对武功山山地草甸叶片进行快速诊断研究，即通过毛竹叶叶绿度（叶绿素仪的读数）*SPAD*值的测定，根据其最高草甸生物量时*SPAD*值和相应的叶中氮浓度的相关关系，从而判断氮素是否充分。山地草甸叶绿素仪诊断施肥法的理论依据是基于植物叶绿素含量（*SPAD*值）与草甸氮素的相关性，已有研究报道，用叶绿素仪读数估计叶片单位重量的含氮量，尤其是单位面积的含氮量有较高的准确性。

3.6.8.2　山地草甸土壤配方施肥措施

在严重退化的草甸区域，因为受到的外界干扰较为强烈，可能出现养分流失或者养分供给失调等问题，在适度的范围内，针对退化土壤的修复我们建议使用平衡配方施肥方案。评价草甸土壤养分利用和养分的吸收能对修复退化草甸提供非常有用的信息，因为当一个或多个限制性养分被确定后，很容易了解养分限制生态系统生产力的程度或范围，这时营养管理活动的设计应该是以添加或改善生态系统养分的有效性为主。需要考虑草甸生长的其他方面和把草甸生态系统作为一个综合整体对待，需要了解土壤养分与其他因子之间的非常重要的相互关系，这些相互作用决定我们超越“短期行为”施肥方式，有针对性地管理草甸生态系统。

对草甸来讲，确定最佳的施肥水平是很重要的，可以避免管理过程中使用多余的肥料，确保投资效益和环境安全。管理草甸资源应有具体的施肥计划，肥料试验的目的就是研究在最大地满足草甸对这些养分需求前提下，确定最小施肥水平和施肥时间。营养平衡观点认为，在传统上输入、输出的差值即为理论调节量，并应由人为补充调节到量的平衡，才能有效地维持系统生产力，防止地力衰退，反映到生产上便是施肥量的多少。草甸养分平衡营养管理施肥比例和施肥量的最优评价要求体现的是既能获得最大施肥经济效益的施肥量又能防止地下水污染的环境经济施肥量，这两者的综合虽可能并不能达到最大施肥量，但它是可持续经营的最佳生态平衡施肥量。

根据1.3一节的研究结果，退化加剧了磷元素和硼的亏缺，钙元素为首要限制因子。武功山土壤普遍缺乏钙和磷，缺乏程度严重；土壤对磷元素的固定能力非常强，可能是因为土壤中铁和铝活性较高，与磷形成难溶性铁磷和铝磷。退化使得土壤黏性增强，硼元素容易被吸附固定。在恢复植被的养分管理要注重磷肥和钙镁肥的施用，同时要补充硼肥。依据ASI方法施肥推荐，上层土壤（0~20cm）有机质含量为115.16g/kg，速效磷含量为11.97mg/L，速效钾含量为45.17mg/L，根据养分丰缺指标法，以高羊茅为草坪草类别，查表可得氮素推荐量为18g/m^2，施磷推荐量为18g/m^2，施钾推荐量为21g/m^2。

3.7 山地草甸养分动态变化管理信息系统研究

3.7.1 登录界面

通过输入预先设定的用户名和密码，然后点击右边箭头即可登录主界面。如若退出，则点击左边箭头即可（图3-22）。

图 3-22 山地草甸养分动态变化管理信息系统登陆页面

3.7.2 主界面

登录后，即可进入项目管理系统的主界面，该界面下方包括6个小图标，当鼠标移入该区域后，相应图标即会凸出显示，表明该图标可以进行点击，点击后即可进入相应界面。其中主要包括六方面的内容，即项目简介、地图查询、3D显示、人事管理、施肥推荐和退出系统（图3-23）。

图 3-23 软件系统主界面

3.7.3 地图查询功能

该功能主要实现主要植被类型的查询及其相应植被的图片展示及介绍，主要通过工具栏中不同的图标进行查询。在点击相应采样点后即可出现该采样点的属性信息，并可通过设定值域范围而锁定所需数据，并可进行相应的更新（图3-24、图3-25）。

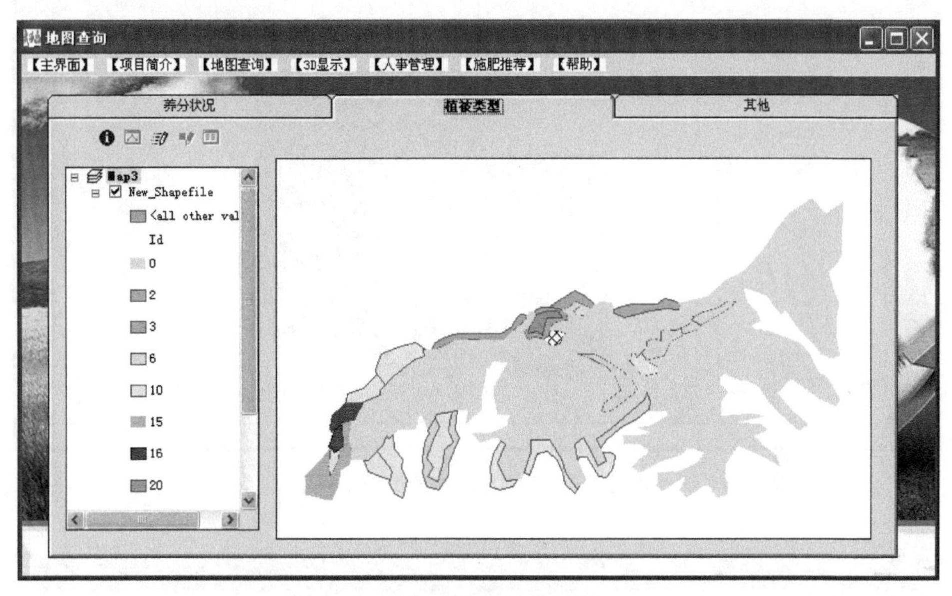

图 3-24 地图查询功能页面（一）

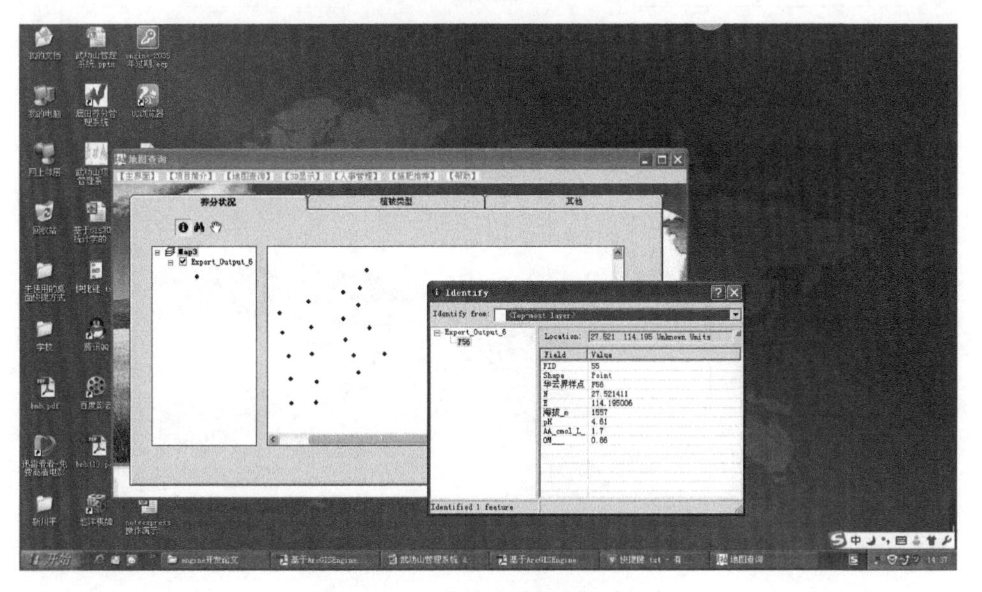

图 3-25 地图查询功能页面（二）

3.7.4 三维显示功能

该栏目主要进行的是一个简单的高程模型显示及三维地形浏览（图3-26、图3-27）。

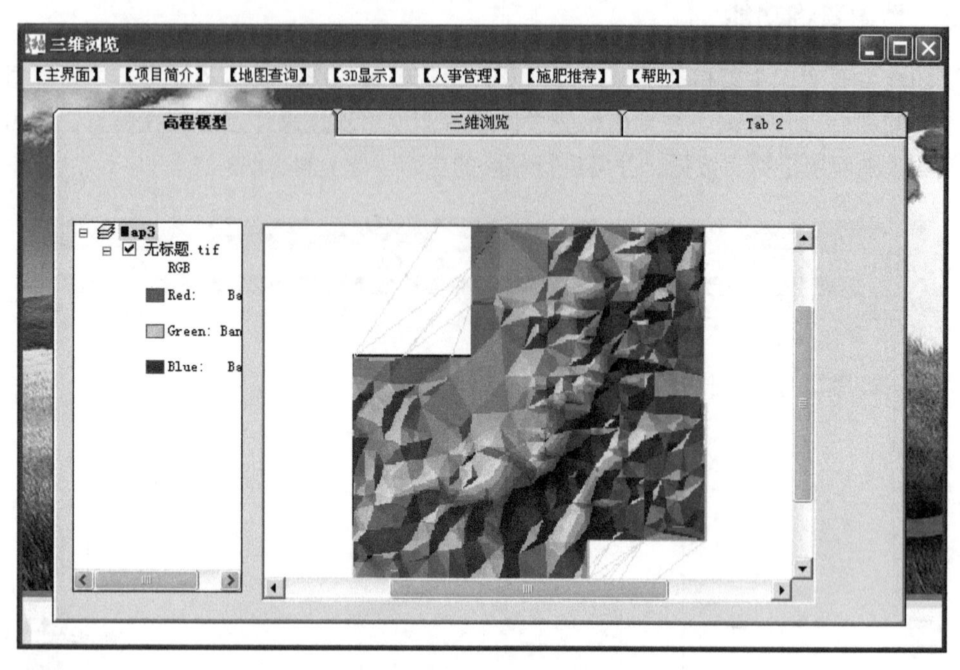

图 3-26 三维显示功能页面（一）

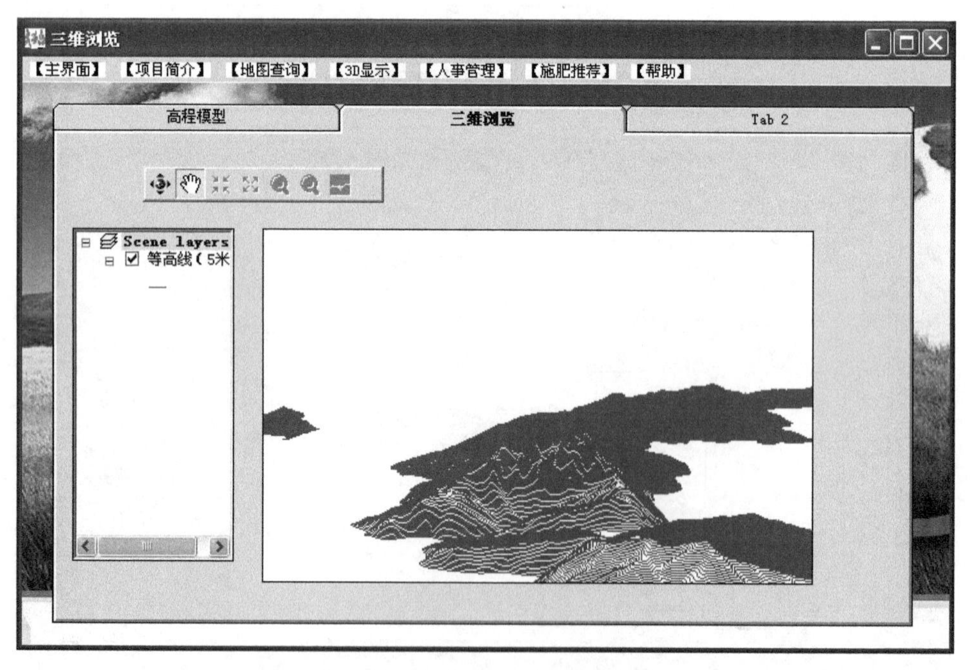

图 3-27 三维显示功能页面（二）

3.7.5 人事管理功能

主要通过与数据库连接进行人员信息显示、物资及食物管理，实现对项目日常活动的处理与更新等（图3-28）。

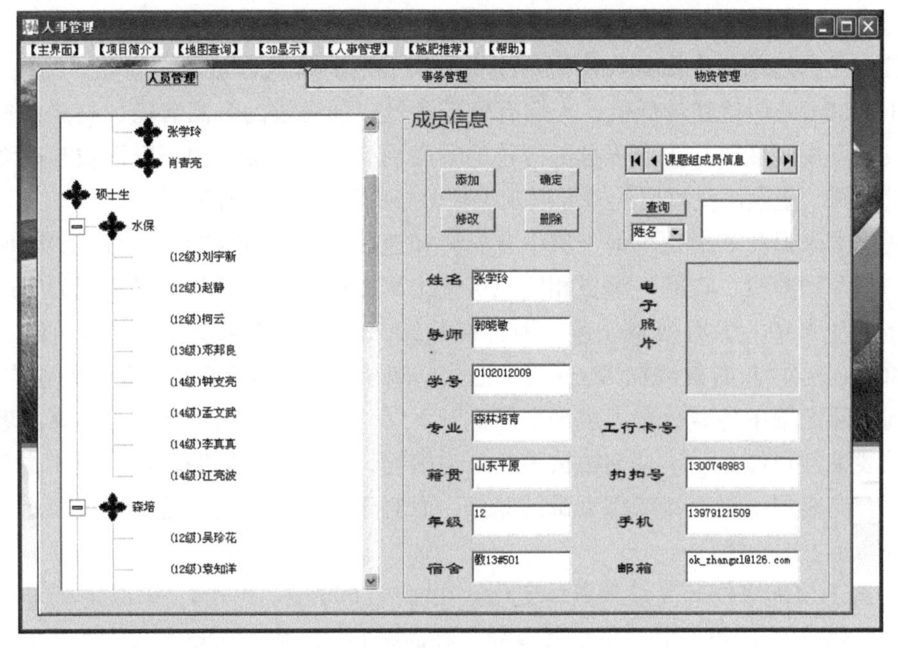

图 3-28　人事管理功能页面

3.7.6　施肥推荐功能

基于具体的土壤参数进行设定。

3.7.7　后续工作简介

以上内容为系统设计的整体框架显示，各项功能在后期都有可以完善的空间，其中主要包括对土壤采样数据的可视化及查询项目的完善，对三维可视化的进一步细化和虚拟现实算法的探索，对植被类型及查询系统的完善，对施肥推荐和土壤肥力状况的进一步多样化等。

3.8　研究结论

本章节利用武功山山地草甸对人为干扰和气候变化具有极端敏感性的特殊，开展退化草甸土壤有机质和有效养分相关性的研究，探索影响武功山山地草甸土壤生态系统功能恢复的关键因子及其对生态过程的影响机理。通过撒播不同草种、覆盖不同辅助物料、进行草皮移植及封育等方案，分析不同处理方式下植被生长效果及适应性特征，探讨适合在该区域内进行植被修复的优良措施。通过对武功山不同区域植被状况和土壤养分状况进行数据调研和归类，构建草甸植被地形管理分析与施肥推荐系统，实现区域草甸养分数据的可视化，从而为草甸修复提供管理平台和决策依据，对于景区土壤和草甸管护具有较大的现实意义。

3.8.1　草甸退化对土壤有机质、pH值和速效养分的影响

根据对武功山草甸退化对土壤有机质、pH值和土壤速效养分影响的实验数据和分析结

果，我们得出以下结论：

①武功山山地草甸在海拔梯度上，土壤有机质、碱解氮含量的空间变异性呈“U”形变化，于1700m处均达到最低值；土壤有效磷含量，随海拔的升高有增加趋势；速效钾含量随海拔呈不规则变化。土壤养分随海拔的升高而变化，可能是由于低海拔与高海拔气候及降水量不同、土壤风化程度的差异以及植被分布的不同而造成的。

②武功山未退化和退化草甸土壤中有机质和速效养分含量在同一垂直土壤剖面中均随着土层的加深而减少。在同一海拔相同土层的土壤有机质和碱解氮含量表现为未退化草甸显著高于退化草甸；而有效磷、速效钾含量0~20cm土层中未未退化草甸显著高于退化草甸，20~40cm土层中仅有效磷在1900m为未退化草甸显著高于退化草甸，其余差异均不显著。

草甸上层土壤中各养分肥力水平全面优于下层，说明武功山草甸养分具有表聚性，这种养分的表聚性可能是由于草甸植被为一年生植物，本身生长周期较短，植物凋零和枯草腐败后，会向表层土壤直接增添大量的养分，而对于下层土则具有延缓性，因而土壤表层养分含量高于下层土壤。

③土壤pH值随海拔升高没有显著变化。在海拔1600m和1900m，未退化草甸土壤pH值明显高于退化草甸土壤pH值，呈显著差异，在海拔1700m和1800m未退化和退化草甸土壤pH值无显著性差异（$P>0.05$）。

④武功山草甸退化并没有改变土壤有机质与速效养分之间的相关性，但使得碱解氮和速效磷间的相关性减弱，速效钾和碱解氮、有效磷之间的相关性加强，土壤pH值与碱解氮之间由不显著相关变为极显著相关（$r=-0.637$，$P<0.01$）。

3.8.2 不同地块草甸土壤对元素的吸附固定能力

通过对武功山草甸区域的进行植被调查、资料收集，结合土壤理化性质和吸附特性、盆栽试验综合分析，我们发现：

①海拔1850m地块草甸土的吸附试验结果表明，CK地块对7种养分元素吸附固定能力强弱顺序为磷>锌>硫>锰>铜>钾>硼，1850m退化地块土壤养分吸附强弱顺序为磷>锰>硼>铜>钾>硫；不论大量元素还是微量元素，退化地块对各个元素的吸附能力都远远超过了CK地块，草地退化使得土壤质量大幅度降低；两类地块对磷的吸附固定能力都非常强，磷是首要限制因子。

对照地块对其他各个元素的吸附能力都很强，均在26%以上；退化地块对硫的吸附较弱，吸附固定能力在57%以上。

②海拔1750m地块草甸土的吸附试验结果表明，CK地块土壤的吸附固定能力顺序为磷>硫>锌>铜>锰>钾>硼；退化地块的养分吸附强弱顺序为锌>磷>锰>钾>硼>铜>硫。CK地块对磷 的吸附率达到85%，对锌和硫元素的吸附率均在61%以上，对硼元素的吸附能力较弱；退化地块对磷的吸附率达到了99%，对锰和钾元素吸附率也很高，均达80%以上。土壤对其他元素吸附能力也很强，需加入大量肥料元素才会有富余，以供给植物正常需要。

③海拔1650m地块CK土壤对各元素的吸附固定能力强弱顺序为磷>锌>硫>锰>铜>钾>硼；退化地块土壤对各元素的吸附固定强弱顺序为磷>锌>锰>钾>硼>铜>硫。CK地块对磷的吸附固定能力达82%，对锌的吸附率为74%，其次是硫、锰、铜、钾、硼。退化地块对磷、锌、锰的吸附能力较强，吸附率均达90%以上，对硫元素吸附率最低，但也高达40%。

可以看出，3个海拔梯度CK地块对磷、锌、硫元素的吸附固定能力极高，对钾和硼元素稍弱；退化地块对以上其中元素的吸附率都很高，对磷元素的吸附表现突出，与CK相比，退化土壤对微量元素吸附固定能力增强。

从吸附曲线上看，退化草甸土对铜、锌、锰均在元素浓度低时仅表现出微弱的吸附能力，待元素浓度升高后吸附能力非常强，说明退化土壤对铜、锌、锰元素的利用量高、依赖性强。

3.8.3　盆栽试验确定的养分限制因子

通过分析武功不同海拔区域山地草甸土壤状况，以确定不同海拔草甸土壤养分限制因子，研究表明：

①1850mCK地块草甸土壤主要养分限制因子及亏缺顺序为钙>钾>磷；退化地块土壤主要养分限制因子及亏缺顺序为硼>磷>钙>氮，施加铁元素还会产生负效应。武功山高海拔地区极显著缺乏钙、磷元素，退化地块还缺乏硼元素；在恢复退化地块过程中应注重硼肥的施用。

②1750mCK地块草甸土壤的养分限制因子及其亏缺顺序为钙>磷>氮>钾；退化地块草甸土壤的养分限制因子及亏缺顺序为钙>磷>硼>锌>氮，中海拔地区极显著缺钙、磷，显著缺硼、锌、氮元素。施加铁元素同样会对植物生长产生负效应。

③1650mCK地块草甸土壤的养分限制因子及其亏缺顺序为钙>磷>钾>钼，钼为潜在限制因子；退化地块草甸土壤的养分限制因子及亏缺顺序为钙>磷>锌。

综上所述，武功山土壤普遍缺乏钙和磷，缺乏程度极严重。高、中海拔退化地块中硼元素为限制因子；CK地块的缺素主要表现在氮、磷、钾及钙元素，退化地块除这4个元素外，还缺乏微量元素硼、锌、钼。

3.8.4　山地草甸土壤微生物分布特征

通过对武功山海拔和干扰程度对微生物数量的影响的研究，我们得出以下结论：

武功山高山草甸微生物的数量表现为放线菌>细菌>真菌，这与这批土样的采集时间有关，5月、6月武功山山顶由于海拔很高，紫外线很强，造成土壤比较干旱。武功山作为国家级风景旅游区，游客们的践踏导致土壤中难分解的物质增多，这也可能是武功山草甸土壤中微生物数量最多的是放线菌的原因，但仍还需要更进一步的研究。

从本研究试验结果来看，武功山金顶不同土层的放线菌、细菌和真菌的数量随海拔的增加，增减变化的规律基本上是一致的。

干扰程度的不同会影响武功山上微生物数量的变化，表现为适当的轻度干扰会使得放线菌、细菌和真菌的数量增加，但是干扰程度过重会抑制他们的生长，数量呈现下降趋势。

3.8.5　山地草甸生态修复技术

通过对游人集中区及建筑破坏区开展撒播不同草种、覆盖不同辅助物料、草皮移植及封育等措施进行植被恢复试验，分析不同恢复措施植被生长效果及适应性特征，探讨适合在当地特殊环境进行植被修复的优良措施，得出以下结论：

①在无任何其他辅助措施情况下，运用直接撒播的方式进行快速修复可以选用芒和狗

牙根作为主要草种，高羊茅可以作为备选草种。

②高羊茅也是一种效果较好的备选草种，在辅助覆盖草帘子及无纺布的保护措施下，高羊茅草种样方的覆盖度增大，发芽率提高，但使用无纺布的时候，要注意合理覆盖，避免在风力作用下对草种有压迫作用。

③在草皮移植的方案作用下，几种处理均能较好地恢复退化地表的严重裸露状况，对比封育措施亦有明显的优势，尤其是本土草种草皮的移植，效果更为明显，该方案可以作为武功山山草甸修复措施中的优先措施。但是，在实施过程中需要严格把关，应尽量避免在修复过程中造成新的破坏。其他辅助措施中，覆盖草帘子的效果较好，但应考虑草种的选择，从本研究来看，高羊茅可以作为与草帘子配合的草种。其他草种中，芒和狗牙根可以直接撒播，且长势较好，画眉草和黑麦草则仅作为备选方案。

④在破坏坡面修复的过程中，移植草皮有较好的效果，草株栽植也有较好的效果，但应注意合适的栽植方式和株行距。另外撒播高羊茅有较好的发芽率，可以作为备选草种使用。黑麦草效果相对较差，建议仅作为参考方案。

3.8.6 山地草甸养分动态变化管理信息系统

通过对武功山地区开展考察、调研、试验等工作，获取基础数据信息，运用计算机语言及编程技术，将ArcGIS ENGINE组件嵌入VB6.0企业版，并结合数据库和ArcGIS桌面应用程序进行开发的武功山山地草甸养分动态变化管理信息系统，可以用于武功山草甸项目数据管理、查询以及显示等基本功能，以便更好地进行项目数据的综合探查、高效管理以及形象化显示。主要包括项目简介、地图查询、3D演示、人事管理、修复措施推荐等功能。

目前系统设计的整体框架和初步构建已经完成，但各功能尚需完善增添，其中主要包括对土壤采样数据的可视化及查询项目的完善，对三维可视化的进一步细化和虚拟现实算法的探索，对植被类型及查询系统的完善，对施肥推荐和土壤肥力状况的探讨与实现。

未来该系统可运用到武功山景区规划与开发、生态评估与风险预测、综合管理及措施建议等诸多领域，将更好地指导实践操作，极大地提高工作效率。

第4章

山地草甸自然灾害防控技术集成及示范

武功山由于其优越的气候条件，山地草甸的生长时间长，可利用程度大，具有重要的生物利用价值和举足轻重的生态学意义。在本研究之前，武功山草甸昆虫生态系统、草甸生境与昆虫多样性、草甸重要害虫暴发与气候变量的关联、病虫害种类等研究尚属空白。

4.1 山地草甸昆虫物种组分

通过3年野外采集，总共采集昆虫标本7895号，隶属于9个目（表4-1）。其中，鞘翅目标本数量最多，总共占昆虫群落总数的50.348%；其次是半翅目标本占29.905%；双翅目标本占15.934%；革翅目、直翅目、膜翅目、鳞翅目、脉翅目和广翅目等其他6个目个体数之和仅占昆虫总群落的3.812%。调查结果显示，武功山山地草甸各目昆虫数量较多的从高到低依次为鞘翅目、半翅目、双翅目，仅3个目的昆虫数量就占总数量的96.187%，属于保护区草甸昆虫的优势目。掌握这3个目昆虫群落的变化规律，也就对整个保护区草甸昆虫群落系统有了相应认识。

表4-1 武功山国家级自然保护区山地草甸的昆虫种类构成

昆虫目	采集的标本数量（号）	占总标本的比例（%）
鞘翅目 Coleoptera	3975	50.348
半翅目 Heteroptera	2361	29.905
双翅目 Diptera	1258	15.934
膜翅目 Hymenoptera	125	1.583
革翅目 Dermaptera	92	1.165
直翅目 Orthoptera	55	0.697
鳞翅目 Lepidoptera	15	0.190
脉翅目 Neuroptera	12	0.152
广翅目 Megaloptera	2	0.025
合计	7895	100.0

4.2 山地草甸昆虫群落多样性时间动态

昆虫的活动受到季节影响明显，不同季节会有不同的昆虫出现，因此昆虫的多样性随时间的变化具有一定的特征。由于同一目昆虫的活动具有一定的相似性，本论文共选择鞘翅目、半翅目、双翅目这3个优势目，运用4种多样性指标对武功山国家级自然保护区草甸昆虫群落的时间动态进行研究。

如图4-1所示，在2014—2015年，草甸昆虫群落Simpson指数在7月前均呈下降趋势，2013—2015年，Simpson指数在7月之后均呈增长的趋势，在8月或9月出现最高值，Simpson指数呈“V”字趋势变化。每年7月的优势度差异并不大，为Simpson指数的最低值。2015年9月的Simpson指数远超出往年水平，此时物种最为稀少，集中性强。

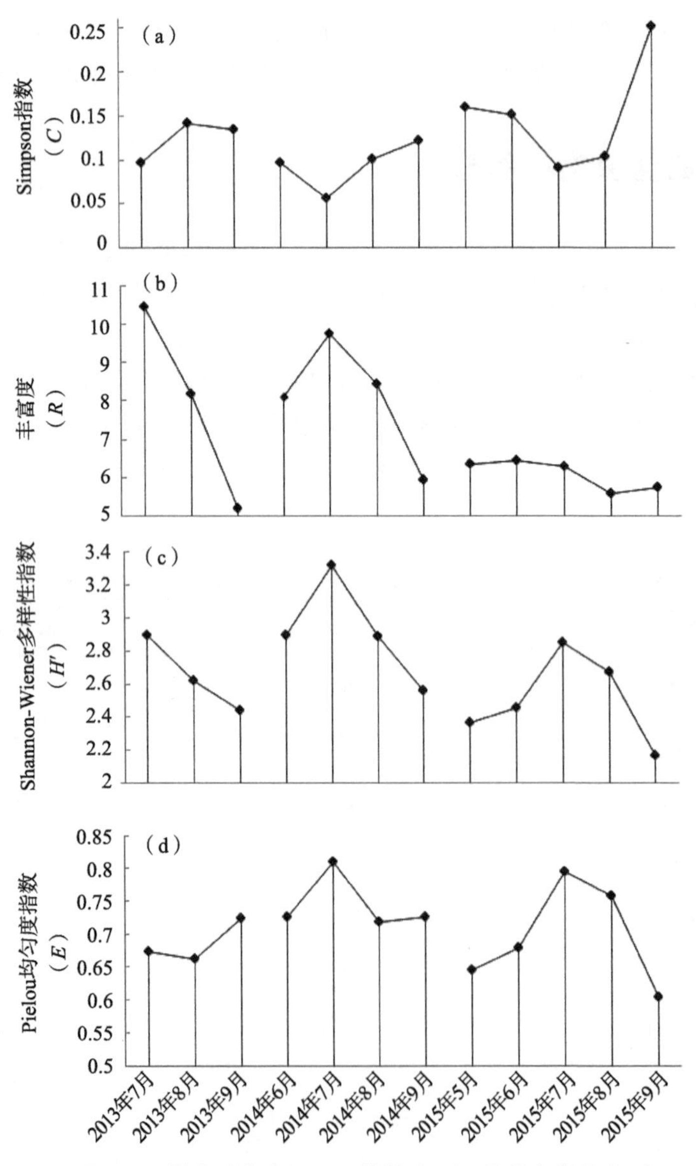

图 4-1　昆虫群落 Simpson 指数（C）、物种丰富度（R）、Shannon-Wiener 多样性指数（H'）和 Pielou 均匀度指数（E）的时间动态

在2013—2014年，草甸昆虫群落丰富度指数值除9月外，其余各月均高于2015年。2013年的9月<8月<7月、2014年的9月<6月<8月<7月，7—9月丰富度曲线变化均呈持续下降的趋势，在7月达到最大值，9月达到最低值。2015年的丰富度指数整体水平不高且变化幅度较微，是因为这一时期武功山地区受厄尔尼诺现象的影响，期间连续的暴雨过程，导致样地环境剧烈变化，进而影响昆虫群落。

在2013—2014年，草甸昆虫群落Shannon-Wiener多样性指数各月的变化与丰富度指数变化的趋势相同，2013—2015年各月的变化与Simpson指数的变化趋势相反，呈倒“V”字形变化。其值2013年9月<8月<7月，2014年9月<8月<6月<7月，2015年9月<5月<6月<8月<7月。物种Shannon-Wiener多样性指数在9月均达到最低值，7月均达到最高值，表明该地在9月的昆虫群落种类最少，在7月昆虫群落的复杂程度最高，群落所含的信息量最多。

在2013年9月、2014年和2015年7月值较高，其余时期相对较低。相对后两年，2013年的均匀度指数整体变化幅度并不大。后两年均匀度指数在7月出现明显分界点，7月之前逐渐上升，7月之后开始减少，呈先升后降的趋势，与Shannon-Wiener多样性指数的变化基本相同。

山地草甸昆虫群落的优势度、丰富度、多样性和均匀度均有着显著的季节变化，优势度在7月达到最低，曲线变化呈先降后升的趋势，昆虫种类和数量在7月达到最多；多样性、丰富度及均匀度均在7月达到最高，曲线变化呈先升后降的趋势，群落的多样性、丰富度及均匀度在7月达到最高。呈现这种变化规律是因为山地草甸植被种类在7月初开始增加，这段时期样地内开花植物增多，吸引大量的昆虫取食与栖息，为多样的昆虫提供更有利的生存环境。此后7月气温升高，连续降雨的时间较短，气候条件适宜，花期基本一致，草甸长势良好，刺吸式半翅目与访花的鞘翅目昆虫活动处于高峰期，此时出现最高的均匀度、丰富度及多样性，优势度达到最低；由于草甸所在海拔较高，7月之后气温开始下降，开花植物花期逐渐结束，连续降雨开始，因湿度较大、温度较低及食物来源减少等直接影响昆虫的活动，因此物种均匀度、丰富度及多样性也随之降低，优势度升高。

4.3　山地草甸不同生境昆虫群落多样性和群落相似性

6种生境中，优势度指数由高到低依次为东南坡>西北坡>云海客栈>吊马桩>避风Simpson指数由高到低依次为东南坡>西北坡>云海客栈>吊马桩>避风洼>混生区；丰富度指数由高到低依次为东南坡>云海客栈>避风洼>混生区>吊马桩>西北坡；Shannon-Wiener多样性指数由高到低依次为混生区>避风洼>云海客栈>东南坡>吊马桩>西北坡；Pielou均匀度指数由高到低依次为混生区>避风洼>吊马桩>云海客栈>西北坡>东南坡（表4-2）。

表 4-2　不同生境昆虫群落 Shannon-Wiener 多样性指数

草地类型	Simpson 指数（C）	丰富度指数（R）	Shannon-Wiener 多样性指数（H'）	Pielou 均匀度指数（E）
吊马桩	0.1035	7.1783	2.8080	0.7441
避风洼	0.0863	7.8372	2.9606	0.7655
东南坡	0.1192	8.7060	2.8208	0.7087

续表

草地类型	Simpson 指数（C）	丰富度指数（R）	Shannon-Wiener 多样性指数（H'）	Pielou 均匀度指数（E）
西北坡	0.1138	6.7694	2.6922	0.7282
云海客栈	0.1121	7.9452	2.8504	0.7324
混生区	0.0740	7.5023	3.0596	0.8240

从整体看，海拔较高的东南坡、西北坡样地与其他4个海拔较低样地相比：优势度较高、多样性较低、均匀度较低。2个较高海拔样地Simpson指数较高，物种更加稀少；其次，多样性比低海拔样地低，群落所含的信息量相对更少、复杂程度更低；均匀度比低海拔样地小，种间分布均匀度更低。通过以上3个指数的对比，说明海拔较低样地昆虫群落稳定性较高海拔样地要高，不易造成某一昆虫的大发生，暴发成灾。

单从东南坡与西北坡样地之间的关系来看，两个样地所在海拔相同，因此相互之间的Simpson指数、Shannon-Wiener多样性指数和Pielou均匀度指数相差并不大。但由于一个处于阳面、一个处于阴面，以及主要植被组成间的差异，导致物种丰富度指数相差较大，位于两个极端值。

根据Jccard相似性系数（q）的判别标准，当$0.00 \leq q<0.25$时为极不相似；当$0.25 \leq q<0.50$时为中等不相似；当$0.50 \leq q<0.75$时，为中等相似；当$0.75 \leq q \leq 1.00$时，为极相似。调查发现，除混生区与东南坡样地之间处于极不相似水平外，其他样地之间均处于中等不相似水平。其中，吊马桩与避风洼的相似性系数为最高也仅为0.4207，混生区与东南坡样地的相似性指数最低为0.2499（表4-3）。

表 4-3　不同生境昆虫群落相似性系数

相似性系数（q）	避风洼	吊马桩	东南坡	西北坡	云海客栈	混生区
避风洼（Ⅰ）	1.0000	0.4207	0.3043	0.3108	0.3745	0.3597
吊马桩（Ⅱ）		1.0000	0.2845	0.2723	0.3892	0.3711
东南坡（Ⅲ）			1.0000	0.3050	0.3142	0.2499
西北坡（Ⅳ）				1.0000	0.3230	0.3020
云海客栈（Ⅴ）					1.0000	0.4032
混生区（Ⅵ）						1.0000

海拔较高的东南坡、西北坡样地与其他4个海拔较低样地之间，相互的相似性系数范围在0.2499~0.3230之间，均低于4个样地相互之间的相似性系数（0.3597~0.4207）。不同海拔样地之间昆虫群落相似性差异明显，而同处于低海拔4个样地之间的相似性系数较高。主要的原因可能是相邻海拔的群落重叠的植物种类较多，所存在的气候变化规律基本相同，生活的昆虫物种在一定程度上具有相似性。其中，东南坡与西北坡样地虽处在相同海拔，但由于两个样地之间向阳向阴方位的区别，导致2个样地光照强度及植被组成的差异，相似性系数也仅为0.3050。

4.4　草甸昆虫群落特征及多样性

鞘翅目、半翅目和双翅目作为草甸群落优势目，昆虫个体数量在各个样地中均占据较大优势，3个目的昆虫数量占总数量的96.19%。主要是由于武功山高山草甸潮湿多水的环境，为双翅目昆虫的生长发育提供优越的条件，以草本植物为主的植被资源为半翅目刺吸类昆虫提供充足的食物来源。鞘翅目昆虫食性复杂，并且更加适应山地草甸潮湿寒冷的环境，其数量远远多于其他昆虫类群。

通过3年的调查，发现山地草甸昆虫群落的Simpson指数、丰富度指数、Shannon-Wiener多样性指数及Pielou均匀度指数水平整体较高，且Pielou均匀度指数浮动区间为0.6034~0.810，变化幅度小，说明山地草甸昆虫群落稳定性高。对草甸昆虫多样性时间动态变化规律的掌握，发现草甸昆虫群落受到不同时期气候因素及寄主生长周期的影响，草甸昆虫群落结构随之发生变化。7月该地区气候温和、连续降雨减少，植被花期一致、长势良好，吸引大量昆虫，此时昆虫群落具有最高的均匀度、丰富度及多样性，而优势度最低；由于草甸所在海拔较高，7月之后气温开始下降，开花植物花期逐渐结束，连续降雨开始，因湿度较大、温度较低及食物来源减少等直接影响昆虫的活动，因此物种均匀度、丰富度及多样性也随之降低，优势度升高。昆虫群落的发生和演替与环境之间是相互适应和协同进化的，其表现在时间上有着明显的节律变化。2014—2015年，昆虫群落Shannon-Wiener多样性指数与Pielou均匀度指数随时间变化趋势均表现出正相关性，说明昆虫群落结构稳定。2013—2014年物种丰富度与多样性曲线变化趋势相一致，2013—2015年优势度集中性与均匀度曲线变化趋势相反（崔麟 等，2016，2019）。

本研究选取武功山山地草甸中相对典型的6个生境，由于海拔和植被组成的不同，不同生境中昆虫群落的组成和分布有一定差异。结果显示6个生境间相似性系数范围在0.2499~0.4207，表明样地的选取具有一定合理性，能够代表不同生境的特点，各生境间都有一定的区分度，可为各生境展示不同的昆虫分布特点，是保证昆虫群落多样性的一个重要前提。

当海拔相似时，由于坡向和植被组成的差异，不同生境具有自己独特的物种分布特点，所含昆虫种类重叠少，相似性系数小。随着海拔差异增大，样地之间相似性系数也减小，Shannon-Wiener多样性指数差异增加。这说明处于低海拔与高海拔生境内的昆虫物种构成差异性较大，每个生境都有各自特有的昆虫种类，相互重叠种类少。这种差异主要是由植被组成、温度、湿度及海拔等其他因素不同而造成的，海拔较低的草甸群落气候温和、湿润，植被类型丰富多样，所以昆虫群落较为复杂；而海拔较高的草甸群落常年温度相对较低、气候更加的寒冷、植被类型相对单一，所以草甸昆虫群落比较简单。

通过对昆虫群落多样性时间动态、生境间多样性及相似性差异的分析，得出武功山山地草甸昆虫群落不仅受到气候、植物组成及植物生长周期的影响，并且还受到海拔、坡向等多种因素共同影响，使每个生境都具有自己独特的物种分布特点，生境类型影响物种的种类及数量分布。本研究显示，保护区草甸昆虫多样性水平相对较高，在一定程度上反映了保护区良好的生态环境和保护成效。但缺乏对保护区低海拔灌木区的深入了解，更缺乏长期系统的监测，不能全面反映保护区昆虫的多样性。同时，草本植物是草甸的主体，是

人为干扰武功山山地草甸最重要的手段之一，对昆虫群落的组成产生直接和间接的影响。应该采取合理的保护措施，增加植被和生境类型的多样化和异质性，是该地区进行生态恢复、提高昆虫物种多样性的重要手段。

4.5 重要草甸害虫——亮壮异蝽暴发与环境变量的关联

亮壮异蝽属半翅目（Hemiptera）异蝽科（Urostylidae），属于东洋区系昆虫，为中国特有种。具有结群迁飞和集体抱团越夏的习性，不仅严重危害植被，而且钻入房屋及水源处集体抱团，大发生时污染池水，影响饮食卫生，并且散发出恶心的臭味，该害虫危害在武功山草甸已经发生。

在我国，江西省的庐山牯岭镇、浙江省的白马山、安徽省的黄山以及湖南省的天门山等多处风景区都曾有亮壮异蝽暴发现象及报道，严重影响和危害了当地居民和游客的正常生活。虽然亮壮异蝽暴发目前还未对农林业的生产不会造成直接危害，但对于我国的国家级自然保护区生态环境和风景名胜区旅游业的威胁却是不可忽视的。本文依据亮壮异蝽的采集信息和已知地理分布信息（表4-4），利用Worldclim环境变量数据，基于MaxEnt和DIVA-GIS对其潜在地理分布，按照高适生区、中适生区、低适生区和非适生区4个等级进行划分处理，最终获得亮壮异蝽在中国的潜在适生区分布范围（图4-2）。预测结果显示，亮壮异蝽的适生区主要集中在我国动物地理区划的华中区、华南区和西南区东部部分区域，且高适生区主要分布在海拔较高地区，如江西与湖南交接的罗霄山脉，江西与福建接壤的武夷山山脉，福建戴云山脉，位于重庆、湖南、贵州和湖北四交之地的武陵山脉，以及地处广东、广西、湖南、江西4省区交界处的南岭山脉等。非适生区主要集中在我国的北部地区、西部地区、华中部分地区及华南的小部分区域，主要由于这些区域的环境变量不能达到该虫正常生长的要求（崔麟 等，2016）。

表 4-4 亮壮异蝽分布点及其经纬度

已知地理分布点	东经（°）	北纬（°）
安徽省黄山北海景区，海拔 1300~1600m	118.178220	30.148362
浙江省遂昌县白马山顶峰，海拔 1000m	119.175691	28.628813
江西省庐山牯岭镇，海拔 1116m	115.988559	29.574474
甘肃省文县范坝，海拔 700m	105.118202	32.736895
湖北省长阳县榔坪镇文家坪村	110.733083	30.590887
江西省上饶市三清山玉京峰，海拔 1000~1500m	118.073487	28.883312
湖南省天门山国家森林公园天门山寺，海拔 >1100m	110.482095	29.072408
江西省萍乡市武功山金顶，海拔 1900m	114.160877	27.474140
安徽省黄山天海景区，海拔 1300~1600m	118.193694	30.097999
安徽省黄山排云亭，海拔 1300~1600m	118.167980	30.145544
湖南省岳阳市平江县幕阜山，海拔 1600m	113.839763	28.990155
安徽省鹞落坪自然保护区，海拔 1721m	116.085801	30.98805
浙江省西天目山，海拔 1500m	119.435955	30.353646

续表

已知地理分布点	东经（°）	北纬（°）
浙江省松阳县马鞍山	119.612427	28.455545
浙江省松阳县安岱后	119.291693	28.284518
广东省五桂山生态保护区	113.464230	22.424773
贵州省福泉市	107.531461	26.691422
贵州省独山县	107.559153	25.830564
贵州省平坝县	106.262659	26.411099
贵州省瓮安县	107.486952	27.084887
贵州省荔波县	107.901467	25.420117
贵州省凯里市	107.988483	26.575923
贵州省修文县	106.598642	26.844411
贵州省湄潭县	107.471270	27.754644
贵州省都匀市	107.523552	26.264645
湖南省天门山国家森林公园倚虹关	110.486739	29.048761
湖南省南岳衡山铁佛祠	112.665962	27.213080
江西省宜春市铜鼓县仙姑坛，海拔 1200m	114.366700	28.53330

4.6　山地草甸尺蛾科昆虫区系

尺蛾因幼虫的行动姿态而得名，幼虫前3对腹足消失，前进时后1对腹足和臀足向前移动至胸足后方，使腹部向上弯曲呈弓状，步步前进好似丈量地面，故得名尺蠖。尺蠖为幼虫，成虫则相应称为尺蛾，中文名“尺蛾科”即由此而来。尺蛾科（Geometridae）隶属于鳞翅目（Lepidoptera）尺蛾总科（Geometroidea），该总科的共同特征在于幼虫下唇的形状，即沿中线吐丝器短于前颚（在某些高等尺蛾中，吐丝器第2长）。全世界已描述的种类约21000种，多数种类分布在热带，尺蛾科昆虫对环境的变化非常敏感，可以作为监测环境变化的指示物（韩红香 等，2001）。通过利用飞利浦自镇流荧光高压汞灯（250W）进行诱虫灯诱捕，诱捕时间集中在17:00到次日2:00左右，每次持续两到三天。并且结合诱捕法补充尺蛾科昆虫物种种类，陆续收集和积累了武功山自然保护区白天活动以及晚上活动的尺蛾科昆虫标本。研究所用的尺蛾标本均保存在江西农业大学昆虫标本馆内。

4.6.1　尺蛾种类组成及分布

武功山自然保护区尺蛾科昆虫总计48种，隶属于42属，国内及国外分布情况如下：

（1）尖翅金星尺蛾（*Abraxas cupreilluminata*）

国内分布：台湾、江西、湖南、四川、重庆。

（2）丝绵木金星尺蛾（*Abraxas suspecta*）

国内分布：甘肃、四川、台湾、黑龙江、吉林、辽宁、北京、河北、山西、天津、湖南、湖北、河南、江苏、上海、浙江、安徽、福建、江西、山东、陕西、青海、新疆、内蒙古。

（3）白带枝尺蛾（*Alcis admissaria*）

国内分布：江西、台湾、甘肃、安徽、贵州、西藏。

（4）喜马拉雅星尺蛾（*Arichanna himalayensis*）

国内分布：江西、台湾；

国外分布：尼泊尔。

（5）普氏星尺蛾（*Arichanna pryeraria*）

国内分布：江西、台湾；

国外分布：日本。

（6）对白波尺蛾（*Asthena undulata*）

国内分布：台湾、上海、浙江、湖北、湖南、江西、福建、广东、广西、四川。

（7）四眼绿尺蛾（*Chlorodontopera discospilata*）

国内分布：台湾、福建、湖南、海南、云南、江西；

国外分布：印度（锡金）、缅甸、尼泊尔。

（8）葡萄回纹尺蛾（*Chartographa ludovicaria*）

国内分布：黑龙江、北京、陕西、甘肃、湖北、湖南、四川、云南；

国外分布：朝鲜、俄罗斯。

（9）黑腰尺蛾（*Cleora fraterna*）

国内分布：江西、台湾。

（10）光穿孔尺蛾（*Corymica specularia*）

国内分布：江苏（南京）、甘肃、浙江、广西、台湾、湖北、湖南、四川、江西（庐山、南昌、宜丰官山、铜鼓、井冈山）。

（11）同慧尺蛾（*Crypsiconeta homoema*）

国内分布：台湾、四川、重庆、江西（庐山、铅山武夷山）；

国外分布：日本。

（12）白顶峰尺蛾（*Dindica wilemani*）

国内分布：江西、湖南、福建、台湾、广西。

（13）八角尺蠖（*Dilophodes elegans*）

国内分布：江西、台湾、广西（玉州、福绵、兴业、容县、藤县）、广东（高要林场）。

（14）灰涤尺蛾（*Dysstroma cinereata*）

国内分布：湖南（湘中、湘西）、江西、四川、台湾、云南、甘肃；

国外分布：日本、印度（锡金）、不丹、缅甸。

（15）二线绿尺蛾（*Euchloris atyche*）

国内分布：吉林（汪清、敦化）、北京、河北、山西、四川、重庆、西藏。

（16）黑碎斑黄尺蛾（*Euchristophia cumulata*）

国内分布：江苏、上海、浙江、安徽、福建、江西、山东、台湾；

国外分布：日本、朝鲜半岛、西伯利亚东南部。

（17）绣球祉尺蛾（*Eucosmabraxas evanescens*）

国内分布：江西、福建、广西、四川；

国外分布：日本。

（18）双环祉尺蛾（*Eucosmabraxas octoscripta*）

国内分布：江西、台湾。

（19）台褥尺蛾（*Eustroma changi*）

国内分布：台湾、陕西、湖北、四川。

（20）后纹尺蠖（*Garaeus apicatus*）

国内分布：台湾、江西（井冈山、石城）。

（21）镜窗尺蛾（*Garaeus specularis*）

国内分布：台湾、湖南、湖北、河南、广东、广西、海南、福建、江西（庐山）；

国外分布：日本、朝鲜半岛、印度北部。

（22）枯叶尺蛾（*Gandaritis sinicaria*）

国内分布：陕西、甘肃、安徽、浙江、湖北、湖南、江西、福建、广西、四川、云南、台湾；

国外分布：印度。

（23）金边无缰青尺蛾（*Hemistola simplex*）

国内分布：台湾、四川、北京、河南、甘肃、浙江、湖南、福建。

（24）星缘绣腰青尺蛾（*Hemithea tritonaria*）

国内分布：山西、湖南、福建、海南、香港、台湾、浙江；

国外分布：日本、朝鲜半岛、斯里兰卡、印度尼西亚（西里伯斯岛、加里曼丹岛、爪哇岛）、韩国、印度、马来半岛。

（25）暗边截翅尺蛾（*Heterocallia temerariae*）

国内分布：江西、台湾。

（26）超暗始青尺蛾（*Herochroma supraviridaria*）

国内分布：福建、台湾、广西。

（27）褐斑隐尺蛾（*Heterolocha biplagiata*）

国内分布：台湾、江西（南昌、铅山武夷山、井冈山）。

（28）半月缘尺蛾（*Heterostegania lunulosa*）

国内分布：江西、台湾；

国外分布：印度（锡金）。

（29）四点角缘尺蛾（*Hypochrosis rufescens*）

国内分布：台湾、江西（安远三百山、龙南九连山）。

（30）黑斑金尺蛾（*Hypomecis melanosticta*）

国内分布：江西、台湾。

（31）玻璃尺蛾（*Krananda semihyalina*）

国内分布：台湾、湖南、浙江、江西（庐山、铅山武夷山、井冈山、安远三百山、寻乌桂竹山、龙南九连山）、湖北、四川、福建、海南、贵州；

国外分布：日本、印度至马来半岛各地。

（32）序周尺蛾（*Perizoma seriata*）

国内分布：台湾、四川、西藏；

国外分布：印度（锡金）。

（33）阿里山斜尺蛾（*Loxaspilates arrizanaria*）

国内分布：台湾、四川、重庆、甘肃。

（34）辉尺蛾（*Luxiaria mitorrhaphes*）

国内分布：台湾、西藏、海南、湖北、湖南、四川、北京、甘肃、江苏、江西（庐山、南昌、铅山武夷山）、云南、贵州、广西、山东、广东；

国外分布：日本九州以南、缅甸、印度北部、尼泊尔。

（35）茶褐弭尺蠖（*Menophra anaplagiata*）

国内分布：台湾、西藏、江苏、上海、浙江、安徽、福建、江西、山东；

国外分布：印度北部、尼泊尔。

（36）山茶斜带尺蛾（*Myrteta sericea*）

国内分布：台湾、江西（三清山、庐山、寻乌项山）、贵州；

国外分布：日本、印度、中南半岛。

（37）尾四斑白尺蛾（*Myrteta simpliciata*）

国内分布：江西、台湾；

国外分布：尼泊尔。

（38）巨豹纹尺蛾（*Obeidia giganteraria*）

国内分布：台湾、甘肃、湖北、湖南、四川、贵州、云南、江西（三清山、修水、南昌、铅山武夷山、萍乡麻田、井冈山）；

国外分布：缅甸。

（39）茶呵尺蛾（*Odontopera bilinearia*）

国内分布：台湾、甘肃、福建、广西、云南、贵州、四川、湖南、江西、浙江、西藏；

国外分布：印度北部、尼伯尔。

（40）粉红盗尺蛾（*Docirava affinis*）

国内分布：四川、云南；

国外分布：缅甸、印度（锡金）。

（41）雪尾尺蛾（*Ourapteryx nivea*）

国内分布：河南、河北、北京（松山）、湖北、云南、四川、湖南（衡山）、江西（鄱阳湖、官山、九连山）、浙江、江苏（南京）、安徽、吉林（长白山）、广东（封开）。

（42）烟胡麻斑星尺蛾（*Percnia suffusa*）

国内分布：四川、重庆、广西、台湾；

国外分布：印度北部；苏门答腊岛。

（43）巨双目白姬尺蛾（*Problepsis superans*）

国内分布：台湾、湖南、湖北、河南、西藏、甘肃；

国外分布：日本、俄罗斯、韩国。

（44）双目白姬尺蛾（*Problepsis albidior*）

国内分布：台湾、广东、广西、海南、福建、山东、湖南；

国外分布：日本、印度北部。

（45）间庶尺蛾（*Semiothisa intermediaria*）

国内分布：台湾、四川、重庆、江西（南昌、井冈山）。

（46）金叉俭尺蛾（*Spilopera divaricata*）

国内分布：湖北、湖南（八大公山）、台湾、福建、广西、江西（庐山、寻乌项山聪坑）；

国外分布：印度。

（47）斑镰翅绿尺蛾（*Tanaorhinus kina*）

国内分布：台湾、湖北、广西、四川、云南、西藏；

国外分布：缅甸、爪哇、印度、尼泊尔。

（48）渺樟翠尺蛾（*Thalassodes immissaria*）

国内分布：台湾、福建、海南、香港、广西；

国外分布：日本、印度、泰国、斯里兰卡、马来西亚、印度尼西亚。

4.6.2　世界动物区系组成

在武功山国家级自然保护区采集的昆虫标本，共鉴定出尺蛾科昆虫总共48种，隶属于42个属（表4-5）。武功山国家级自然保护区的尺蛾科昆虫分布的类型，主要分为三大类，主要由古北区及东洋区的共有种为最多有40种，占调查总种数的83.33%；东洋区7种，占调查总种数的14.58%；古北区、东洋区及澳洲区1种，占调查总种数的2.08%。

表 4-5　武功山自然保护区尺蛾科昆虫名录及在世界动物区系中的组成

物种	东洋区	古北区	澳洲区
尖翅金星尺蛾（*Abraxas cupreilluminata*）	+	+	
丝绵木金星尺蛾（*Abraxas suspecta*）	+	+	
白带枝尺蛾（*Alcis admissaria*）	+	+	
喜马拉雅星尺蛾（*Arichanna himalayensis*）	+		
普氏星尺蛾（*Arichanna pryeraria*）	+	+	
对白波尺蛾（*Asthena undulata*）	+	+	
四眼绿尺蛾（*Chlorodontopera discospilata*）	+	+	
葡萄回纹尺蛾（*Chartographa ludovicaria*）	+	+	
黑腰尺蛾（*Cleora fraterna*）	+		
光穿孔尺蛾（*Corymica specularia*）	+	+	
同慧尺蛾（*Crypsiconeta homoema*）	+	+	
白顶峰尺蛾（*Dindica wilemani*）	+	+	
八角尺蠖（*Dilophodes elegans*）	+	+	
灰涤尺蛾（*Dysstroma cinereata*）	+	+	
二线绿尺蛾（*Euchloris atyche*）	+	+	
黑碎斑黄尺蛾（*Euchristophia cumulata*）	+	+	
绣球祉尺蛾（*Eucosmabraxas evanescens*）	+	+	
双环祉尺蛾（*Eucosmabraxas octoscripta*）	+		
台褥尺蛾（*Eustroma changi*）	+	+	
后纹尺蠖（*Garaeus apicatus*）	+	+	
镜窗尺蛾（*Garaeus specularis*）	+	+	

续表

物种	东洋区	古北区	澳洲区
枯叶尺蛾（*Gandaritis sinicaria*）	+	+	
金边无缰青尺蛾（*Hemistola simplex*）	+	+	
星缘绣腰青尺蛾（*Hemithea tritonaria*）	+	+	+
暗边截翅尺蛾（*Heterocallia temeraria*）	+		
超暗始青尺蛾（*Herochroma supraviridaria*）	+	+	
褐斑隐尺蛾（*Heterolocha biplagiata*）	+	+	
半月缘尺蛾（*Heterosteganialunulosa*）	+		
四点角缘尺蛾（*Hypochrosis rufescens*）	+	+	
黑斑金尺蛾（*Hypomecis melanosticta*）	+		
玻璃尺蛾（*Krananda semihyalina*）	+	+	
阿里山斜尺蛾（*Loxaspilates arrizanaria*）	+	+	
辉尺蛾（*Luxiaria mitorrhaphes*）	+	+	
茶褐弭尺蠖（*Menophra anaplagiata*）	+	+	
山茶斜带尺蛾（*Myrteta sericea*）	+	+	
尾四斑白尺蛾（*Myrteta simpliciata*）	+		
巨豹纹尺蛾（*Obeidia giganteraria*）	+	+	
茶呵尺蛾（*Odontopera bilinearia*）	+	+	
粉红盗尺蛾（*Docirava affinis*）	+	+	
雪尾尺蛾（*Ourapteryx nivea*）	+	+	
序周尺蛾（*Perizoma seriata*）	+	+	
烟胡麻斑星尺蛾（*Percnia suffusa*）	+	+	
巨双目白姬尺蛾（*Problepsis superans*）	+	+	
双目白姬尺蛾（*Problepsis albidior*）	+	+	
间庶尺蛾（*Semiothisa intermediaria*）	+	+	
金叉俭尺蛾（*Spilopera divaricata*）	+	+	
斑镰翅绿尺蛾（*Tanaorhinus kina*）	+	+	
渺樟翠尺蛾（*Thalassodes immissaria*）	+	+	

注：“+”表示有分布。

4.6.3 中国动物区划

武功山尺蛾科在中国地理区划分布类型十分复杂，共有9种分布类型（表4-6）。占总数15%以上的4种（77.08%）：华北+蒙新+青藏+西南+华中+华南型（20.83%）、青藏+西南+华中+华南型10种（20.83%）、华中+华南型9种（18.75%）、华南型8种（16.67%）。华南、华中、西南及青藏区分布最多，各自有47种、40种、28种和26种，而华北、蒙新和东北区最少，分别为20种、15种和4种。

表 4-6　武功山尺蛾可在中国动物地理区划中的组成

中国动物区划							尺蛾科种数	比例（%）
华北区	东北区	蒙新区	青藏区	西南区	华中区	华南区		
+		+	+	+	+	+	10	20.83
			+	+	+	+	10	20.83
					+	+	9	18.75
						+	8	16.67
+	+	+	+	+	+	+	3	6.25
+					+	+	3	6.25
+			+	+	+	+	2	4.17
				+	+	+	2	4.17
+	+	+	+	+	+		1	2.08
共计							48	100.0

注：“+”表示有分布。

4.6.4　优势种

对于2013年、2014年以及2015年所采集的48种尺蛾标本进行统计分析，结果发现：6月尺蛾的物种数量及其个体数量都是最少的，优势种不明显；7月是尺蛾发生的高峰期，尺蛾种数达到了30多种，其中主要优势种分别为茶呵尺蛾以及同慧尺蛾；8—9月尺蛾的物种数以及个体数量开始持续下降，锐减到最后的5或6种。可见，武功山自然保护区尺蛾科昆虫种群在不同的月份中存在着明显的差异，并且变化有一定的规律可循，主要随着时间的变化而相应改变。究其原因是：6月初保护区内的气温低，湿度大，植被长势相对迟缓，尺蛾科昆虫活动不活跃。在7月初，植被种类增加以及气温开始上升，这段时期样地内开花植物增多，连续降雨的时间较短，气候条件适宜，花期基本一致，草甸长势良好，吸引大量的昆虫取食与栖息，为多样的昆虫提供更有利的生存环境。由于保护区所在海拔较高，7月之后气温便开始缓慢下降，植物花期逐渐结束，连续降雨开始，因湿度较大、温度较低及食物来源减少等直接影响昆虫的活动，因此尺蛾科昆虫种类也随之降低。昆虫群落的发生和演替与环境之间是相互适应和协同进化的，其表现在时间上有着明显的节律变化。建议保护区相关负责单位及人员对其保持足够的重视，既要利于昆虫多样性的保护，也要对有害生物防治。

4.7　草甸病害发生调查及病原鉴定

通过实地调查和室内病原鉴定，总共发现武功山草甸病害13种，其中真菌病害7种，毛毡病1种，生理性病害5种，各病害症状特点及病原鉴定结果分述如下。

4.7.1 三脉马兰锈病（菊科）

该病发生最为普遍，几乎每株寄主植物上均有不同程度的发生，主要危害植株叶片和叶茎，病斑椭圆形，其上着生大量橘黄色的夏孢子堆，成群生或散生分布。发病从顶端到基部呈加重趋势，严重时整个叶片黄化枯死，生长在密丛中的植株发病更为严重。经显微镜检，夏孢子橘黄色，球形或近球形，孢壁上有小刺分布，夏孢子大小为（22.5~42.5）μm×（15~32.5）μm，鉴定为柄锈菌属（*Puccinia* sp.）类真菌。

4.7.2 小果菝葜锈病（菝葜属攀缘灌木）

该病害主要分布在金顶发射树附近的西北坡面（海拔1855m），呈零星分布发病较轻（该类植物分布也相对甚少），主要危害植株叶面，病斑不规则形，受害部叶面组织干枯坏死，病叶背面聚生大量橘黄色夏孢子堆和褐色冬孢子堆，显微镜检夏孢子橘黄色，球形或近球形，孢壁上着生小疣，夏孢子大小大约为（16.25~30）μm×（13.75~27.5）μm；冬孢子双细胞着生于小柄上，长椭圆形或棍棒形，顶端圆或隆起，表面光滑，隔膜处缢缩，大小约为（32.5~50）μm×（15~22.5）μm，该病原菌鉴定为柄锈菌属类真菌。

4.7.3 藜芦锈病（百合科藜芦属）

该病害主要分布在金顶发射树西北、东南坡面（海拔1855m）和云海客栈至吊马庄路边芒草与玉簪混生区（海拔1657±8m），发射树附近较为严重，病斑不规则形，严重时病斑处组织坏死，病叶上着生大量橘黄色夏孢子堆和褐色冬孢子堆，显微镜检夏孢子球形或近椭球形，表面有小刺，大小为（20~28.75）μm×（18.75~22.5）μm；冬孢子双细胞着生在小柄上，顶端突起或光滑颜色稍暗，隔膜处缢缩，大小约为（37.5~57.5）μm×（15~25）μm，该病原菌鉴定为柄锈菌属类真菌。

4.7.4 白茅锈病（禾本科白茅属）

该病害主要分布在金顶发射树东南坡面（海拔1855m），其余调查点尚未发现该病害，病部组织失绿，病斑不规则形，病斑上密生大量橘黄色夏孢子堆，发病严重时整个叶面枯死，显微镜检夏孢子近球形，其上附着小疣，夏孢子大小约为（22.5~32.5）μm×（17.5~28.75）μm，该病原菌鉴定为柄锈菌属类真菌。

4.7.5 珍珠菜锈病（豆科类植物）

该病害主要分布在云海客栈附近（海拔1609±6m），其余调查点未发现该病害，呈零星分布，发病植株甚少，主要危害植株叶面，发病叶表可见失绿枯死斑，背面散生略褐色冬孢子堆，冬孢子双细胞着生小柄之上，隔膜处缢缩，顶端光滑或略突，颜色稍暗，冬孢子大小约为（37.5~52.5）μm×（15~22.5）μm，该病原菌鉴定为柄锈菌属类真菌。

4.7.6 芒锈病（禾本科类植物）

此病害发生较少，仅在息心亭附近（海拔1696±10m）和白鹤山庄附近（海拔1790±6m）有零星分布且危害相对较轻，病斑长椭圆形或不规则形，其上着生少量褐色冬

孢子堆，显微镜检，冬孢子双细胞着生于小柄上，长椭圆形或棍棒形，顶端圆滑或隆起，表面光滑，隔膜处缢缩，大小约为（32.5~50）μm×（15~22.5）μm，该病原菌鉴定为柄锈菌属真菌类真菌。

4.7.7　前胡枯斑病（伞形科前胡属）

该病害在所调查的8个点中均有分布，其中吊马桩客栈附近（海拔1592±8m）和息心亭附近（海拔1696±10m）较为突出，主要为害前胡叶片，受害叶片上可见多个枯斑，病健交界明显，交界处有一黄褐色晕圈，病斑中间枯死，有时枯死斑上有小黑点散生，显微镜检分生孢子器球形或近球形、褐色、薄壁，孔口处暗褐色，分生孢子线形多弯曲，具多个隔膜，表面光滑，两端略尖，大小约为（37.5~63.75）μm×（2.5~4.75）μm，该病原菌鉴定为壳针孢属（*Septoria* sp.）类真菌。

4.7.8　毛毡病

该病害主要分布在金顶发射树东南坡面（海拔1855m）和云海客栈返回路上的避风洼（海拔1648±7m），发病较少，零星分布，主要危害植株叶面，病斑正面向外凸出明显，浅黄色至红褐色，病斑背面覆盖了大量的白色绒毛。经镜检，此病斑为虫害，由锈壁虱引起。

4.7.9　毛秆野古草斑点病（禾本科野古草属）

该病害主要分布于金顶白鹤山庄（海拔1790±6m）和云海客栈至吊马庄路边芒与玉簪混生区处（海拔1657±8m），受害叶片病斑较小且无规则，浅褐色，严重时失绿干枯，经显微镜检，组织分离均未获得病原物，将其初步鉴定为生理性病害。

4.7.10　茅草叶斑病（禾本科）

该病害在所调查的8个点中均有不同程度的分布，其中云海客栈（海拔1609±6m）和云海客栈至吊马庄路边避风洼处（海拔1648±7m）较为严重且靠近路边和风口处更为严重，受害叶片病斑长圆形、长条形或不规则形，病斑失绿干枯，严重时整叶几乎布满病斑，经显微镜检和组织分离均未分离检查到病原物，鉴定为生理性病害。

4.7.11　芒叶斑病（禾本科）

该病害在所调查的8个点中均有分布，其中金顶白鹤山庄附近（海拔1790±6m）、息心亭附近（海拔1696±10m）和吊马桩客栈附近（海拔1592±8m）3处较为严重，主要危害叶片，病斑成紫锈色无规则，病部干枯失绿，严重时整叶枯死。经显微镜检和组织分离未得到相关病原物，将其初步鉴定为生理性病害。

4.7.12　玉簪花叶病（百合科玉簪属）

此病害主要分布于金顶发射树附近（海拔1855±8m）、息心亭附近（海拔1696±10m）和云海客栈至吊马庄路边芒与玉簪混生区（海拔1657±8m）。病害主要发生在叶片上，病斑圆形或不规则，病健交界较清晰，病部中央褐色坏死，边缘有黄白色晕圈，病斑多时联合成大斑，最后病部呈白色坏死，边缘有清晰的褐色坏死线，病害发生严重时，常造成叶片畸形内卷。经室内镜检和组织分离未得到相关病原物，鉴定为生理性病害。

4.7.13 草甸病害发生调查及病原分析

通过多次和多点实地调查和病原室内鉴定，共发现武功山草甸病害13种，其中真菌病害7种，毛毡病1种，生理性病害5种。在7种真菌病害中，锈病占了6种，可以看出武功山草甸主要的侵染性病害为锈病，这为今后开展武功山草甸病害的防治和研究提供了必要的理论依据。对于5种生理性病害，主要是根据其症状特点及不能分离到病原菌而做出的初步诊断结果，至于其确切的诊断结果及具体的病因有待于进一步的研究。武功山山地草甸常常处于变化莫测的气候、强烈日照、频繁刮风等自然环境之中，这些因素很有可能促成了其生理性病害的较重发生。

4.8 山地草甸害虫绿色防控技术体系

4.8.1 高山草甸生态特点

武功山因受到自身地形的影响，具有春秋相连、长冬无夏、气候温凉、雨量充沛、日照较少和雾多风大等特点。且海拔1500m以上的山坡和岭脊的植被以山地草甸为主，主要包括多年生草本植物莎草科及禾本科。高山草甸海拔之高，面积之广在世界同纬度名山中都是绝无仅有的。10万亩①草甸绵延于海拔1600m的高山之巅，被专家称为“奇山伴草甸，天下一绝”。

由于高山草甸植被组成结构的过于单一，且随着人为活动范围的不断扩大和气候变化等因素的影响。原有依据自然因素能控制的虫害现已出现严重危害，且虫害暴发存在潜在危险性，如危害根部的金龟甲和为害茎叶的铁甲、叶蝉、飞虱、蝗虫、夜蛾等害虫在近两年的发生均有增加的趋势。特别是在近几年的5月底时期，亮壮异蝽在武功山大量暴发。该虫集体抱团越夏，不仅严重危害植被，而且钻入房屋及水源处集体抱团，污染池水，影响饮食卫生，并且散发出恶心的臭味。

通过草甸的扫网调查发现，草甸天敌主要以捕食性天敌为主。捕食性天敌主要包括蜘蛛、食蚜蝇、蠼螋及草蛉等。蜘蛛的食性杂捕食范围广，在自然环境中蜘蛛捕食的，大多是植物的害虫，例如蝗虫、蟋蟀、蝶类、苍蝇、黄粉虫等。蠼螋可以捕食46种昆虫，可捕食多种害虫：小老虎、棉铃虫、棉小造桥虫、鼎点金钢钻、斜纹夜蛾、红铃虫、短额负蝗、蚜虫、夜蛾及叶蝉的幼虫。草蛉能够捕食粉虱、红蜘蛛、棉蚜、菜蚜、烟蚜、麦蚜、豆蚜、桃蚜、苹果蚜、红花蚜等多种蚜虫，另外该种还喜欢吃很多种害虫的卵，诸如棉铃虫、地老虎、银纹夜蛾、甘兰组蛾、麦蛾和小造桥虫等的卵，都在其食物范围之内。

4.8.2 草甸害虫综合治理措施

在众多的草甸害虫中，当前危害最突出的害虫包括双斑草螟、疏毛准铁甲、赤须盲蝽、亮壮异蝽及蝗虫类和螽斯类等。严重时，不但造成草甸的大量损失，破坏生态系统稳定，而且可导致草甸的沙化退化。双斑草螟的幼虫白天生活在土内的丝质隧道内，晚上出来取

① 1亩≈0.0667hm^2，下同。

食草叶。疏毛准铁甲主要危害茅草叶片，越冬成虫迁移到杂草或麦田取食嫩叶，初孵幼虫潜居叶片组织中，啃食叶肉，只留上下表皮，形成黄白色袋状膜囊，幼虫有迁移危害的习性。赤须盲蝽成虫、若虫以刺吸式口器吸食植物的叶、嫩茎等汁液。亮壮异蝽不仅刺吸危害草甸，而且具有抱团聚集的习性，严重影响当地居民的生活和旅游事业的发展。

根据草甸害虫在武功山发生的特点，对草甸的综合治理应以双斑草螟、疏毛准铁甲、赤须盲蝽及亮壮异蝽为主要对象，兼治叶蝉、飞虱及蝗虫和螽斯等。现将综合治理的配套技术列述如下。

4.8.2.1　农业防治

对于草甸害虫的防治，不论现在和将来，均应以农业防治为基础。农业防治具有不破坏生态系统，促进自然控制的优点，促进自然控制的优点，因此它成了综合治理害虫中优先考虑的措施。应该说，草甸上的大量害虫，自古以来就是通过不断应用农业措施把它控制下来的，如改革栽培制度、选育抗虫品种、合理搭配布局、健身栽培等。

（1）利用农业措施压低越冬虫源：有效越冬虫源多少与当年草甸害虫发生量关系密切，特别是对螟虫、叶蝉等更为明显。冬春季清除草坪中的落叶、杂草，对减少越冬卵有显著作用。螟虫、赤须盲蝽以卵在草甸草的茎、叶上越冬，可以通过清除草甸死株、枯枝、断枝、虫株或集中焚烧的方式减少害虫越冬场所，达到降低虫源的目的；对疏毛准铁甲发生严重区域进行翻耕，将遗留在土面的落叶残屑埋入土内，可以使土内越冬害虫翻出冻死。

（2）科学施肥：合理施肥，既能使草甸健壮发育，又能控制草甸害虫的发生。施肥的一般原则是底肥足、追肥早、补肥巧；有机肥和无机肥，氮肥与磷、钾肥要配合好。加强磷钾肥的管理，提高草坪草的抗性，能够抑制害虫发生。

4.8.2.2　生物防治

生物防治就是利用有益生物来控制害虫的方法。在自然界，我们常常可以看到许多害虫被别的动物所捕食、寄生或被病菌、病毒感染而死亡，这些使害虫致死的有益生物，即称害虫的天敌。在自然状况下，凡是有害生物存在的地方，都会有一定数量的天敌并存，在不受干扰的生态条件下，天敌对控制害虫常起着重要作用。每种农林植物的害虫种类，一般有数百种，危害较重的仅极少数，大部分害虫至今不会造成危害，天敌的控制起着重要的作用。

利用天敌防治害虫的主要途径主要包括保护利用本地原有天敌、人工繁殖天敌和引进外地天敌等3个。就目前情况来说，保护利用本地天敌是生物防治中的首要问题，既能维持草甸生态平衡，又可节约成本，并能长期发挥控害作用。

（1）注意保护优势种天敌资源：保留与设置天敌的隐蔽场所、合理施肥、科学用水等，对除害护益都有重要作用；种植蜜源植物，保留一些草皮，为天敌昆虫提供栖息场所及食物来源，壮大天敌种群。

（2）节制使用化学农药：在草甸允许损失水平内尽量压缩用药面积与用药次数及用量。如确实需要用药，要用选择性农药，尽可能不用广谱性农药；或改变剂型，使高毒农药低毒化，并实行有效低剂量用药和改进用药方法，如防治螟虫可用杀虫双、巴丹，防治叶蝉用速灭威、混灭畏、叶蝉散、巴沙复合剂等氨基甲酸酯农药，以减少对优势种天敌昆虫的杀伤。

（3）以菌治虫：微生物农药如苏云金杆菌对草甸上的一些食叶害虫有良好效果，一般单施苏云金杆菌防治害虫效果可达70%~75%，若再加少量化学农药，效果更佳。作为野外防治亮壮异蝽的生产菌株，考虑校正死亡率、侵染率和致死速率等毒力评价指标，白僵菌Bb357和Bb93两菌株毒力较强。其中，Bb357菌毒力综合评价最好，林间防治试验也表明该菌株对亮壮异蝽具有较好的林间控制效果，可以作为生产菌株用于林间大面积防治。

（4）昆虫激素治虫：昆虫的激素包括信息素和内激素两大类型、许多种类，其中研究应用最多的是性信息素。鳞翅目、鞘翅目、半翅目和双翅目害虫中许多种类的性信息素已经人工合成，在害虫的预测预报和防治方面起到了非常重要的作用。昆虫性信息素的应用有以下几个方面。一是诱杀法，即利用性引诱剂将雄性诱来，配以黏胶、毒液等方法将其杀死。二是迷向法，即在成虫发生期，在田间喷洒适量的性引诱剂，使其弥漫在大气中，使雄蛾无法辨认雌蛾，从而干扰正常的交尾活动。三是绝育法，即将性引诱剂与绝育剂配合，用性引诱剂把雄蛾诱来，使其接触绝育剂后仍返回原地，这种绝育后的雄蛾与雌蛾交配后就会产下不正常的卵，起到杀灭害虫后代的作用。

4.8.2.3 化学防治

使用化学农药防治害虫由来已久，它具有见效快，功效高，效果好，不受时间、地域限制的特点，因而在草甸害虫综合治理中，一直占有重要地位。但化学防治也有它严重的缺点，如污染环境、杀伤天敌、害虫产生抗药性等突出的问题。在害虫综合治理中，如何发挥化学防治的长处和限制其短处，是防治害虫中需要重点考虑的问题。化学药剂防治草甸害虫，关键在合理地、有节制地使用农药，尽量减少其杀伤天敌和污染环境的副作用。其实施路径包括以下4种。

（1）改进用药策略：抓住禾本科草甸草生长的关键期，即孕德、抽穗期和秧田期用药，而在分蘖期则利用其个体和群体的补偿能力，尽量减少用药，注意兼治和挑治，避免打“保险药”。

（2）修正过严的防治指标：减少用药次数和缩小防治面积，降低防治指标。

（3）采用选择性农药：采用选择性指数高、对天敌安全的农药品种，以及能控制害虫保护益虫的剂量。防治螟虫宜用杀虫双、巴丹、杀虫脒（每666m^{2}限100g）等选择性杀虫剂；防治飞虱、叶蝉可用叶蝉散、速灭威、混灭灵等氮基甲酸酯农药；防治赤须盲蝽可用4.5%高效氯氰菊酯乳油1000倍液加10%吡虫啉可湿性粉剂1000倍液、3%啶虫脒1500倍液喷雾进行防治。

（4）以植物源杀虫剂治虫：常见的品种有烟碱、苦参碱、黎芦碱、苦皮藤素等，也可有效控制蚜虫、叶蝉以及鳞翅目害虫的危害。

4.8.2.4 物理防治

物理防治具有经济、安全、无污染等优点，但也存在着费工、防治不够彻底等缺点，所以多作为辅助措施。常用的方法如下：

（1）捕杀法：人工捕杀适合于目标明显易于捕捉的害虫，如在炎热下午、大风或雨后于成虫聚集处人工捕杀亮壮异蝽；或人工捉杀危害茎叶的草地螟和斜纹夜蛾等幼虫；利用补虫网捕杀蝗虫。结合灌溉，振落草甸草叶片上的红蜘蛛，随流水冲走或被底部的泥粘住致死。该类方法的优点是不污染环境，不伤害天敌，不需要额外投资，便于开展群众性的防治，特别是在劳动力充足的条件下，更易实施。

（2）诱杀法：利用害虫的特殊习性，人为设置器械或诱饵来诱杀害虫的方法称为诱杀

法。利用此法还可以预测害虫的发生动态。其诱杀的常用器械包括黑光灯和色板。由于许多昆虫的视觉神经对波长330~400nm的紫外线特别敏感，因此对那些能发出波长约为365nm的长波紫外线灯具有较强的趋光性，在草甸区域可以用黑光灯或杀虫灯用来诱杀草地螟以及金龟子等夜行性害虫。黑光灯诱虫时间一般为5—9月，灯要设置在空旷处，选择闷热、无风无雨、无月光的天气开灯，诱集效果更好。设灯时，易造成灯下或灯的附近虫口密度增加，应注意杀灭黑光灯周围的害虫，以防止黑光灯周围的植株受害加重。而色板诱杀是利用部分害虫所具有的趋黄、趋蓝等习性，将黄色或蓝色粘胶板设置于草坪区域，可诱杀到大量粉虱类、叶蝉类和蓟马类害虫。

4.9　草甸及森林防火技术体系

4.9.1　山地草甸火灾的环境条件

火灾是八大自然灾害之一，是救助处置极难的灾害。火灾不仅引起直接经济损失，更严重的是破坏生态环境，破坏水土保持，引起水涝或干旱，导致林区草原化和草甸化，引起病虫害大量发生造成恶性循环，严重地危害人民生命财产。武功山风景名胜区有15000亩山林，山地草甸10万亩，每年旅游几十万人，防火工作任重道远。

气候条件：武功山地区年平均气温为14~18℃，夏季7、8两个月山顶平均气温为17.2℃和16.9℃，冬天-10℃的天气约有20天，0~10℃的结冰期约有40天，积雪期短约10天，长约20天。1969年2月武功山出现极端最低气温，山顶气温降至-17℃以下。年平均降水量为1350~1750mm，降水主要集中在3~6月，约占全年的55%~60%。空气湿度大，常年相对湿度约为80%，云多雾重，常常是山下天晴气暖，山上却云雾缭绕，气象万千。在云雾的遮蔽下，日照减少。每年7—9月日照时数最多，分别平均为90.8h、117.8h、197.5h，3个月总日照时数为406.1h，约为附近城区日照时数的65%。山顶风大。日平均风速达4~5m/s。7—9月日平均风速3~20m/s，风速的累计时间999h，平均每天为14.1h；6~20m/s风速的累计时间406h，平均每天5.7h。每年6~20m/s风速的累计时间在2000h以上，是火灾发生蔓延的主要因子之一。武功山复杂的地形地势和具备了发生森林火灾的气象条件，尤其冬季，一有火源，一触即发。

植被条件：武功山与其他风景区不同，1600m以下是森林，1600m以上是草甸。武功山海拔1600m以上的高山草甸主要为自然形成，1200~1600m的山地草甸主要由烧荒或森林火灾所致。草甸是一种独特的生态环境，它是分布在气候和土地湿润、无林地区或林间地段的多年生的草本植物群落。其中在海拔1300~1600m以上的各山顶，主要为禾本科的野古草、芒、白茅草、牛鞭草、薏苡，豆科属含羞草、金合欢、落花生、皂荚、甘草等植物。另外间有少量蓼科的蓼蓝、大黄、荞麦、何首乌、珊瑚藤，菊科野菊、青蒿、款冬、白术、苍耳，蔷薇科草莓、树莓、金瑛子、龙芽草；唇形科黄芩、霍香、白苏、紫苏、薄荷等植物。在山地草甸与森林连接处，还经常有连片小山竹分布。春夏之际，山顶一片翠绿；秋冬季节，茅吐白絮，易发生草甸火灾。

社会条件：武功山横跨吉安、萍乡、宜春三市。在2022年1月1日起正式实施《江西武功山风景名胜区——萍乡武功山景区条例》《江西武功山风景名胜区——宜春明月山景区条例》《江西武功山风景名胜区——吉安武功山景区条例》等3部地方法规之前，芦溪、袁州和安福3个县（区）都在积极开发武功山。芦溪县成立了“羊狮幕省级自然保护区”和“国家级武功山风景名胜区”；萍乡市成立了武功山风景名胜区，总面积484km^2，萍乡武功山风景名胜区管理委员会管辖区域为新泉、万龙山乡，人口约5万人；安福县成立了“武功山国家森林公园”，面积约260km^2，围绕金顶设立了“武功山国家地质公园”，面积约378.3km^2，羊狮幕景区为安福武功山国家重点风景名胜区的核心景区，景区总面积为37.5km^2；袁州区成立了“明月山国家森林公园”，面积约136km^2。在经济利益驱动下，各自为政，大搞旅游开发，景区不能统一管理，景区人类活动频繁，增大了人为火源和火灾隐患。

4.9.2 山地火灾概况

在20世纪70年代，由于没有有效的管理机构，长期处于无人监管状态，草甸每年起火，一烧几天几夜，一烧100多华里①。那时起的草甸火，有人说是矿工找矿苗故意放火清山，也有人说是“鬼火”(自燃的无名火)。

20世纪80年代初，领导和群众对防火意识还不是很强，经常发生山火，尤其到冬天，林场的职工隔三差五就要打一次火，每打一次火职工就像大病了一场，好多天都只想喝水不想吃饭。有时打火迷失了方向，就地躺在山上，天当被子地当床，风餐露宿，生活如此艰辛，但每个人没有半句怨言。到了80年代后期，政府对防火高度重视，建立了防火机构，草甸火灾次数有所下降。

20世纪90年代后，随着全球气候变暖，森林火灾次数又有所增加，但由于各级政府加强了火灾预防，配备了专业扑火队和扑火工具，虽然出现火灾次数增加，但经济损失有所下降。

2000年后，随着武功山景区的开发，旅游人员的不断增加，人为火源不断上升，加上武功山时有雷击火发生，草甸火灾形势十分严峻。

4.9.3 草甸及森林火灾预防技术体系

目前世界各国对于大火都无法控制，但小火是可以通过有效技术措施加以控制的，通过计划烧除、防火林带阻隔、化控防火工程、山火监测预报、草甸火险区划、草甸防火规划、火源管理和加强科学研究，使火灾引起的损失降到最低。具体方案如下：

4.9.3.1 计划烧除

草甸植被属于易燃性可燃物，一到秋冬季节，植被变黄，枯死的杂草极易引起火灾。计划烧除是以低强度火替代高强度火的一种有效的防火技术措施。计划烧除方式可人为干预，减少可燃物载量，改变可燃物立体结构，切断可燃物的连续分布，达到预防、减少高强度火灾的目的。用计划烧除来替代草甸火灾，转被动防火为主动防火。在秋末冬初，火险天气较低时，以低强度火烧除杂草，减少可燃物载量，降低火险，从而达到和避免火灾发生目的。

计划烧除作用是多方面的：用火防火，可以减少可燃物积累，降低草甸燃烧性；可以用火开设防火线，节约成本；在维护草甸生态系统稳定方面，能促进死地被物和有机物的

① 1华里=0.5km。

迅速分解、加速成养分循环，促进天然更新。在高山草甸可每隔4年烧一次，促进草量和草的质量。低强度计划用火后，草地黑色灰分强烈吸收阳光，增加地温和土温，促进土壤养分的分解，来年可长出绿油油的草。

曾经的火烧岭，是萍乡武功山管理部门主持燃烧的，一到燃烧季节，林场的员工和领导就紧张起来，怕从九龙界的火沿途烧到青山竹林。高山风速大，一旦火灾，迅速扩大燃烧面积，为了降低燃烧性和有效地阻止山火发生与蔓延，选择在秋冬季节，把握有利时机，在草甸分段实施计划火烧，烧一片清理一片，一天烧完。烧时要有专业扑火队员跟随，以免跑火扑救。

4.9.3.2　营建防火林带

防火林带是充分挥自然力的作用，利用植物（乔木与灌木）之间的抗火性与耐火性的差异，以难燃的树种组成的林带来阻隔林火的蔓延，防止易燃植物的燃烧，减少火灾的损失。

武功山草甸与森林的交界处可用木荷、油茶、茶叶营建10~20m宽，长度不限的防火林带，利用林带阻隔草甸火向森林蔓延，既有防火效能，又有经济效益。

防火林带营造后，几年就能郁闭成林，林内光照弱，湿度大，气温低，不利阳性杂草生长，地表可燃物少，不容易发生火灾。即使发生火灾，由于防火树种含水量大，阻火能力强。

4.9.3.3　化控防火工程

目前，世界各国对化学剂灭火比较重视。但对化控防火研究较少。研究长效的化学防火剂是防火工作的必然趋势。防火期（季），在重火灾地段，对草甸植被进行化学药剂喷洒，抑制植株体内水分蒸腾，加大可燃物含水量，降低燃烧性，以此达到防火目的。

4.9.3.4　山火监测预报

山火监测有4个层次：地面巡护、瞭望台瞭望、飞机巡护和卫星监测。地面巡护主要由护林员、森林警察等专业人员进行巡逻，发现火情后报告消防部门。瞭望台设立在高山草甸的制高点，能看到火点，及时报告火情。在大片高山草甸地区，用飞机巡护更合适。随着卫星监测手段的提高，地面巡护和瞭望台瞭望基本被卫星监测替代了。飞机巡护成本高，而卫星监测有探测范围大、观测项目多、迅速反映动态变化、成图迅速成本低、观测时间长、获取资料多、进行多维空间观测的优点。通过江西省气象局的多年林火卫星监测及火点实时资料，可为武功山提供相关数据。但武功山应安装林火监测系统，以便获取准确的火点位置，及时监测及时发现及时处理，把火灾消灭在萌芽状态。

山火预报分为3种：火险性天气预报（这种预报是目前气象部门经常发布的，是指具备了发生火灾气象条件的预报）、火灾发生预报和火行为预报。火险性天气预报仅预报天气条件能否引起火灾的可能性，它不包括火源状况，也不包括起火后的火行为。火灾发生预报综合考虑天气条件变化，可燃物干湿程度和可燃物类型特点以及火源出现的频率。火行为预报是在火灾发生预报基础上，预报火灾发生的可能性，预报火灾发生后的蔓延速度、能量释放、火强度、扑火易难程度等。国内外火灾预报的方法很多，有气象部门做的，有林业部门做的，也有防火部门做的。有多因子的，也有单因子的。武功山山火预报是个空白，可根据当地气候因子和火灾发生的次数、经济损失做一些多元回归分析，确定武功山草甸火的主要因素，并加以防控。

4.9.3.5 草甸火险区划

随着遥感（remote sensing）、地理信息系统（geographic information system）和全球导航卫星系统（global navigation satellite system）等“3S”技术的发展，武功山草甸火险区划应尽早纳入计划。根据武功山的气候、地形、植被数字化，做出专题图，再叠加火险区划图，赋予不同的颜色，划出无火险区、低火险区、中火险区、重火险区、高火险区。配置出各火险区具体巡逻人员，消火机具、消防车等人力与防火物资。根据火险区划做出草甸防火预案。

4.9.3.6 草甸防火规划

武功山草甸每年4—10月的帐篷节吸引了大量游客，在增加收入的同时，破坏了原生态环境，加大了人为火源火灾风险。应根据火险区划，合理地做出草甸防火规划，把帐篷节的范围限制在合适的区域内。

可根据以下步骤制定防火规划：

（1）规划原则

有利于迅速提高对草甸火的控制能力；结合规划地区的特点，因地制宜；要有利于采用综合的防火管理措施；要有科学先进技术，达到最佳草甸火管理水平；充分发挥防火设施的经济效益。

（2）规划与步骤

资料的收集与分析。包括规划地区的自然条件、社会经济、植被类型、气候、气象资料、火灾资料、各种图面材料。

调查研究：过去火灾次数和损失情况；各种植被的燃烧性、可燃物载量和分布面积；已有的防火设施，功能和作用。

材料的整理分析：对调查材料整理分析，写出专题报告，作为防火规划的理论根据。

规划执行：依据收集到的材料和调查所得的材料，按照规划地区火灾管理目的和要求，进行设计，提出既经济适用又符合现代化要求的最佳规划方案。

（3）规划内容

绘制各种基本图，包括火灾发生图、可燃物类型分布图、燃烧分布图、火险等级图。生物防火：计划烧除计划、营造防火林带规划。以火防火：在规划中根据当地的森林和气候确定。防火措施网络化：林火预测预报系统、通信联络系统、山火监测系统、山火巡逻系统、防火障碍系统、交通系统、扑救设备、灭火系统等。

4.9.3.7 火源管理

控制火源是防止草甸火灾的一种行之有效方法。火源分为自然火源和人为火源。武功山自然火源占1%（雷击火），99%是人为火源，如烧荒、吸烟、上坟烧纸、打猎等。人为火源管理是一项社会性、群众性和技术性的工作。在防火期，炼山要审批，林区要有防火公约告之群众，5级以上大风不用柴火烧饭，进山不带打火机和火柴，不准打猎和采药，清明、冬至不准上坟烧纸。严格控制火源的发生等。

4.10 研究结论

本章内容是在进一步探明山地草甸病虫害发生发展规律的基础上，进行区域性病害虫

种群数量动态监测技术研究，建立以生物控制措施为主的山地草甸病害虫绿色防控技术体系。通过对火灾及气象灾害发生机制的研究，构建山地草甸火灾防控及极端灾害天气预警的应急措施体系。

4.10.1　山地草甸昆虫及其群落特征

武功山山地草甸昆虫种类丰富，具有明显的季节性规律。以鞘翅目、半翅目及双翅目昆虫为优势类群，占总数量的96.19%，其中鞘翅目占50%以上。混生区样地（海拔1657m）与发射塔东南坡（海拔1855m）样地的相似性系数为0.2499，处于极不相似水平，其他样地之间的相似性系数为0.3020~0.4207，均处于中等不相似水平；海拔较高的东南坡与西北坡由于坡向的差异，相似性系数仅为0.3050，但两者与其他样地之间相似性（相似性系数为0.2499~0.3230）低于其他4个样地相互之间的相似性（相似性系数为0.3597~0.4207）。7月初至8月初是武功山草甸的昆虫群落逐渐增长和丰富的时期；8月中旬之后开始衰落，但半翅目昆虫在8月底开始有所增长。其主要原因是7月初植物开始开花，至8月初开花植物逐渐消失，访花习性的鞘翅目和双翅目昆虫伴随开花植物出现和消失。

4.10.2　山地草甸尺蛾科昆虫及其种类组成

选择尺蛾科为代表，对采集的标本进行鉴定，共计48种。这些尺蛾隶属于42属，其优势种分别为茶呵尺蛾和同慧尺蛾。在世界动物区系以古北及东洋区的共有种最多有40种，占总种数的83.33%；属于东洋区的7种，占总种数的14.58%。在中国地理区划中共有9种，其中占总种数15%以上的4种，共占总种数的77.08%。

4.10.3　亮壮异蝽潜在地理分布预测

在武功山山地草甸中，绝大多数昆虫没有对草甸和人们的生活造成明显的破坏性影响，但亮壮异蝽除外。作为为中国特有种，近十几年在武功山常有暴发现象。为使相关自然保护区及风景名胜区做好对亮壮异蝽种群暴发的早期预警和监测，采用MaxEnt和DIVA-GIS，基于该虫在江西、湖南、贵州等地的分布数据及相关的20个环境变量，对其潜在地理分布进行了预测。结果表明，影响亮壮异蝽分布的主要环境变量包括最干月降水量、海拔、昼夜温差月平均值、最暖季的降水量、最冷月的最低气温、昼夜温差与年温差比值、最干季均温和最湿季平均温，其中最干月降雨量和海拔是最重要的因素，贡献率分别为64.9%和19.5%。该虫在我国的高适生区多属于海拔700~1500m且最干月降水量为25~130mm的地区，主要集中在我国动物地理区划的华中区及华南区和西南区东部的部分区域，如江西与湖南交接的罗霄山脉，江西与福建接壤的武夷山山脉，以及重庆、湖南、贵州和湖北四交之地的武陵山脉等；非适生区包括我国的北部地区、西部地区、华中部分地区及华南的小部分区域。

4.10.4　山地草甸病害发生调查及病原鉴定

为了探明武功山山地草甸病害及其主要病原菌种类，采用普查和重点调查相结合的方法，调查主要草甸植物病害的发生情况，并采集病害标本进行分离、纯化、诱导及鉴定。共发现武功山草甸病害13种，其中真菌病害7种，毛毡病1种，生理性病害5种。在危害7种草甸植物的主要病害中以柄锈菌属类真菌锈病发生最多，其他病害还有叶斑病、毛毡病和花叶病等。

4.10.5 山地草甸病虫害绿色防控

根据草甸害虫在武功山发生的特点，对草甸的综合治理应以双斑草螟、疏毛准铁甲、赤须盲蝽及亮壮异蝽为主要对象，兼治叶蝉、飞虱及蝗虫和螽斯等。可以通过清除草甸死株、枯枝、断枝，虫株或集中焚烧的方式减少害虫越冬场所；种植蜜源植物，保留一些草皮，为天敌昆虫提供栖息场所及食物来源，壮大天敌种群；在山地草甸设置诱虫灯诱杀双斑草螟等具有趋光性的害虫；对于叶蝉发生严重的区域，可结合黄色粘虫板进行诱集。在疏毛准铁甲和亮壮异蝽危害严重的区域或年份，使用白僵菌防治，或选用烟碱等植物源杀虫剂，或吡虫啉等高效低毒低残留的杀虫剂喷施。

4.10.6 山地草甸火灾绿色防控

草甸火灾常与森林大火相伴产生。通过绿色防火工程、黑色防火工程、化控防火工程、林火监测预报、森林火险区划、森林防火规划、火源管理和加强科学研究，将森林火灾引起的损失降到最低。在做好地面巡护、瞭望台瞭望、飞机巡护和卫星监测开展山火监测预报的基础上，利用乔木与灌木之间的抗火性与耐火性的差异建造防火林带，在有专业扑火队员跟随的条件下选择在秋冬季节，把握有利时机，在草甸分段实施计划火烧。

第5章

旅游行为、布局及模式对山地草甸影响与应对研究

江西武功山是以自然风光为主要特色的山岳型风景区，其山地草甸在山岳型旅游景点的要素构成中是难得的景观类型，目前已获国家5A级旅游景区、国家地质公园、国家风景名胜区和国家自然遗产地等殊荣，极大地提升了其旅游价值。近年来，武功山依靠其独特的草甸风光以及优美的生态环境，大力发展休闲观光型旅游业，取得了良好的经济效益和社会经济效益。但大量的旅游者进入，他们在山上露营、野炊、消费、住宿，任意踩踏和排放各种生活垃圾和污物，给环境造成巨大的压力，草甸群落组成和生产力的退化，草甸破碎化现象日渐明显，尤其是景区一年一度举办的武功山国际帐篷节，日均游客量超过1万人次，节后垃圾满山遍野，生态环境遭受严重破坏，被网友戏谑帐篷节为“生态劫”“帐篷劫”“垃圾劫”，也被诸多媒体频频曝光批评，尽管景区管理部门也耗费大量人力、物力对垃圾进行处理，但收效甚微。因此，探究旅游行为对武功山草甸环境的影响规律并科学测算其承载力，就成为解决该景区资源保护与旅游发展之间矛盾的关键所在。

5.1 旅游者游憩行为对山地草甸环境的影响分析

5.1.1 旅游者踩踏干扰对草甸植被的影响

5.1.1.1 旅游者踩踏干扰对草甸群落结构的影响

（1）*旅游者踩踏干扰对草甸高度的影响*

如图5-1至图5-4所示，草甸植被高度随距路边缘距离的增加而增加（但非呈线性关系）；而路边缘的草甸高度均较低，说明旅游者干扰强度较大，这是因为路边缘受其旅游者行为干扰更大，直接影响到草甸植被的高度，继而引起土壤的理化性质以及土壤生境的变化，特别是反复的踩踏会对植被的生长起到抑制作用。由试验分析可知，距主干道距离在5m以上时，草甸平均高度均在10cm以上，几乎没有践踏等任何遭受过破坏的痕迹，说明离主干道越远，踩踏干扰越小，越有利于草甸植被的生长。另外，本研究还对试验测得高度的多重性进行比较，结果显示0m处与1m处高度的差异相关性较为显著（P=0.000005），而1m处与5m处差异不算很显著（P=0.04），说明旅游者踩踏干扰对武功山道路边缘草甸影响极大。

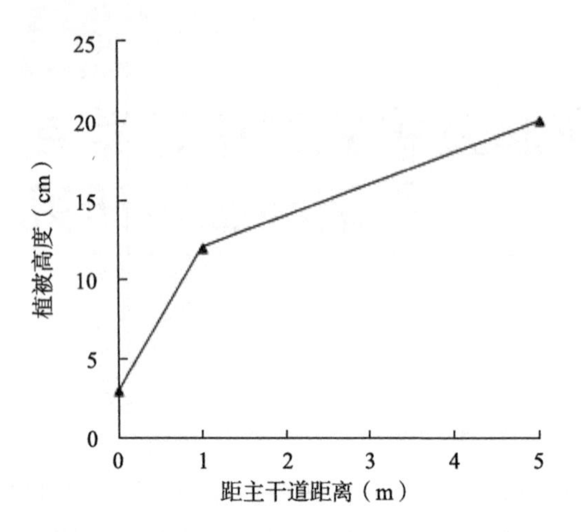

图 5-1　道路 A1 踩踏干扰对草甸高度的影响

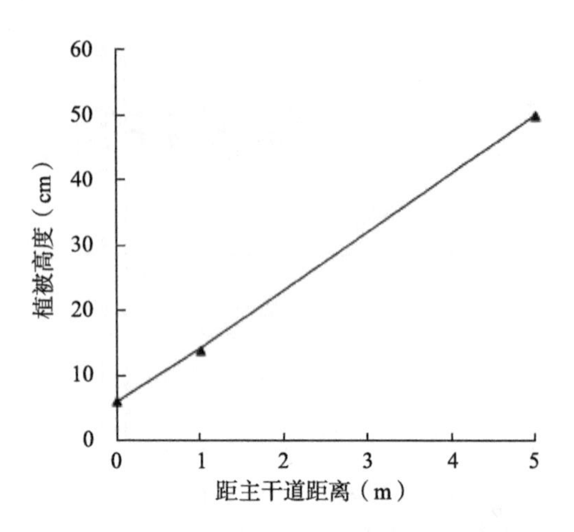

图 5-2　道路 A2 踩踏干扰对草甸高度的影响

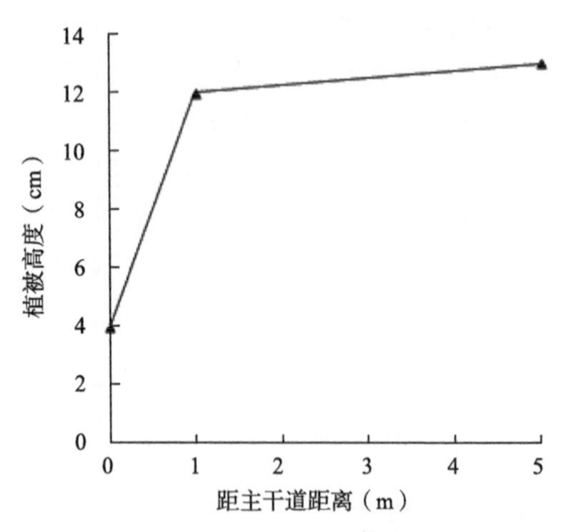

图 5-3　道路 B1 踩踏干扰对草甸高度的影响

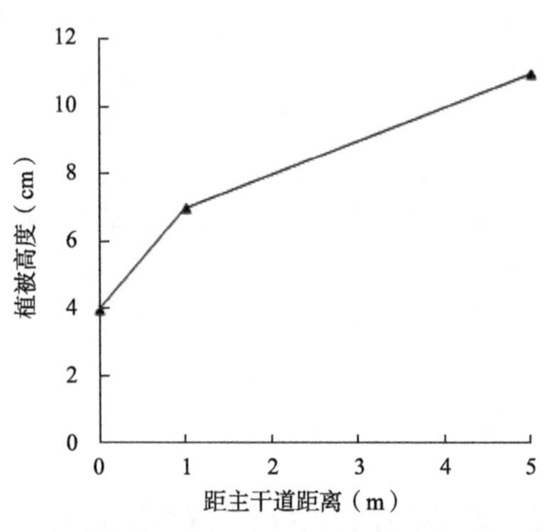

图 5-4　道路 B2 踩踏干扰对草甸高度的影响

从图5-5、表5-1可得，随草甸平均高度降低，踩踏干扰下平均高度显著水平变化不大，但不管如何仍对其平均高度产生影响，一定程度上影响了其垂直结构的变化，并且这种影响在踩踏结束2个月后仍未消失。而且踩踏结束2个月后，50次、100次草甸高度相比未踩踏条带分别低1 ± 0.6cm、1.3 ± 0.4cm，踩踏结束2个月后200次、500次、700次踩踏干扰下草甸高度相比未踩踏条带分别低5cm、6.3cm、7.4cm。

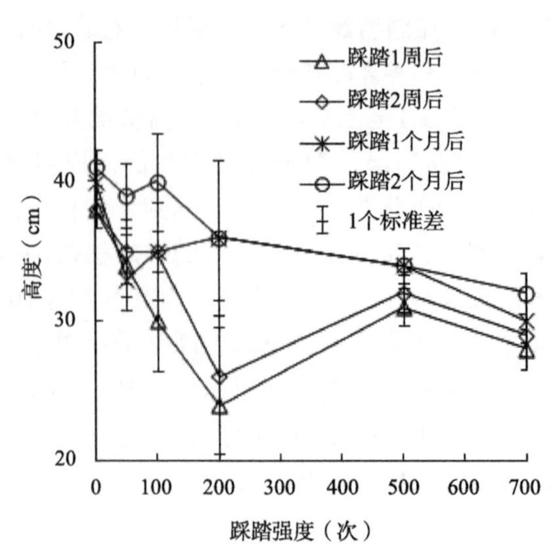

图 5-5　踩踏干扰下群落高度变化曲线

表 5-1　各踩踏试验条带指被高度方差分析

时间	1 周后	2 周后	1 个月后	2 个月后
F	1.563	1.731	1.273	0.504
P	0.197	0.21	0.383	0.752

（2）旅游者踩踏干扰对草甸盖度的影响

植被盖度为某一地区植被投影面积占样地总面积的百分比，一定程度上也能反映物种的优势度以及生长状况，是标准植被数量的一个重要参数，也是衡量生态系统健康性的一个重要指标。因此本研究在探讨旅游者踩踏干扰对武功山草甸植被影响时把将其单独划分出来分析，以探讨其干扰强度，一般植被盖度大说明受干扰程度越小（忽略自然因素的影响）。

由图5-6至图5-9可得，离主干道距离越远，草甸植被盖度越高，虽然每一条干道植被盖度不一，但大致规律相同；而离主干道越近，盖度越低，说明旅游者踩踏行为的干扰已影响到了植被的正常生长，随着距主干道距离的增大，植被生长状况越趋于良好。另外，对

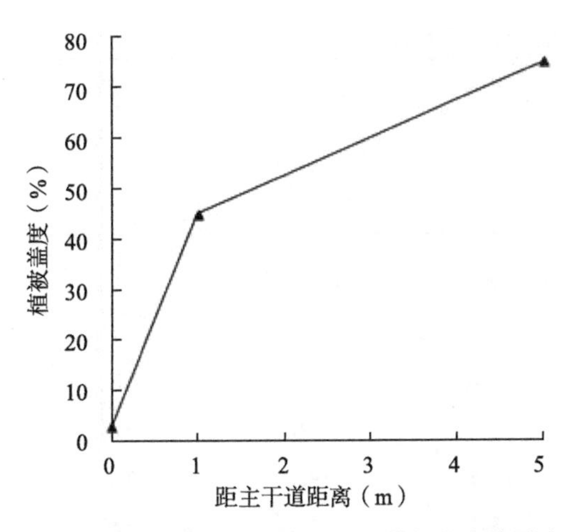

图 5-6　道路 A1 踩踏干扰对草甸盖度的影响

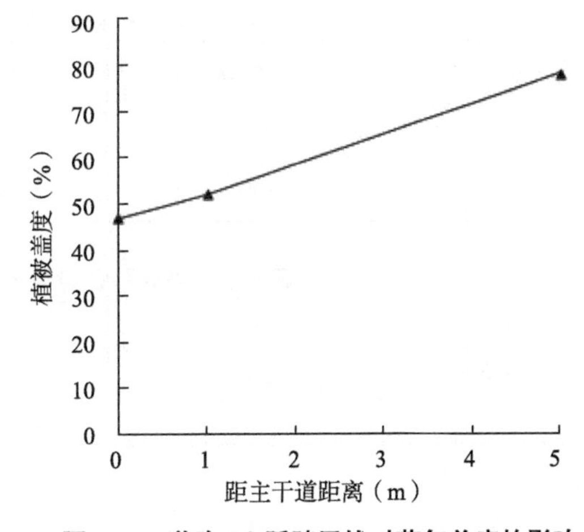

图 5-7　道路 A2 踩踏干扰对草甸盖度的影响

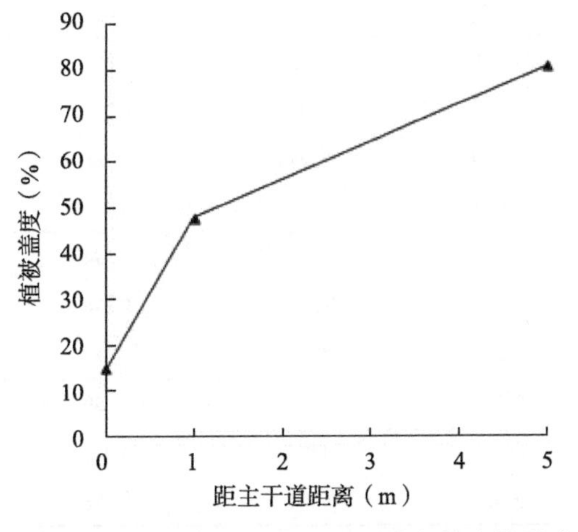

图 5-8　道路 B1 踩踏干扰对草甸盖度的影响

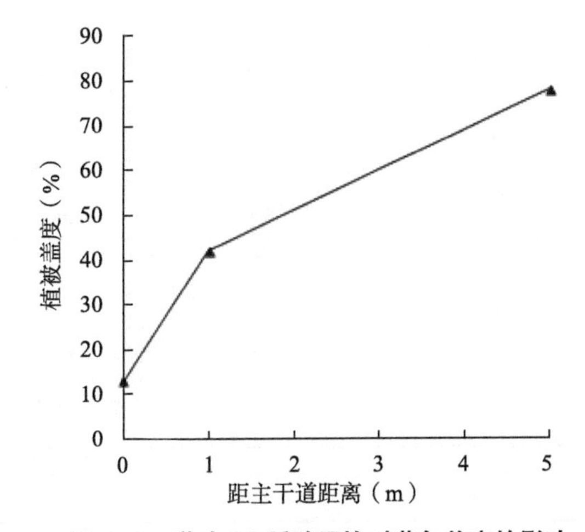

图 5-9　道路 B2 踩踏干扰对草甸盖度的影响

盖度数据进行相关性分析显示：0m处与1m处高度的差异相关性较为显著（*P*=0.000006），而1m处与5m处差异亦较为显著（*P*=0.003）。

本研究踩踏前植物群落盖度为（84±1.5）%，植物群落间相对盖度随踩踏干扰强度的增加而减小。根据踩踏条带间植被盖度的方差分析可知，随着踩踏后1周、2周、1个月、2个月后植被盖度差异性较为明显。踩踏结束后2个月内植被盖度间的差异几乎达到显著水平（表5-2）。对踩踏后不同时期的植被盖度分析可知（表5-3），踩踏100次1周后植被盖度显著低于未踩踏条带（*P*=0.023），随着踩踏强度的加强，植被盖度降低的更明显，200次、500次、700次踩踏下植被盖度相比于对照带降低了21.3±3%，32.7±8%，57.4±6%，由表5-3所示，700次踩踏下盖度明显低于前面几次试验结果。

从表5-3、图5-10可得，试验结束2周后，500次踩踏及700次踩踏所得植被盖度显著低于未踩踏条带相对盖度（分别低23±8.9%、43±14%）；试验结束1个月后，500次踩踏及700次踩踏所得植被盖度仍然显著低于未踩踏条带相对盖度（分别低9.8±4%、24±11%）；试验结束2个月后，700次踩踏所得植被盖度相比500次踩踏植被盖度低14.3±8.4%，50次踩踏结束后，不管多长时期其植被相对盖度变化率不大。

表5-2 各踩踏试验条带相对盖度方差分析

时间	1周后	2周后	1个月后	2个月后
F	23.74	20.05	11.16	2.63
P	0.0003	0.00052	0.00002	0.093

表5-3 各踩踏试验条带相对盖度差异显著性分析

踩踏强度（次）		相对盖度差异显著性 *P*			
对照条带	试验条带	1周后	2周后	1个月后	2个月后
0	50	0.384	0.837	0.782	0.843
	100	0.023	0.465	0.927	0.662
	200	0.006	0.341	0.763	0.593
	500	0.0003	0.002	0.038	0.063
	700	0.0002	0.0005	0.0003	0.016
50	100	0.097	0.563	0.835	0.828
	200	0.027	0.437	0.538	0.742
	500	0.0016	0.0024	0.023	0.09
	700	0.004	0.0005	0.0003	0.023
100	200	0.516	0.794	0.693	0.894
	500	0.027	0.005	0.037	0.236
	700	0.0004	0.0003	0.0004	0.032
200	500	0.082	0.011	0.074	0.159
	700	0.0004	0.0003	0.0007	0.047
500	700	0.002	0.001	0.004	0.436

注：表中*P*值为试验条带对比对照条带的盖度差异显著水平。其中，$P \leqslant 0.05$表示有统计学差异，$P \leqslant 0.01$表示有显著统计学差异，$P \leqslant 0.001$表示有极其显著统计学差异。

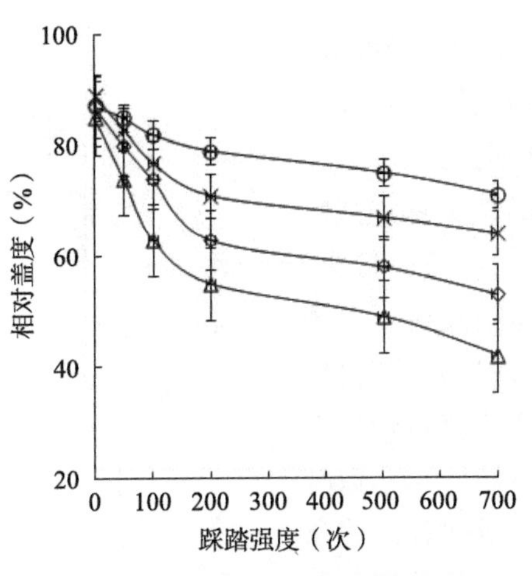

图5-10 踩踏干扰下群落盖度变化曲线

（3）旅游者踩踏干扰对株丛密度的影响

如图5-11至图5-14所示，株丛密度的变化趋势与植被高度、植被盖度相似，随距主干道距离的增加而变大，另外对不同主干道株丛密度相关性分析也显示显著差异性较大（P=0.0006）。

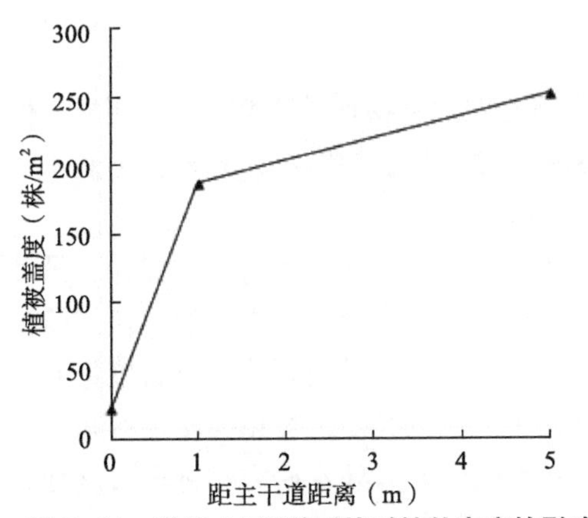

图5-11 道路A1踩踏干扰对株丛密度的影响

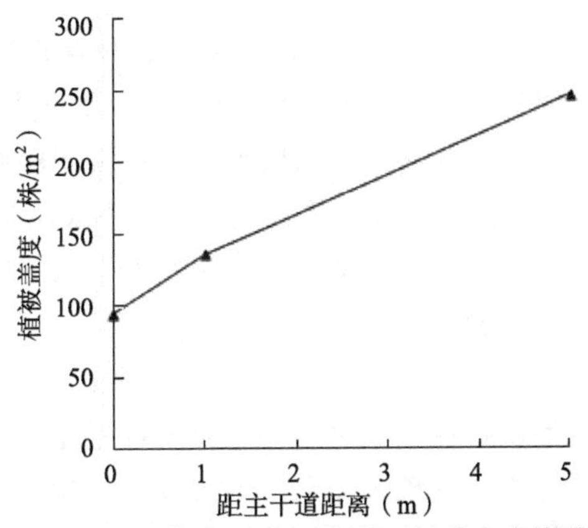

图5-12 道路A2踩踏干扰对株丛密度的影响

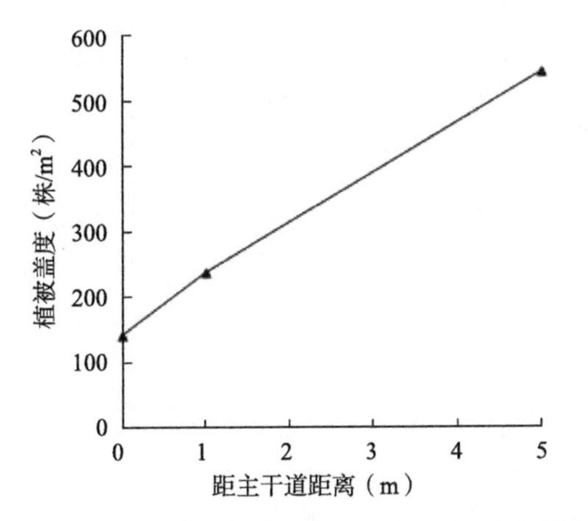

图5-13 道路B1踩踏干扰对株丛密度的影响

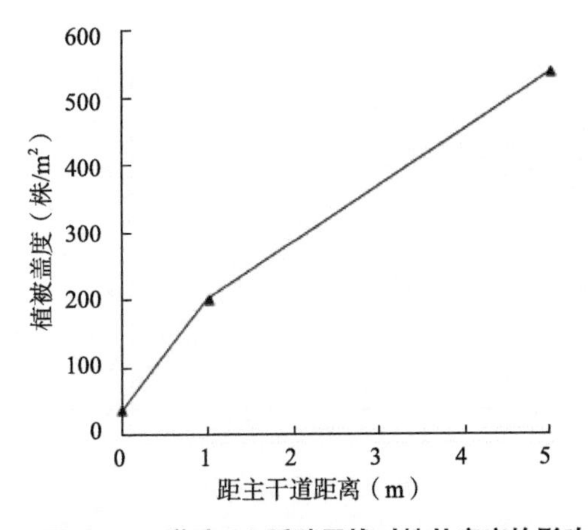

图5-14 道路B2踩踏干扰对株丛密度的影响

由图5-15、表5-4可知，物种株丛数随着踩踏强度的增加而减少，踩踏1周后物种株丛数减少最多，踩踏强度分别为50次、100次、200次、500次、700次时较无踩踏试验地带株丛数分别减少104棵、33棵、43棵、312棵、257棵，但随着踩踏结束后时间的推移，株丛数慢慢增加，呈现恢复的趋势。但2个月后株丛数数量相比无干扰地带仍然减少较多。踩踏强度为700次时，株丛数减少最多，恢复速度也最慢。根据各试验条带株丛数方差分析可知，各试验条带在干扰下株丛数差异性较为显著。

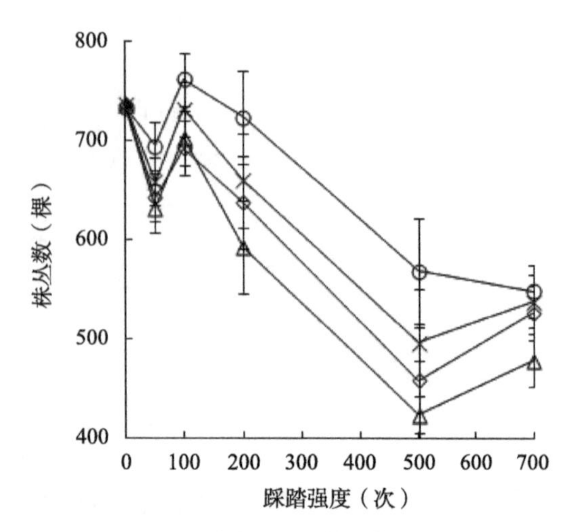

图 5-15　踩踏干扰下株丛数变化曲线

表 5-4　各踩踏试验条带株丛数方差分析

时间	1 周后	2 周后	1 个月后	2 个月后
F	22.74	23.15	18.23	3.41
P	0.0004	0.00036	0.00021	0.084

（4）旅游者踩踏干扰对草甸植物种数的影响

如图5-16至图5-19所示，随着距主干道边缘距离的增大植物种类数增加量不明显，但随距主干道边缘距离增加而增加，再次说明旅游者踩踏对种类数的影响，另外据不同主干道植物种类数的相关性分析显示相关性不太显著（P=0.1）。

本研究草甸踩踏试验均是选在无干扰的地方进行，其草甸物种平均数为28种，虽然随着干扰强度的增大，物种数会发生变化，但试验分析可知变化量不是很剧烈，各试验条带间物种的差异性不明显（表5-5）。对照图5-20可知，踩踏干扰下物种数在一定程度上有增加趋势，但物种数量变化不大，物种数量基本维持在（6 ± 1.7）种，查相关文献可知，草甸物种数与季节有较大关系，本次试验在2014年3—5月完成，另外本研究物种丰富度变化特征分析与国内外众多学者研究成果有点不符，这可能跟当地环境有关。

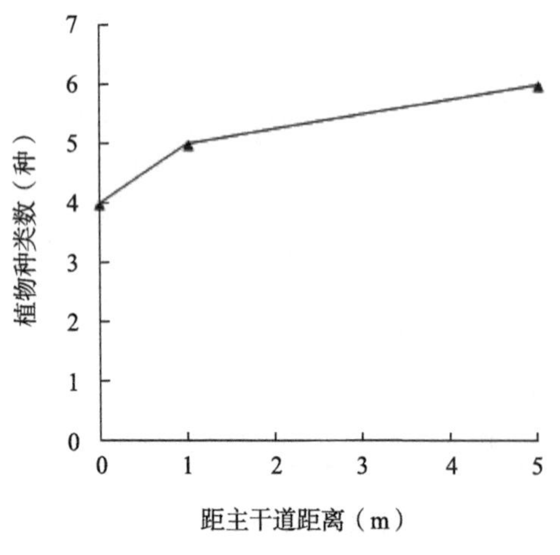

图 5-16　道路 A1 踩踏干扰对株丛密度的影响

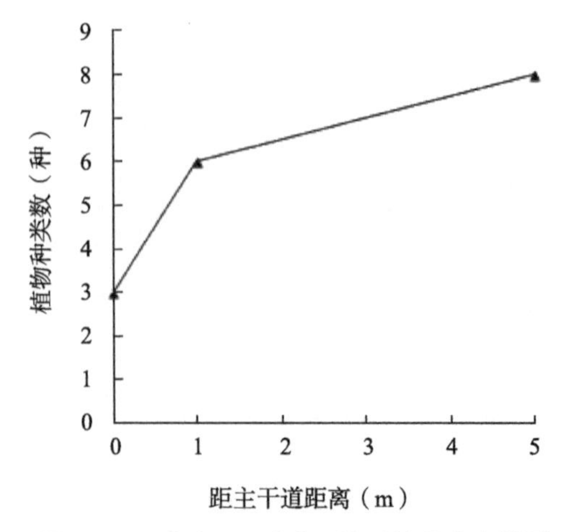

图 5-17　道路 A2 踩踏干扰对株丛密度的影响

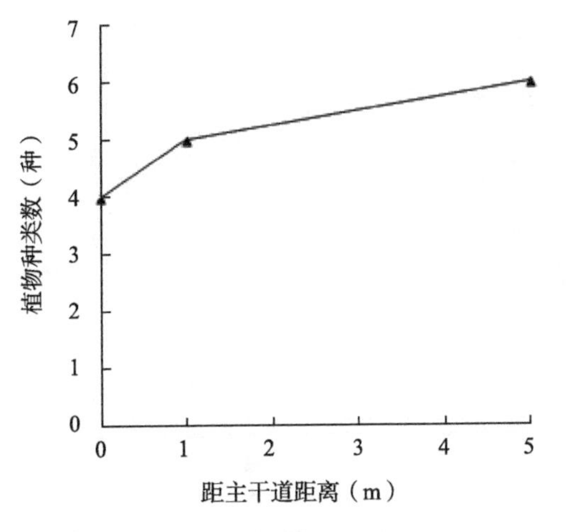

图 5-18　道路 B1 踩踏干扰对株丛密度的影响

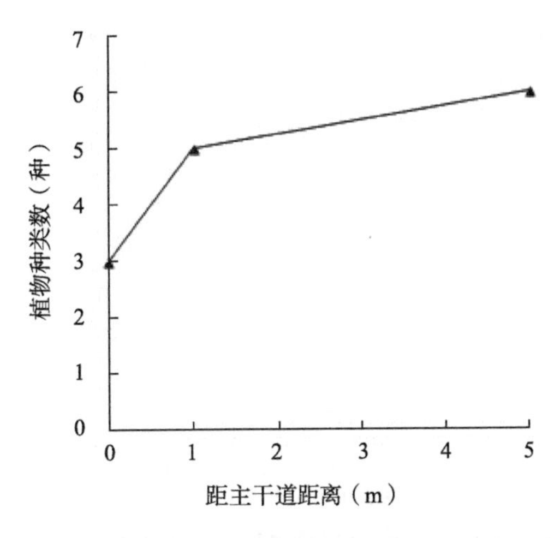

图 5-19　道路 B2 踩踏干扰对株丛密度的影响

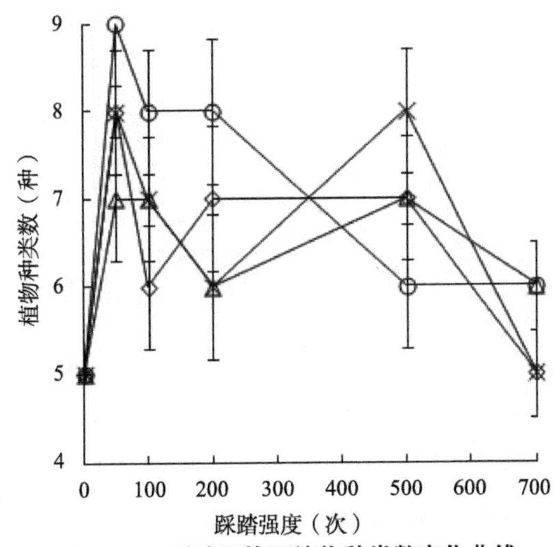

图 5-20　踩踏干扰下植物种类数变化曲线

表 5-5　踩踏干扰下各试验条带物种丰富度的方差分析

时间	1 周后	2 周后	1 个月后	2 个月后
F	0.639	0.198	0.405	0.149
P	0.703	0.958	0.837	0.973

（5）旅游者踩踏干扰对草甸优势种的影响

图5-21至图5-24表明，植物优势种数量与踩踏干扰强度密切相关，干扰强度大的地方，优势种数量小，距主干道距离越远的地方优势种数量越多。另外，由图5-24可知，本次在试验道路B2测得优势种变化规律有悖常理，这可能是由于一些自然因素的影响，故本次优势种相关性分析忽略试验道路B2的数据，相关性分析得植物优势种数量与距干道距离显著相关（P=0.0007）。

如图5-25所示，优势种数量随踩踏强度的增强先减少后增加，踩踏结束1周后优势种数量会有一定程度的减少之后又逐渐开始增加，至踩踏结束2个月后优势种数量已超过其最开

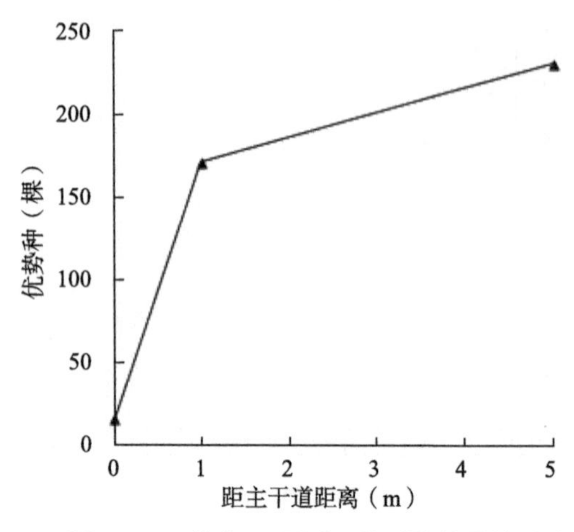

图 5-21　道路 A1 踩踏干扰对优势种的影响

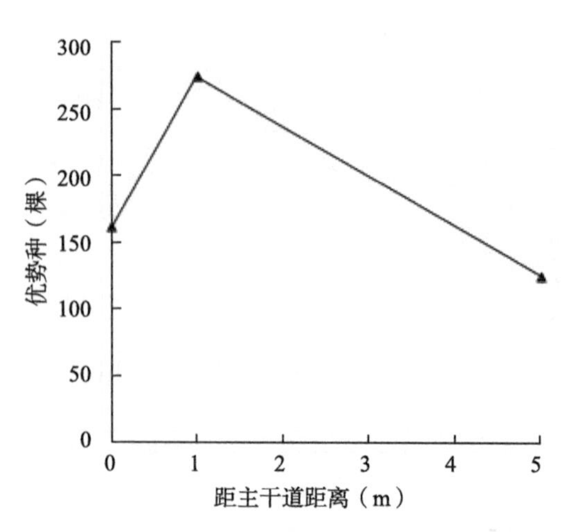

图 5-22　道路 A2 踩踏干扰对优势种的影响

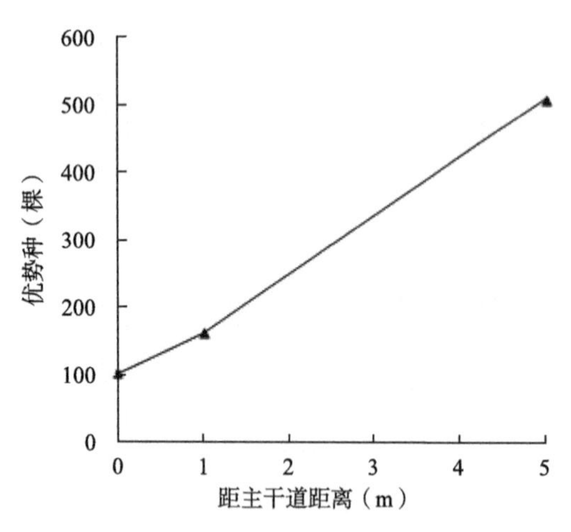

图 5-23　道路 B1 踩踏干扰对优势种的影响

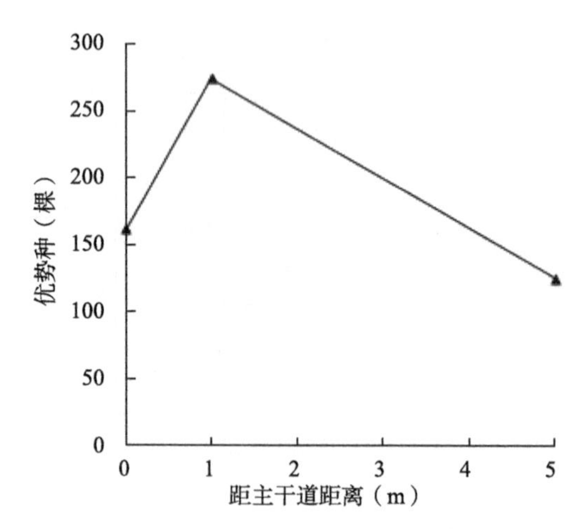

图 5-24　道路 B2 踩踏干扰对优势种的影响

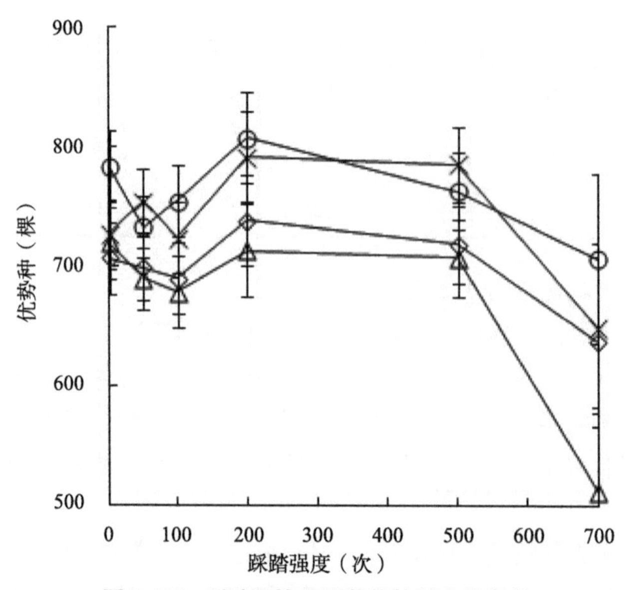

图 5-25　踩踏干扰下群落优势种变化曲线

始数量，这可能是由于踩踏干扰的原因导致草甸群落中非优势种数量减少甚至灭绝，而优势种抓住机会汲取养分继续扩大自己的优势。根据各试验条带株丛数方差分析可知，各试验条带在干扰下株丛数差异性较为显著（表5-6）。

表 5-6　各踩踏试验条带优势种数量方差分析

时间	1 周后	2 周后	1 个月后	2 个月后
F	25.34	21.79	16.53	9.15
P	0.0002	0.00018	0.00032	0.061

（6）旅游者踩踏干扰对草甸植被伴生种的影响

图5-26至图5-30表明，草甸伴生种与干扰强度响应关系不是很明显，从试验数据中无法探讨出特定规律，故在以下草甸群落对踩踏干扰的响应分析中忽略了伴生种的考虑。

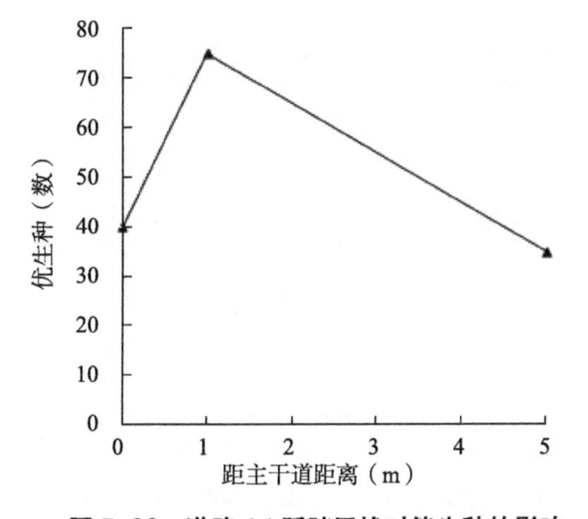

图 5-26　道路 A1 踩踏干扰对伴生种的影响

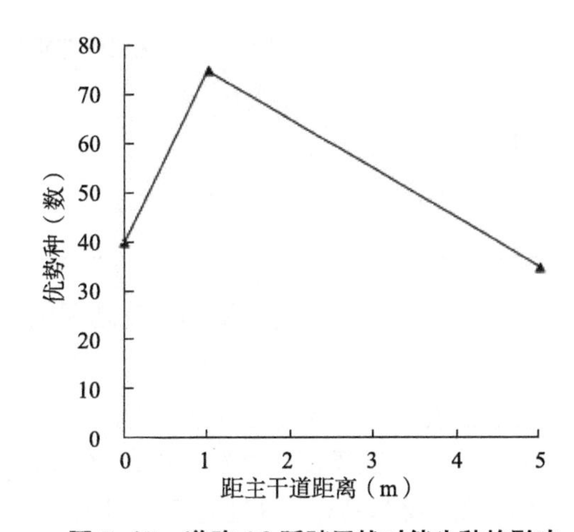

图 5-27　道路 A2 踩踏干扰对伴生种的影响

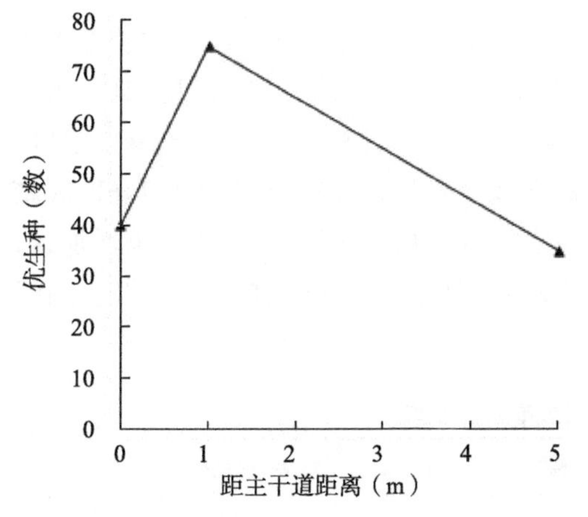

图 5-28　道路 B1 踩踏干扰对伴生种的影响

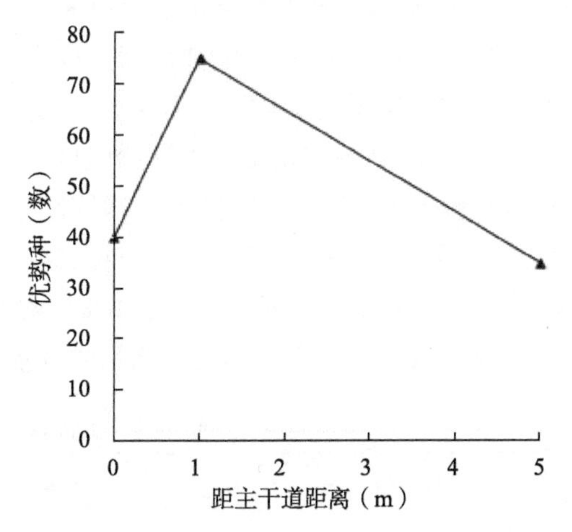

图 5-29　道路 B2 踩踏干扰对伴生种的影响

5.1.1.2 草甸群落对踩踏干扰的响应

（1）踩踏强度—盖度关系模型的建立

GM（1，1）模型是适合于预测用的1个变量的一阶灰微分方程模型，它是利用生成后的数列进行建模的，预测时再通过反生成以恢复事物的原貌。GM（1，1）模型从理论上而言是一个能够长期预测的模型，但用此模型预测时需考虑：运用GM（1，1）模型预测得到的是一个累加量，为了得到预测值，还需将累加量进行还原；当预测值序列与原序列的关联度较小时，应采取相应措施，尽可能地提高预测精度。

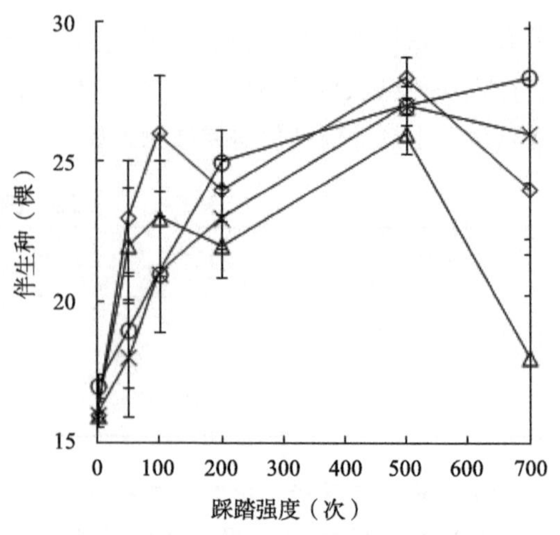

图 5-30　踩踏干扰下群落伴生种变化曲线

本研究在MATLAB 7.1中建模得到3个样地踩踏干扰下的植被盖度响应模型，结果表明模型误差控制在±10%范围内，精度能达到合格水平（表5-7）。

表 5-7　踩踏强度与相对盖度的 GM（1，1）模型

样地	模型	模型误差	模型精度
1	y=110.17e$^{-0.10064x}$	6%	合格
2	y=118.34e$^{-0.087263x}$	4.7%	合格
3	Y=113.06e$^{-0.089326x}$	7.3%	合格

由上述分析可知，植物平均盖度随踩踏强度增加而减小，但减小过程是个非线性过程，本研究中构建的GM（1，1）较好地体现了这个规律。

（2）相对盖度与踩踏强度的对应关系

为了厘清植被盖度与踩踏强度的详细对应关系，本研究将植被盖度减少率分成10个等级，每一等级相差5%，并通过模型计算每一等级对应的踩踏强度。如表5-8所示，当踩踏强度为40~80次时，盖度减少5%~10%，当踩踏强度达到1325次时，植被相对盖度减少接近50%，当踩踏强度高于2107次时，植被相对盖度低于43%。

另外从表5-8可以看出植被盖度减少率每增加5%所需要增加的踩踏强度，如盖度减少率从5%至10%需增加40次踩踏强度，盖度减少率从11%至15%需增加62次踩踏强度，盖度减少率从16%至20%需增加67次踩踏强度，盖度减少率从21%至25%需增加112次踩踏强度，盖度减少率从26%至30%需增加126次踩踏强度，盖度减少率从31%至35%需增加146次踩踏强度，盖度减少率从36%至40%需增加154次踩踏强度，盖度减少率从41%至45%需增加161次踩踏强度，盖度减少率从46%至50%需增加227次踩踏强度。从上述数据分析可知，后续每增加5%盖度减少率需增加的踩踏强度次数越多。

表 5-8　踩踏强度与相对盖度对应关系

盖度减少率（%）	植被相对盖度（%）	踩踏强度（次）
5~10	95~90	40~80
11~15	89~85	80~142

续表

盖度减少率（%）	植被相对盖度（%）	踩踏强度（次）
16~20	84~80	154~221
21~25	79~75	246~358
26~30	74~70	387~513
31~35	69~65	548~694
36~40	64~60	725~879
41~45	59~55	917~1078
46~50	54~50	1136~1363
>51	<49	>1426

（3）草甸群落对踩踏的抵抗力

植被之间相对盖度是旅游生态学研究中重要指标之一，常用来反映植物对旅游者踩踏干扰下的耐受能力以及响应特征。踩踏干扰下植被盖度的方差分析表明，当踩踏强度为0~200次时植被盖度间差异性不大，当踩踏强度超过200次后植被相对盖度就有显著差异。如图5-31所示，当踩踏强度为200~500次、500~700次时，植被相对盖度变化范围为78.3 ± 0.7%~89.7 ± 1.2%、62.1 ± 0.9%~78.3 ± 0.7%，结合此变化范围及表5-8分析可知，当踩踏强度为313次左右（植被相对盖度减少24%）及683次左右（植被相对盖度减少32%）时植被盖度变化差异较大，当踩踏强度为313次以下时植被盖度减少较为缓慢；当踩踏强度为313~683次时，植被盖度较少速率较为平稳，当超过683次时，植被盖度以较快的速度减少。将这2个踩踏强度作为本模型响应阈值，绘制踩踏干扰下对草甸植被盖度的影响图（图5-31）。

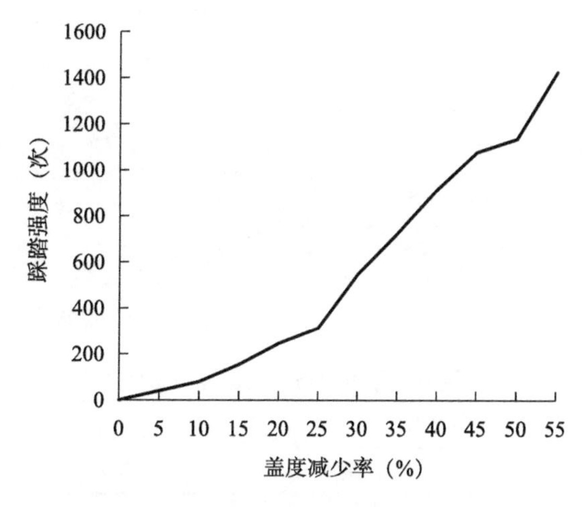

图 5-31　踩踏干扰对草甸植被盖度的影响

（4）踩踏干扰下群落的恢复力

如表5-9所示，踩踏结束1周后植被相对盖度平均值为75%，相对盖度降低，较未踩踏情况减少25%；踩踏结束2周后植被相对盖度平均值为82.43%，相比1周前相对盖度增加了7.43%，群落相对盖度恢复了29.7%；踩踏结束1个月后植被相对盖度平均值为89.74%，相比踩踏结束后1周植被盖度增加了14.74%，群落相对盖度恢复了58.96%；踩踏结束2个月后植被盖度平均值为94.63%，相比踩踏结束1周后植被盖度增加了19.63%，群落相对盖度恢复了78.5%。由此可见，踩踏结束后相隔时间越长，其恢复速度越快，但相对盖度平均值增加较慢。

表 5-9　踩踏干扰下植被盖度恢复力

时间	相对盖度平均值（%）	相对盖度恢复程度（%）
1 周	75	—
2 周	82.43	29.7
1 个月	89.74	58.96
2 个月	94.63	78.5

5.1.2　旅游者露营活动对草甸环境的影响

5.1.2.1　露营活动对草甸植被的影响

通过表5-10可以看出，露营地帐篷节后草甸平均高度由31cm变为5cm，盖度由80%变为89%，植物种类少了2种，株丛数由252棵变为94棵，优势种由231棵变为80棵。而非露营地帐篷节前后数据也相应有所变化，但相比露营地的数据变化不是很大。说明露营活动对山地草甸的影响较大，除了自然因素导致外，主要影响因素是人为踩踏与破坏，草受损后改变生长方向，有的被压断、割掉或者挖掉，对种类影响较大为优势种芒（图5-32、图5-33）。

图 5-32　帐篷节前的露营地草甸

图 5-33　帐篷节后的露营地草甸

表 5-10　帐篷节前后露营与非露营地对草甸的影响值

类别	非露营地		露营地	
	帐篷节前	帐篷节后	帐篷节前	帐篷节后
高度（cm）	34	25	31	5
盖度（%）	78	82	80	89
株丛数（棵）	237	171	252	94
植物种类（类）	7	7	6	4
优势种（棵）	218	155	231	80
伴生种（棵）	19	16	21	14

5.1.2.2　露营活动对草甸土壤的影响

土壤容重是反映土壤紧实度的一个敏感性指标，土壤容重过高会影响到草甸根系的延伸生长、水的渗透率以及土壤的通气性，土壤越疏松多孔，容重越小，土壤越紧实，容重越大。通过表5-11可以看出，帐篷节露营地土壤的容重及pH值对比，C为露营地中间位置，此处土壤容重由1.11g/cm^{3}变为1.23g/cm^3，5个样地中有4个容重变大，表明了帐篷节对草甸生长的土壤影响程度。草甸土壤酸碱度是影响土壤质量的一个重要属性，也是影响土壤肥力的一个重要因素，甚至影响土壤微生物的数量、活性和群落构成。通过帐篷节前后土壤pH值对比，可以发现节后变化不是很明显，C2与C数据略微变大，主要受旅游者活动影响与植被破坏退化有关，也与自然因素有关。

表 5-11　帐篷节前后露营地土壤容重与 pH 值对比

样地名称	节前容重（g/cm^3）	节后密度（g/cm^3）	节前 pH 值	节后 pH 值
C	1.11	1.23	4.48	5.01
C1	0.92	0.94	4.28	4.26
C2	1.02	1.09	4.42	4.43
C3	1.03	1.04	4.35	4.34
C4	1.02	1.01	4.41	4.41

5.1.3　旅游垃圾对草甸环境的影响

5.1.3.1　旅游垃圾概况

在武功山草甸景区，由于受自然条件所限，其基础设施配置和接待服务能力相对有限，草甸环境管理面临更为严峻的挑战。而利益相关主体本着自我意识，或随意丢弃垃圾，或漠视垃圾影响，或被动应付处理，使景区遭受“垃圾劫”，酿成“公地悲剧”。以第七届武功山国际帐篷节为例，景区旅游垃圾呈现出以下3个特点：

（1）数量多

据武功山管理委员会宣传部官方发言人称，为期3天的帐篷节节后产生的垃圾大约需装载一节火车车厢，总量50~60t，另外节事过程中环卫工人在原有基础上临时聘请70余名，共300余名环卫工人，加上景区党员、青年、机关干部和志愿者仅在9月14日单日就清理运送30余吨垃圾下山，景区的旅游垃圾量很大（图5-34）。

图 5-34　帐篷节后旅游者留下大量垃圾

（2）分布面广

通过实地观察发现集中转运下山的只是其中的一部分旅游垃圾而已，仍有很多细小的垃圾散落在山体各处以及分布在一些视觉盲区，比如在一些低矮灌木丛内、岩缝中、悬崖崖壁上，以及游道两边高草之下和露营区的泥地之中。另外在靠近的山上客栈的周边山涧中、山沟里，积累着商家常年累月乱扔、乱排而堆积的垃圾。

（3）垃圾种类集中

通过实地观察以及现场访谈部分工作人员和商家，发现景区旅游垃圾种类相对集中，主要有塑料外包装类、金属外包装类、餐饮服务产生的一次性产品垃圾（一次性筷子、纸杯等）、餐厨垃圾（食物残渣等）等。因此，笔者对景区旅游垃圾进行了归纳，同时参考国际环保机构公布垃圾降解时间表将其分类对应（表5-12）。

表 5-12　旅游垃圾的分类及降解时间

项目	餐厨类	纸木类	塑料类	金属类	玻璃类	植物果皮类
具体种类	剩饭菜；泔水；食物残渣等	一次性木筷和纸杯；纸巾；桶装面外包装；废弃报纸；篝火废弃的柴木等	休闲食品外包装；一次性塑料水杯、碗、雨衣；矿泉水瓶；饮料瓶；快餐盒等	易拉罐；铁质饮料罐；临时设施废弃钢架、铁丝等	玻璃质饮料罐、食物罐等	水果果皮；坚果外壳等
自然降解时间	1~6 个月，其中实物残渣中骨头类年限更长	纸巾：3~6 个月；一次性木筷子：1~5 年	塑料：100~200 年	铁质：>10 年；铝制易拉罐：80~100 年	玻璃：4000 年	一般水果皮：2~6 个月；橘子皮：2 年

5.1.3.2　旅游垃圾处理方式

通过实地访谈和从景区管委会了解到，由于武功山景区自身在技术层面对于旅游垃圾的处理能力有限，故而对于节事期间产生的大量垃圾，是以集中转运下山送至垃圾处理厂进行处理为主。但是处理方式依然较为简陋，如：①就地焚烧。一些商家在垃圾不分类的情况下，露天就地焚烧；②就地排放。山上商家（客栈为主）在提供服务的过程中产生的餐饮泔水、生活污水就地排放；③就地掩埋。景区对于临时厕所的排泄物垃圾实施就地掩埋，由于掩埋深度不够，气味影响时间长、范围广。

5.1.3.3　旅游垃圾对草甸环境的影响

武功山景区旅游垃圾呈现出量大、面广、种类集中的现状，而现有处理方式依旧简单、粗陋，从而对景区产生大量负面影响，主要影响有三个方面：

（1）污染景区环境

土壤污染。节事过程中露营区垃圾通常得不到及时的处理，大面积的垃圾覆盖加上旅游者的集中踩踏，双重影响之下易对草甸区的土壤容重和pH值产生影响。从调查取土化验的结果分析，节事前后实验区域的土壤容重和pH值发生了较大变化，其中节前土壤容重和pH值的平均值分别为1.02g/cm^{3}和4.388，节后为1.062g/cm^{3}和4.49，节后较节前上升，而二者的指标分别反映的是土壤紧实度和土壤质量的指标，试验结果也表明了旅游垃圾和旅游者的集中踩踏会造成土壤板结，肥力下降。

空气污染。景区现有的垃圾处理方式中仍有就地焚烧等粗陋的方法，一些商家通常会在不分类的情况下低温进行焚烧，而这种方式极易产生污染物质，主要包括酸性气体（HCl、SO_2、NO_x）颗粒物、重金属以及二噁英类物质，其中二噁英类物质是一级致癌物质。

水体污染。就地焚烧产生的颗粒物、重金属等，在雨水的浸透和冲刷下，有毒物质随水流渗入地下或流入山脉水系，继而污染水源。另外对厕所的人体排泄物只是进行浅度的就地掩埋，不符合《生活垃圾填埋污染控制指标》中的填埋工程设计环境保护要求，其中临时厕所在防渗措施上根本没有操作，这就使得人体排泄物质所含的有毒物质渗入地下水，污染水源。

（2）损坏景区形象

武功山景区以户外圣地、云中草原、生态养生等主题进行对外宣传和形象定位，但是武功山帐篷节举办后垃圾满山遍野，遭到社会大众和广大网友的吐槽，媒体也是纷纷报道，其中有关《武功山帐篷节变‘垃圾劫’》的采访报道，报道次数达94次，被47家媒体网站转载，其中不乏有中国新闻网、中国网、凤凰网等主流媒体（表5-13）。这些负面新闻报道与武功山景区形象定位背道而驰，使景区形象大打折扣。

（3）旅游者整体感知下滑

通过问卷调查发现，旅游者对于节事期间景区的卫生状况不满意和很不满意的比重超过半数（图5-35），达55.07%，而满意和很满意的比重只有25.78%。但是卫生状况作为旅游者对景区整体感知的基础部分，很大程度上影响了旅游者对景区整体感知，使得旅游者对景区的整体感知下滑。

表 5-13　有关《武功山帐篷节变‘垃圾劫’》的新闻报道统计

媒体网站名称	中国网	新民网	人民网	中国日报网	中国经济网	中国新闻网	新浪网	凤凰网	中国台湾网	江西大江网	其他网站合计
报道次数	14	5	4	3	3	3	2	2	3	2	53
合计	媒体网站总数：47 个报道　总次数：94 次										

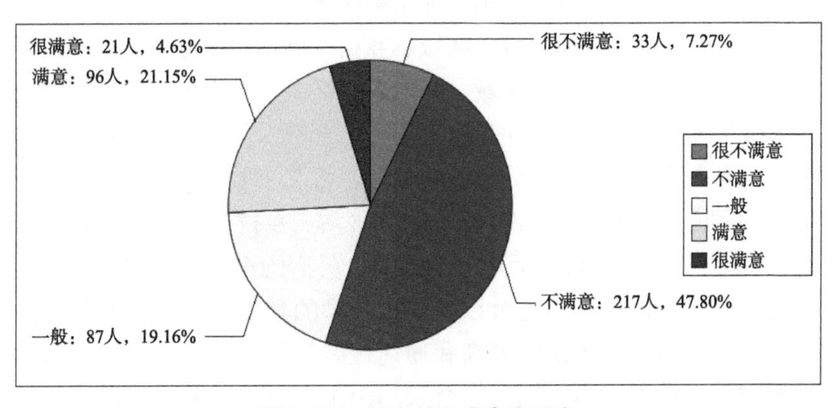

图 5-35　卫生状况满意度调查

5.2　山地草甸游憩机会谱构建

5.2.1　山地草甸游憩机会谱构建的必要性

山地草甸景观是分布在山地景区一定海拔以上的独特草甸资源，在南方地区这种景观较为罕见，是难得的旅游资源，其中武功山景区的草甸景观就是山地草甸景区的典型。山地草甸区为旅游者提供了良好的游憩环境，但由于山地草甸品种和开发条件存在着巨大的差异，简单的全部开发大众自然旅游产品已经不能满足不同层次的需求，对资源也是一种浪费。如果游憩机会谱不明确，旅游者就难以把握游览区域，如武功山景区在国际帐篷节中旅游者乱搭帐篷现象严重，同时产生的大量生活垃圾对草甸周围环境影响较大，被媒体喻为“生态劫”。有些旅游者为了满足游憩需求进行盲目探险，导致山地安全事故频发，这些不文明现象不仅破坏草甸资源，同时也加大了景区管理的难度。如何实现山地草甸区游憩的社会、环境和经济效益可持续发展，怎样在规划中根据山地草甸资源品种和开发形式的不同，对生态型旅游资源进行生态旅游产品开发以适应不同顾客群的需要，成为亟需解决的问题。这就需要运用到生态游憩机会谱理论，并且将这方面理论引入山地景区草甸区这个微观领域。

游憩机会图谱（recreational opportunity spectrum，ROS）是明确特定环境是否适合开发旅游产品，并将该旅游资源开发为何种类型旅游产品的一种规划工具。美国林业局最早提出这个概念，目前在欧美发达国家的景区与公园运用比较普遍。游憩机会谱主要由环境（settings）、活动（activities）和体验（experiences）3 个部分组成，游憩环境（recreational setting）是一个由自然（biophysical）环境、社会（social）环境和管理（managerial）环境三方耦合演化而成的综合体，游憩机会谱的构建主要取决于这3种环境序列的状况及其相关指标的组合，不一样的环境类型可以为游憩者提供不同的游憩机会。

5.2.2 山地草甸游憩环境类型及因素

5.2.2.1 游憩环境类型划分

不同的游憩环境类型可以作为提供不同游憩活动和体验的指标，游憩环境类型的划分可以为山地草甸区构建生态游憩机会谱提供重要的参考。国内外现有游憩环境划分研究中主要是从影响旅游者游憩体验的角度，依据环境本身的社会、自然与管理属性来划分等级和类型。比较有代表性的主要有 3 种分法，第一种由美国国家林业局提出的：原始、半原始无机动车辆、半原始有机动车辆、通路的自然区域、乡村及城市等从原始到城市的6个环境划分；第二种是分法为：原始区域、半原始区域、自然乡村区域、开发的乡村区域、城郊区域、城市区域，这种分法与第一种比较相近，是由美国内务部针对旅游者拥挤度提出的；第三种由肖随丽等（2011）借鉴游憩机会谱的分级分类理念，将北京城郊山地森林游憩环境划分为五大类型：城郊开发区域、城郊自然区域、乡村开发区域、乡村自然区域、半原始区域。

这3种游憩环境的分类方法目前运用较为广泛，为游憩机会谱构建带来一定的参考与借鉴。但是，山地草甸游览区显然不适合以上环境类型的划分，山地草甸游览区本身具有山地景区的特性，有地势高、城市隔绝度高和通达性差等特点，要剥离这些山地草甸区已经没有的范畴来划定更准确的类型。因此结合武功山山地草甸区游憩环境的特点，综合考虑山地草甸游览区的环境游憩可能性，初步将其游憩环境划分为开放型、半开放半封闭型和封闭型三大类。

5.2.2.2 游憩环境因素分类

现有研究中，关于游憩环境分类方法比较多，在借鉴黄向等（2009）提出的中国生态旅游机会图谱、方世明等（2014）构建的地质公园生态游憩机会谱的基础上，结合武功山自身草甸区的特点，现对草甸区游憩环境因素初步确定了15个环境因素变量，包括5个自然因素、5个社会因素、7个景区管理因素（表5-14）。

表 5-14　山地草甸区游憩环境因素分类

环境类别	环境因素
自然环境	独特的山地草甸景观、生物多样性、其他自然风景优美程度、观看日出的适宜度、露营的适宜度
社会环境	人文景观丰富度、拥挤程度、卫生状况、景点知名度、隔离城市程度
景区管理环境	解说系统、交通状况、垃圾桶与厕所分布、住宿与餐饮质量、科普教育的理想场所、休息设施合理程度、适宜的户外项目

5.2.3　山地草甸游憩环境因素

通过旅游者对山地草甸区游憩环境因素重要程度打分数据进行均值与标准差统计，均值可以反映出环境因素对山地草甸区游憩的重要程度，而标准差可以反映离散程度。由表5-15可知，不同的环境变量对游憩体验影响的重要程度差异较大。独特的山地草甸景观和适宜的户外项目这两项环境变量的得分均值最高，反映了其对游憩体验影响的重要性最突出，这也是山地草甸区别于其他游览区的重要标志。除了自然吸引物对旅游者感知比较重要外，旅游者对卫生状况和解说系统要求也很高。户外运动对旅游者感知比较重要，如看日出、露营。对一些山地草甸相关度较小的人文景观、基础设施（休息设施、住宿）和拥挤程度等，旅游者感知重要程度为一般。而景区知名度和科普教育的平均值比较小，说明这两个变量对游憩体验影响的重要性较小。

表 5-15　游憩环境因素均值与标准差

环境因素	有效问卷数	均值	标准差	重要程度排序
独特的山地草甸景观	454	4.1696	1.00544	1
适宜的户外项目	454	4.1046	1.00141	2
卫生状况	454	4.0925	.91119	3
其他自然风景优美程度	454	4.0727	1.01054	4
观看日出的适宜度	454	3.9229	1.07171	5
解说系统	454	3.9229	1.05511	5
隔离城市程度	454	3.9163	.97067	7
露营的适宜度	454	3.8480	1.05114	8
垃圾桶与厕所分布	454	3.8326	1.17486	9
休息设施合理程度	454	3.8216	1.17230	10
交通状况	454	3.7930	1.09033	11
人文景观丰富度	454	3.6916	1.19124	12
住宿与餐饮质量	454	3.6872	1.23916	13
动植物资源丰富度	454	3.5022	1.10137	14
拥挤程度	454	3.4075	.96245	15
景点知名度	454	3.1608	1.05192	16
科普教育的理想场所	454	3.1013	1.04990	17

运用SPSS17软件中的因子分析找出影响山地草甸区游憩的重要环境因子。通过Kaiser-Meyer-Olkin检验与Bartlett 的球形检验法检验环境变量是否适合进行因子分析，其中*KMO*值越接近1表示越适合做因子分析，抽样适当性检验结果显示*KMO*值约为0.806，表示比较适合做因子分析。Bartlett 球形检验的原假设为相关系数矩阵，*Sig*值显示为0.000，小于显著性水平0.05，因此拒绝原假设，说明变量之间存在相关性，适合进行因子分析。运用主成分分析法和方差最大正交旋转法提取特征值大于1的因子作为主因子，为划分武功山山地草甸区游憩环境类型的一级指标。通过表5-16可以发现，共提取6个环境因子，累计方差贡献率为72.607%，表示6个因子涵盖了原有变量包含的大部分信息，可以较全面地反映山地草甸区的环境状况各因子层面。各层面的Cronbach α系数均大于0.6，表明具有较好可信性度。表5-16中，变量共同度都比较高，说明变量中的大部分信息均能被因子提取，说明因子分析的结果是有效的。

其中6个因子为山地草甸区游憩环境的主要组成部分，每个因子集中解释游憩环境构成的某一核心方面。从旅游者体验角度来看自然环境因子可能是山地草甸区游憩体验形成的直接动力，但是管理环境因子更加灵活有效，通过制定游憩体验的管理措施达到提升游憩体验质量的效用。各环境变量对主因子成分的载荷即为其相应的重要性，统计结果选取因子载荷系数大于的环境变量进入最终游憩机会环境变量集，剔除拥挤程度、交通状况和休息设施合理度三项因子载荷系数小于0.6的变量 。

表 5-16　因子分析

因子命名	环境变量	因子载荷系数	变量共同度	累计方差贡献率（%）	α值
吸引物	适宜的户外项目	0.895	0.743	28.625	0.846
	独特的山地草甸景观	0.863	0.830		
	露营的适宜度	0.742	0.699		
	观看日出的适宜度	0.737	0.689		
资源丰富度	动植物资源丰富度	0.809	0.790	46.361	0.798
	其他自然风景优美程度	0.776	0.730		
	人文景观丰富度	0.799	0.772		
隔绝度	隔离城市程度	0.634	0.662	53.429	0.648
	拥挤程度	0.576	0.629		
知名度	景点知名度	0.728	0.718	60.033	0.784
	科普教育的理想场所	0.681	0.695		
基础设施	住宿与餐饮质量	0.827	0.794	66.478	0.636
	解说系统	0.683	0.707		
	交通状况	0.537	0.580		
	休息设施合理程度	0.424	0.546		
卫生状况	垃圾桶与厕所分布	0.743	0.759	72.607	0.614
	卫生状况	0.671	0.691		

根据旅游者自身所处环境的偏好感知对环境因子进行评分，可以反映游憩者对某种环境类型的偏好程度，得出旅游者期望获得的游憩活动与体验，便于景区管理部门结合游憩者需求划分游憩机会谱。通过表5-17可以看出，作为山地草甸区吸引物普遍偏向于在开放型和半开放半封闭型的环境中游赏，适宜的户外项目如徒步、骑行、爬山等旅游者更倾向于开放型环境，像露营、观看日出作为山地草甸比较独特的项目偏向于在半开放半封闭型环境中开展。而对于独特的山地草甸景观与动植物资源分值都较高，说明旅游者对这种草甸景观比较喜爱，都希望在所处的环境中能欣赏到独特的山地草甸景观与动植物资源。景区管理环境中，管理设施如卫生设施、住宿餐饮等，在山地草甸游览区中普遍偏向于开放型与半开放半封闭型环境，而解说系统在不同环境中的偏好程度差异不大，这种设施在各种大环境中都具有较高的需求。而景点知名度对于旅游者感知的影响度不高，在山地草甸区与城市隔离程度都较好，说明了山地景区的自身特性。

表 5-17　游憩环境因子偏好程度分析

环境因子	环境变量	开放型均值	半开放半封闭型均值	封闭型均值
吸引物	适宜的户外项目（A）	4.38	4.02	3.17
	独特的山地草甸景观（A）	3.12	3.83	4.46
	露营的适宜度（B）	3.81	3.96	3.49
	观看日出的适宜度（B）	1.66	1.78	1.24
资源丰富度	动植物资源丰富度（A）	3.55	4.01	4.58
	其他自然风景优美程度	1.43	2.81	4.12
	人文景观丰富度（A）	3.95	1.91	1.77
隔绝度	隔离城市程度（B）	3.34	3.68	4.71
知名度	景点知名度（B）	2.39	2.68	2.91
	科普教育的理想场所（B）	3.29	2.47	1.23
基础设施	住宿与餐饮质量（B）	4.12	3.54	2.13
	解说系统（B）	3.29	3.28	3.19
卫生状况	垃圾桶与厕所分布（A）	3.63	4.14	2.54
	卫生状况（B）	3.51	4.21	4.43

注：A：1 表示很少；2 表示较少；3 表示一般；4 表示较多；5 表示广泛。B：1 表示很差；2 表示较差；3 表示一般；4 表示较好；5 表示很好。

5.2.4　山地草甸游憩环境的划分与机会谱构建

5.2.4.1　游憩环境类型划分

在上述游憩环境类型初步划分的基础上，结合游憩者对环境因子偏好程度的总体变化状况，包括自然环境、社会环境和管理环境因子，确定山地草甸区的游憩环境类型分为三大类：开放型、半开放半封闭型、封闭型。

（1）开放型

开放型环境中景区基础设施较多，有较好的可进入性，针对旅游者是全开放的，周边环境中可能兼有少量自然性的特点。管理环境有解说系统、公共卫生间、住宿餐饮、购物场所、观景台和人文景观等。主要游憩活动有徒步、登山、骑行、吼山、露营、科普教育、游戏、看日出和欣赏山地草甸景观等。主要是以山地户外项目为主，有较多的人文节事活动，如武功山景区金顶的古祭祀活动等。

（2）半开放半封闭型

半开放型半封闭型环境中自然性特点较多，同时兼有少量管理设施，针对旅游者是半开放型的，可针对保护草甸资源对不同游憩区进行定期开放的轮放制度。这个环境中是在原有自然环境的基础上加以适当的人工开发，形成与生态环境相协调的景观和景点。安置必要的游赏步道和相关解说安全警示等设施，这些设施都应该体现生态性。主要游憩活动有露营、游戏、欣赏山地草甸景观、观赏动植物资源、写生、摄影和看日出等项目，开展节事活动如国际帐篷节、摄影节等，但一定要注意生态保护，加强管理。

（3）封闭型

封闭型环境中以原始自然风貌为主，基本不开发，也不针对旅游者开放的区域，主要以草甸保育与科学考察为主，往往是景区的核心保护区。要以人与自然和谐相处的环境为主，保护这片难得的资源。不允许观光旅游者进入，只允许经过批准的科研、管理人员进入开展保护和科研活动，区域内不得设立任何建筑设施。

5.2.4.2 游憩机会谱的构建

根据问卷调查中游憩者在3类不同环境类型中期望的游憩活动和游憩体验，综合游憩环境因子的重要程度及偏好程度的分析。确定基于环境类型、游憩活动和游憩体验3个方面的山地草甸区的生态游憩机会谱（表5-18）。

表 5-18 山地草甸区游憩机会谱

环境类型	游憩活动	游憩体验
开放型	以观光体验、科普教育、购物娱乐类活动为主，具体包括徒步、登山、骑行、吼山、露营、科普教育、游戏、看日出和欣赏山地草甸景观等	亲近自然，户外锻炼，获得知识，解放压力，结交朋友，娱乐消遣，感受山地草甸景观
半开放 半封闭型	以采风摄影游、登山健身和宗教文化类活动为主，具体包括露营、游戏、欣赏山地草甸景观、观赏动植物资源、写生、探险、摄影和看日出等	拍摄风光美景，户外锻炼，缓解心理压力，愉悦身心，感受山地草甸景观
封闭型	以科考为主察和地质研究为主，保护生态环境	探奇求知，寻求真理

5.3 山地草甸游憩环境承载力评价

5.3.1 山地草甸游憩环境承载力阈限

5.3.1.1 指标阈限

游憩环境承载力的本质是游憩环境系统的可持续承载，它存在上下两个阈值，即可持续区间，如果超出了区间，就不能正常发挥其功能，以至于偏离可持续发展轨道。为了形象表达游憩环境承载力状况并更好地应用于实际操作中，将武功山山地草甸游憩环境承载力评价指标的承载阈限表征为三种状态：超载、满载、低载。各指标阈限值主要利用德尔菲法、等间距法和线性加权求和法，以及现场踏查和踩踏实验获取的数据规律，并参考相

关研究成果，将各评价指标界定承载阈限（表5-19）。

表5-19　武功山山地草甸游憩环境承载力评价指标阈限界定

评价指标	承载状态			界定依据
	超载	满载	低载	
A1 空气负氧离子含量（万个/cm^3）	[0, 1)	[1, 3.6)	[3.6, ∞)	根据林金明等（2007）的研究结论及课题组现场测定数据
A2 土壤容重 (g/cm^3)	[1.0, +∞)	[0.9, 1.0)	[0, 0.9)	对照干扰区与非干扰区数据，并参照测定数据的高、中、低位分布情况
A3 植被覆盖率（%）	[0, 70)	[70, 85)	[85, 100]	参考高吉喜（2001）、王云霞（2010）等的研究成果，并考虑武功山植被覆盖情况
A4 植被短期恢复力（%）	[0, 58)	[58, 80)	[80, 100]	依照踩踏试验数据
B1 每百米游径垃圾桶数量（个）	[0, 1.5)	[1.5, 2)	[2, +∞)	参考桶配置的模拟计算方法（隋玉梅 等，2010），并考虑武功山垃圾情况及游客行为特点
B2 每百人拥有厕所蹲位数（个）	[0, 2)	[2, 3)	[3, +∞)	参照《公园设计规范》(CJJ 48—92)，并考虑武功山游客流动特点
B3 垃圾无害化处理率（%）	[0, 80)	[80, 90)	[90, 100]	参照《国家生态旅游示范区建设与运营规范》（GB/T 26362—2010）以及《“十二五”全国城镇生活垃圾无害化处理设施建设规划》
B4 游憩项目丰富度满意度	[0, 3)	[3, 4)	[4, 5]	根据满意度问卷调查
B5 休息设施数量和位置满意度	[0, 3)	[3, 4)	[4, 5]	根据满意度问卷调查
B6 标识解说系统满意度	[0, 3)	[3, 4)	[4, 5]	根据满意度问卷调查
B7 游览路径数量及合理性满意度	[0, 3)	[3, 4)	[4, 5]	根据满意度问卷调查
C1 土壤裸露率（%）	[25, 100]	[15, 25)	[0, 15)	参考武国柱（2009）、王云霞（2010）等的研究成果以及现场踏查资料
C2 道路两侧植被种类变化率（%）	[30, +∞)	[20, 30)	[0, 20)	依照踩踏试验及现场踏查数据
C3 道路两侧植被高度变化率（%）	[50, +∞)	[20, 50)	[0, 20)	依照踩踏试验及现场踏查数据
C4 道路两侧植被株丛数变化率（%）	[60, +∞)	[30, 60)	[0, 30)	依照踩踏试验及现场踏查数据
C5 道路两侧伴生种与优势种比例变化率（%）	[70, +∞)	[35, 70)	[0, 35)	依照踩踏试验及现场踏查数据
C6 非正常路径面积（m^2）	[0.7, +∞)	[0.5, 0.7)	[0, 0.5)	依照现场踏查数据
C7 拥挤感知度	[4, 5]	[3, 4)	[0, 3)	根据满意度问卷调查
C8 卫生状况满意度	[0, 3)	[3, 4)	[4, 5]	根据满意度问卷调查
C9 社区满意度	[0, 3)	[3, 4)	[4, 5]	根据满意度问卷调查以及深度访谈

5.3.1.2　指数阈限

武功山山地草甸游憩环境弹性力指数（*LA*）、支撑力指数（*LB*）、抵抗力指数（*LC*）以及承载力综合指数（*LO*）的阈限界定则是根据承载力指数计算模型，对各指标阈限进行加权求和获得，其中指标阈限值均采用原始数据无量纲化处理的结果，负向指标的原始数据则采用其倒数形式。另外为了准确测算指数阈限结果，部分指标的无限阈限值则按照经验值或测算数据的最值进行了具体界定。最终计算所得各承载力指数阈限见表5-20。

表 5-20　武功山山地草甸游憩环境承载力阈限界定

承载指数	超载	满载	低载
弹性力指数（*LA*）	[0.0000，0.0227)	[0.0227，0.0632)	[0.0632，0.1800]
支撑力指数（*LB*）	[0.0000，0.2508)	[0.2508，0.3518)	[0.3518，0.4400]
抵抗力指数（*LC*）	[0.0000，0.1773)	[0.1773，0.2338)	[0.2338，0.3800]
承载力综合指数（*LO*）	[0.0000，0.4708)	[0.4708，0.6488)	[0.6488，1.0000]

5.3.2　山地草甸游憩环境承载力评价

本研究评价指标的数据，除了植被覆盖率等少数指标采用了武功山管理委员会的统计资料，其他数据均来源于课题组深入武功山进行现场踏查、踩踏试验、问卷调查等获取的第一手资料，数据采集选择了旺季（2014年国际帐篷节期间）与淡季（2014年国际帐篷节前）两个阶段进行，以便对比分析草甸环境承载力的季节差异。各指标数据见表5-21。

表 5-21　武功山山地草甸游憩环境承载力评价指标指数及承载状态

评价指标	旺季		淡季		数据来源与说明
	原始值	承载状态	原始值	承载状态	
A1 空气负氧离子含量（万个 /cm^3）	3.9	低载	3.9	低载	课题组在草甸区 8 个点使用负氧离子测试仪测定数据的中位数
A2 土壤容重（g/cm^3）	1.01	超载	0.95	满载	课题组在金顶、吊马桩、露营地采用环刀法测定数据的平均值
A3 植被覆盖率（%）	92	低载	92	低载	武功山管理委员会资料，未进行季节测度
A4 植被短期恢复力（%）	79	满载	86	低载	课题组踩踏试验数据
B1 每百米游径垃圾桶数量（个）	0.72	超载	1.15	超载	课题组踏查统计。旺季数据含帐篷节临时配置的垃圾桶；露营核心区因淡季游客很少进入，故该区及通往该区的路径未纳入淡季数据统计
B2 每百人拥有厕所蹲位数（个）	0.98	超载	3.5	低载	课题组踏查统计，数据含客栈厕位，旺季还含帐篷节临时搭建的厕所数据
B3 垃圾无害化处理率（%）	87	满载	92	低载	课题组现场观测及武功山管理委员会资料
B4 游憩项目丰富度满意度	3.1	满载	3.06	满载	课题组满意度问卷调查
B5 休息设施数量和位置满意度	2.42	超载	3.90	满载	课题组满意度问卷调查
B6 标识解说系统满意度	2.87	超载	2.97	超载	课题组满意度问卷调查
B7 游览路径数量及合理性满意度	2.98	超载	3.62	满载	课题组满意度问卷调查
C1 土壤裸露率（%）	32	超载	29	超载	课题组在金顶、吊马桩、露营地踏查观测数据的平均值
C2 道路两侧植被种类变化率（%）	40	超载	33	超载	课题组踩踏试验及现场踏查
C3 道路两侧植被高度变化率（%）	81	超载	50	超载	课题组踩踏试验及现场踏查
C4 道路两侧植被株丛数变化率（%）	130	超载	72	超载	课题组踩踏试验及现场踏查
C5 道路两侧伴生种与优势种比例变化率(%)	217	超载	138	超载	课题组踩踏试验及现场踏查

续表

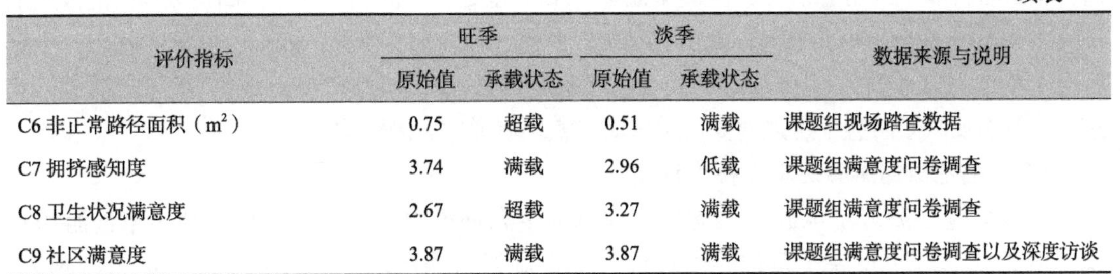

评价指标	旺季		淡季		数据来源与说明
	原始值	承载状态	原始值	承载状态	
C6 非正常路径面积（m^2）	0.75	超载	0.51	满载	课题组现场踏查数据
C7 拥挤感知度	3.74	满载	2.96	低载	课题组满意度问卷调查
C8 卫生状况满意度	2.67	超载	3.27	满载	课题组满意度问卷调查
C9 社区满意度	3.87	满载	3.87	满载	课题组满意度问卷调查以及深度访谈

弹性力指数（*LA*）、支撑力指数（*LB*）、抵抗力指数（*LC*）以及承载力综合指数（*LO*）数据，则是根据承载力指数计算模型式（4-5），对表5-21中的指标数据进行加权求和获得，其中指标数据经过了无量纲化处理，负向指标数据则采用其倒数形式。各指数数据见表5-22。

表 5-22　武功山山地草甸游憩环境承载力指数及承载状态

承载状态		弹性力指数（*LA*）	支撑力指数（*LB*）	抵抗力指数（*LC*）	承载力综合指数（*LO*）
旺季	指数值	0.0644	0.2066	0.1553	0.4263
	承载状态	低载	超载	超载	超载
淡季	指数值	0.0656	0.2513	0.2492	0.5661
	承载状态	低载	满载	低载	满载

5.3.2.1　山地草甸游憩环境承载力综合评价

承载力综合评价即通过层级分明、阈限界定的指标体系，构建模型测算承载力指数，综合反映特定时间内武功山山地草甸游憩环境的自我调节能力，以及对人类活动和规模的支撑能力和抵抗能力。

从总体来看（表5-22），当前武功山山地草甸游憩环境在旺季时处于“超载”状态，其承载力综合指数（*LO*）为0.4263，并呈现出“高弹性力—低支撑力—低抵抗力”的承载格局；即使在淡季时也处于“满载”状态，其承载力综合指数（*LO*）为0.5661，并呈现出“高弹性力—满支撑力—高抵抗力”的承载格局。

从单个指标来看（表5-21），武功山山地草甸游憩环境在旺季时“超载”状态明显，在20个评价指标中，共有13个指标处于“超载”状态，占全部指标的65%；有5个指标处于“满载”状态，占全部指标的25%；而处于“低载”状态的只有空气负氧离子含量（A1）和植被覆盖率（A3）2个指标。在淡季时指标承载状态多样化，其中处于“超载”状态和“满载”状态的指标均有7个，处于“低载”状态的指标也有6个，各占全部指标的35%和30%。

5.3.2.2　山地草甸游憩环境弹性力评价

弹性力是游憩环境承载力的基础。在草甸生态环境中，弹性力反映了其自然状态下的承载能力，弹性力就越大，表明其承载能力就越好。

从总体来看（表5-22），武功山山地草甸游憩环境弹性力，无论是旺季还是淡季，均处于“低载”状态，其指数分别为0.0644和0.0656，反映了武功山山地草甸具有较强的自我维持和自我调节的能力。

从单个指标来看（表5-21），武功山山地草甸自然生态环境较为优良。其中，空气负氧离子含量（A1）处于“低载”状态，达到3.9万个/cm^3，在海拔最高的金顶超过了5万个/cm^3，非常适合旅游者开展户外游憩活动；植被覆盖率（A3）也处于“低载”状态，高达92%；植被短期恢复力（A4）在旺季时为79%，处于“满载”状态，淡季时为86%，处于“低载”状态；土壤容重（A2）在旺季时为1.01g / cm^3，处于“超载”状态，淡季时为0.95g / cm^3，处于“满载”状态，从侧面反映了游憩干扰强度变化对草甸游憩环境弹性力的影响。

5.3.2.3　山地草甸游憩环境支撑力评价

支撑力是游憩环境承载力的支柱。在草甸生态环境中，支撑力直接反映了草甸游憩环境承载力状态，也反映了草甸游憩环境人工设施对游憩活动的承载能力，支撑力就越大，其承载能力越强，反之则越弱。

从总体来看（表5-22），武功山山地草甸游憩环境支撑力，在旺季处于“超载”状态，在淡季则处于“满载”状态，其指数分别为0.2066和0.2513，总体上反映了武功山山地草甸游憩环境在支撑能力上达到了“饱和”状态，并面临旺季“满载”的威胁。

从单个指标来看（表5-21），武功山山地草甸游憩环境支撑能力较为“疲软”，支撑其承受游憩活动的人工设施仍然“薄弱”。其中，每百米游径垃圾桶数量（B1）在淡旺季均处于“超载”状态，分别为1.15个和0.72个，尤其是旺季时大大低于1.5的阈值；标识解说系统满意度（B6）在淡旺季也均处于“超载”状态，分别为2.97和2.87；休息设施数量和位置满意度（B5）在旺季时为2.42，处于“超载”状态，淡季时为3.90，处于“满载”状态；游览路径数量及合理性满意度（B7）在旺季时为2.98，处于“超载”状态，淡季时为3.62，处于“满载”状态；游憩项目丰富度满意度（B4）在淡旺季均处于“满载”状态，分别为3.06和3.1；每百人拥有厕所蹲位数（B2）在旺季时为0.98个，处于“超载”状态，淡季时为3.5个，处于“低载”状态；垃圾无害化处理率（B2）在旺季时为87%，处于“满载”状态，淡季时为92%，处于“低载”状态，但景区存在的垃圾有害化处理问题仍不容忽视。

5.3.2.4　山地草甸游憩环境抵抗力评价

抵抗力是游憩环境承载力的核心。在草甸生态环境中，抵抗力直接反映了草甸环境在人为干扰下的压力状态以及抵抗压力的能力，抵抗力越大，承载能力就越强，反之则越弱。

从总体来看（表5-22），武功山山地草甸游憩环境抵抗力，在旺季时处于“超载”状态，其指数为0.1553，而淡季时则处于“低载”状态，其指数为0.2492，反映了武功山山地草甸游憩环境对旺季强游憩干扰的抵抗能力较为“疲软”，从而在较大程度上决定了草甸游憩环境的“超载”。

从单个指标来看（表5-21），武功山山地草甸游憩环境面临着巨大的承载压力，其抵抗人为干扰的能力较弱。其中，土壤裸露率（C2）在淡旺季均处于“超载”状态，分别为29%和32%；道路两侧植被种类变化率（C2）、道路两侧植被高度变化率（C3）、道路两侧植被株丛数变化率（C4）、道路两侧伴生种与优势种比例变化率（C5）等指标在淡旺季也均处于“超载”状态；非正常路径面积（C6）在旺季时为0.75m^2，处于“超载”状态，淡季时为0.51m^2，处于“满载”状态；卫生状况满意度（C8）在旺季时为2.67，处于“超载”状态，淡季时为3.27，处于“满载”状态；拥挤感知度（C7）在旺季时为3.74，处于“满载”状态，但在淡季时为2.96，处于“低载”状态；社区满意度（C9）达到3.87，处于“满载”状态。

5.4　山地草甸环境管理策略

5.4.1　垃圾治理

山地景区旅游垃圾的治理需要政府、景区、公益环保组织和志愿者、旅游者等多元主体相互作用、协同推进，在垃圾处理的技术支持和垃圾管理的基础上，真正实现山地景区旅游垃圾的有效治理。立足本研究案例地的实际情况，提出山地景区旅游垃圾治理模式（图5-36），该模式以节事前期的控源、节事期间的管理、节事后期的清理以及非节事期间的日常维护实现全程治理，通过法规章程的健全、体制机制的建立、激励措施的实施等推动多元主体积极参与，构建了一个较为有效治理模式，能更好地应对节事背景下山地景区旅游垃圾治理困局。

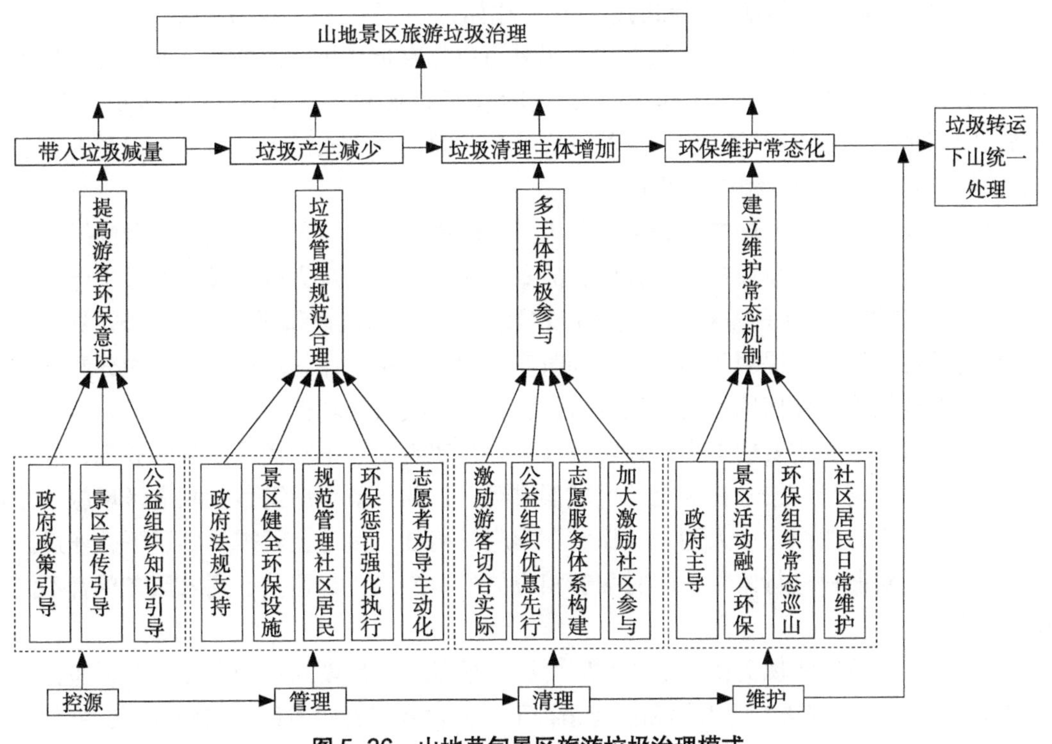

图 5-36　山地草甸景区旅游垃圾治理模式

5.4.1.1　以教育、引导减少垃圾源头带入

景区旅游垃圾主要是由旅游者带入而产生的，因而从源头上把控垃圾的带入，可以通过教育、引导等方式使旅游者了解环保知识、认知旅游垃圾危害、认同环保价值理念，从而提升旅游者的环保意识，减少垃圾的产生。不同的主体有不同的方式进行引导：①政府可以在政策层面给予重视。通过发布一些文明出游的倡导、旅游法规的具体实施细则和意见、旅游生态环境保护的文件等，以政策高度引领社会公众对于文明出游、保护环境的价值认同。②景区可以通过“线上线下”双媒介平台，加强对旅游者的教育、引导。“线上”即依托现有线上媒介，比如官方网站、景区官方微信等平台开辟专门的环保教育板块，就

山地景区开展节事活动的特性有针对地宣传环境保护的重要性及方式方法等；“线下”即景区借助智能解说系统、宣传手册、视频影音、横幅标牌以及导游、工作人员的现场提醒等，构建旅游者对于旅游垃圾危害的认知体系以及促进旅游者对于环保的认同。③公益环保组织在节事活动中可以深入旅游者的中间身传言教，普及相关环保知识，帮助旅游者树立正确的出游观念。

5.4.1.2 规范化管理推动垃圾产生减量化

节事活动期间旅游流的时空高度集中使得景区承受巨大压力，在有限的人力物力资源配置下，无序化、临时性的管理只会增加景区旅游垃圾的产生，因而需要以景区管理为主，吸引多方主体积极参与。

第一，增加环保基础设施建设。①首先应该增加垃圾桶的数量，在非道路区域尽量以移动垃圾桶为主，垃圾桶的设置间距不宜过长，分布点应散落在旅游者集中的区域，增加人性化考量；②应增加临时性环保标语牌数量，标语牌的内容摒弃原有的僵硬语气或命令口吻，改用一些幽默、易懂、平和的语气词，比如：“人人喂我，我为人人”“环境卫生100分=99个垃圾箱+你准确无误的一投”等。另外可以在临近垃圾桶的前一到两个环保标语牌上，标明方向和距离，起到导示作用；③在节事露营区域和赛事承办地这些人员集中区域，可增设饮用水的供应点，放开供水点的供应对象，面向广大旅游者，可减少旅游者对矿泉水、饮料等的带入，减少相应垃圾的产生。

第二，规范管理山上旅游服务商。①山上旅游服务商主要包括客栈和分散的摊贩，而节事期间客栈所产生的垃圾量大且集中，故景区应之原有的双方权利义务的基础上，实施“门前三包”政策，景区只需对商家的执行效果进行有效的监督和评估，对于未达标的商家给予经济处罚，树立环保规章的威严。同时建立健全商家环保信用体系，以积分制进行考核，所有客栈接受环保信用评定，优胜劣汰，督促客栈关注环保和旅游垃圾的处理。②对于分散的摊贩，可在主要的上山通道对散户商进行实名制登记和商品重量的登记，并且领取相应的准许经营号，按号在规定的区域摆摊经营，并且节事后需负责相应区域旅游垃圾的清理且带下山，按照“一人两个环保袋”为底线基准，多带上就需要多运下，通过回收准许经营号，对散户进行监督，同时配套相应的惩罚措施，如罚款、列入黑名单者不能上山经营等。

第三，地方政府法规支持。地方政府可针对景区旅游垃圾问题的实际，在不违背国家《中华人民共和国旅游法》的大纲和主旨精神下，出台专门针对景区的实施细则，强化针对旅游者不文明出游的惩罚力度，为景区制定相关规章制度和强有力的执行提供保障。

第四，志愿服务分布合理，主动劝导。节事过程中志愿服务的人员和站点分布的重点应该转移至山上露营区和赛事活动地，增加山上旅游者对于环保及环保氛围的感知。同时志愿者也应该强化主动服务的理念，主动劝导一些不文明旅游行为，并进行合理引导。

5.4.1.3 多举措共进激发多元主体参与清理

当前景区节事后旅游垃圾的清理主要依靠景区完成清理，只有少部分志愿者和公益组织参与其中，旅游者参与清理垃圾并且带下山就更少。景区通过“一袋垃圾带下山换取纪念品”这样的激励措施来激发旅游者参与，但是效果不佳，因而合理的激励措施、适当的优惠措施等可以更好激发多元主体参与清理。

第一，针对旅游者的激励措施应切合实际。景区现有的激励措施效果不佳，主要是没

有切实考虑到节事后旅游者体力消耗过度以及山地类型景区徒步下山体力消耗大的实际情况，故需要在激励点和激励方式上创新。①奖励的物品要对旅游者产生吸引力。原有的换取纪念品，纪念品概念过于模糊，物品实用价值性旅游者感知不到，故而可以换取免费餐券、土特产、门票折扣凭证等，让旅游者真切获得实惠。②实施分段激励。可在下山道路的不同高度段设置垃圾收集点，就地设置兑换点，奖励物品价值与旅游者带一袋垃圾下山的路程基本呈正比，越到山下，奖励物品的价值也就越高，分段刺激，不仅可以避免部分旅游者的中途放弃，还可以增加活动的趣味性，旅游者更加容易参与其中。

第二，加大对当地社区的环保激励。地方政府和景区管理委员会可划出景区的小部分利润作为环保奖励基金，对于积极主动参与节后旅游垃圾清理的个体并且有突出成绩的典型模范给予丰厚奖励。同时由地方政府牵头，景区周边村庄以村为单位参与到节后景区垃圾的清理，每年评定“环境保护先进村庄”并给予奖励，通过竞争机制和激励措施，带动个体和集体社区居民参与节后旅游垃圾的清理。

第三，景区强化对公益环保组织的优惠和保障。公益环保组织参与到景区垃圾的清理转运的过程中，景区对其人员在接待、餐饮、住宿、门票等各方面应给予减免或者全免，向社会表明景区对于公益环保组织的公益事业的支持和努力，通过对公益环保组织及其人员的礼遇，得到更多的公益组织的认同继而吸引更多环保组织参与进来。

第四，丰富志愿服务体系。现有志愿者构成主要是周边村落的大学生村官为主，志愿服务体系人员构成单一，数量少。景区可与地方高校合作，利用大学生环保意识较强的特点，吸纳大学生这一群体，通过免去门票费用的方式，使其以旅游者和志愿者双重身份参与到节事活动中，分散在景区的各个地方，引导旅游者合理投放垃圾，劝导不文明行为。

5.4.1.4　建立维护常态机制

景区旅游垃圾虽然能够得到大部分的清理，但是仍然有一部分处于视觉盲区和清理盲区，其中清理盲区需要景区专业人员配备专业工具才能清理，但是视觉盲区只是由于节事后集中清理的不够仔细以及垃圾过于细小而没注意到，这就需要常态化的日常维护。①环保理念融入景区的其他活动中。景区在针对不同节庆日、不同主题而开展的不同形式的活动，可以在活动形式上镶嵌环保知识宣传、环保创意、环保实践等，例如景区举办的首届全国大学生山地户外挑战赛，在一些比赛的项目中就可嫁接环保理念，比如定向穿越的最后结果的评判，带回垃圾的重量可以作为打分的依据等。②与公益环保组织合作，定期、定点参与到景区旅游垃圾的清理，同时与景区环卫和工作人员定期常态化巡山。③地方政府可以加强对环保的倡导，组织周边与旅游息息相关的村落居民定期参与清山活动，强化当地居民对“维护好山地景区卫生环境就是维护了自己子孙后代的利益”这一理念的认同。

5.4.2　山地草甸绿道建设

5.4.2.1　山地草甸绿道建设的意义

（1）绿道建设有助于完善山地草甸景区的生态体系

山地草甸是高生态敏感性资源，原本具有较好的生态基底，但随着旅游开发的快速推进，生态环境面临着巨大压力，尤其是高负荷的游憩活动使得原本完整的草甸生态系统被切割破碎化。旅游者的游憩活动对草甸生态环境产生了较大冲击。我们经过长期跟踪调查发现，武功山旅游者的踩踏对道路两旁的草甸具有明显的破坏作用，草的高度与生长方向均受到影响，而且优势草种被踩踏受损，其他物种则乘隙生长，使得植物种类明显增多；旅游者的露营活动不仅造成草体被压断毁坏，而且使草甸的土壤更加板结紧实，影响草的根系延伸生长与水的渗透率；另外，旅游者的游憩活动还带来成堆的生活垃圾，不仅有损景观效果，还直接污染了草甸的水体和土壤。可见，草甸生态环境的破坏，不仅降低了旅游者的体验质量，而且严重危害到山地草甸景区的可持续发展。

生态保护是绿道的重要功能之一。通过绿道建设，可以有效控制草甸景观破碎化的蔓延，并结合生态修复技术手段，逐步实现草甸生态空间的系统化；可以使草甸生态空间的边界界定更清晰，明确草甸的具体保护范围，为实施草甸生态保护提供科学依据和基本准线；可以提高草甸斑块之间的呼应度和连接度，为生物能量的自由流动和景观环境的和谐协调提供通道，从而保护生物的栖息环境以及完善旅游者的游憩环境；尤其可以借助绿道的游览路径、导引牌示、隔离护栏和休憩驿站等设施，有效引导旅游者参加草甸游憩活动，减少旅游者的乱踩踏、乱搭营地、乱丢垃圾等破坏行为，从而达到保护水体、植被、土壤等资源以及减少和修复草甸景观破碎化的效果。

（2）绿道建设有助于增加山地草甸景区的文化魅力

文化是人类生存的条件，是旅游业的灵魂，是构建旅游形象的核心元素。草甸景观作为名山的重要组成部分，往往与诗画作品、人物轶事、亭台楼阁、祭坛场所、神话故事等人文事项融为一体，具有深厚的文化底蕴，若能对其文化进行深度挖掘展示，必能丰富和提升景观层次和文化魅力。武功山是集人文景观和自然景观为一体的山岳型景区，其海拔1600m以上的高山草甸区，是历代人们祭天拜神、修身养性的洞天福地，前来游赏吟诗作赋的名人雅士更是络绎不绝，草甸中弥漫着浓厚的人文气息，古祭坛、山神庙等人文景观更是与高山草甸相得益彰、融为一体。但遗憾的是，目前景区主要将草甸作为特色植被景观进行开发宣传，而忽略了其蕴涵的文化魅力，甚至割裂了与周边人文景观的融合，不仅人文古迹破败、文化展示粗糙，而且游览空间主题线索混乱、缺少连续性和流动性，从而限定了草甸景观的文化魅力展示。

绿道是一种线型文化景观，是文化展示与文化保护的空间载体，具有明显的社会文化功能。通过绿道建设，可以利用不同的主题线路将人文景观与森林、草甸、岩石等自然景观有机串联，以增强游览空间的连续性和流动性，并丰富景观的层次性，使景区形成有标志性和线索性的景观风貌。这不仅有助于合理引导旅游者规范有序地从事旅游体验活动，使文化资源尽量免受旅游者的无序干扰，而且有助于旅游者获得理解和尊重草甸文化生态的意识，加深对人与自然关系的理解，进而彰显和保护景区的文化魅力，提升草甸旅游的文化品位并实现其科普教育功能。

（3）绿道建设有助于改善山地草甸景区的接待设施

山地草甸景区因草甸的开敞空间及生态脆弱性，其接待设施受到诸多条件的限制，以致存在服务节点数量不足、选址不合理、功能不健全等问题。总体来看，目前武功山的接待设施与旅游者的期望和实际需求还有不小的差距。例如，供游人食宿的驿站和旅馆不够完善，多数环境简陋，脏乱差问题突出，还有不少处于下坡道旁，既存在安全隐患，又破坏了周边生态环境；供游人休憩的桌椅和凉亭，不仅数量严重不足，而且风格简陋，与周围的环境不够协调；旅游解说设施也不够完备，不少设施位址设置欠佳，解说内容浅显单

薄，解说形式呆板单一，以致旅游者难以从中获得有效的解说信息。

由于绿道为带状狭长廊道，可进入性强，使用更为便捷，可服务的范围更为广泛，服务人群数量更多，在发挥游憩接待功能方面具有明显的优势。而完善的绿道系统，不仅要求绿道游径、基础设施、标识系统和服务系统及节点等要素配置齐全，而且其设置必须经过严格的控制规划并符合相应的质量标准。因此，在山地草甸景区进行科学合理的绿道建设，无疑有助于改善景区的接待设施，为广大旅游者提供方便、快捷、具有吸引力的游憩场所，从而满足他们的游憩、餐饮、住宿、娱乐、科普教育等多样化需求。

（4）绿道建设有助于提升山地草甸景区的安全管理

山地草甸属生态脆弱性景观，在旅游开发中不可避免地会造成一定程度的破坏，从而形成大量裸露在外的山体岩石和土壤，长期的自然侵蚀还会造成水土流失、石块崩落、山体滑坡等次生灾害的发生；而山地草甸开敞的空间以及多变的天气环境，使得置身其中的旅游者容易迷路被困，引发安全事故。例如，武功山在2007年1月至2014年5月期间共发生20起较大的旅游者被困事件，发生地点主要集中在发云界、羊狮幕、金顶附近，多为开发未成熟的山地草甸区（表5-23）。这些区域多为原始风貌，正式的游憩路径较少，安全标识、指路牌示也较为缺乏，旅游者进入容易迷失方向；而地域范围大，信号树少，微弱的手机信号让被困旅游者无法及时顺畅地向外界求助，救援人员也无法通过通讯信号确定被困人员的具体位置。可见，安全风险是山地草甸景区可持续发展面临的困难和挑战。

表 5-23　武功山旅游者被困事件统计

被困地点	发云界	羊狮幕	金顶	观音宕	绝望坡	九龙山	山坳处	总计
次数	6	3	6	1	2	1	1	20
百分比（%）	30	15	30	5	10	5	5	100

绿道的线性、高连接性、高可及性特点，使其在山地草甸景区安全管理中能发挥有效作用。通过绿道建设，可以改善自然环境，能够减弱或者阻隔灾害的放大，特别是能够明显降低地震、火灾等次生灾害的影响，从而营造一个安全稳定的游憩环境。另外，在山地草甸景区建设带状的绿道，不仅能依此拓展游览路径，设置导引警示的灯光、音响和牌示等设施，以避免旅游者迷失方向，还能为旅游者提供避难场地，为灾时的救援、疏散提供通道，最大限度地保证旅游者的生命和财产安全。

5.4.2.2　山地草甸绿道建设的途径

（1）山地草甸绿道的生态建设途径

山地草甸景区绿道作为一种生态型绿道，必须以生态建设为基础，将破碎化的生态斑块和生态廊道有机串联，最大限度地修复和保护草甸生态环境，力争使其恢复到具有较强自我维持能力的自然状态。

首先，绿道选线应遵循生态影响最小化和旅游者体验最优化的原则，并与基本生态控制线相协调，既要尽量绕开生态敏感区，又要做到道路两侧均有景可观，步移景异，避免景观单调平淡。因此，绿道应尽量选择在旅游景点集中的现有游憩路径基础上进行改建，以减少工程量并充分保护原有草甸植被。

其次，考虑到山地的地质地形构造以及旅游者的高强度踩踏等情况，绿道路面铺装应采用生态环保、渗水性强、耐磨性好的本土材料，处于潮湿地带的铺装材料还要耐腐性好，而且铺装面层应平整、抗滑、美观。比如，武功山的吊马桩至金顶段的水泥步游道，就应通过石（木）板铺路、沟管疏通、耐磨草甸培植等措施对道路进行改造，以增强路面的生态效果，同时减少道路对两旁生物能量流动的阻隔。

最后，坚持以草甸现状保留为主，在修复现有破坏草甸的基础上，通过增植和改造的方式在道路两边适当营造宜人的植物景观，尤其是在一些重要节点适当配置与草甸有色彩映衬效果的时花进行点缀，既可减少草甸景观的单调性，又能恢复和保护自然生态环境。另外，在悬崖、陡坡等相对危险路段，道路边上还可进行隔离式种植，增强游径的安全性。在绿道醒目位置可设置环保宣传栏、解说劝导牌示等，引导旅游者低碳环保旅游，劝诫旅游者的误摘误踩行为。

（2）山地草甸绿道的文化建设途径

文化是山地景区的魅力灵魂和品牌形象。经过漫长的历史沉积，山地景区往往凝聚了大量不朽的文化遗产，彰显了独特的文化魅力。针对山地草甸相对单调的景观风貌以及文化魅力展示不足的现状，应坚持以文化为魂，巧妙借助和充分发挥绿道的社会文化功能，传承和展示地域文化空间。

一方面，在发掘并保护地域景观和历史文化资源的基础上，通过绿道将景区中具有特殊文化价值的遗迹及景观串联起来，做到主题线索清晰鲜明、节点时空布局协调合理，为旅游者提供具有连续性和层次性的文化体验空间。比如，武功山就应围绕金顶，尽量按原貌修复古祭坛、山神庙等文化资源，并以绿道进行串联，形成一条独具特色的朝山游线，既凸显宗教名山的形象地位，又提升旅游者的游赏体验质量。

另一方面，在综合考虑地方环境风貌、资源禀赋形态以及旅游者需求特征的基础上，对绿道进行文化创意开发设计，深入发掘绿道休憩娱乐、展示文化、提供指示的综合功能和效益。比如在武功山草甸区，可以在绿道的重要节点上构筑观景亭台、休息座椅等，将古今名人赞美武功山的诗赋、匾牌和画作等以适当的方式刻录印制其上；按照历史沿革顺序，在绿道上依次设置葛洪、徐霞客等相关历史人物的雕像；还可以在绿道部分路段设置文化墙和解说牌示，利用自然元素和文化符号集中展示武功山的独特底蕴和风貌，尤其是为旅游者生动展示山地草甸景观的形成演变及生态保护。

（3）山地草甸绿道的服务建设途径

旅游者是山地草甸景区绿道活动的主体，绿道建设本身就是为了让旅游者更方便、更舒适地享受草甸旅游带来的美好体验。因此，山地草甸景区绿道建设，必须坚持以人为本，改善服务设施，打造人性化户外空间。主要是在绿道沿线合理布局和设置观景台、游憩点、运动健身设施、小卖部、餐饮店、垃圾桶、生态厕所、医疗站、路灯、信号树和解说标识系统等服务设施，以完善和提升草甸区的旅游接待服务功能。当前武功山草甸区仍然存在基础设施薄弱、接待服务条件落后等问题，其绿道服务建设尤其要做好以下两方面工作：

一是完善休息设施。在武功山草甸区，目前旅游者休息、聚集、避风躲雨主要依靠村民沿路搭建的驿站和客栈。而这些驿站和客栈搭建随意，外观突兀，设施简陋，服务粗糙，不能很好地满足旅游者的休憩需要。应对现有驿站和客栈进行升级改造，统一风格，规范

服务，部分违章建筑要予以拆除。应根据出行入口和出行距离，在绿道沿途选择合适的地点设置桌、椅、亭、廊、花架、敞厅等休息设施。还应在绿道重要节点建造生态厕所，以消除旅游者在草甸中随地大小便的不文明行为。

二是完善游憩设施。山地草甸是开展户外游憩的理想场所，武功山因此被誉为“户外天堂”，而实际上草甸区的游憩场所零散杂乱，游憩设施简陋稀少。应根据场地条件和旅游者需求，因地制宜建造和设置安全、方便的游憩设施场所，主要包括烧烤点、野餐点、露营地、健身器材运动场所、娱乐活动中心、帐篷租借点等，为旅游者开展户外游憩活动提供良好的条件。

（4）山地草甸绿道的安全建设途径

绿道对于提升山地草甸景区的安全管理具有特殊作用。但要使绿道充分发挥这一优势作用，就必须充分考虑旅游者的使用需求，通过优化道路系统、改善信息沟通途径以及设置旅游者救助服务站等，提高景区安全管理的可参与性、可达性、可介入性。从武功山的实际情况来看，山地草甸景区绿道的安全建设应主要集中在以下两个方面：

一是在合理规划和科学论证的基础上进行绿道选址和设施安全建设。绿道线路必须绕开滑坡、塌方、泥石流等危险地段；在无法绕开的悬崖陡壁等危险地段，应设置稳固的防护栏和醒目的警示牌；在途经安全事故多发地点附近的绿道出入口或指示方向，也要设置包括道路指示牌、警示牌、里程牌等在内的标识系统。

二是在绿道的重要节点和主要出入口合理设置安全管理设施。设置电子监控设备，为安全监测与景区日常管理提供方便；设置旅游者救助服务站，为旅游者免费提供饮水、食物、衣服、照明工具和急救药品以及相应服务；增设通信信号树，提高景区信号覆盖面积，以方便旅游者对外求助及救援队伍开展营救；设置电子显示屏和语音播报系统，为旅游者及时提供安全服务信息；安装灯光系统，提供照明和导航服务，保证露营旅游者的夜间安全，同时为景区增添美丽的夜景。

5.4.3　国家公园建设

国家公园的概念源自美国，是指国家为了保护一个或多个典型生态系统的完整性，为生态旅游、科学研究和环境教育提供场所，而划定的需要特殊保护、管理和利用的自然区域。世界上最早的国家公园为1872年美国建立“黄石国家公园”。

武功山虽然已获国家5A级旅游景区、国家地质公园、国家风景名胜区和国家自然遗产地等殊荣，但这些保护区大多是在不同时代背景及应急性政策调整等特殊条件下建立的，并没有从国家自然遗产资源分类保护与分级开发利用的角度进行系统的制度设计，造成保护区区域重叠、管理目标矛盾或管理模式的空缺。仅武功山脉就设有三个风景区管理委员会，分别是吉安市安福武功山风景名胜区旅游管委会（正县级）、萍乡武功山风景名胜区管委会、宜春市明月山温泉风景名胜区管理委员会（明月山属武功山一支峰），俨然是三足鼎立。特别是金顶更是成为利益之争的一个缩影。按照江西省政府2001年12月28日做出的批复，芦溪县与安福县行政区域界线白鹤峰（金顶）主山脊分水线走向确定边界线，2011年以来，萍乡方面计划在金顶白鹤峰寺下面修建道教文化广场，由于安福县不同意萍乡以任何名义或手段在安福县属地上启动任何形式的旅游开发建设行为，项目被制止，也让萍乡武功山管委会拆除山顶违建的脚步停下来。而羊狮幕地处宜春、萍乡、吉安三地交界处，恰恰又是三地下一步都想开发的景区，利益的分争不可避免。化解属地“割据”的最好办法就是建立国家公园管理体制，在开发布局上，形成一个单独的综合、统一的规划建设，有步骤、快速、良性地打造景区。

5.4.4 其他管理策略

武功山山地草甸环境管理，除了通过游憩机会谱构建、垃圾治理和绿道建设等措施外，建议还应针对山地草甸以及旅游者的游憩行为特征做到以下几个方面：

5.4.4.1 开展绿色营销，加大环保宣传力度

首先，景区必须树立绿色品牌形象，打造绿色节庆活动，坚持可持续发展理念，加强保护节庆活动产品赖以生存的生态和文化环境质量。节庆期间结合旅游者需求多开展科普教育活动，减少一些对草地影响较大的活动。其次，在营销环节中要注意植入绿色营销理念，在宣传产品的关键时刻加强公众环保意识，合理引导旅游者的活动行为。再者，可以在景区门票中加入环保提醒标语，在景区内设置环保标识牌，加大环保宣传力度。另外，景区要合理设置垃圾桶位置，加强大景区环卫工作。

5.4.4.2 划定区域，正确引导旅游者的游憩活动。

景区可以结合实际情况，针对不同游憩活动制定相关管理条例，加强对旅游者行为规范与管理。发挥景区工作人员的引导作用，正确引导旅游者开展活动，同时强化活动期间的监管力度，对于对草甸产生破坏行为的旅游者进行处理与教育。合理划定节庆活动区域，可以对节庆活动进行统一管理与监控，可以对草甸起到一定的保护作用，同时可以减少一些安全事故发生，避免旅游者在危险地带开展活动。加大对餐饮活动的监测力度，划定经营区域，规范经营行为。同时，每年节庆活动的开展可以选择不同区域，让上一年活动区域的生态系统进行修复，避免再次破坏，而加剧草甸退化。

5.4.4.3 完善道路设计，减少对草甸的踩踏

道路设计坚持以自然为导向、以保护为使命、以功能为前提及注重安全的原则。道路上下级的铺装间隔距离要合理，使用的材质要适当，不因道路建设而引发水土流失、边坡滑移等地质病害，避开地质复杂的路段。增设道路指引标识，完善景区解说系统。同时，在道路两边增设护栏，可以对草甸保护起到一定的作用，也可以方便旅游者行走。

5.4.4.4 加强监测，注重生态修复

通过对景区承载力研究，确定景区合理容量，合理控制节庆活动的人数，减少对草甸的影响。完善考评机制，完善景区管理部考核指标体系，强化生态监测，对生态建设成果进行科学跟踪。

5.5 研究结论

5.5.1 旅游者游憩行为对山地草甸环境的影响

在试验状态下，武功山样地附近草甸高度、盖度、株丛数、优势种均随离主干道距离增加而有所增大，而伴生种数量变化不明显；随着踩踏干扰强度的增加，草甸植物群落平均高度及盖度减小，群落的水平结构发生了明显的变化，但随着踩踏结束后时间的推移，群落盖度及高度均有所回升的趋势，几乎接近踩踏前标准；在踩踏试验干扰下，随着踩踏

干扰强度的增加，优势种及伴生种数量均有所增加。高强度踩踏下，相比对照带伴生种组合发生了较大变化，但优势种和伴生种的组合却趋于稳定；200次以上踩踏强度对草甸植被多样性造成的影响在结束2个月后仍然存在。而且，踩踏干扰下草甸植物群落具有响应特征（抵抗力、恢复力），当踩踏强度达到1325次时相对盖度减少接近50%，相对盖度每增加50%所需要的踩踏强度应不断加大，且踩踏强度与平盖度二者之间呈非线性关系；踩踏干扰下，植被盖度有2个响应阈值（78.3 ± 0.7%~89.7 ± 1.2%、62.1 ± 0.9%~78.3 ± 0.7%），对应的踩踏强度分别为313次及683次，当踩踏强度为313次以下时植被盖度减少较为缓慢；当踩踏强度介于313~683次时，植被盖度较少速率较为平稳，当超过 683 次时，植被盖度以较快的速度减少；以踩踏结束1周后草甸群落盖度的减少量为参考基准，踩踏结束2周后、1个月后、2个月后草甸群落盖度分别恢复了29.7%、58.96%、78.5%。

在自然状态下，旅游者露营活动对草甸的平均高度与株丛数影响较大，均随着活动强度而呈现减少趋势，高度由31cm变为5cm，株丛数由252棵变为94棵；对土壤的容重影响数值变化较明显，土壤更加紧实，影响草甸根系延伸生长与水的渗透率。而节后土壤pH值变化不大，露营对土壤酸碱度影响不明显。对土壤的容重影响数值变化也较明显，土壤更加紧实，影响草甸根系延伸生长与水的渗透率。

在自然状态下，旅游者对现有道路选择偏好调查中，上行 67.77%、下行 46.28%选择裸露地。对5条非正常路径宽度影响中道路宽度的最大值与最小值都变大，表明道路受旅游者践踏影响非正常路径被扩宽；靠近道路的草甸植被及土壤受旅游者踩踏影响明显，道路两旁草甸植被的高度从1~5m处呈递增规律，1m处草甸植被的种类及伴生种受人类活动影响而比5m处多。

武功山景区旅游垃圾呈现出量大、面广、种类集中的现状，而现有处理方式依旧简单、粗陋，从而对景区的环境、形象以及旅游者满意度产生较大负面影响。

5.5.2　山地草甸游憩机会谱构建

结合武功山山地草甸区游憩环境的特点，综合考虑山地草甸游览区的环境游憩可能性，将其游憩环境划分为开放型、半开放半封闭型和封闭型三大类。对草甸区游憩环境因素确定了15个环境因素变量，包括了5个自然因素、5个社会因素、7个景区管理因素。

根据问卷调查中游憩者在3类不同环境类型中期望的游憩活动和游憩体验，综合游憩环境因子的重要程度及偏好程度的分析，确定基于环境类型、游憩活动和游憩体验3个方面的山地草甸区的生态游憩机会谱。其中，开放型以观光体验、科普教育、购物娱乐类活动为主，具体包括徒步、登山、骑行、吼山、露营、科普教育、游戏、看日出和欣赏山地草甸景观等；半开放半封闭型以采风摄影游、登山健身和宗教文化类活动为主，具体包括露营、游戏、欣赏山地草甸景观、观赏动植物资源、写生、探险、摄影和看日出等；封闭型以科考为主察和地质研究为主，保护生态环境。

5.5.3　山地草甸游憩环境承载力评价

从弹性力、支撑力和抵抗力3个方面遴选20个评价指标，构建了武功山山地草甸游憩环境承载力评价指标体系，确定了各指标以及各承载力指数的阈限范围，并构建了相应的承载力指数模型。

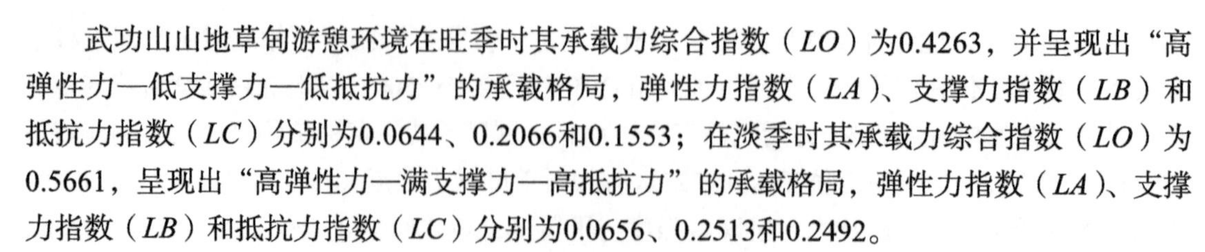

武功山山地草甸游憩环境在旺季时其承载力综合指数（*LO*）为0.4263，并呈现出“高弹性力—低支撑力—低抵抗力”的承载格局，弹性力指数（*LA*）、支撑力指数（*LB*）和抵抗力指数（*LC*）分别为0.0644、0.2066和0.1553；在淡季时其承载力综合指数（*LO*）为0.5661，呈现出“高弹性力—满支撑力—高抵抗力”的承载格局，弹性力指数（*LA*）、支撑力指数（*LB*）和抵抗力指数（*LC*）分别为0.0656、0.2513和0.2492。

从单个指标来看，武功山山地草甸游憩环境在旺季时“超载”状态明显，65%的指标处于“超载”状态，25%的指标处于“满载”状态，只有10%的指标处于“低载”状态；而在淡季时指标承载状态多样化，其中处于“超载”状态和“满载”状态的指标各占35%，处于“低载”状态的指标也占到30%。

5.5.4　山地草甸环境管理策略

推进武功山旅游垃圾治理。旅游垃圾问题产生的原因是相关利益主体共同作用的结果，而现有的治理方式主要是单一主体主导下的技术层面处理和管理层面治理，其效果并不佳。应引入利益相关者理论，构建山地景区旅游垃圾治理模式，即以多元主体协同推进的方式，从旅游垃圾产生之前的控源到清理之后的维护实行全程治理，实现山地景区旅游垃圾的有效治理。每百米游径设置2个垃圾桶，分散布置在游憩活动集中的区域。

推动武功山山地草甸绿道建设。绿道也可称为生态小道或风景小道，在绿色发展战略引领下，武功山绿道要加快建设，这对实现武功山山地草甸景区的可持续发展具有重要的现实意义，即有助于完善生态体系、增加文化魅力、改善接待设施以及提升安全管理效率；武功山山地草甸景区绿道建设应选择生态化、文化化、人性化和安全化的途径。其中，绿道路面建设，参照旅游者对山地草甸的踩踏影响研究结果，主干道路面的宽度设置为1.5~2m，次干道路面的宽度设置为1~1.5m。厕位按照每百人拥有3个厕所蹲位数的标准配备，金顶景区沿绿道节点再配置约200个厕位。

推行国家公园管理体制试点建设。武功山独立的山体绵延120km，总面积260余平方千米。是集人文景观和自然景观为一体的完整性生态系统，完全符合国际自然资源保护联盟（IUCN）开会认定的国家公园标准；鉴于目前一山三个风景区管理委员会现状，要创新旅游发展机制，学习国外先进的保护与开发共赢的制度机制，积极推进国家公园管理体系试点建设，形成专门的、综合的、统一的规划建设，有步骤、快速、良性地打造旅游景区。

第6章

草甸修复种苗培育技术研究与示范

当前，国际上对生态系统退化的原因、程度、机理评估以及受损生态系统恢复重建的机理、模式和技术方面做了大量的研究，并取得了良好的效果，同时对受损生态系统的定义、内容及恢复理论也有一定的完善和提高。对退化的生态系统，主流的理论是强调自然恢复。并且关于退化草原的治理，国际上已有相应的科学理论支撑体系。美国政府于20世纪30年代设立服务部门对放牧草地实行干预和管理，及时掌握草地基本情况，合理调整利用强度，有效防止了草地退化。20世纪90年代，美国、德国等国家提出通过生态系统自组织和自我调节能力来修复环境污染的概念。美国农业研究局以有效利用天然降水为草原恢复与重建的核心，结合地区土壤、气候、植被组成等特点，加强保护，适度开发利用，以保持草原畜牧业的可持续发展。澳大利亚等国家为了恢复退化草原，先后颁布7部与生态保护有关的法律法规，依法对生态环境进行保护和恢复，通过几十年的努力，澳大利亚的生态环境发生了巨大变化。

我国的恢复生态学研究偏重于受损土地或受损生态系统生产功能恢复的研究，注重于土地生产力的恢复和提高，而不强调生态系统结构、功能的复原或恢复到原始的、固有的生态系统状态。其中有关受损草地生态系统中自然因素与人为因素的关系以及恢复模式、恢复技术的研究还不够深入。20世纪60年代开始，老一辈草地学家就牧草产量动态、草地利用模式、草地资源的调查进行了研究。许多研究表明，放牧过度利用是造成草地退化的主要原因。放牧利用引起草地生态系统各功能组分的变化，在众多功能组分的变化中，草地植物群落的演替是最重要和最显著的生态学过程。伴随着群落的演替，植物种群数量发生阶段性变化，植物的繁殖、多年生植物个体的生长、土壤状况等均受到放牧的影响。

山地草甸生态系统十分脆弱，极易因践踏、超载放牧、火灾等人类干扰作用和气候变化等因素而导致草甸植被破碎化、病虫害频发、生物多样性减少和草地生产力衰退等生态问题。探讨山地草甸恢复技术及综合经营开发保护模式，已成为生态环境保护的迫切需要。李薇等（2007）从资源特性入手对北京东灵山山地草甸的群落结构进行了深入研究，同时深入分析了旅游开发对山地草甸资源的负面影响，通过客源市场和环境容量分析提出了亚高山草甸开展生态旅游的初步构想；北京市对东灵山地区万亩天然草场进行生态修复试验，应用无芒雀麦、扁穗冰草等一批适合高山草场种植的牧草品种筛选实验和种植，以保护东灵山地区植物草品种的多样性。武俊智等（2007）通过对不同旅游干扰条件下马仑亚高山草甸影响效应及变化规律的研究表明：旅游干扰强度降低，草甸的优势种的重要值逐渐增大，而广生态幅植物重要值却呈降低趋势。中等强度的旅游干扰所形成的生境，既不会使群落种类组成有明显的变更，同时也不会抑制优势种群在群落中的重要性，从而有利于群落植物物种多样性的发展。旅游干扰强度超过了群落的自恢复能力，就会导致群落性质完全改变。

草地是地球上广泛分布的陆地生态系统类型之一，在全球碳循环中起着重要作用。我国天然草地3.9亿hm^2，占国土面积的40.9%，具有丰富的动物和植物资源。武功山山地草甸有维管植物44科90属108种，包括禾草草甸、薹草草甸、杂类草草甸3个草甸群系组；由于武功山丰富的自然资源、独特的地貌形态和优美的草场景观，是全国著名的户外运动营地，被誉为“云中草原、户外天堂”。从2012年到2022年，武功山景区每年游客接待数量从16万人次增加到259.76万人次。当前，随着全球气候变化的影响、旅游人数的增加对草甸的踩踏，以及人为火烧等外界因素的影响，对武功山山地草甸群落结构产生一定影响。基于以上原因，本课题以武功山山地草甸为研究对象，开展了山地草甸主要建群种物候期观测，不同退化草甸土壤种子库特征，主要恢复草种种子储藏及种苗培育技术研究；同时，集成国内外草地恢复技术开展了不同退化草甸生态修复技术与植物配置模式研究，这对于合理开发和保护武功山山地草甸资源，维持其生态系统稳定性具有重要意义。

6.1 山地草甸建群种生物学特征的研究

6.1.1 建群种芒生物学特征

通过对武功山建群种芒生物学特性进行长期物候观测，由结果得知（表6-1）：芒的萌动期为3月上旬，展叶期为3月中旬，花蕾或花序出现期在8月上旬，开花始期在8月上旬，9月中旬进入开花盛期，10月上旬左右为开花末期，9月下旬左右种子开始成熟，10月下旬种子将全部成熟可进行采摘，11月上旬种子开始脱落，9月下旬叶片开始发黄进入枯黄初期，10月中旬为枯黄盛期，11月上旬芒将完全枯黄。

6.1.2 建群种野古草生物学特征

野古草是武功山山地草甸主要建群种之一，属多年生草本。根据物候长期观测得知，其萌动期为3月上旬，展叶期为3月中旬，花蕾或花序出现期在7月下旬，开花始期在7月下旬，开花盛期在8月中旬，8月下旬为开花末期，8月上旬种子开始成熟，9月中旬为全熟期，10月中旬种子开始脱落，9月下旬叶片开始发黄进入枯黄初期，10月中旬为枯黄盛期，11月上旬进入完全枯黄期。

表 6-1 武功山山地草甸建群种物候特征

建群种类	萌动期	展叶期	花蕾或花序出现期	开花期			种子成熟期			枯黄期		
				开花始期	盛花期	开花末期	始熟期	全熟期	脱落期	枯黄始期	枯黄盛期	完全枯黄期
芒	3月上旬	3月中旬	8月上旬	8月上旬	9月中旬	10月上旬	9月下旬	10月下旬	11月上旬	9月下旬	10月中旬	10月下旬
野古草	3月上旬	3月中旬	7月下旬	7月下旬	8月中旬	8月下旬	8月上旬	9月中旬	10月中旬	9月下旬	10月中旬	10月下旬

6.2　退化山地草甸土壤种子库的研究

6.2.1　山地草甸不同退化程度物种组成

通过调查3种不同退化程度山地草甸群落物种组成，结果发现：3种不同退化草甸共发现物种14科32属36种，另有5种菊科植物、2种伞形科植物、2种藤黄科植物以及1种禾本科植物未能准确鉴定到具体物种。武功山山地草甸优势种为禾本科的芒和野古草。物种多样性以菊科物种数最多，占总调查物种数的34.7%，其次是禾本科、唇形科和毛茛科。不同退化程度草甸物种数差异较大，严重退化草甸上仅保留武功山建群种芒、野古草和狼尾草，物种数仅占对照的8.3%，中度退化草甸物种数与对照相比占其19.4%（表6-2）。

表 6-2　山地草甸不同退化程度物种组成

类型	物	科属
重度退化	芒	禾本科芒属
	狼尾草	禾本科狼尾草属
	野古草	禾本科野古草属
中度退化	芒	禾本科芒属
	野古草	禾本科野古草属
	台湾剪股颖	禾本科剪股颖属
	狼尾草	禾本科狼尾草属
	林荫千里光	菊科千里光属
	延叶珍珠菜	报春花科珍珠菜属
	珍珠菜	唇形科刺蕊草属
无退化	芒	禾本科芒属
	野古草	禾本科野古草属
	台湾剪股颖	禾本科剪股颖属
	狼尾草	禾本科狼尾草属
	林荫千里光	菊科千里光属
	薄叶卷柏	卷柏科卷柏属
	延叶珍珠菜	报春花科珍珠菜属
	蕨菜	蕨科蕨属
	蕨状薹草	莎草科薹草属
	线叶珠光香青	菊科香青属
	三脉紫菀	菊科紫菀属
	粉花绣线菊	蔷薇科绣线菊属
	珍珠菜	唇形科刺蕊草属
	藜芦	百合科藜芦属
	蓟	菊科蓟属
	毛鳞菊	菊科毛鳞菊属
	落新妇	虎耳草科落新妇属

续表

类型	物	科属
无退化	接骨草	忍冬科接骨木属
	圆锥绣球	虎耳草科绣球属
	艾	菊科蒿属
	油点草	百合科油点菜属
	鬼针草	菊科鬼针草属
	女菀	唇形科鼠尾草属
	戟叶蓼	蓼科蓼属
	头花蓼	蓼科蓼属
	櫜吾	菊科櫜吾属
	粗叶悬钩子	蔷薇科悬钩子属
	白头婆	菊科泽兰属
	紫萼	百合科玉簪属
	茵陈蒿	菊科蒿属
	野薄荷	唇形科薄荷属
	夏枯草	唇形科夏枯草属
	华东唐松草	毛茛科唐松草属
	平车前	车前科车前属
	两歧飘拂草	莎草科飘拂草属

6.2.2 不同退化程度土壤种子库特征

对武功山山地草甸不同退化程度相同土壤层种子库数量进行了方差分析（表6-3），结果表明：山地草甸不同退化程度土壤种子数量在0~5cm和5~10cm层次差异均达到极显著水平。武功山山地草甸土壤种子集中分布在0~5cm内（表6-4），随着土壤垂直深度的变化，土壤种子库数量逐渐降低。无退化草甸土壤种子库在0~5cm平均种子密度为1768粒/m^2，在5~10cm土层内的平均种子密度为587粒/m^2；中度退化土壤种子库在0~5cm平均种子密度为1045粒/m^2，在5~10cm土层内的平均种子密度为326粒/m^2；重度退化土壤种子库在0~5cm平均种子密度为764粒/m^2，在5~10cm土层内的平均种子密度为0粒/m^2。

表 6-3　不同退化程度相同层次土壤种子库方差分析

土壤层次（cm）	差异来源	*SS*	*df*	*MS*	*F*	*P*
0~5	组间	3133233.50	2		156661726.860.00016	
5~10	组间	18521.17	2		9260.588.160.0096	

表 6-4　不同退化程度土壤种子库储量　粒/m^2

退化程度	0~5cm	5~10cm	合计
无退化	1768	587	2355
中度退化	1045	326	1371
重度退化	764	0	764

6.2.3　土壤种子库随海拔变化及优势种生活力特征

研究武功山山地草甸土壤种子库随海拔的变化特征得知，其土壤种子库随着海拔的增加而逐渐减少（图6-1）。测定武功山山地草甸优势种芒、野古草和珍珠菜的土壤种子生活力得知，其生活力分别为8.5%、12.7%和11.6%（表6-5）。武功山山地草甸土壤种子的生活力较低，其主要原因是山地草甸主要分布在海拔1600m以上，植物生长期较短，且昼夜温差和风速对植物种子的授粉和成熟影响较大，从而导致种子生活力较低。

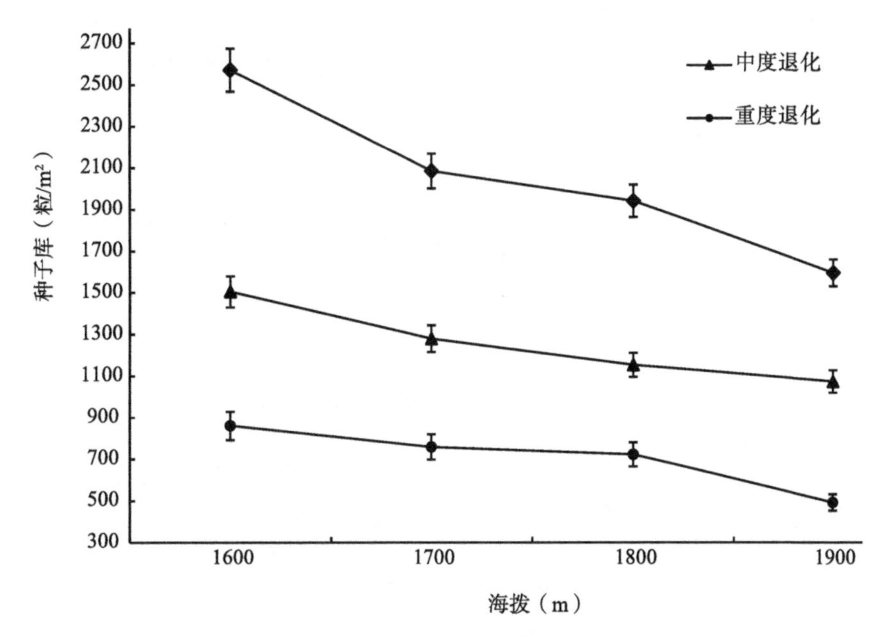

图 6-1　不同退化程度土壤种子库随着海拔变化特征

表 6-5　主要优势种土壤种子生活力特征

种类	芒	野古草	珍珠菜
生活力（%）	8.5 ± 0.5	12.7 ± 0.4	11.6 ± 0.5

6.3　不同储藏方法对芒和野古草种子发芽影响

6.3.1　不同储藏方法对芒种子发芽的影响

通过测定4种不同种子储藏方法后的种子发芽率（图6-2），采用沙藏（A）、冷冻（B）、冷藏（C）和常温储藏（CK）4种储藏方式，芒种子发芽率大小依次为A>CK>C>B，其发芽率分别为54.7%、54.3%、51.1%、21.4%，以沙藏效果最好。4种处理芒种子发芽曲线特征基本相似，芒种子经储藏、浸种后，在适宜的外界条件下，2~3天后就开始发芽，第3~7天是种子萌发的高峰期，种子发芽持续时间为12~14天。因此，4种种子储藏处理方式中以沙藏处理效果最佳，其种子发芽率、发芽速度较之其他3种处理表现较好。

研究4种不同储藏方法对芒种子发芽特征的影响（表6-6），经多重比较得知：A、C和CK 3种处理间种子发芽率差异不显著，这三者与B处理均表现出显著的差异。经过4种不同处理后，芒种子的活力指数表现为A > C > CK > B，以沙藏处理的种子活力指数最好，冷冻处理最差。多重比较发现A处理与B处理、CK处理差异性达到显著水平，其他3种处理间差异不显著。分析4种处理方式下芒种子的发芽势可见，其表现为C＞A＞CK＞B，芒种子冷藏后的发芽势最好，其次是沙藏处理，A、B、C处理间差异达到显著水平。

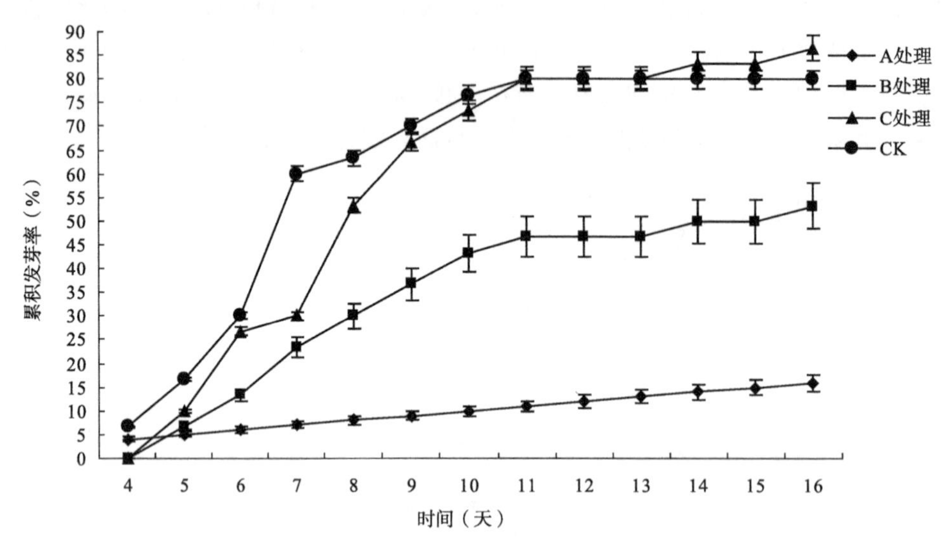

图 6-2　不同储藏方式芒发芽率变化特征

表 6-6　不同储藏方式对芒发芽特征的影响

处理方式	发芽率（%）	活力指数	发芽势（%）
A	54.7 ± 0.12a	0.087 ± 0.013a	42.7 ± 0.89a
B	21.4 ± 0.02b	0.011 ± 0.0037b	15.6 ± 0.75b
C	51.1 ± 0.19a	0.057 ± 0.024ab	48.9 ± 0.56c
CK	54.3 ± 0.15a	0.026 ± 0.0068b	28.9 ± 0.74abc

注：同列数据后标不同小写字母者差异显著（P<0.05）。

通过测定4种不同储藏方法芒种子萌发幼苗的最大根长、幼苗高度，测定其全株鲜重得知（表6-7），4种处理最大根长表现为A＞C＞B＞CK，沙藏处理的种子平均最大根长最长，CK处理的种子平均最大根长最短，多重比较表明A处理与B处理和CK处理差异显著，B处理与A、C处理间差异显著。分析其幼苗平均高度表现为A＞B＞CK＞C，沙藏处理的幼苗生长最高，其次是冷冻处理的幼苗，其多重比较表现为A与B、C与CK处理间差异不显著，A、B与C、CK处理差异达到显著水平。4种处理幼苗的平均鲜重表现为C＞B＞CK＞A，其中A、B和CK三者处理间差异不显著，三者与C处理达到显著水平。

表 6-7　不同储藏方式对幼苗的影响

处理方式	平均最大根长（cm）	平均幼苗高度（cm）	平均全株鲜重（g）
A	9.23 ± 1.99a	1.02 ± 0.06a	0.0104 ± 0.00444a
B	7.58 ± 1.55b	0.96 ± 0.09a	0.0136 ± 0.00090a
C	9.17 ± 1.94ac	0.76 ± 0.04b	0.0163 ± 0.00057b
CK	7.44 ± 1.68b	0.91 ± 0.05ab	0.0126 ± 0.00320a

注：同列数据后标不同小写字母者差异显著（P<0.05）。

6.3.2　不同储藏方法对野古草种子发芽的影响

由图6-3可知，野古草种子经过4种储藏方式储藏后发芽率各有不同，发芽率大小表现为 C>CK>B>A，分别为86.6%、80.0%、53.3%、33.3%。4种储藏方式中以冷藏后发芽率效果最好，平均发芽率可达到86.6%，沙藏效果最差。从图可见野古草种子经储藏后在恒温箱内第4天就开始萌发，第6~7天是种子的萌发高峰期，种子萌发持续时间为16天。因此，在田间育苗实践中，种子播种后第4~16天应加强田间水分和病虫害管理，防止种子进入萌发高峰期时因管理不当而造成苗圃出苗率不高。

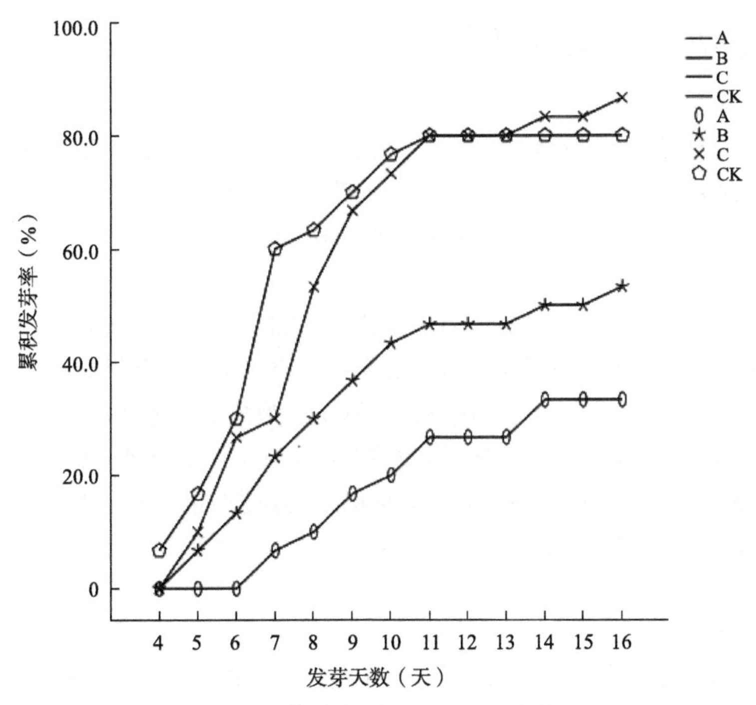

图6-3　不同储藏方法对野古草种子发芽率的影响

通过分析4种不同储藏方式下野古草种子萌发幼苗的最大根长、幼苗高度得知（表6-8），4种处理最大根长表现为CK＞B＞C＞A，CK处理的种子平均最大根长生长最好，A处理的种子平均最大根长生长较差。采用SPSS软件进行多重分析表明CK处理与A、B、C间处理差异显著，A、B、C 3种处理间差异不显著（P=0.05）。野古草幼苗平均高度表现为B＞A＞C＞CK；A、B、CK 3种处理间差异不显著，C处理与A、B、CK间差异达到显著水平。

表6-8　不同处理方式下发芽指标多重分析结果　　cm

处理方式	平均最大根长	平均幼苗高度
A	5.14 ± 1.77a	0.93 ± 0.04a
B	6.20 ± 2.08a	0.94 ± 0.05a
C	6.10 ± 2.55a	0.79 ± 0.03b
CK	8.20 ± 2.80b	0.87 ± 0.04a

注：同列数据后标不同小写字母者差异显著（P<0.05）。

6.4 山地草甸生态恢复草种种苗培育技术研究

6.4.1 主要建群种芒和野古草无性繁殖技术

通过对武功山山地草甸主要建群种进行分蘖繁殖试验，结果表明，其分蘖繁殖成活率可达89.5%，移栽季节以5—7月为最佳。繁殖技术为：先对繁殖圃进行翻土，深度在30cm左右，而后进行作垄，垄宽1.5~2.0m。种植的株行距为50cm × 60cm，每穴种植2~3根带芽的根茎，移栽后浇一次透根水。加强圃地日常除草管理，无须进行施肥。当年种植后，10月底平均株高可达1.2m左右，10月底可采集种子。

6.4.2 主要建群种播种繁殖技术

6.4.2.1 种子采集和储藏

主要建群种芒和野古草播种繁殖的种子须从营养生长期较长且种子成熟度较高的植株上进行采集。经研究发现，种子采集干燥后用沙藏贮存效果最好，$V_{沙子}:V_{种子}=3:1$，保持沙子含水率在60%左右，翌年播种时无须进行种子催芽处理。

6.4.2.2 圃地的选择

芒和野古草属禾本科多年生植物，对土壤要求不高，为防止幼苗发生根腐病，不宜选择过于黏重的土壤作苗圃地。育苗地应选地势平缓、靠近水源、背风向阳、土层深厚、疏松肥沃、交通方便、pH值5.5~6.0的沙壤土或中壤土，为减少病害发生最好前茬是水稻田。育苗地要深耕3~40cm，施足基肥，施腐熟饼肥750kg/hm^2、复合肥750kg/hm^{2}或人畜粪肥22.5t/hm^2。用硫酸亚铁30kg/hm^2、呋喃丹30kg/hm^{2}对土壤进行消毒并消灭土壤中害虫。苗床高度为20cm，床面宽度为1.0~1.3m，地沟宽50cm，从而有利于根系吸收水分、养分，干旱可以浇灌而水涝又能排水。

6.4.2.3 播种和苗期管理

播种季节以春播为主，播种量为每亩8.5~10g。由于种子千粒重比较小，种子在播种前，用0.3% ~1%的硫酸铜溶液浸种4~6h，用清水冲洗后晾干播种。播种时应将种子与细沙掺和进行撒播。播种后，种子上面覆盖一层1~2cm厚的表层土壤。

播种后10~15天，种子开始出土，幼苗出齐后即可进行除草。除草要做到除早、除小、除了。应采用人工除草，尽量将草根挖出，以达到除草效果，并做到不伤苗，草根不带土风。

适当间苗：待种子出苗整齐后10天左右，根据实际情况进行一次间苗，其原则是“适时间苗，留优去劣，分布均匀，合理定苗”。补苗与间苗应结合进行，间苗时用手或移植铲将过密苗、病弱苗、生长不良苗及“霸王苗”间除。选生长健壮，根系完好的幼苗，用小棒锥孔，补于稀疏缺苗之处。

6.5 山地草甸不同退化程度生态修复技术与植物配置模式研究

6.5.1 不同退化类型草甸恢复成活率调查

通过调查不同退化草甸恢复试验的成活率及群落覆盖度得知（表6-9、表6-10），重度退化草甸通过采取植生袋客土后其群落覆盖度可达到52.6%；在中度和轻度退化草甸采用植草

方法进行恢复后，其群落覆盖度分别达到83.5%和100%。山地草甸主要建群种芒和毛秆野古草在中度退化草甸成活率要比轻度退化草甸低20%左右，其主要原因是中度退化草甸土壤含量较少，土壤含水量比较低等。

研究武功山8种伴生草种在轻度退化草甸的成活率发现，其成活率大小表现为：两歧飘拂草>艾>紫萼>前胡>藜芦>油点草>珍珠草>蓟。因此，在以后武功山退化草甸恢复中可以优先考虑前3种伴生草种进行恢复示范。

表 6-9　重度和中度退化草甸生态恢复植物成活率调查　%

植物名	重度退化草甸	中度退化草甸	轻度退化
芒	—	60.2	86.7
野古草	—	68.7	89.5
群落覆盖度	52.6	83.5	100

注：由于重度退化草甸采取草种直播进行恢复，无法统计其成活率，所以只能用覆盖度进行描述。

表 6-10　轻度退化草甸生态恢复植物成活率调查　%

植物名	珍珠草	蓟	两歧飘拂草	紫萼	藜芦	艾	油点草	前胡
成活率	45.6	28.5	79.8	70.4	63.8	76.5	58.5	68.7

6.5.2　退化草甸草种群落配置模式

通过调查不同退化类型草甸植被配置模式群落覆盖度得知，在重度退化草甸采用芒与野古草混合播种进行恢复是比较理想的恢复模式，在中度退化草甸宜采用芒与毛秆野古草进行行状混合种植；在轻度退化草甸可将芒与野古草进行块状混合种植，同时可将两歧飘拂草、艾、紫萼、前胡等4种伴生草种采取随机种植的模式进行群落配置。

6.6　研究结论

武功山山地草甸分布在海拔1500m以上，年均气温低于山下，因此其建群种芒和野古草其生物学特征表现为：3月上旬才开始萌动，芒的营养生长期在3—9月，野古草的营养生长期在3—8月；芒的种子在9月下旬左右开始成熟，10月下旬将全部成熟，11月上旬开始脱落；而野古草的种子则在8月上旬就开始成熟，9月中旬即全部成熟，10月中旬开始脱落。因此，武功山建群种芒的种子采收时间为10月下旬左右，野古草的采收时间则在9月中旬。芒种子成熟的特征是小穗开始张开变成淡黄色时，则表示种子已经成熟。野古草种子成熟的特征是种穗由青变成黄色，第一、二颖片开始张开时种子即已成熟。

武功山山地草甸不同退化程度物种组成以多年生草本为主，其优势种为芒和野古草，物种多样性以菊科最多，其次是禾本科、唇形科和毛茛科。不同草甸破坏土壤种子数量在0~5cm和5~10cm层次差异均达到极显著水平。武功山山地草甸土壤种子集中分布在0~5cm内，随着土壤垂直深度的增加，土壤种子库数量逐渐降低。武功山山地草甸土壤种子库随着海拔的增加而逐渐减少，海拔最高峰金顶区域的土壤种子库最少。其优势种芒、野古草、珍珠菜土壤保存的种子生活力分别为8.5%、12.7%和11.6%，武功山草甸植物的更新方式主要以根茎的营养繁殖为主，种子库萌发较少，其原因主要是受山地气候条件限制，其营养生长的时间比较短，种子成熟度不高，从而导致土壤种子生活力较低。

武功山山地草甸在我国长江以南同海拔区域内属比较罕见的中山草甸，本研究首次对武功山山地草甸不同退化程度土壤种子库特征进行了研究。研究结果中有关草甸土壤种子库随海拔和土层深度的变化特征与李生等（2008）对森林生态系统研究结果相似。然而，鉴于武功山山地草甸气候条件比较异常，夏季风大、多雨潮水，冬季冰雪覆盖等，再者禾本科植物种子的鉴定还存在一定困难，因此本研究结果还不能完全概括武功山草甸草本植物种类特征和土壤储藏种子的种类，这都有待于将来进一步的研究。

种子萌发需要一定的内在生理条件和外在环境条件，科学的种子储藏技术对于延长种子寿命，打破种子休眠、促进萌发具有很好的促进作用。草本植物的种子萌发率一般比较低，特别是山地草甸的种子更是如此。因此，本研究采用4种不同储藏方法对建群种芒和野古草的种子进行储藏处理，结果表明：4种储藏方法中，以沙藏处理对提高芒种子发芽率和活力指数表现最好；采用冷藏处理的芒种子发芽势最高，与此同时，沙藏处理对于芒幼苗根系的生长和苗高均表现出较好的促进效果。采取冷藏储藏野古草种子后的种子发芽率最高，可达86.6%，其次是干藏处理也比较理想，发芽率达到80.0%。野古草种子发芽高峰期在播种后6~7天，持续时间为16天左右。4种储藏方法种子萌发幼苗后的最大根长、幼苗高度表现为CK＞B＞C＞A，CK处理的种子平均最大根长生长最好，多重分析表明CK处理与A、B、C间处理差异显著，A、B、C 3种处理间差异不显著（P=0.05）。野古草幼苗平均高度表现为B＞A＞C＞CK；A、B、CK 3种处理间差异不显著，C处理与A、B、CK间差异达到显著水平。

本研究通过对不同退化程度的草甸开展生态恢复，并设计不同类型的群落配置模式，从综合效果来看，重度退化草甸恢复技术采用客土后种植芒和野古草并用无纺布覆盖的效果较好，中度和轻度退化的草甸恢复技术采用植草技术种植芒和野古草以及其他草种的效果较好。研究表明，无纺布覆盖能达到抑制土壤水分蒸发、提高水分利用率的目的，使得种子萌发时间短，萌发率高。李志等（2018）的研究表明，在武功山植被修复过程中，本地草种芒、中华薹草、武功山飘拂草的草皮移植效果优于引进草种狗牙根草皮，推荐芒为主要的修复草种，狗牙根作为辅助草种，并搭配覆盖无纺布进行植被恢复。胡耀文（2017）研究表明，采用优势种芒草对退化土壤进行修复的植物地上生物量与总生物量最大，其次是飘拂草，中华薹草地上生物量和总生物量最小，飘拂草和芒草地上生物量一致，修复草种以优势种芒为佳。本研究的结果与以上学者的研究结果相似。因此，在武功山退化山地草甸生态恢复过程中，优先选择建群种芒和野古草进行植被恢复的效果最优。

根据人与自然和谐共生以及“两山”理念，武功山山地草甸生态恢复过程中，在草种选择、群落配置模式与种植技术等方面应选择适宜的方法，并结合武功山景区的旅游开发，合理规划并完善基础设施建设，在保证生态系统不被破坏的条件下发展旅游产业，从而促进武功山山地草甸的可持续发展。

参考文献

安尼瓦尔·买买提，杨元合，郭兆迪，等，2006. 新疆巴音布鲁克高山草地物种丰富度与生产力的关系[J]. 干旱区研究，23（2）：289-294.
安树青，林向阳，洪必恭，等，1996. 主要植被类型土壤种子库初探[J]. 植物生态学报，20（1）：41-50.
柏明娥，朱汤军，洪利兴，等，2008. 美丽胡枝子萌发特性研究[J]. 种子，27（11）：69-71.
包维楷，吴宁，2003. 滇西北德钦县高山、亚高山草甸的人为干扰状况及其后果[J]. 中国草地，25（2）：1-8.
卞显红，王苏洁，2002. 城市旅游环境承载力及其旅游资源空间管理[J]. 资源开发与市场（6）：46-47.
蔡靖，杨秀萍，姜在民，2002. 陕西周至国家级自然保护区植物多样性研究[J]. 西北林学院学报，17（4）：19-23.
曹裕松，胡文杰，周兵，等，2013. 武功山山地草甸土壤微生物生物量碳及其影响因素[J]. 井冈山学院学报：自然科学，34（5）：26-30.
查普曼，1980. 植物生态学的方法[M]. 北京：科学出版社.
常是，廉振民，2004. 生物多样性研究进展[J]. 陕西师范大学学报（自然科学版），9（32）：152-157.
陈飙，杨桂华，2004. 旅游者践踏对生态旅游景区土壤影响定量研究：以香格里拉碧塔海生态旅游景区为例[J]. 地理科学（3）：371-375.
陈炳浩，1993. 世界生物多样性面临危机及其保护的重要性[J]. 世界林业研究，4：1-6.
陈伏生，李茜，Greg Nagle，等，2010. 南昌市城—郊—乡梯度五种森林类型表层土壤磷素分布格局[J]. Journal of Forestry Research（1）：39-44.
陈国潮，何振立，黄昌勇，1999. 红壤微生物量磷与土壤磷之间的相关性研究[J]. 浙江大学学报（农业与生命科学版）（5）：64-67.
陈晋，何春阳，史培军，等，2001. 基于变化向量分析的土地利用/覆盖变化动态监测（Ⅰ）：变化阈值的确定方法[J]. 遥感学报（4）：259-266+323.
陈灵芝，马克平，2001. 生物多样性科学：原理与实践[M]. 上海：上海科学技术出版社.
陈灵芝，钱迎倩，1997. 生物多样性科学前沿[J]. 生态学报，17（6）：555-572.
陈欣，宇万太，沈善敏，1997. 磷肥低量施用制度下土壤磷库的发展变化-Ⅱ土壤有效磷及土壤无机磷组成[J]. 土壤学报（1）：81-88.
陈佐忠，1994. 略论草地生态学研究面临的几个热点[J]. 茶叶科学（1）：42-45+49.
陈佐忠，汪诗平，2000. 中国典型草原生态系统[M]. 北京：科学出版社.
程占红，牛莉芹，2008. 五台山南台旅游活动对山地草甸优势种群格局的影响[J]. 生态学报（1）：416-422.
崔凤军，杨永慎，1997. 泰山旅游环境承载力及其时空分异特征与利用强度研究[J]. 地理研究（4）：47-55.

崔麟，廖为财，魏洪义，2016. 武功山国家级自然保护区山地草甸昆虫的群落特征及多样性[J]. 贵州农业科学，44（10）：138-143.

崔麟，刘伟，李卫春，等，2019. 武功山山地草甸尺蛾科昆虫区系研究：华中昆虫研究（第十五卷）[M]. 北京：中国农业科学技术出版社.

崔麟，魏洪义，2016. 基于MaxEnt和DIVA-GIS 的亮壮异蝽潜在地理分布预测[J]. 植物保护学报43（3）：362-368.

翟林，2003. 菌子山自然保护区植物多样性特征[J]. 林业调查规划，28（2）：50-53.

邓聚龙，1993. 灰色控制系统（第二版）[M]. 武汉：华中科技大学出版社。

方精云，2009. 群落生态学迎来新的辉煌时代[J]. 生物多样性，17（6）：531-532.

方世明，易平，2014. 嵩山世界地质公园游憩机会谱的构建[J]. 湖北农业科学，53（2）：457-462.

方毅，2013. 人为干扰对希拉穆仁草地的影响[D]. 呼和浩特：内蒙古师范大学.

付国臣，杨韫，宋振宏，2009. 我国草地现状及其退化的主要原因[J]. 内蒙古环境科学，21（4）：32-35.

付健，张玉钧，陈峻崎，等，2010. 游憩承载力在游憩区管理中的应用[J]. 世界林业研究，23（2）：44-48.

傅家瑞，1985. 种子生理[M]. 北京：科学出版社.

高吉喜，2001. 可持续发展理论探讨：生态承载力理论、方法与应用[M]. 北京：中国环境科学出版社.

巩杰，王合领，钱大文，等，2014. 高寒牧区不同土地覆被对土壤有机碳的影响[J]. 草业科学，31（12）：2198-2204.

顾益初，蒋柏藩，1990. 石灰性土壤无机磷分级测定方法[J]. 土壤，22（2）：101-102.

韩国君，孙学刚，韩庆杰，2004. 不同测度指标对莲花山森林植物群落多样性指数的影响[J]. 甘肃农业大学学报，39（1）：66-71.

韩兰英，王宝鉴，张正偲，等，2008. 基于RS的石羊河流域植被覆盖度动态监测[J]. 草业科学（2）：11-15.

何振立，1997. 土壤微生物量及其在养分循环和环境质量评价中的意义[J]. 土壤（2）：61-69.

何志祥，朱凡，2011. 雪峰山不同海拔梯度土壤养分和微生物空间分布研究[J]. 中国农学通报，27(31)：73-78.

贺金生，马克平，1997. 物种多样性[M]. 杭州：杭州科学技术出版社.

贺廉云，孟俊焕，2005. 利用状态空间法实现对系统的控制[J]. 机械工程与自动化（6）：12-13.

胡秉民，王兆骞，吴建军，等，1992. 农业生态系统结构指标体系及其量化方法研究[J]. 应用生态学报，3（2）：144-148.

胡明文，黄平芳，2016. 山地草甸游憩环境承载力评价：以武功山景区为例[J]. 江西农业大学学报，38（6）：1196-1204.

胡耀文，2017. 武功山草甸不同草种恢复模式土壤呼吸研究[D]. 南昌：江西农业大学 .

黄平芳，胡明文，谢晓文，2017. 山地草甸景区绿道建设：以武功山景区为例[J]. 草业科学，34（2）：293-301.

黄体冉，刘海丰，王运静，等，2010. 枯死物对红松洼山地草甸植物群落特征影响[J]. 草地学报，18（1）：51-55.

黄文秀，1991. 西南牧业资源开发与基地建设[M]. 北京：科学出版社.

黄向，保继刚，2009. 基于PCI的中国生态旅游机会图谱适用性评价[J]. 中山大学学报（自然科学版），48（1）：81-86.

黄晓霞，张勇，和克俭，等，2014. 高寒草甸对旅游踩踏的抗干扰响应能力[J]. 草业学报，23（2）：333-339.

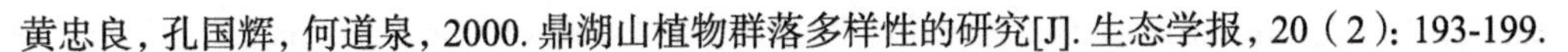

黄忠良，孔国辉，何道泉，2000. 鼎湖山植物群落多样性的研究[J]. 生态学报，20（2）：193-199.

姜勇，庄秋丽，张玉革，等，2008. 东北玉米带农田土壤磷素分布特征[J]. 应用生态学报（9）：1931-1936.

靳淑英，1994. 中国高等植物模式标本汇编[M]. 北京：科学出版社.

康博文，刘建军，侯琳，等，2006. 蒙古克氏针茅草原生物量围栏封育效应研究[J]. 西北植物学报，26（12）：2540-2546.

孔庆波，白由路，杨俐苹，等，2009. 黄淮海平原农田土壤磷素空间分布特征及影响因素研究[J]. 中国土壤与肥料（5）：10-14.

李博，1990. 中国的草原[M]. 北京：科学出版社.

李博，1990. 内蒙古鄂尔多斯高原自然资源与环境研究[M]. 北京：科学出版社.

李博，1997. 我国草地资源现况及其管理对策[J]. 大自然探索（1）：14-16.

李博，1997. 中国北方草地退化及其防治对策[J]. 中国农业科学（6）：2-10.

李博，杨持，李鹏，2000. 生态学[M]. 北京：高等教育出版社.

李凤英，纪桂琴，石福臣，2009. 凉水国家级自然保护区森林群落结构及物种多样性分析[J]. 南开大学学报（自然科学版），42（3）：39-45.

李经龙，张小林，郑淑婧，2007. 中国国家公园的旅游发展[J]. 地理与地理信息科学，23（2）：109-112.

李梁平，赵丽桂，朱美兰，等，2014. 旅游节庆活动对山地草甸的影响分析：以武功山国际帐篷节为例[J]. 生物灾害科学，37（4）：341-346.

李萌茹，2020. 围封和氮添加对西北干旱区荒漠草甸土壤及植物的影响[D]. 兰州：兰州大学.

李萍，2008. 湖库型水上游憩者的体验偏好研究[D]. 长沙：湖南师范大学.

李绍良，贾树海，陈有君，1997. 内蒙古草原土壤的退化过程及自然保护区在退化土壤的恢复与重建中的作用[J]. 内蒙古环境保护（1）：17-18+26.

李生，姚小华，任华东，等，2008. 黔中石漠化地区不同土地利用方式土壤种子库研究[J]. 南京林业大学学报：自然科学（32）1：33-37.

李卫春，2013. 武功山草螟亚科：江西新纪录种记述[J]. 生物灾害科学，36（3）：254-256.

李阳兵，魏朝富，李先源，等，2002. 土地利用方式对岩溶山地土壤种子库的影响[J]. 山地学报，20（3）：319-324.

李永宏，1994. 内蒙古草原草场放牧退化模式研究及退化监测专家系统雏议[J]. 植物生态学报（1）：68-79.

李志，袁颖丹，张学玲，等，2018. 武功山退化草甸不同植被恢复措施生长效果及适应性研究[J]. 中南林业科技大学学报，38（2）：90-96.

林金明，宋冠群，赵利霞，2007. 环境健康与负氧离子[M]. 北京：化学工业出版社.

刘滨谊，余露，2003. 风景旅游承载力评价研究与应用：以鼓浪屿发展概念规划为例[J]. 规划师，19（10）：99-104.

刘灿然，马克平，吕延华，等，1998. 生物群落多样性的测度方法IV：与多样性测度有关的统计问题[J]. 生物多样性，6（3）：229-239.

刘灿然，马克平，于顺利，等，1997. 北京东灵山地区植物群落多样性的研究IV：样本大小对多样性测度的影响[J]. 生态学报，17（6）：554-592.

刘洪来，鲁为华，陈超，2011. 草地退化演替过程及诊断研究进展[J]. 草地学报（5）：865-871.

刘济明，1999. 梵净山山地常绿落叶阔叶林种子雨及种子库[J]. 华南农业大学学报，20（2）：60-64.

刘霞，徐正会，周雪英，等，2011. 藏东南德姆拉山西坡及波密河谷蚂蚁群落研究[J]. 林业科学研究，24（4）：458-463.

刘宇新，2015. 武功山退化山地草甸土壤有机碳及团聚体稳定性研究[D]. 南昌：江西农业大学.

刘志祥，江长胜，祝滔，2013. 缙云山不同土地利用方式对土壤全磷和有效磷的影响[J]. 西南大学学报（自然科学版），35（3）：140-145.

龙瑞军，董世魁，胡自治，2005. 西部草地退化的原因分析与生态恢复措施探讨[J]. 草原与草坪，4（6）：3-7.

路鹏，黄道友，宋变兰，等，2005. 亚热带红壤丘陵区典型景观单元土壤养分的空间变异[J]. 植物营养与肥料学报（6）：11-17.

罗俊杰，2015. 游客踩踏干扰对武功山山地草甸的影响[D]. 南昌：江西农业大学.

马克平，1994. 生物群落多样性的测度方法Ⅰα多样性的测度方法（上）[J]. 生物多样性，2（3）：162-168

马克平，1993. 试论生物多样性的概念[J]. 生物多样性，1（1）：20-22.

马克平，钱迎倩，1998. 生物多样性保护及其研究进展[J]. 应用与环境生物学报，4（1）：95-99.

马克平，钱迎倩，王晨，1994. 生物多样性研究的现状与发展趋势. 生物多样性研究的原理和方法[M]. 北京：中国科学技术出版社.

马寿，2008. 天峻县草地退化原因及治理对策[J]. 草业与畜牧，4（2）：34-35.

马远军，胡文海，2001. 山岳型旅游地生态环境问题及其整治对策[J]. 国土与自然资源研究（2）：63-65.

毛汉英，余丹林，2001. 区域承载力定量研究方法探讨[J]. 地理科学进展，16（4）：549-555.

毛竹，赵兰坡，姜亦梅，2012. 黑土高产土壤剖面磷素分布特征研究[J]. 中国农学通报（14）：234-239.

慕韩锋，王俊，刘康，等，2008. 黄土旱塬长期施磷对土壤磷素空间分布及有效性的影响[J]. 植物营养与肥料学报（3）：424-430.

牛克昌，刘怿宁，沈泽昊，等，2009. 群落构建的中性理论和生态位理论[J]. 生物多样性，17（6）：579-593.

牛莉芹，程占红，2011. 五台山旅游活动对山地草甸β多样性的影响[J]. 干旱区研究，28（5）：826-831.

潘根兴，曹建华，周运超，2000. 土壤碳及其在地球表层系统碳循环中的意义[J]. 第四纪研究（4）：325-334.

潘林，刘士山，吕洪彦，1998. 五大连池新期火山的植被类型及群落特征的研究[J]. 生物学杂志，15（1）：24-26.

皮格拉姆澳，詹金斯澳，2011. 户外游憩管理[M]. 重庆：重庆大学出版社.

邱扬，1998. 森林植被的自然火干扰[J]. 生态学杂志，17（1）：54-60.

冉隆贵，唐龙，梁宗锁，等，2006. 黄土高原4种乡土牧草群落的α多样性[J]. 应用与环境生物学报，12（1）：18-24.

任继周，万长贵，1994. 系统耦合与荒漠—绿洲草地农业系统：以祁连山—临泽剖面为例[J]. 草业学报（3）：1-8.

任继周，朱兴运，1995. 中国河西走廊草地农业的基本格局和它的系统相悖：草原退化的机理初探[J]. 草业学报（1）：69-79.

尚占环，姚爱兴，2002. 生物多样性及生物多样性保护[J]. 草原与草坪，4：11-13.

孙国钧，张荣，周立，2003. 植物功能多样性与功能群研究进展[J]. 生态学报，23（7）：1432-1435.

孙涛，毕玉芬，赵小社，等，2007. 围栏封育下山地灌草丛草地植被植物多样性与生物量的研究[J]. 云南农业大学学报，22（2）：246-250+279.

谭鑫，2009. 青藏高原东缘高寒地区土壤磷素空间分布研究[D]. 成都：四川师范大学.

汪殿蓓，暨淑仪，陈飞鹏，2001. 植物群落物种多样性研究综述[J]. 生态学杂志，20（4）：55-60.

王国兵，金裕华，王丰，等，2011. 武夷山不同海拔植被带土壤微生物量磷的时空变异[J]. 南京林业大学学报（自然科学版）（6）：44-48.

王海燕，毛端谦，文瑚霞，2006. 武功山国内客源市场分析与营销策略[J]. 热带地理，26（4）：375-378.

王晖，2014. 洛阳市白云山森林公园游憩机会谱研究[D]. 郑州：河南农业大学.

王辉，郭玲玲，宋丽，2011. 大连市居民环城游憩行为特征研究[J]. 辽宁师范大学学报（自然科学版）（1）：112-116.

王君，沙丽清，李检舟，等，2008. 云南香格里拉地区亚高山草甸不同放牧管理方式下的碳排放[J]. 生态学报，28（8）：3575-3582.

王蕾，许冬梅，张晶晶，2012. 封育对荒漠草原植物群落组成和物种多样性的影响[J]. 草业科学，29（10）：1512-1516.

王明君，韩国栋，崔国文，等，2010. 放牧强度对草甸草原生产力和多样性的影响[J]. 生态学杂志（5）：862-868.

王琪，2014. 我国生活垃圾焚烧污染控制标准的发展与进步[J]. 环境保护（19）：25-28.

王启兰，王溪，曹广民，等，2011. 青海省海北州典型高寒草甸土壤质量评价[J]. 应用生态学报，22（6）：1416-1422.

王瑞东，高永，党晓宏，等，2020. 希拉穆仁天然草地不同群落土壤分形特征及其影响因素[J]. 水土保持研究，27（3）：51-56.

王献溥，于顺利，汤大友，2009. 中国温带荒漠山地垂直地带性的遗产价值[J]. 干旱区研究（5）：694-701.

王亚文，2006. 基于状态空间法的城市生态系统承载力研究[D]. 西安：西北大学.

王云霞，2010. 北京市生态承载力与可持续发展研究[D]. 北京：中国矿业大学.

王长庭，龙瑞军，王启兰，2008. 放牧扰动下高寒草甸植物多样性、生产力对土壤养分条件变化的响应[J]. 生态学报，28（9）：4144-4152.

温庆可，张增祥，刘斌，等，2009. 草地覆盖度测算方法研究进展[J]. 草业科学，26（12）：30-36.

吴金水，林启美，黄巧云，等，2006. 土壤微生物生物量测定方法及其应用[M]. 北京：气象出版社.

吴婷，2020. 荒漠草原围栏封育和围栏放牧植物多样性特征及物种共存格局[D]. 银川：宁夏大学.

武国柱，2009. 六盘山生态旅游区核心景区对人类旅游践踏干扰的响应研究[D]. 咸阳：西北农林科技大学.

向万胜，童成立，吴金水，等，2001. 湿地农田土壤磷素的分布、形态与有效性及磷素循环[J]. 生态学报（12）：2067-2073.

肖随丽，贾黎明，汪平，等，2011. 北京城郊山地森林游憩机会谱构建[J]. 地理科学进展，30（6）：746-752.

肖宜安，郭恺强，刘旻生，等，2009. 武功山珍稀濒危植物资源及其区系特征[J]. 井冈山学院学报：自然科学，30（4）：5-8.

谢莉，宋乃平，孟晨，等，2020. 不同封育年限对宁夏荒漠草原土壤粒径及碳氮储量的影响[J]. 草业学报，29（2）：1-10.

谢正生，古炎坤，陈北光，等，1998. 南岭国家级自然保护区森林群落物种多样性分析[J]. 华南农业大学学报，19（3）：62-66.

秀英，2020. 长期围封对草地土壤的影响作用浅析[J]. 南方农业，14（17）：189-190.

徐晓凤，牛德奎，郭晓敏，等，2018. 放牧对武功山草甸土壤微生物生物量及酶活性的影响[J]. 草业科学，35（7）：1634-1640.

许凯扬，叶万辉，曹洪麟，等，2004. 植物群落的生物多样性及其可入侵性关系的实验研究[J]. 植物生态学报，28（3）：385-391.

闫玉春，唐海萍，张新时，2007. 草地退化程度诊断系列问题探讨及研究展望[J]. 中国草地学报（3）：90-97.

杨元武，李希来，周华坤，2011. 高寒草甸退化草地土壤特性分析[J]. 安徽农业科学，39（24）：14687-14690.

杨允菲，祝玲，1995. 松嫩平原盐碱植物群落种子库的比较分析[J]. 植物生态学报，19（2）：144-148.

姚槐应，黄昌勇，等，2006. 土壤微生物生态学及其实验技术[M]. 北京：科学出版社.

余璐璐，孙海龙，李绍才，等，2011. 无纺布覆盖高度对土壤水分蒸发的影响[J]. 中国水土保持，4（3）：42-44.

岳天祥，2001. 生物多样性研究及其问题[J]. 生态学报，21（3）：462-465.

张成霞，南志标，2010. 土壤微生物生物量的研究进展[J]. 草业科学（6）：50-57.

张桂萍，张峰，茹文明，2005. 旅游干扰对历山亚高山草甸优势种群种间相关性的影响[J]. 生态学报，25（11）：2868-2874.

张桂萍，张峰，茹文明，2008. 旅游干扰对历山亚高山草甸植物多样性的影响[J]. 生态学报，28（1）：407-415.

张金屯，2001. 山西高原草地退化及其防治对策[J]. 水土保持学报，15（2）：49-52。

张丽霞，张峰，上官铁梁，等，2000. 芦芽山植物群落的多样性研究[J]. 生物多样性，8（4）：361-369

张玲，方精云，2004. 太白山南坡土壤种子库的物种组成与优势成分的垂直分布格局[J]. 生物多样性，12（1）：123-130.

张娜，王希华，郑泽梅，等，2012. 浙江天童常绿阔叶林土壤的空间异质性及其与地形的关系[J]. 应用生态学报，23（9）：2361-2369.

张钛仁，张玉峰，荣奔梅，等，2010. 人类活动对我国西北地区沙质荒漠化影响的与对策研究[J]. 中国沙漠（2）：228-234.

张文海，杨韫，2011. 草地退化的因素和退化草地的恢复及其改良[J]. 北方环境，23（8）：40-44.

张骁鸣，2004. 旅游环境容量研究：从理论框架到管理工具[J]. 资源科学（4）：78-88.

张学玲，张莹，牛德奎，等，2018. 基于TMNDVI的武功山山地草甸植被覆盖度时空变化研究[J]. 生态学报，38（7）：1-10.

张勇，2013. 旅游踩踏对香格里拉高寒草甸植物群落的短期影响[D]. 昆明：云南大学.

张友辉，2016. 江西山地土壤系统分类和垂直地带性研究[D]. 武汉：华中农业大学.

张云霞，李晓兵，陈云浩，2003. 草地植被盖度的多尺度遥感与实地测量方法综述[J]. 地球科学进展（1）：85-93.

章士美，龚航莲，欧阳贵明，1989. 江西武功山金顶草甸害虫名录及其区系分析[J]. 江西农业学报，1（1）：75-76.

赵和胜，王艮梅，韦庆翠，等，2013. 不同林龄和栽培代次杨树林土壤微生物量磷动态研究[J]. 江苏林业科技（4）：8-12.

赵士洞，1997. 生物多样性科学的内涵及基本问题-介绍“DIVERSITAS”的实施计划[J]. 生物多样性，

5（1）：1-4.

赵士洞，郝占庆，1996. 从“DIVERSITAS计划新方案”看生物多样性研究的发展趋势[J]. 生物多样性，4（3）：125-129.

赵彤，闫浩，蒋跃利，等，2013. 黄土丘陵区植被类型对土壤微生物量碳氮磷的影响[J]. 生态学报（18）：5615-5622.

赵晓蕊，郭晓敏，张金远，等，2013. 武功山山地草甸土壤磷素分布格局及其与土壤酸度的关系[J]. 江西农业大学学报，35（6）：1223-1228.

赵志模，郭依泉，1992. 群落生态学原理与方法[M]. 重庆：科学技术出版社重庆分社.

郑翠玲，曹子龙，王贤，等，2005. 围栏封育在呼伦贝尔沙化草地植被恢复中的作用[J]. 中国水土保持科学，3（3）：78-81.

郑伟，朱进忠，潘存德，2009. 旅游干扰对喀纳斯景区草地土壤—植被系统的影响[J]. 中国草地学报（1）：109-115.

郑元润，1998. 大青沟森林植物群落物种多样性研究[J]. 生物多样性，6（3）：191-196.

中国土壤学会，1999. 土壤农业化学分析方法[M]. 北京：中国农业科技出版社.

周红章，2000. 物种与物种多样性[J]. 生物多样性，8（2）：215-226.

周丽，2016. 甘肃省天祝县高寒草甸草原退化特征及生态服务价值估算研究[D]. 兰州：甘肃农业大学.

周全来，蒋德明，2009. 沙地土壤磷循环研究[J]. 生态学杂志，28（10）：2117-2122.

朱国栋，郭娜，吕广一，等，2020. 围封对内蒙古荒漠草原土壤理化性质及稳定碳氮同位素的影响[J]. 土壤，52（4）：840-845.

朱锦俄，姜志林，郑群瑞，等，1997. 福建万木林自然保护区森林群落物种多样性研究[J]. 南京林业大学学报，21（4）：11-16.

祝燕，米湘成，马克平，2009. 植物群落物种共存机制：负密度制约假说[J]. 生物多样性，17（6）：594-604.

ACHAT D L，BAKKER M R，AUGUSTO L，et al.，2013. Phosphorus status of soils from contrasting forested ecosystems in southwestern Siberia: effects of microbiological and physicochemical properties[J]. Biogeosciences（10）: 733-752.

ANDERSON J E，DOMSCH K H，1978. A physiological method for measurement of microbial biomass in soils[J]. Soil Biol Biochem（10）: 215-221.

BELL G，2000. The distribution of abundance in neutral communi-ties[J]. The American Naturalist，155: 606-617.

BOYD D S，FOODY G M，RIPPLE W L，2002. Evaluation of approaches forfest cover estimation in the Pacific Northwest，USA，using remote sensing[J]. Applied Geography（22）: 375-392.

BROOKER P C，MCGRATH S P，1984. Effects of metal toxicity on the size of the soil microbial biomass[J]. Journal of Soil Science，35: 341-346.

CHANG S C，JACKSON M L，1957. Fraction of soil phosphorus[J]. Soil Sci（84）: 133-144.

DE BOLLE S，DE NEVE S，HOFMAN G，2013. Rapid redistribution of P to deeper soil layers in P saturated acid sandy soils[J]. Soil Use and Management，29: 76-82.

DYMOND J R，STEPHENS P R，NEWSOME P F，et al.，1992. Percent vegetation cover of a degrading rangeland from SPOT[J]. International Journa of Remote Sensing，13（11）: 1999-2007.

ELMI A，ABOU NOHRA J S，MADRAMOOTOO C A，et al.，2012. Estimating phosphorus leachability in reconstructed soil columns using HYDRUS-1D model[J]. Environmental Earth Sciences，65（6）：1751-1758.

FENNERM，1985. SeedEcology[M] . London: Chapman and Hal.

FISHER R，THOMES R，1935. The determination of forms of inorganic phosphorus in soil[J]. J. Ame. Soc. Agro，27: 863.

FITZGIBBON C D，1997. Small Mammals in Farm Woodlands:the Effect of Habitat，Isolation and Surrounding Landuse Patterns[J]. Journal of Ecology，34（2）：530-539.

FREDMAN P，ROMIKL U，YUAN M，2012. Latent Dem and Time Contextual Constraints to outdoor Recreation in Sweden[J]. Forest（3）：1-21.

GONG P，1996. lntegrated analysis of spatial data from multiple sources:usingevidential reasoning and artificial neural network tecliniquesfor geological mapping[J]. Photograrrametric Engineerirrg and Remote Sensing（62）：513-23.

HANSEN M C，DEFRIES R S，TOWNSHEND J R G，2002. Towards an operational MODIS continuous field of percent tree cover algorithm: Examples using AVHRR and MODIS data[J]. Remote Sensing of Environment（83）：303-319.

HANYING M，DANLIN Y，2001. A study on the quantitative research of regional carrying capacity[J]. Advance in Earth Sciences，16（4）：549-555.

HEDLEY M J，1984. Microbial mineralization of organic phosphorus in soil[J]. Plant and Soil，78（3）：393-399.

HEYWOOD V H，WATSON R T，et al.，1995. Global biodiversity assessment[M]. Cambridge: Cambridge University Press.

HONGD Y，1990. Plant Cytotaxonomy[M]. Beijing:Science Press.

HOWLETT R and DHAND，2000. Nature insight biodiversity[J]. Nature，405:207

HUBBELL S P，2001. The Unified Ueutral Theory of Biodiversity and Biogeography[M]. Princeton and Oxford: Princeton University Press.

KEMP P R，1989. Ecology of Soil Seed Banks[M]. San Diege: Academic Press.

MACDONALD G K，BENNETT E M，TARANU Z E，2012. The influence of time，soil characteristics，and land-use history on soil phosphorus legacies: a global meta-analysis[J]. Global Change Biology，18（6）：1904-1917.

MAGURRAN A E，1998. Eeological diversity and its Measurement[M]. New Jersey: Princeton University Press.

MAJOR J，PYOTT W，1966. Buried viable seed sin two California bunchgrass ites and their bearing on the definintion of aflora[J]. Vegetatio，13: 253-282.

MCKA Y，TRACE Y，2013. Adventure tourism:opportunities and management challenges for SADC destinations[J]. Acta Academica，45（3）：30-62.

MCNEELY J A ，MILLER K R，REID W V，et al.，1990. Conserving the world's biological diversity[M]. Prepared and published by the International Union for Conservation of Nature and Natural Resources.

MESSIGA A J，ZIADI N，BELANGER G，et al.，2012. Process-based mass-balance modeling of soil phosphorus availability in a grassland fertilized with N and P[J]. Nutrient Cycling In Agroecosystems，

92: 273-287.

MGE S M, PORDER S, 2013. Parent Material and Topography Determine Soil Phosphorus Status in the Luquillo Mountains of Puerto Rico[J]. Ecosystems, 16: 284-294.

OREILLY A M, 1986. Tourism carrying capacity:concepts and issues[J]. Tourism Management, 7（4）: 254-358.

PICKETT S T A, WHITE P S, 1985. The Ecology of Natural Disturbance and Patch Dynamics[M]. Orlando: Academic Press.

PIELOU E C, 1985. Ecological diversity[M]. New york:John Wiley & Sons Inc.

PIMM S L, P RAVEN, 2000. Biodiversity:extinction by numbers[J]. Nature, 403: 843-845.

PUREVDORJ T S, TATEISHI R, ISHIYAME T, et al., 1998. Rela-tionships between percent vegetation cover and vegetation indices[J]. International Journal of RemoteSensing, 19（18）: 3519-3535.

RAPPORT D J, WHITFORD W G, 1999. How Ecosystems Respond to Stress[J] . Bioscience, 49: 193-203.

RAICH J W, SCHLESINGER W H, 1992. The global carbon dioxide flux in soil respiration and its relationship to vegetation and climate[J]. Tellus,44B:81-99.

RERGSTROM J C, ORDELL H K, 1991. An analysis of the dem and for and value of outdoor in the United States[J]. Journal of Leisure Research, 23（1）: 67-86.

ROBERTS W, MATTHEWS R, BLACKWELL M, 2013. Microbial biomass phosphorus contributions to phosphorus solubility in riparian vegetated buffer strip soils[J]. Biology & Fertility of Soils, 49（8）: 1237-1241.

ROSENBERG R, 1976. Benthic faunal dynamics during succession following pollution abatement in a Swedish esuary[J]. Oikos: A Journal of Ecology, 27（2）: 414-427.

RUSSELL C A, VORONEY R P, BLACK T A, et al., 1998.Carbon dioxide efflux from the floor of a boreal aspen forest. I. Relationship to environmental variables and estimates of C respired[J]. Canadian Journal of Soil Science, 2(78): 301-310.

STEPHEN J, STEELE, WILLIAM, et al. , 2006. Analysing the Promotion of Adventure Tourism: A Case Study of Scotland[J]. Journal of Sport & Tourism, 11（1）:51-76.

SUGITO T, YOSHIDA K, TAKEBE M, 2010. Soil microbial biomass phosphorus as an indicator of phosphorus availability in a Gleyic Andosol[J]. Soil Science And Plant Nutrition, 56（3）: 390-398.

TABATABAI M A, 1982. Soil enzymes. In:Method of soil analysis[J]. Am Soc of Agro: 903-947.

THORPE A S, PERAKIS S, CATRICALA C, et al. , 2013. Nutrient Limitation of Native and Invasive N2-Fixing Plants in Northwest Prairies[J]. PLoS ONE, 8（12）: e84593.

TILMAND, 2000. Causes consequences and ethics of biodiversity[J]. Nature, 405: 208-211

TURNER M G, 1987. Ecological Studies :Landscape Hetero-geneity and Disturbance[M]. New York: Springer Verlag: 123-136.

URDOCK E M, 2006. Handling unobserved site characteristics in random utility models of recreation[J]. Journal of Environmental Economics and agement, 51（1）: 1-25.

VANCE E D, 1987. Microbial biomass measurements in forest soils:the use of the chloroform fumigation-incubation method in strongly acid soils[J]. Soil Biol Biochem（30）: 697-702.

VOS C C CHARDON J P, 1998. Effect of Habitat Fragmentation and Road Density on the Distribution

Pattern of the Moor Frag Ranaarvalis[J]. Journal of Applied Ecology，35（1）: 44-46.

WHITE P S，PATTERN，1979. Process and Natural Disturbance in Vegetation[J]. Bot. Rev，45: 229-299.

WILSON E O，1988. Biodversity[M]. Washington，DC:Nat. Acad. Press.

YANG X，POST W M，THORNTON P E，et al. ，2013. The distribution of soil phosphorus for global biogeochemical modeling[J]. Biogeosciences，10（4）: 2525-2537.

后　记

由于武功山优越的气候条件，山地草甸的生长时间长，可利用程度大，具有重要的生物利用价值和举足轻重的生态学意义。以往对于武功山的研究，多集中在旅游开发利用的影响和植物区系研究等方面，对于武功山特殊山地草甸的生态过程研究及人为干扰和气候变化导致的草甸土壤退化问题尚未引起足够重视。本课题自2012年起在武功山金顶区域和九龙山区域，分不同海拔和不同坡面展开植物多样性、群落分布格局、土壤碳汇、草甸土壤水分养分特征、病虫害防控、旅游开发和承载力和草甸恢复技术等5大方向开展研究，比较全面地揭示了武功山草甸内外因子的联系及规律。

开展山地草甸分布格局、群落结构及气候变化响应研究，从山地草甸植物多样性研究中，我们发现武功山山地草甸有维管植物108种，隶属于44科90属。其中蕨类植物6科6属6种，裸子植物1科2属2种，被子植物37科82属100种。研究表明芒是整个植物群落的优势种，不同植物群落多样性比较的结果是禾草草甸从多样性、丰富度及均匀度方面均为最优，而丛枝蓼+荔枝草群则为最小；不同群落之间多样性差异明显；旅游活动对武功山山地草甸植物物种多样性有较大的影响；在主要群落高光谱数据的采集分析研究中，探索了利用高光谱对草甸群落分布进行遥感反演的可行性；在山地草甸植物群落特征及空间分布格局研究中，通过对不同海拔不同坡向的植物群落物种进行调查，认为芒是整个植物群落的优势种，其次是亚优势种野古草，在水平分布格局中，阳坡和阴坡分别分布有11个、12个小群落，每个小群落中的优势种和建群种都不尽相同，并且都是单独存在于周围大群落中。垂直分布格局中，海拔1900m只发现了一种小群落。随着海拔梯度的升高，多样性指数的变化均呈“波浪形”变化。通过山地草甸土壤活性碳研究，对草甸土壤碳和土壤结构的研究表明，土壤总有机碳含量随着退化程度加剧呈现先升高后下降的趋势；土壤活性碳中微生物量碳含量是最高的；>0.25cm团聚体被认为是最好的土壤结构，其数量随着退化程度的加剧而减少，且随土层深度的加深而减少；土壤呼吸测定结果表明武功山土壤碳排放有明显的时空变异性。

开展草甸植被保护与恢复技术集成及土壤养分管理研究，鉴于江西武功山山地草甸以其面积广和分布基准海拔低（1600m）的特点在华东植被垂直带谱中具有典型性和特殊性，是气候变化的重要指示植被类型。但人为干扰和过度旅游开发已经使武功山脆弱的山地草甸出现严重退化和破碎化态势。本研究利用武功山山地草甸特殊生态系统对人为干扰和气候变化具有极端敏感性的特性，开展了不同干扰和退化程度的草甸土壤生态系统特征（土壤养分、土壤微生物种群、土壤酶活性等）时空变异规律研究，探讨了草甸土壤退化程度和海拔对山地草甸生态系统碳汇（土壤有机碳、土壤CO_2通量等）特征、数量、功能、作用及其响应规律。揭示了山地草甸碳循环关键过程与人类干扰度的关系和草甸土壤特性变化与地上植被生产力之间的关系，为山地草甸的经营管理和退化草甸生态系统的植被恢复提供了理论基础和实践依据。研究结果既有助于揭示退化生态系统恢复中的作用机制以及土壤功能恢复的的生态学机理，又可指导草甸退化生态系统植被恢复及应对全球气候变化。

开展山地草甸自然灾害防控技术集成及示范研究，经多次和多点调查，发现武功山山地草甸昆虫种类丰富，具有明显的季节性规律。以鞘翅目、半翅目及双翅目昆虫为优势类群，占总数量的96.19%，其中鞘翅目占50%以上；在武功山山地草甸中，绝大多数昆虫没有对草甸和人们的生活造成明显的破坏性影响，但亮壮异蝽除外。作为中国特有种，近十几年在武功山常有暴发现象。为使相关自然保护区及风景名胜区做好对亮壮异蝽种群暴发的早期预警和监测，采用普查和重点调查相结合的方法，调查了主要草甸植物病害的发生情况，并采集病害标本进行分离、纯化、诱导及鉴定。共发现武功山草甸病害13种，其中真菌病害7种，毛毡病1种，生理性病害5种。建议对草甸病虫害采取清除草甸死株、枯枝、断枝，虫株或集中焚烧的方式减少害虫越冬场所；种植蜜源植物，保留一些草皮，为天敌昆虫提供栖息场所及食物来源，壮大天敌种群；在山地草甸设置诱虫灯诱杀双斑草螟等具有趋光性的害虫；对于叶蝉发生严重的区域，可结合黄色粘虫板进行诱集。在疏毛准铁甲和亮壮异蝽为害严重的区域或年份，使用白僵菌防治，或选用烟碱等植物源杀虫剂，或采用吡虫啉等高效低毒低残留的杀虫剂喷施的绿色防控措施。

开展旅游行为、布局及模式对山地草甸影响与应对的研究，由于山地草甸是当前备受旅游者欢迎的户外游憩旅游地，随着山地草甸游憩活动的升温，山地草甸环境越来越受到旅游者游憩行为的冲击和干扰，科学管理旅游者游憩行为和保护草甸植被已成为实现山地草甸景区可持续发展的紧迫任务和关键环节。在对武功山景区进行旅游生态环境本底调查和旅游者游憩行为特征分析的基础上，通过踩踏试验和实地调查，对旅游者游憩行为对武功山山地草甸环境的影响进行了实证研究，以揭示旅游者游憩行为与山地草甸植被退化的相互关系；并在考虑旅游者体验与资源保护因素的同时，根据旅游者游憩行为特征及其对草甸环境的影响规律，提出了游憩机会谱构建、垃圾治理、绿道建设等山地草甸环境管理策略。为解决武功山山地草甸存在的资源保护与旅游开发的矛盾，实现其可持续发展提供了理论支持与决策参考。研究结果不仅有助于深化对山地旅游和山地草甸保护性开发的理论研究，还有利于探寻旅游者游憩行为干扰下山地草甸环境保护和管理的新路径，因而具有重要的理论和现实意义。

开展草甸修复种苗培育技术研究与示范的研究，课题组以武功山不同退化草甸土壤种子库及主要建群种和伴生种为研究对象，将退化草甸依据群落盖度指标划分为重度、中度和轻度3种类型；分别对不同退化草甸类型的土壤种子库特征，物种结构、生物学特性，武功山主要建群种芒和毛秆野古草宿存种子成熟特征和种子发芽规律，主要草甸植物种子和根茎圃地培育技术和植生带构建技术进行了全面系统的研究。本研究充分摸清了武功山退化草甸土壤种子库特征；明确了武功山山地草甸主要建群种种子成熟特征、休眠规律和解除种子休眠的方法；完成了武功山山地草种主要建群种种苗培育技术规程1套，筛选了武功山退化草甸恢复的适生草甸植物6种，构建了山地草甸生态修复群落配置模式2种。

课题组经过5年的研究，对武功山山地草甸生态系统退化特征及土壤、养分、人为干扰、病虫害发生、生态修复开展了系统研究，全面分析了武功山山地草甸的分布格局、结构特点及其与环境要素之间的相互关系，并对草甸脆弱性进行了评价；在认识山地草甸生态系统特征及其退化演变机制的基础上，剖析了山地草甸资源开发与生态环境保护之间的内在关系；构建了武功山退化草甸生态系统恢复的技术体系，为区域性气候变迁长期预警提供了研究与示范平台，将草甸保护与旅游开发有机结合，为当地旅游及可持续经营提供了切实可行的方案，也为后续江西武功山山地草甸的保护、经营、开发和可持续发展提供了宝贵的科学数据和理论及技术支撑。

由于课题研究时间的限制性，对武功山山地草甸退化程度及周边山地草甸群落的典型类型，本次研究没有建立起固定观测样地、小气候观测场、标准径流场等基础监测场所。建议在武功山草甸的后续研究中，应建立陆地生态系统长期定位观测研究站，搭建综合生态系统野外观测研究工作平台；对区域内的草地生态系统的光、热、水、土、气、生等要素进行长期定位观测，开展生态系统关键元素的生物地球化学循环、武功山地区植被恢复、水土流失调控、草甸植被结构与功能变化过程等方面的深入研究工作。

编著者
2024年1月

▲ 附图 1　武功山日出云海

▼ 附图 2　草甸生态：散生黄山松

▲ 附图 3　草甸与矮林交错带

▼ 附图 4　课题组主要成员

▲ 附图 5　国际交流

▼ 附图 6　采种

▲ 附图 7　土壤种子库调查

▲ 附图 8　昆虫调查

▲ 附图 9　诱捕昆虫

▲ 附图 10　土壤调查

▲ 附图 11　退化草甸修复试验

▲ 附图 12　土壤呼吸测定

▲ 附图 13　草甸样方调查

▲ 附图 14　生物多样性调查

▲ 附图 15　叶绿素测试

▲ 附图 16　金顶退化草甸修复前

▼ 附图 17　金顶退化草甸修复后

▲ 附图 18　央视纪录片《武功山》导演组